游戏室外场景制作—— 庭院

游戏室外场景制作—— 庭院

游戏室外场景制作——哨塔

游戏室内场景制作—— 洞穴

动 漫 游 戏 系 列 丛 书

3ds Max+Photoshop 游戏场景设计

3ds Max+Photoshop YOUXI CHANGJING SHEJI

张 凡 等编著
设计软件教师协会 审

中国铁道出版社
CHINA RAILWAY PUBLISHING HOUSE

内容简介

本书共分8章：第1章详细介绍了游戏的类型，讲解了游戏场景的概念和制作流程等；第2章以二维游戏地图为实例，全面系统地讲解了二维游戏中二维地图的制作方法；第3章以游戏中三维木桩和斧头道具为实例，全面系统地讲解了木桩和斧头道具的制作方法；第4章按照远景、中景、近景的分类，详细地讲解了游戏场景中植物的制作方法；第5章以庭院游戏室外场景为例，详细讲解了游戏中一座完整的古代庭院的制作方法；第6章以哨塔游戏室外场景为例，详细讲解了利用透明贴图制作室外场景的方法；第7章以监狱游戏室内场景为例，从一个具体游戏项目入手，详细讲解了网络游戏中游戏室内场景的具体制作方法；第8章以洞穴游戏室内场景为例，从一个具体游戏项目入手，详细讲解了网络游戏中洞穴的具体制作方法。为了辅助初学游戏场景制作的读者学习，本书提供了所有实例的素材及源文件供读者下载作为练习时的参考。下载网址：http://www.51eds.com。

本书适合作为大、中专院校艺术类专业和相关专业培训班学员的教材，也可作为游戏美术工作者的参考书。

图书在版编目（CIP）数据

3ds Max+Photoshop游戏场景设计 / 张凡等编著. — 北京 ：中国铁道出版社，2016.3
（动漫游戏系列丛书）
ISBN 978-7-113-21536-1

Ⅰ. ①3… Ⅱ. ①张… Ⅲ. ①三维动画软件 Ⅳ. ①TP391.41

中国版本图书馆CIP数据核字(2016)第036869号

书　　名：3ds Max+Photoshop游戏场景设计
作　　者：张　凡　等　编著

策　　划：孙晨光　　　　读者热线：（010）63550836
责任编辑：秦绪好　王　惠
封面设计：付　巍
封面制作：白　雪
责任校对：汤淑梅
责任印制：郭向伟

出版发行：中国铁道出版社（100054，北京市西城区右安门西街8号）
网　　址：http:// www.51eds.com
印　　刷：中国铁道出版社印刷厂
版　　次：2016年3月第1版　　2016年3月第1次印刷
开　　本：787 mm×1 092 mm　1/16　印张：15.5　字数：362千
印　　数：1～3 000册
书　　号：ISBN 978-7-113-21536-1
定　　价：59.00元

动漫游戏系列丛书编委会

PREFACE

丛书序

随着全球信息化基础设施的不断完善，人们对娱乐的需求开始迅猛增长。从20世纪中后期开始，世界各主要发达国家和地区开始由生产主导型向消费娱乐主导型社会过渡，包括动画、漫画和游戏在内的数字娱乐及文化创意产业，日益成为具有广阔发展空间、推进不同文化间沟通交流的全球性产业。

进入21世纪后，我国政府开始大力扶持动漫和游戏行业的发展，“动漫”这一含糊的俗称也成为流行术语。从2004年起，我国建设了一批国家级动漫游戏产业振兴基地和产业园区，孵化了一批国际一流的民族动漫游戏企业；同时支持建设若干教育培训基地，培养、选拔和表彰民族动漫游戏产业紧缺人才；完善文化经济政策，引导激励优秀动漫和电子游戏产品的创作；建设若干国家数字艺术开放实验室，支持动漫游戏产业核心技术和通用技术的开发；支持发展外向型动漫游戏产业，争取在国际动漫游戏市场占有一席之地。

从深层次上讲，包括动漫游戏在内的数字娱乐产业的发展是一个文化继承和不断创新的过程。中华民族深厚的文化底蕴为中国发展数字娱乐及创意产业奠定了坚实的基础，并提供了广泛而丰富的题材。尽管如此，从整体上看，中国动漫游戏及创意产业面临着诸如专业人才缺乏、融资渠道狭窄、缺乏原创开发能力等一系列问题。长期以来，美国、日本、韩国等国家的动漫游戏产品占据着中国原创市场。一个意味深长的现象是，美国、日本和韩国的一部分动漫和游戏作品取材于中国文化，加工于中国内地。

针对这种情况，目前各大专院校相继开设或即将开设动漫和游戏相关专业。然而，真正与这些专业相配套的教材却很少。北京动漫游戏行业协会应各院校的要求，在进行科学的市场调查的基础上，根据动漫和游戏企业的用人需要，针对高校的教育模式及学生的学习特点，推出了这套动漫游戏系列丛书。本套丛书凝聚了国内外诸多知名动漫游戏人士的智慧。

整套教材的特点为：

- 三符合：符合本专业教学大纲，符合市场上技术发展潮流，符合各高校新课程设置需要。
- 三结合：相关企业制作经验、教学实践和社会岗位职业标准紧密结合。
- 三联系：理论知识、对应项目流程和就业岗位技能紧密联系。

- 三适应：适应新的教学理念，适应学生现状水平，适应用人标准要求。
- 技术新、任务明、步骤详细、实用性强，专为数字艺术紧缺人才量身定做。
- 基础知识与具体范例操作紧密结合，边讲边练，学习轻松，容易上手。
- 课程内容安排科学合理，辅助教学资源丰富，方便教学，重在原创和创新。
- 理论精练全面，任务明确具体，技能实操可行，即学即用。

动漫游戏系列丛书编委会

FOREWORD

前 言

游戏作为一种现代娱乐形式，正在全世界范围内创造巨大的市场空间和受众群体。我国政府大力扶持游戏行业，特别是对本土游戏企业的扶持。积极参与游戏开发的国内企业可享受政府税收优惠和资金支持。近年来，国内的游戏公司迅速崛起，大量的国外一流游戏公司也纷纷进驻中国。面对飞速发展的游戏市场，中国游戏开发人才储备却严重不足，游戏相关的工作变得炙手可热。

目前，在我国游戏制作专业人才缺口很大的同时，相关的教材也不多。而本书定位明确，专门针对游戏公司中的场景制作定制了相关的实例。所有实例均按照专业要求制作，讲解详细、效果精良，填补了游戏场景制作专业教材的空缺。

为了便于读者学习，本书提供了全部实例的素材及源文件供下载，下载网址：http://www.51eds.com。

本书内容丰富、结构清晰，实例典型、讲解详尽、富于启发性。所有实例均是高校教学主管和骨干教师（北京电影学院、中央美术学院、中国传媒大学、清华大学美术学院、北京师范大学、首都师范大学、北京工商大学传播与艺术学院、天津美术学院、天津师范大学艺术学院、河北艺术职业学院）从教学和实际工作中总结出来的。同时，也是全国所有热爱数字艺术教育的专业制作人员的智慧结晶。

参与本书撰写的人员有张凡、李岭、郭开鹤、王岸秋、吴昊、芮舒然、左恩媛、尹棣楠、马虹、章建、李欣、封昕涛、周杰、卢惠、马莎、薛昊、谢菁、崔梦男、康清、张智敏。由设计软件教师协会审。

编　者

2016年1月

CONTENTS 目录

第1章 认识游戏场景

1.1 游戏的类型

何谓“游戏”？《辞海》中的解释为：“体育的重要手段之一，文化娱乐的一种……游戏一般都有规则，对发展智力和体力有一定作用。”这个定义虽然不是很准确，但至少可以从中得出两条结论：一是游戏的目的在于娱乐；二是社会学家对于“游戏”的作用给予了充分的肯定。

《辞海》中的定义将传统游戏分为“智力游戏（如下棋、积木、填字）”“活动性游戏（如捉迷藏、搬运接力）”和“竞技性游戏（如足球、乒乓球）”3种。而目前对流行游戏有多种分类方法，有按照游戏的内容来划分的，也有按照游戏的平台来划分的，还有按照游戏的结构来划分的，最流行的分类方法应该是按照游戏的内容来划分。

按照游戏内容，可以将电脑游戏分为如下10种类型。

1. 动作类游戏

动作类游戏（Action Game，ACT）是最传统的游戏类型之一，电视游戏初期的产品多数集中在这种类型上。

这类游戏是由玩家控制人物，根据周围环境的变化，利用键盘或者手柄、鼠标的按键，做出一定的动作，达到游戏要求的相应目标。动作游戏讲究的是打击的爽快感和流畅感。

代表作品：《魂斗罗》、KONAMI的《合金装备（METAL GEAR SOLID）》系列和育碧的《分裂细胞（SPLIT CELL）》系列。图1-1所示为《魂斗罗》中的游戏画面。

图1-1 《魂斗罗》中的游戏画面

2. 冒险类游戏

冒险类游戏（Adventure Game，AVG）一般会提供一个固定情节或故事背景下的场景给玩家，同时要求玩家必须随着故事的发展进行解谜，再利用解谜和冒险来进行下面的游戏，最终完成游戏设计的任务和目的。早期的冒险类游戏主要是根据各种推理小说、悬疑小说及惊险小说改编而来，通过文字的叙述及图片的展示来进行，玩家的主要任务是体验其故事情节。但是随着各类游戏之间的融合和过渡，冒险类游戏也逐渐与其他类型的游戏相结合，产生了融合动作游戏要素的动作类冒险游戏，即 AAVG（Action Adventure Game，动作 + 冒险类游戏）。

代表作品：CAPCOM 的《生化危机(BIOHAZARD)》系列、《鬼泣(DEVIL MAY CRY)》系列、《鬼武者》系列，AAVG 代表作为育碧的《波斯王子》系列。图 1–2 所示为《波斯王子 3》中的游戏画面。

3. 格斗类游戏

格斗类游戏（Fight Game，FTG）曾经盛极一时，它是动作游戏的战斗部分的进一步升华。

代表作品：CAPCOM 的《街头霸王》系列和 SNK 的《拳皇》系列。图 1–3 所示为《拳皇》中的游戏画面。

图 1–2 《波斯王子 3》中的游戏画面

图 1–3 《拳皇》中的游戏画面

4. 第一人称视角射击游戏

第一人称视角射击游戏（First Person Shooting，FPS），顾名思义，就是以玩家的主观视角来进行射击的游戏。玩家们不再像其他游戏一样操纵屏幕中的虚拟人物来进行游戏，而是身临其境地体验游戏带来的视觉冲击，这就大大增强了游戏的主动性和真实感。

代表作品：《半条命之反恐精英——CS》。图 1–4 所示为《半条命之反恐精英——CS》中的游戏画面。

5. 角色扮演类游戏

角色扮演类游戏（Role Playing Game，RPG）给玩家提供了一个游戏中形成的世界，这个神奇的世界中有各种各样的人物、房屋、物品、地图和迷宫。玩家所扮演的游戏人物需要在这个世界中通过跟其他人物的交流、购买自己需要的东西、探险以及解谜来揭示一系列故事的起因，最终形成一个完整的故事。RPG 游戏架构了一个或虚幻、或现实的世界，让玩家尽情地冒险、游玩、成长，感受游戏制作者想传达给玩家的观念。

代表作品：SQUEAR 公司的《最终幻想》。图 1–5 所示为《最终幻想》中的游戏画面。

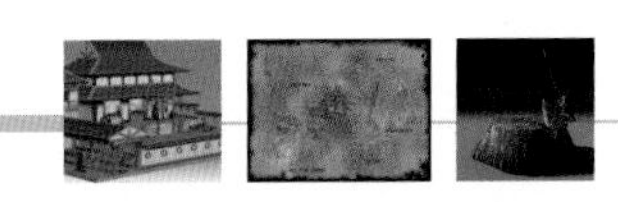

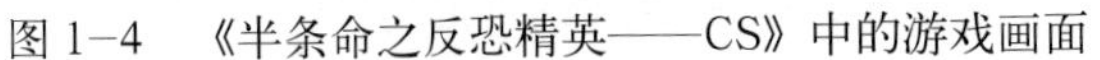

图 1–4 《半条命之反恐精英——CS》中的游戏画面

图 1–5 《最终幻想》中的游戏画面

6. 即时战略类游戏

即时战略类游戏（Realtime Strategy Game，RTS）中的玩家需要和电脑对手同时开始游戏，利用相对平等的资源，通过控制自己的单位或部队，运用巧妙的战术组合来进行对抗，以达到击败对手的目的。即时战略类游戏要求玩家具备快速的反应能力和熟练的控制能力。

代表作品：BLIZZARD公司的《魔兽争霸》系列。图 1–6 所示为《魔兽争霸》中的游戏画面。

图 1–6 《魔兽争霸》中的游戏画面

7. 战术策略类游戏

战术策略类游戏（Simulation Game，SLG）提供给玩家一个可以多动脑筋思考问题、处理较复杂事情的环境，允许玩家自由控制、管理和使用游戏中的人或事物，通过这种自由的手段以及玩家们开动脑筋想出的对抗敌人的办法，达到游戏所要求的目标。

在策略类游戏的发展中形成了一种游戏方法比较固定的模拟类游戏，这类游戏主要是通过模拟现实世界，让玩家在虚拟的环境里经营或建立一些像医院、商店类的场景。玩家要充分利用自己的智慧去努力实现游戏中建设和经营这些场景的要求。

代表作品：《三国志》系列。图 1–7 所示为《三国志》中的游戏画面。

8. 体育运动类游戏

体育运动类游戏（Sport Game，SPG）就是现实中各种运动竞技的模拟，游戏通过控制或管理游戏中的运动员或队伍来模拟现实的体育比赛。

代表作品：KONAMI 的《实况足球 》系列、EA 的 FIFA 系列，目前比较流行的有《跑跑卡丁车》。图 1–8 所示为《跑跑卡丁车》中的游戏画面。

9. 大型多人在线角色扮演类游戏

大型多人在线角色扮演类游戏（More Man Online Role Playing Game，MMORPG ）最大的优势在于它的互动性。在同一个虚拟世界里朋友们可以互相聊天，在进行游戏的时候有其他的玩家可以帮助你，大家一起战斗，所要面对的也不只是电脑里的对手，而是真实存在的另外的玩家。

图 1–7　《三国志》中的游戏画面

图 1–8　《跑跑卡丁车》中的游戏画面

代表作品：NC SOFT 公司的《天堂 2》和 BLIZZARD 公司的《魔兽世界》。图 1–9 所示为《天堂 2》中的游戏画面，图 1–10 所示为《魔兽世界》中的游戏画面。

图 1–9　《天堂 2》中的游戏画面

图 1–10　《魔兽世界》中的游戏画面

10．其他类型游戏

其他类型游戏（Etc. Game，ETC）是指玩家互动内容较少或作品类型不明了，无法归入上述几种类型的游戏，如《俄罗斯方块》。图 1–11 所示为《俄罗斯方块》中的游戏画面。

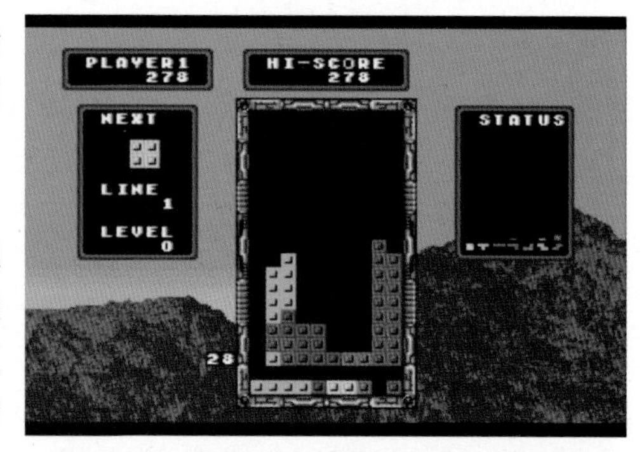

图 1–11　《俄罗斯方块》中的游戏画面

在游戏内容如此快速发展的今天，主流游戏之间的渗透和融合也日益增多，这里所谓的分类只是相对意义上的划分，目的主要是方便大家更便捷地搜索游戏和更好地了解游戏，以便为后面的游戏场景制作奠定坚实的理论基础。

1.2　游戏引擎简述

游戏的引擎就像一个发动机，它支撑着游戏的光影、渲染、声音、物理模拟等效果。如果拿生物体来比喻，可以说引擎是骨头，而游戏的其他部分就是皮肉。如果不知道骨头是怎

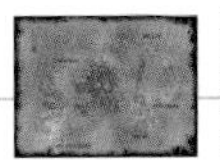

么回事，是不可能给它加上合适的皮肉的。因此，要进入这个行业并成为一名优秀的游戏美工，首先需要对游戏的引擎有必要的了解。

当今，最为著名的几款 3D 游戏引擎是 Doom/Quake 引擎、Unreal 引擎和 Source 引擎等。

1.2.1　Doom/Quake 引擎

这两个系列的引擎都是 ID Software 公司的产品。这家公司是 3D 游戏引擎的开创者，Doom 是第一款被用于商业授权的引擎产品。Doom 和 Quake 适合于 FPS 类游戏，使用 ID 软件公司的引擎支持的游戏有著名的《半条命之反恐精英——CS》。

1.2.2　Unreal 引擎

Unreal 引擎是 Epic Games 公司的产品。这款引擎的最大特点就是华丽的视觉效果。它优异的 3D 图形处理能力及真实的物理模拟反应是业界的传奇。在当今的游戏市场中，游戏的视觉效果显得格外重要。同时，Unreal 支持 PC、XBOX、PS 三大平台，所以市场占有率很高。使用这款引擎的经典游戏也很多，比如“天堂 2”“分裂细胞”等。而 Epic Games 公司最新公布的 Unreal Engine 3，则提供了更强大逼真的绘图效果，该引擎将充分运用如 XBOX360 或者 PS3 等次时代游戏主机所具备的功能，达成超越既有游戏的高精细 3D 图形处理效果。它能呈现大量的多边形细致场景与角色模型，能支持凹凸贴图、折射、反射、透射和散射等进阶的动态光影效果，如图 1-12 所示。可以说，Epic Games 公司为游戏美术工作人员带来了前所未有的惊喜与挑战。

图 1-12　Unreal Engine 3 引擎效果

1.2.3　Source 引擎

Source 引擎是 Valve 公司开发的，Valve 公司开发了知名游戏《半条命之反恐精英——CS》，在开发这款游戏时他们运用了 ID Software 公司的 Quake 引擎。但是在开发完《半条命之反恐精英——CS》之后，Valve 公司自己也开发了引擎，就是现在的 Source 引擎。

除了以上 3 种著名的大型引擎之外，还有 RenderWare、Jupiter、Maxpayne 等，这里不再详细介绍。每款游戏都可能使用不同的引擎，只要挑选的引擎适合此种游戏就好。作为游戏的美术工作人员，一定要与其他部门有良好的沟通，充分利用各种引擎的优势，才能开发出优秀的游戏。

1.3 游戏场景的概念及任务

游戏场景是指游戏中除游戏角色之外的一切物体。游戏中的主体是游戏角色，因为它们是玩家主要操控的对象。游戏场景是围绕在角色周围、与角色有关系的所有景物，即角色所处的生活场所、社会环境、自然环境以及历史环境。

游戏场景在游戏中的任务包括交代时空关系、营造情绪氛围和刻画角色。

1.3.1 交代时空关系

时空关系分为物质空间和社会空间。

物质空间是角色生存和活动的空间，是游戏情节和故事发生、发展过程中赖以展开的空间环境，由于与情节结构和叙事内容紧密联系，在影视中也称为叙事空间。它应该体现时代特征，体现历史时代风貌、民族文化特点、任务生存氛围，交代故事发生、发展的时间和地点等。

社会空间是物质空间中的许多局部造型因素构成情绪氛围的效果，通过玩家的联想，主动构造出另一个完整的空间环境形象和一个始终能够激发玩家兴趣的抽象思维空间，将玩家的神经兴奋点集中在特定的历史阶段。比如，《魔兽世界》的游戏片头先通过地图交代了几个大陆和几个种族之间的关系，提示了故事发生的社会空间，从而营造出一个虚幻的世界，用强烈的神秘感吸引玩家进入游戏的世界，如图 1−13 所示。

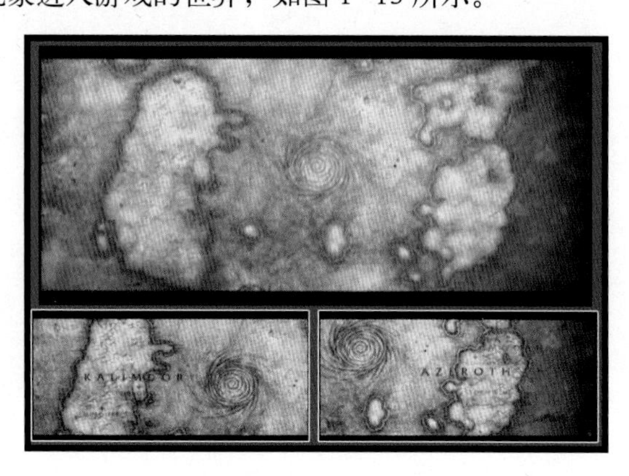

图 1−13 《魔兽世界》中交待的时空关系

1.3.2 营造情绪氛围

根据游戏策划方案的要求，往往需要游戏场景营造出某种特定的气氛效果和情绪基调，场景的设计要从游戏的基调出发，为气氛效果服务。例如，在 XBOX 360 游戏大作《金刚》中，

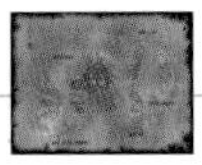
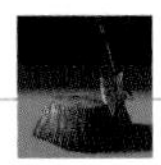

画面效果可以和电影相媲美，游戏场景中的废墟、兽骨、月光和烟雾恰如其分地营造出了阴森恐怖的气氛，如图 1–14 所示。

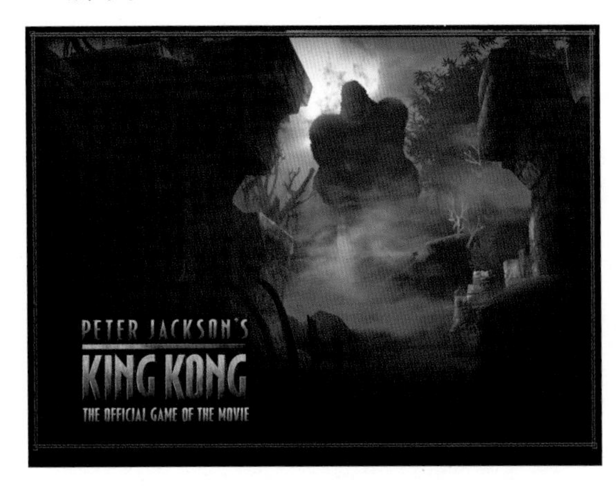

图 1–14　《金刚》中场景对气氛的营造

1.3.3　刻画角色

游戏场景要刻画角色。为创造生动的、真实的、性格鲜明的、典型的角色服务，刻画角色就是刻画角色的性格特点，反映角色的精神面貌，展现角色的心理活动。角色与场景是不可分割、相互依存的。优秀的游戏场景应该为塑造角色特点提供客观条件，对角色的身份、生活习惯、职业特征等进行塑造。例如，在《魔兽世界》中阴暗的墓地场景对亡灵战士的塑造就很成功，如图 1–15 所示。

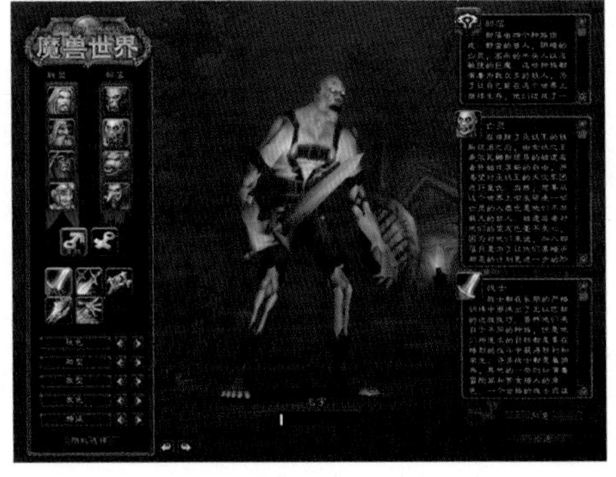

图 1–15　《魔兽世界》中的亡灵战士

综上所述，场景在游戏中的用途十分广泛，有着举足轻重的作用。在实际工作中，游戏公司中的场景组也往往是整个公司的美术第一大组，这个组的工作直接决定着整个游戏的画面质量。

1.4　游戏制作流程

一款优秀的游戏需要很多人的分工合作来完成，为了合理分配人力资源，保障整个游戏开发工作的流畅，必须有正确的工作流程和规范。典型的游戏制作流程如图 1–16 所示。

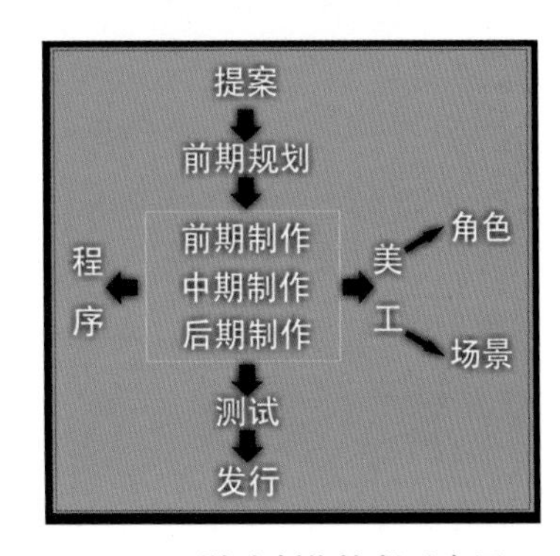

图 1–16　游戏制作流程示意图

1. 提案

在提案过程中，企划与编剧要先准备好游戏的策划方案，比如详细的年代背景、社会类型或游戏的主题等。

2. 前期规划

程序人员和美工人员提供技术上可行性的建议，美术人员要定出画面风格和工作量安排，剧本则要大致制定出游戏的剧情走向。最后，依据大家的讨论或规划好的草稿，整理成正式资料，并制定出制作的指标。

3. 前期制作

在对前期规划的指标和资料充分理解后，正式进入程序开发和美术设定工作。此时的游戏二维美工要完成详细的设定图并整理成清晰明了的资料，可用图表的形式来表现。

4. 中期制作

中期制作是三维美工参与最多的游戏制作流程，也是本书讲述的主要内容。在这个流程中，三维美工主要分为场景制作和角色制作两个组，此时要完成大量的模型制作和贴图绘制工作。程序员这时要调试好引擎并积极和美工配合，完善游戏中的各种美术效果。在这个阶段，音乐和音效工作人员也要介入，开始完成游戏中的声音要素。

5. 后期制作

在经过前面 4 个流程后，游戏就进入了后期制作阶段。在这个阶段，场景组和角色组的美工要抓紧时间按进度完成工作。同时，市场推广人员需要准备大量的宣传资料并提供给媒体，以提高游戏先期宣传力度。此外，一部分美工人员还要根据游戏内容来制作相关的宣传资料。由于在后期制作阶段，游戏的雏形已基本完成，因此可以开始征集玩家的反馈意见了。

6. 游戏测试

在这个阶段，游戏会交给专业的测试人员进行游戏流程的整体测试，美工和程序制作小组则负责根据游戏测试中发现的错误或漏洞随时进行修正。

7. 发行

测试完成之后，游戏开始进入市场，游戏发行人员开始准备游戏发行后对玩家的各种服务和宣传工作。

课后练习

（1）简述按照游戏内容，可以将电脑游戏分为哪几类，并列举每类的代表游戏。
（2）简述游戏场景的概念及任务。
（3）简述游戏的制作流程。

第 2 章 二维游戏地图的制作

传统概念上的地图是指按照一定的数学法则，用规定的图形符号和颜色，把地球表面的自然和社会现象，有选择地缩绘在平面图纸上的图，如普通地图、专题地图、各种比例地形图、影像地图、立体地图、数字地图等。利用地图能科学地反映出自然和社会经济现象的分布特征及其相互关系。

游戏中的地图和传统概念上的地图有着近似的作用，但是它所描绘的不是真实的地球，而是游戏中虚幻的世界，它能让玩家在游戏时明确自己所处的位置，还能知道所要到达目标的位置，以及完成任务后返回的路线等。图 2–1 为网络游戏《魔兽世界》中的两幅地图。对于玩家来说，一款游戏中的地图系统完善与否是至关重要的。

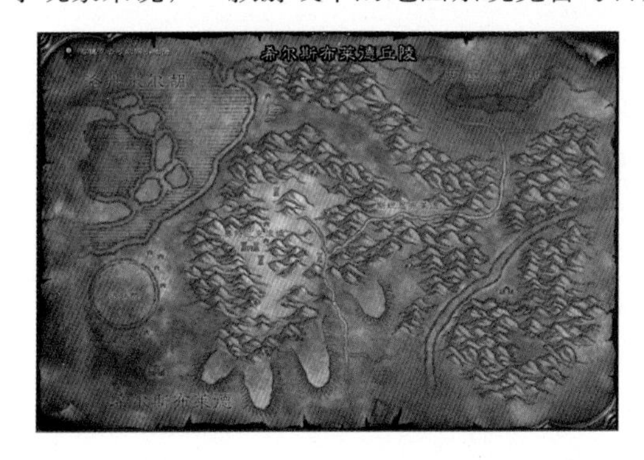

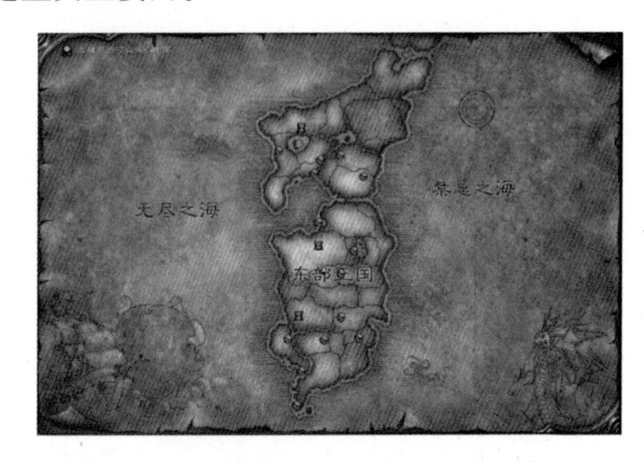

图 2–1　网络游戏《魔兽世界》中的两幅地图

无论是二维游戏还是三维游戏，地图多数都用二维形式来表现，但是制作的手段却有很多种，有用三维软件来渲染制作的，也有用手绘的。当然最常见的方法还是用一些素材叠加，然后辅以部分手绘的修饰，这种方法比较快捷且效果较好。

本章就用这种方法制作一张地图，效果如图 2–2 所示。所用的软件为 Photoshop。制作这幅地图的设计要求，如图 2–3 所示。

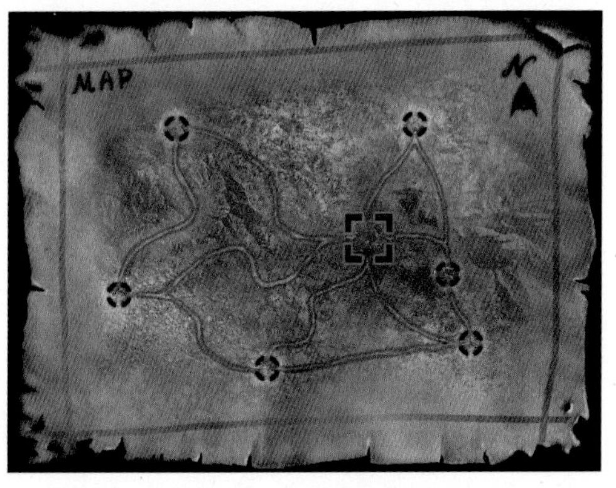

图 2–2　地图效果

在地图的设计要求中有很多十分重要的信息，如破旧的质感，又如要有不同地貌表现等，下面根据这些要求开始地图的具体制作工作。

名称	材质	内容
地图	破旧的羊皮纸	指南针，地图名称，一座主城市，六座小城市，并根据城市的地貌特点在地图中叠加不同的纹理

图 2-3　设计要求

2.1　地图风格的整体控制

我们要绘制的是一张破旧的羊皮纸地图，首先要做的是确立羊皮纸的质感，然后在此基础之上将地图做旧，让玩家感觉地图经历过无数次的惊险，充满神秘感。

有了这样的前提，也就对地图的风格做到心中有数，它应该具有比较原始的手绘感，不能有太多的机器和科技等概念混杂其中。下面就从整体上控制这种风格。

（1）启动 Photoshop CS5 软件，执行菜单中的“文件 | 新建”命令，新建一个名称为“地图”的文件，文件大小为 800×600 像素，背景为白色，如图 2-4 所示，单击“确定”按钮。执行菜单中的“文件 | 保存”命令，将其保存为“地图.psd”文件。

（2）新建的文件中只有白色的背景色，相当于一张白纸。那么怎样把一张白纸变成羊皮纸呢？制作方法如下：首先单击“动作”面板右上角的按钮，从弹出的菜单中选择“纹理”命令，如图 2-5 所示，这样关于纹理制作的一些动作就会被添加进“动作”面板。在“动作”面板中选中“羊皮纸”命令，如图 2-6 所示，单击面板底部的▶（播放选定的动作）按钮，执行该命令。

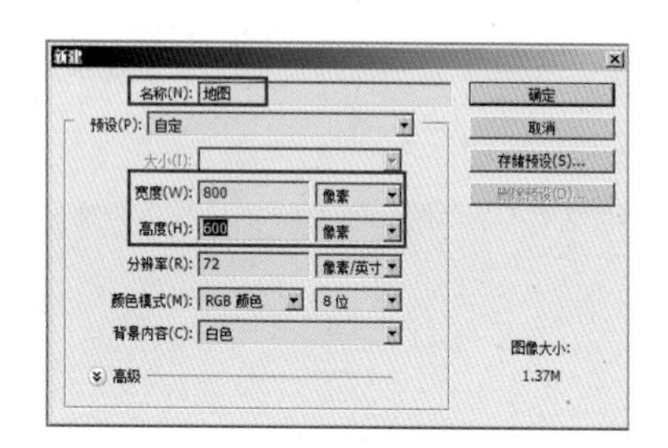

图 2-4　新建文件

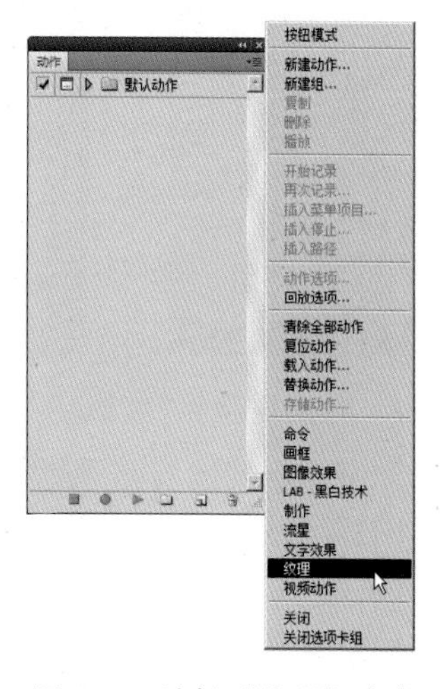

图 2-5　选择“纹理”命令

图 2-6　执行制作羊皮纸纹理的动作

提　示

Photoshop 软件中的“动作”指的是播放单个文件或一批文件的一系列命令。这一系列命令可以是我们自己录制的，也可以软件预置好的，这里播放的是软件预置好的制作羊皮纸纹理的一系列命令。

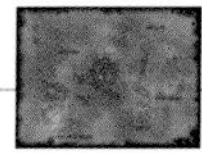

（3）单击▶（播放选定的动作）按钮后，软件会按照设置好的顺序来逐个执行命令，然后会弹出“纹理化”对话框，该对话框左侧有执行动作结果后的预览，从中能看到原来的一张白纸已经变成了一张土黄色的羊皮纸。接着，根据预览的效果来微调对话框中的参数，如图 2–7 所示。最后单击“确定”按钮结束动作。

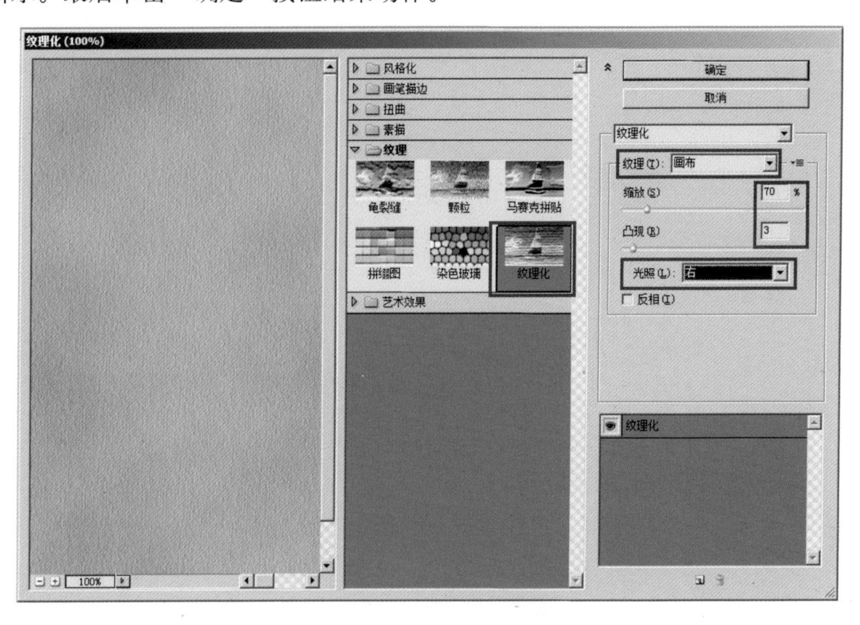

图 2–7　微调参数并完成动作

（4）执行完“羊皮纸”动作后，Photoshop 会自动创建一个“图层 1”，下面在“图层”面板中双击“图层 1”名称，将其重命名为“羊皮纸纹理”。然后单击工具箱中的前景色，并在弹出的拾色器中拾取黑色，如图 2–8 所示，单击“确定”按钮。接着选择“背景”图层，按快捷键〈Alt + Delete〉，将背景图层的颜色填充为黑色。填充完毕之后，当前的两个图层分别为“羊皮纸纹理”和“背景”，其中“羊皮纸纹理”图层是纹理的颜色，“背景”图层是黑色，如图 2–9 所示。

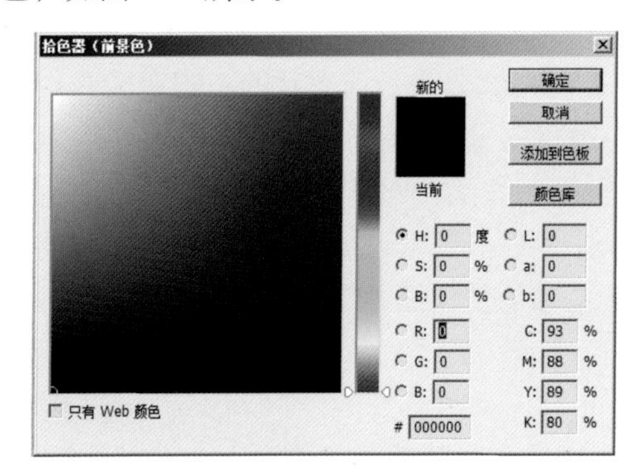

图 2–8　将前景色设置为黑色

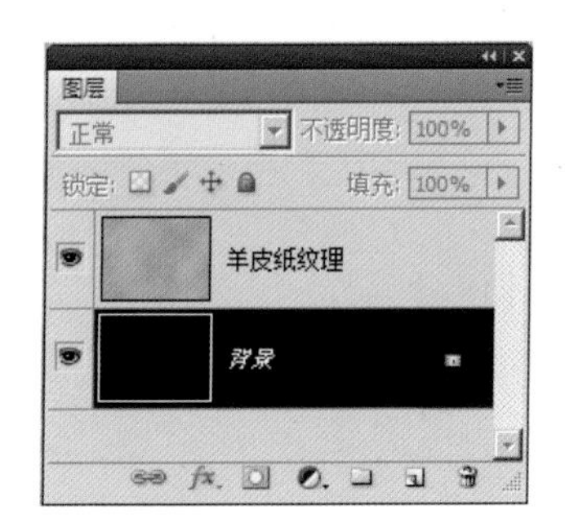

图 2–9　图层分布

提　示

〈Alt+Delete〉是使用前景色填充图层的快捷键；〈Ctrl+Delete〉是使用背景色填充图层的快捷键。

（5）选择“羊皮纸纹理”图层，然后单击“图层”面板底部的◻（添加图层蒙版）按钮，为此层添加蒙版。接着按住键盘上的〈Alt〉键，单击“羊皮纸纹理”图层的蒙版缩略图，此时视图中所显示的图像由原来的羊皮纸纹理换成了白色的蒙版。

提 示

按住键盘上的〈Alt〉键单击蒙版缩略图，可以在图层和蒙版之间进行显示切换，如图 2-10 所示。

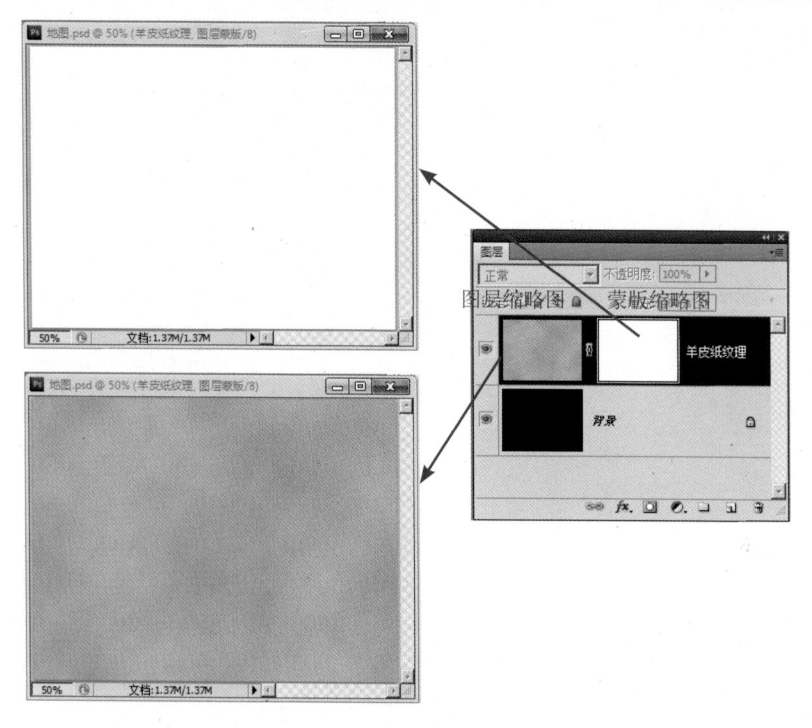

图 2-10　添加并打开蒙版

（6）蒙版在地图实例的制作中有着十分重要的作用，蒙版中的黑色部分为当前图层的透明区域，通过该区域会显示出下面图层的图像；白色部分为当前图层的不透明区域；灰色部分会渐隐渐现当前图层的图像。如果想要图层中的哪一部分变透明，那就将对应的蒙版部分画成黑色。下面就利用蒙版将地图以外的部分去除。方法：选择工具箱中的◻（多边形套索工具），并在工具选项栏中将“羽化”设为 0 px，然后沿蒙版边缘套选出一块锯齿状的选区，接着按快捷键〈Ctrl+Shift+I〉，反向选择选区，最后按快捷键〈Alt+Delete〉，将这个选区填充为黑色，如图 2-11 所示。

提 示

应用◻（多边形套索工具）工作的流程是：首先选中该工具，然后在图像中单击确定起始点，接着将鼠标指针移动到下一个目标点，继续单击。同理依次单击每个目标点，当回到起始点再次单击，就会得到一个闭合的选区。另外，配合键盘上的〈Shift〉键可以在原有选区的基础上添加选区，配合键盘上的〈Alt〉键可以减少选区。

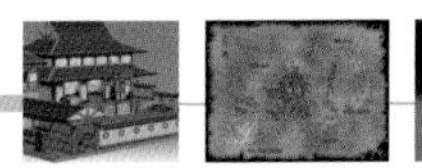
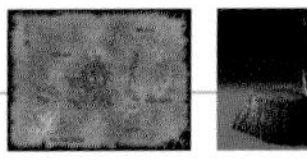

（7）利用蒙版制作地图纸张边缘破损的效果。方法：选择工具箱中的（画笔工具），利用黑色细致地加工蒙版中黑白色交界的部位，从而制作出纸张边缘破损的效果，完成结果如图 2–12 所示。

图 2–11　初步绘制蒙版

图 2–12　进一步绘制蒙版

（8）再次按住键盘上的〈Alt〉键，单击蒙版缩略图，重新切换回羊皮纸纹理显示，这时可看到蒙版所起的作用：原来完整的“羊皮纸纹理”图层边缘现在有了明显的破损。但是纸的颜色还不够破旧，下面就来调整它的色调。方法：首先选择“羊皮纸纹理”图层，然后单击“图层”面板底部的（创建新的填充和调整图层）按钮，在弹出的菜单中选择“色彩平衡”命令，接着在弹出的“调整”面板中调节羊皮纸的色调，如图 2–13 所示，让其显得更破旧一些，此时图层分布如图 2–14 所示。

提 示

关闭“色彩平衡”对话框后，如果想要再次调节面板中的参数，可以通过双击色彩平衡图层的图层缩略图来打开色彩平衡面板进行再次调节。

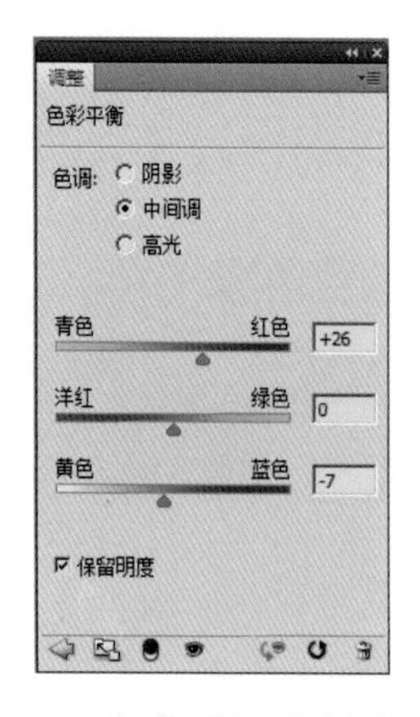

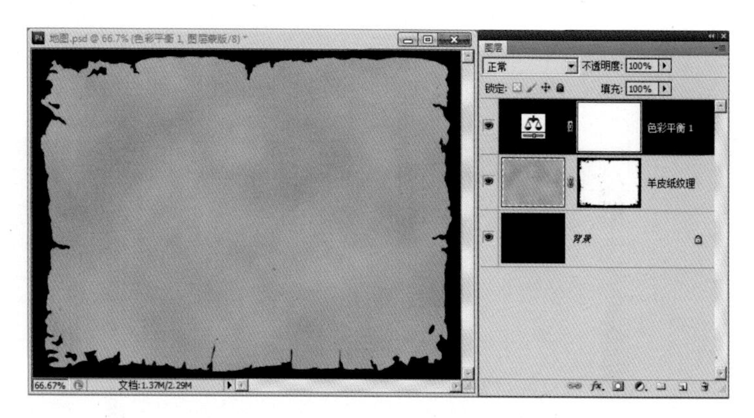

图 2-13 调节“色彩平衡”参数　　　　图 2-14 调节“色彩平衡”参数后的效果

(9) 现在地图的色调是正确的破旧羊皮纸颜色了，不过纸张的破旧感仍然不足，而且纸张没有体积感，没有褶皱，下面就来解决这些问题。体积可以通过明暗来表现，那么就来添加一个调节暗面的图层。方法：单击“图层”面板下方的 (创建新的填充和调整图层) 按钮，在弹出的菜单中选择“曲线”命令，添加曲线调整图层，然后按住〈Alt〉键并单击蒙版的缩略图打开蒙版。接着选择“羊皮纸纹理”图层的蒙版，按快捷键〈Ctrl+A〉全选，再按快捷键〈Ctrl+C〉复制，接着按快捷键〈Ctrl+V〉，将刚才复制的“羊皮纸纹理”图层的蒙版粘贴进来，最后将新图层重命名为“调暗曲线”，结果如图 2-15 所示。

图 2-15 添加曲线调整图层并粘贴蒙版

(10) 按住〈Ctrl〉键，并单击“调暗曲线”图层蒙版的缩略图，从而得到图层蒙版的选区。然后执行菜单中的“选择|修改|收缩”命令，在弹出的对话框中设置参数，如图 2-16 所示。单击“确定”按钮，从而将选区收缩 2 像素。接着执行菜单中的“选择|羽化”命令，在弹出的对话框中设置参数，如图 2-17 所示。单击“确定”按钮，从而将选区羽化 5 个像素，结果如图 2-18 所示。

(11) 给蒙版中的选区填充黑色，结果如图 2-19 中 A 所示。然后双击“调暗曲线”图层的图层缩略图打开“调整”面板，然后调节曲线的形状到图 2-19 中 B 所示的样子，结果如图 2-19 中 C 所示。

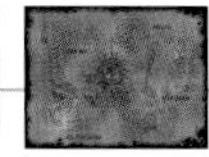
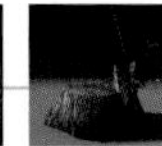

图 2–16　设置“收缩选区”的参数

图 2–17　设置“羽化选区”的参数

图 2–18　收缩和羽化选区后的效果

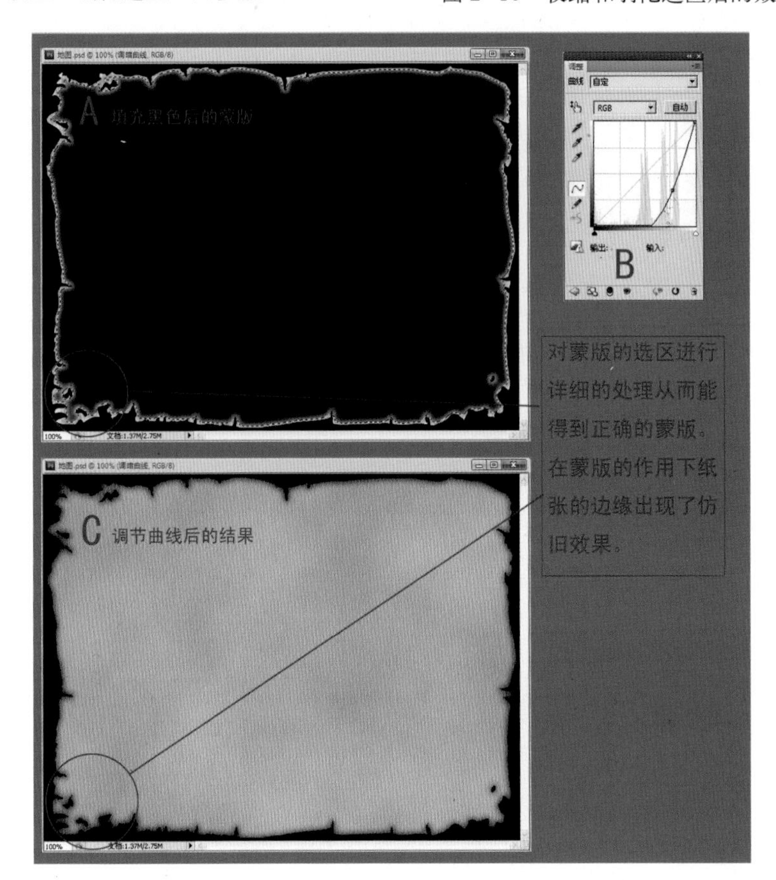

图 2–19　填充蒙版并调节曲线

提 示 1

添加并调节曲线图层的目的是把纸张边缘调暗，从而制造出纸张破损后边缘变薄变脏的效果，而绘制蒙版是为了让曲线调整图层精确地控制纸张的边缘，而不会影响其他部分。

提 示 2

利用“收缩”命令收缩选区是为了让最靠近边缘的地方最暗，所以这个部位的蒙版是纯白色的，它受曲线调节的影响最大。利用“羽化”命令羽化选区是为了给暗色边缘添加过渡，接着把选区填充为黑色是为了让纸张的中间不受曲线图层的影响。

（12）现在羊皮纸的边缘暗了下来，不过真正的纸张在破旧之后还会有褶皱，为了表现出褶皱，需要再次对蒙版进行更深入的绘制。方法：首先打开蒙版，然后选择工具箱中的（画笔工具），分别将前景色和背景色设置为黑色和白色（快捷键〈D〉），接着用（画笔工具）切换两种颜色，在蒙版上需要变暗的地方画上白色，在需要保持原色的地方画上黑色，结果如图 2-20 所示。

提 示

在绘制的时候需要很细致，最好能配合数位板来操作。如果用鼠标绘制，就要不断地调节笔刷工具的不透明度和流量，使绘制出来的笔触尽可能自然。

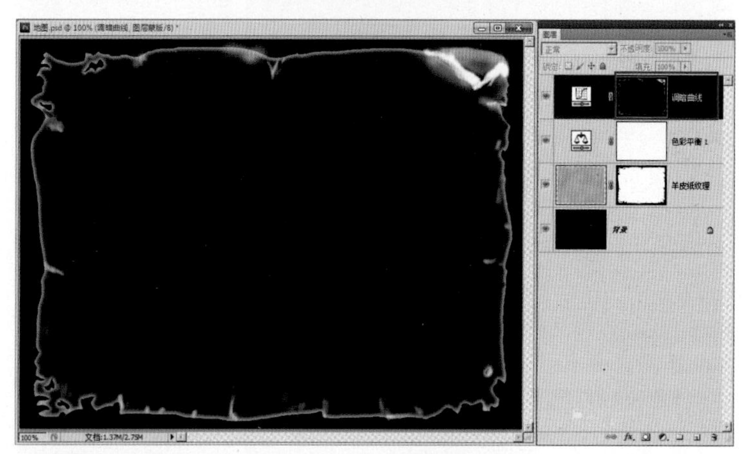

图 2-20　深入绘制蒙版

（13）单击“调暗曲线”图层的缩略图，此时就能看到曲线图层在蒙版的作用下，给纸张添加了褶皱的感觉，结果如图 2-21 所示。

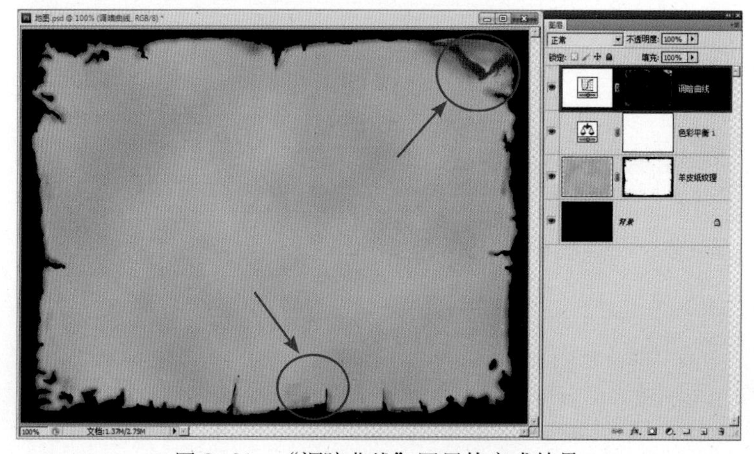

图 2-21　“调暗曲线”图层的完成结果

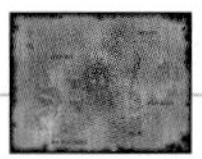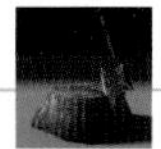

（14）此时图像中只有暗部的褶皱，显得不够明快，同时体积感不足，下面就来调整地图的亮部。具体步骤和制作方法与“调暗曲线”近似。方法：单击“图层”面板下方的 （创建新的填充和调整图层）按钮，在弹出的菜单中选择“曲线”命令，添加曲线调整图层。然后打开蒙版，按快捷键〈Ctrl+V〉将刚才已经复制过的“羊皮纸纹理”图层的蒙版粘贴进来。接着将新图层重命名为“调亮曲线”，最后对这个图层的蒙版进行细致深入的绘制，利用 （画笔工具）将需要强调的高光部分画上白色，结果如图 2-22 所示。

图 2-22 “调亮曲线”层的图层蒙版

（15）完成蒙版后双击“调亮曲线”图层的图层缩略图，打开“调整”面板，然后调整曲线形状及预览效果如图 2-23 所示。

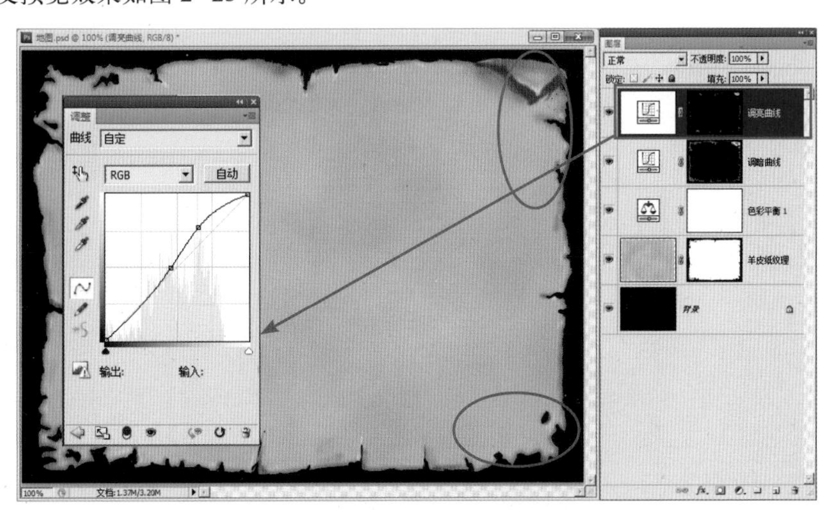

图 2-23 调节“调亮曲线”图层的曲线

（16）地图经过长期的使用后，其表面会留下很多污点，下面就来为地图增加污点的纹理。方法：打开“\贴图\第 2 章 二维游戏地图的制作\污点 .jpg”素材文件，然后利用工具箱中的 （移动工具），将“污点 .jpg”文件拖动到“地图 .psd”中，此时会产生一个新的图层，将新图层重命名为“污点”。选择“污点”图层，将图层混合模式设为“叠加”，并改变该层的不透明度为 80%，如图 2-24 所示。

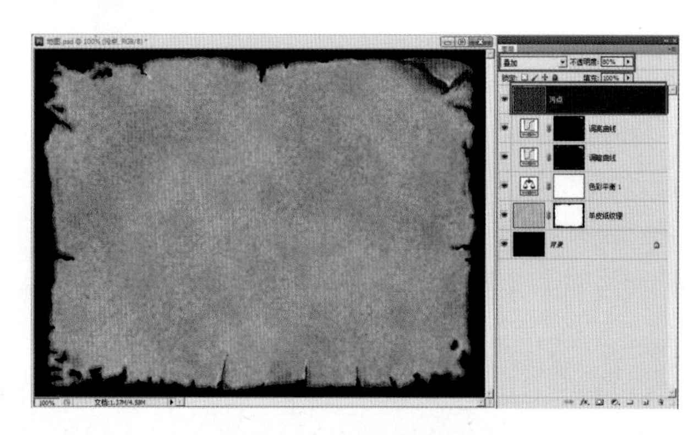

图 2–24　添加污点纹理

提 示 1

在利用移动工具拖动“污点.jpg”文件的同时按住〈Shift〉键，能让拖动的文件到达新文件中时自动对齐，这样能使拖动更准确。

提 示 2

默认的图层混合模式为“正常”，这时两个图层是完全没有混合的。如果改变图层的混合模式，能使两个图层用各种奇特的方式融合在一起。在叠加纹理时改变图层的混合模式往往能得到意想不到的好效果。

（17）污点的纹理被添加进来，但是当前的污点纹理太规整，显得有些呆板，需要给这个纹理添加一些随机变化，让它更自然。方法：首先选择“污点”图层，单击（添加图层蒙版）按钮，添加蒙版。然后按住〈Alt〉键单击图层蒙版的缩略图，调出图层蒙版。接着执行菜单中的“滤镜|渲染|云彩”命令，给蒙版填充云彩的纹理，此时在蒙版中云彩纹理的作用下污点有了自然的变化，如图 2–25 所示。

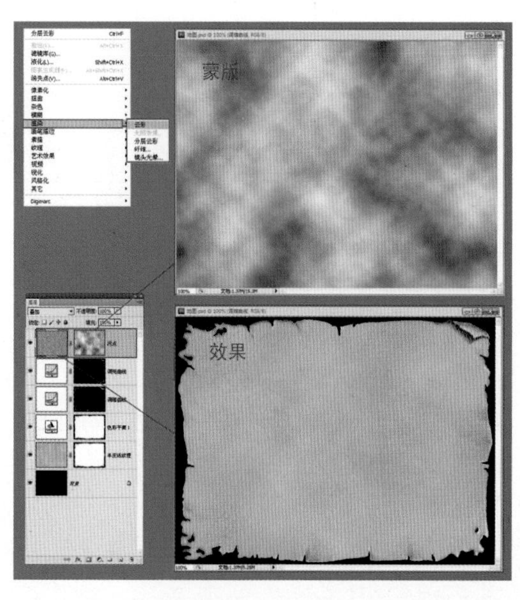

图 2–25　调整蒙版使污点层的效果更自然

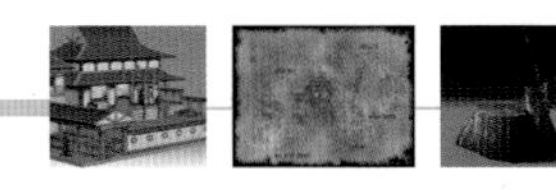

提 示

用“云彩”滤镜给蒙版填充纹理是因为“云彩”滤镜能制造出随机的黑白色混合效果。而这个效果作用于蒙版之后刚好能做出污点图层的随机透明，也就是说云彩中黑色部分使污点透明，白色部分使污点显现。从而将污点纹理和羊皮纸纹理自然地合成在一起。

(18) 制作地图的边框线。方法：单击“图层”面板下方的 (创建新图层) 按钮，在“污点”图层上方添加一个新图层，并将其重命名为“边框”。然后利用工具箱中的 (画笔工具) 绘制四条边，绘制时要做到用笔干净利索，画完之后单击 (添加图层蒙版) 按钮，给“边框”图层添加蒙版。接着按住〈Alt〉键单击“污点”图层的蒙版缩略图，调出这个图层的蒙版，并利用工具箱中的 (矩形选框工具) 全选整个蒙版，再按快捷键〈Ctrl+C〉将其复制，最后选择“边框”图层，按住〈Alt〉键单击图层蒙版的缩略图，调出该图层的图层蒙版，按快捷键〈Ctrl+ V〉将蒙版粘贴进去。这样“边框”图层就有了一个和“污点”图层相同的云彩纹理的蒙版。蒙版处理好后还要改变图层的混合模式为“柔光”，这样的边线与羊皮纸纹理的结合会变得更自然，结果如图 2–26 所示。

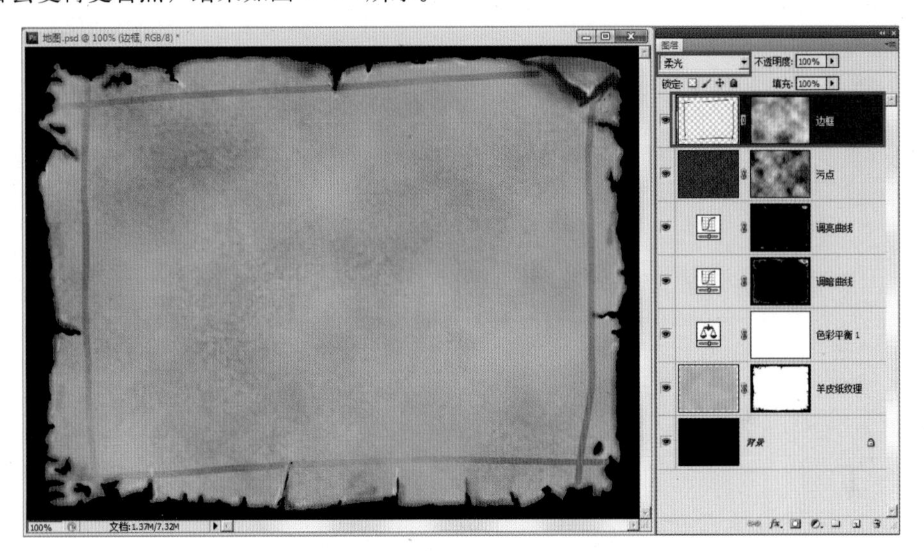

图 2–26 绘制边框

2.2 局部纹理的叠加

地图的整体感觉确立之后，接下来要为地图做一些局部的处理。下面就按照不同的地貌来给地图叠加不同的纹理。

(1) 打开“\贴图\第 2 章 二维游戏地图的制作\裂缝石头纹理 .jpg”素材文件，然后选择工具箱中的 (移动工具)，拖动“裂缝石头纹理 .jpg”到“地图 .psd”文件上。在“地图 .psd”文件中将新添加的图层重命名为“裂缝石头纹理 1”。改变这个图层的混合模式为“强光”，改变图层的不透明度为 80%，如图 2–27 所示。最后关闭“裂缝石头纹理 .jpg”文件。

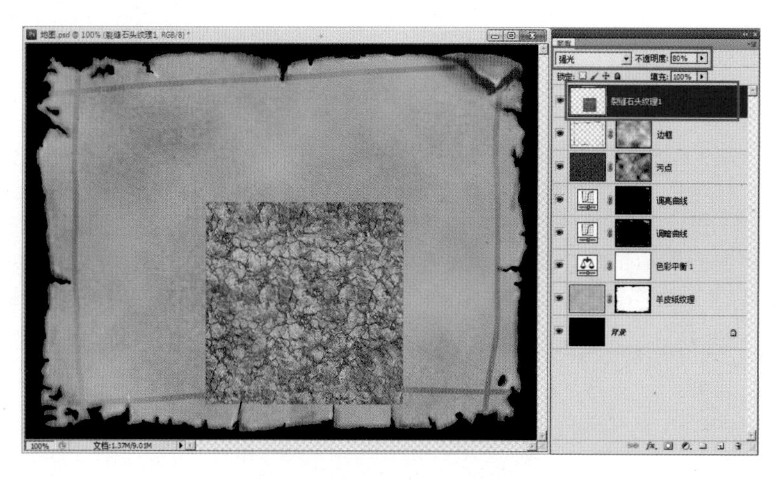

图 2–27　叠加石头纹理

提 示

利用▶（移动工具）拖动图片到目标文件能起到与复制和粘贴一样的作用，这是个十分快捷、直观的办法。

（2）制作蒙版。方法：单击“图层”面板下方的◻（添加图层蒙版）按钮，为“裂缝石头纹理 1”图层创建一个新蒙版，然后按住〈Alt〉键，单击蒙版的缩略图，打开蒙版。接着执行菜单中的“滤镜|渲染|云彩”命令，给蒙版填充云彩的纹理。最后利用工具箱中的🖌（画笔工具），在蒙版上用黑色将裂缝石头纹理的周围画黑，从而给裂缝石头纹理做出一个渐变的边缘。编辑蒙版的步骤如图 2–28 所示。

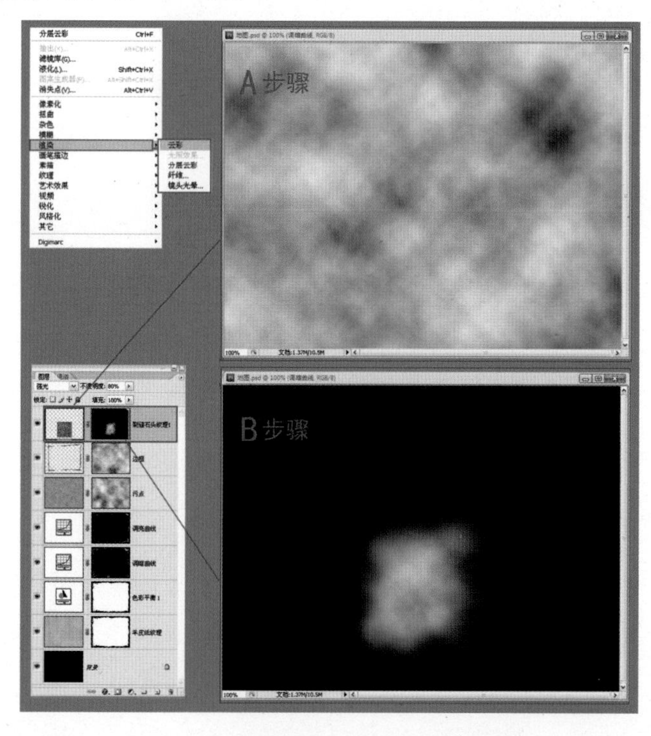

图 2–28　编辑裂缝石头纹理的图层蒙版

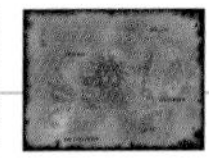
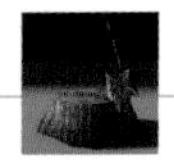

(3) 单击“裂缝石头纹理 1”的图层缩略图，此时能看到石头纹理比较自然地和纸纹理叠加在了一起，如图 2-29 所示。

(4) 选择工具箱中的（移动工具），然后拖动“裂缝石头纹理 1”图层到（创建新图层）按钮上，从而为这个图层创建副本。将新图层重命名为“裂缝石头纹理 2”，并改变图层混合模式为“叠加”。最后移动图层的位置到地图的右上方，结果如图 2-30 所示。

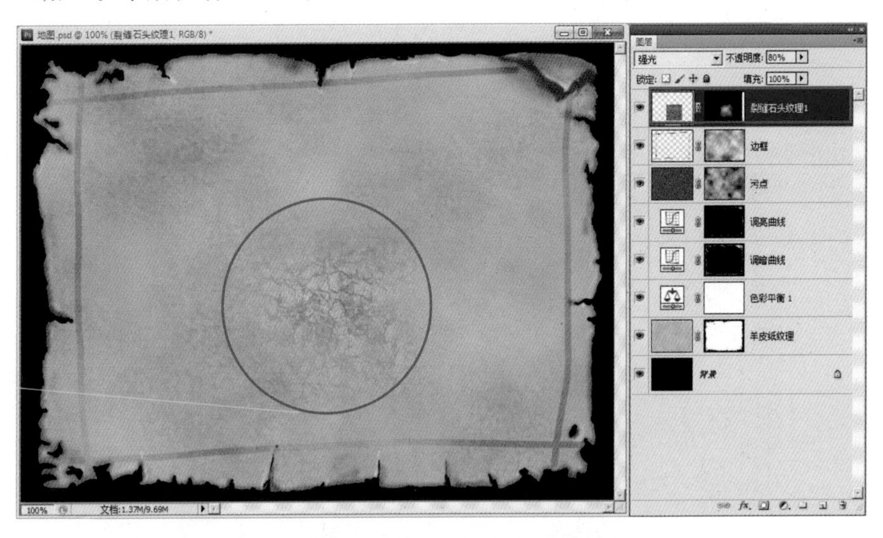

图 2-29 编辑完成的“裂缝石头纹理 1”图层

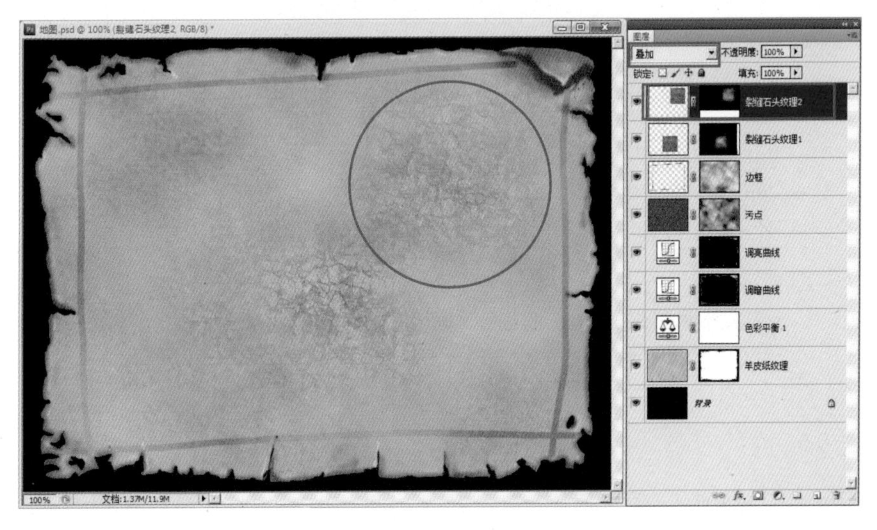

图 2-30 制作“裂缝石头纹理 2”图层

提 示

直接利用“裂缝石头纹理 1”图层的副本来制作“裂缝石头纹理 2”是最快捷的方法，可以免去再调入新文件的麻烦，但是这样两个图层会有雷同感，为此我们将“裂缝石头纹理 2”的图层混合模式改为与“裂缝石头纹理 1”所不同的“叠加”方式，从而避免了两个图层的雷同。

（5）打开“\贴图\第2章　二维游戏地图的制作\花纹石头纹理 .jpg”文件，然后利用工具箱中的（移动工具），将“花纹石头纹理 .jpg”拖动到“地图 .psd”文件中，在“地图 .psd”文件中将新添加的图层重命名为“花纹石头纹理1”，并改变图层混合模式为“强光”。

（6）选择“花纹石头纹理1”图层，单击（添加图层蒙版）按钮，创建一个新蒙版，然后按〈Alt〉键单击蒙版的缩略图，打开蒙版。接着，执行菜单中的“滤镜|渲染|云彩”命令，给蒙版填充云彩的纹理。最后利用工具箱中的（画笔工具），在蒙版上利用黑色修饰蒙版的边缘，编辑蒙版的结果和图层最后的效果如图2–31所示。完成后关闭“花纹石头纹理 .jpg”文件。

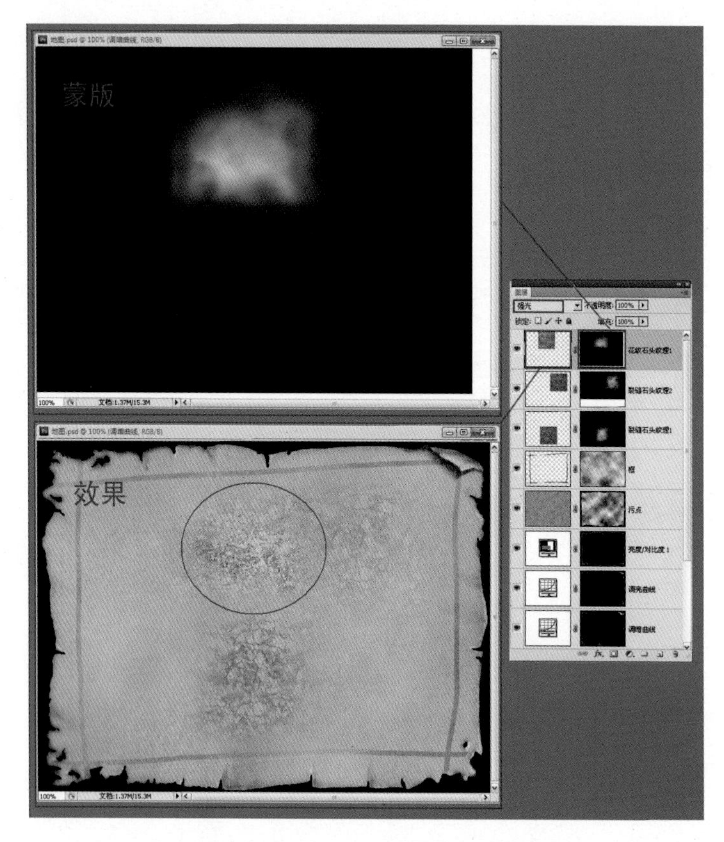

图2–31　编辑“花纹石头纹理1”图层

提 示

创建一个新蒙版，编辑蒙版的方法和“裂缝石头纹理1”图层是一样的，可以参考图2–25来完成。

（7）选择工具箱中的（移动工具），然后拖动“花纹石头纹理1”图层到（创建新图层）按钮上，为这个图层创建副本，将新图层重命名为“花纹石头纹理2”。

现在“花纹石头纹理2”和“花纹石头纹理1”两个图层是完全一样的，为了避免雷同感，需要执行菜单的“编辑|变换|水平翻转”命令，将“花纹石头纹理2”图层翻转。这样虽然两个图层的纹理是一样的，但是方向不同，也能起到丰富画面效果的作用。最后移动图层的位置到地图的右下方，如果画面效果还不够丰富，也可以打开蒙版用画笔简单地加工一下。

最后的蒙版和画面效果结果如图 2–32 所示。

提 示

在为“花纹石头纹理 1”图层创建副本的时候，它的图层混合模式也同时被带给了副本，所以不需要调节“花纹石头纹理 2”图层的混合模式，它就已经自动地改为了“强光”。

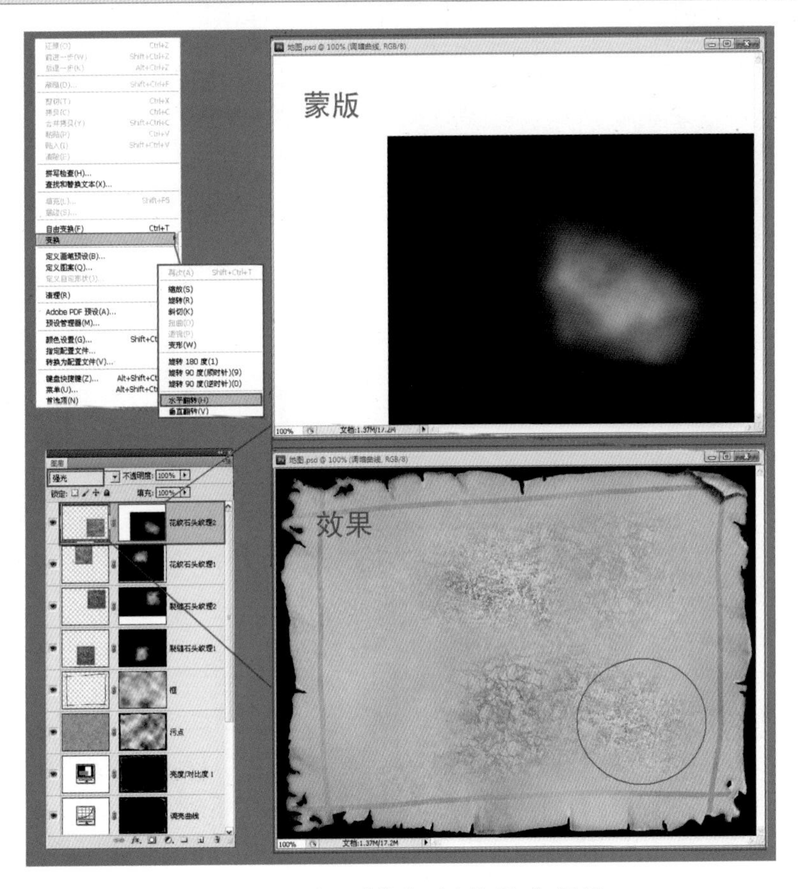

图 2–32 编辑“花纹石头纹理 2”图层

(8) 打开“\贴图\第 2 章 二维游戏地图的制作\沙土纹理 .jpg”文件，然后利用（移动工具）将“沙土纹理 .jpg”拖动到“地图 .psd”文件中，并将新添加的图层重命名为“沙土纹理”。接着改变这个图层的混合模式为“强光”，并单击图层面板下方的（添加图层蒙版）按钮，创建一个新蒙版。

(9) 按住键盘上的〈Alt〉键，单击新建的蒙版缩略图，打开蒙版。然后执行菜单中的“滤镜 | 渲染 | 云彩”命令，给蒙版填充云彩纹理。接着利用工具箱中的（画笔工具），在蒙版上利用黑色修饰蒙版的边缘，编辑蒙版的结果和图层最后的效果如图 2–33 所示。最后关闭“沙土纹理 .jpg”文件。

(10) 在叠加了三种沙石土壤类的纹理之后，地图的色调统一倾向为土黄色，有些单调，下面再叠加一些草地纹理，可以用它来给地图添加一些绿色元素，从而丰富画面的色调。叠加草地纹理的方法和叠加沙石土壤的方法近似。

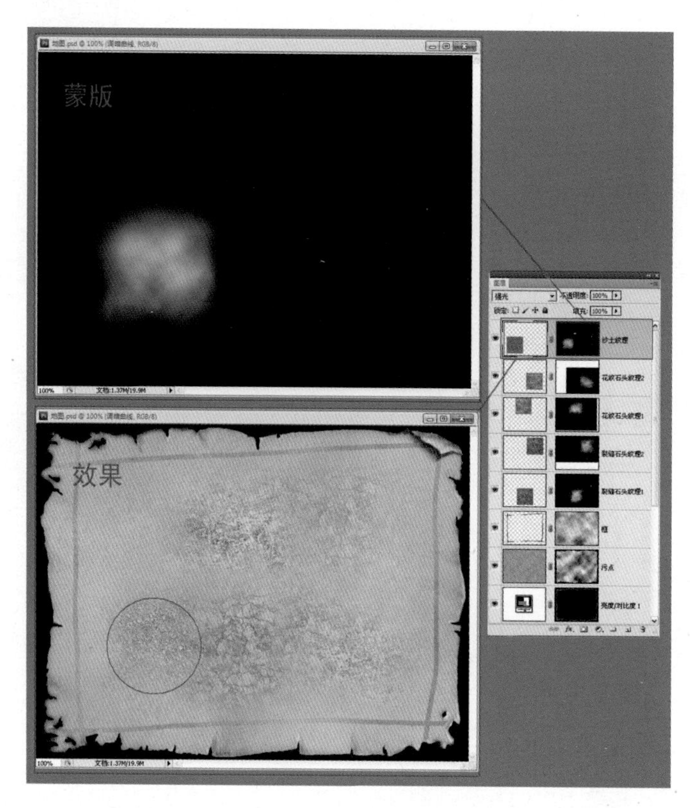

图 2-33　叠加沙土纹理

方法：打开“\ 贴图 \ 第 2 章　二维游戏地图的制作 \ 草地纹理 .jpg”文件，利用（移动工具），将“草地纹理 .jpg”拖动到“地图 .psd”文件中，并将新添加的图层重命名为“草地 1”，然后改变这个图层的混合模式为“强光”。单击（添加图层蒙版）按钮创建一个新蒙版，并打开蒙版，给蒙版填充云彩纹理，当然还要用（画笔工具）修饰蒙版的边缘。接下来为“草地 1”创建两个副本，分别命名为“草地 2”“草地 3”，并分别用和“草地 1”同样的方法来编辑蒙版，从而来制作出不同的效果以避免雷同。蒙版编辑的结果和图层中最后的显示效果如图 2-34 所示。最后关闭“草地纹理 .jpg”文件。

（11）打开“\ 贴图 \ 第 2 章　二维游戏地图的制作 \ 山脉纹理 1.jpg”文件，然后利用（移动工具）将 “山脉纹理 1.jpg” 拖动到“地图 .psd”文件中，并将新添加的图层重命名为“山脉 1”，改变这个图层的混合模式为“强光”。单击（添加图层蒙版）按钮，创建一个新蒙版。最后利用（画笔工具），用黑色修饰蒙版的边缘，从而为山脉纹理的边缘做出柔和的过渡，蒙版编辑的结果和图层中最后显示的效果如图 2-35 所示。完成后关闭“山脉纹理 1.jpg”文件。

提 示

山脉纹理的颜色及明暗对比很强烈，明显超过了石头和草地纹理，这会影响整个画面的协调，因此为山脉纹理绘制蒙版时，在对应山脉纹理中间的部位沿着山脉的走向画了一些黑色。蒙版中的黑色就意味着图层会变得更透明，从而中和了山脉纹理强烈的画面对比，使整张地图的效果更加统一。

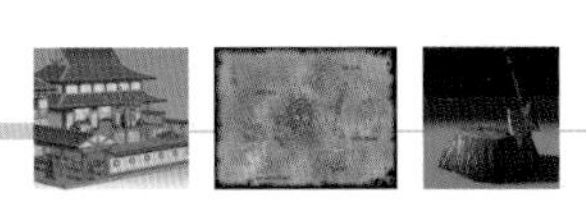

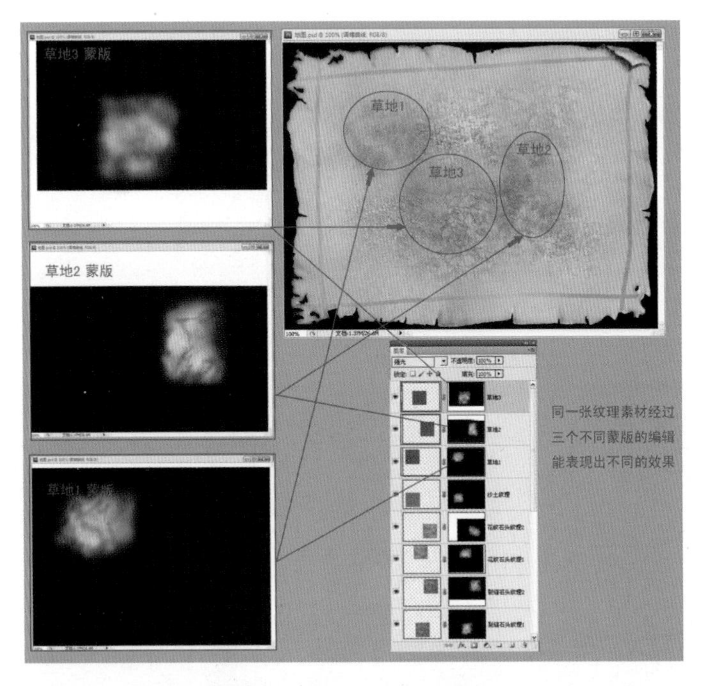

图 2-34　叠加三层草地的纹理

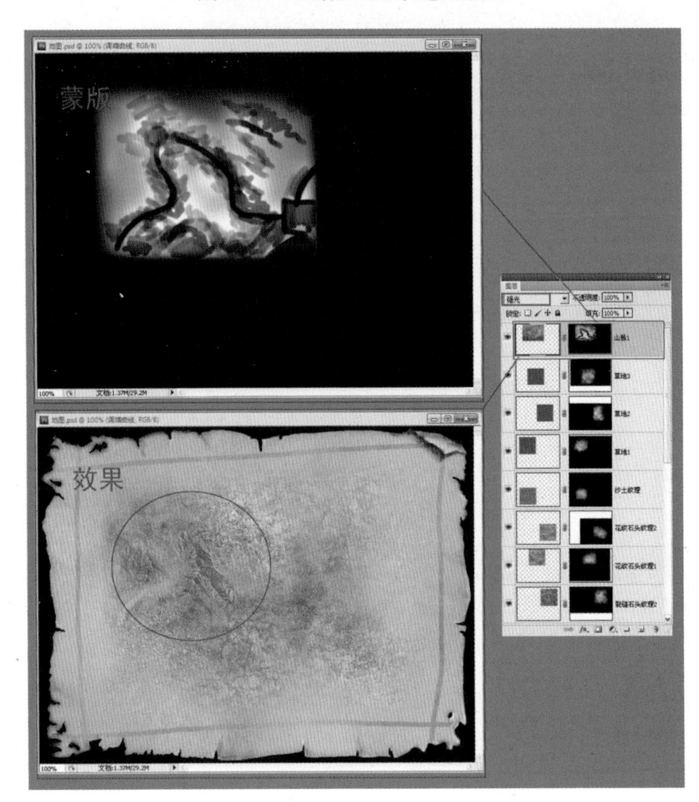

图 2-35　叠加第一种山脉的纹理

(12) 打开"\贴图\第 2 章 二维游戏地图的制作\山脉纹理 2.jpg"文件，然后用 (移动工具) 将"山脉纹理 2.jpg"拖动到"地图 .psd"文件中，并将新添加的图层重命名为"山脉 2”，改变这个图层的混合模式为“柔光”。单击 （添加图层蒙版）按钮，创建一个新蒙版，最后利用 （画笔工具）用黑色修饰蒙版，从而为山脉纹理的边缘做出柔和的过渡，蒙版编辑的结果和图层中最后显示的效果如图 2–36 所示。完成后关闭“山脉纹理 2.jpg”文件。

提 示

“山脉 1”的图层混合模式是“强光”，而“山脉 2”的图层混合模式为“柔光”，它们分别用了两种不同的模式。这是为了避免两种山脉效果雷同，在叠加近似的纹理到同一文件中时，改变不同的图层混合模式是比较好的丰富画面的方法。

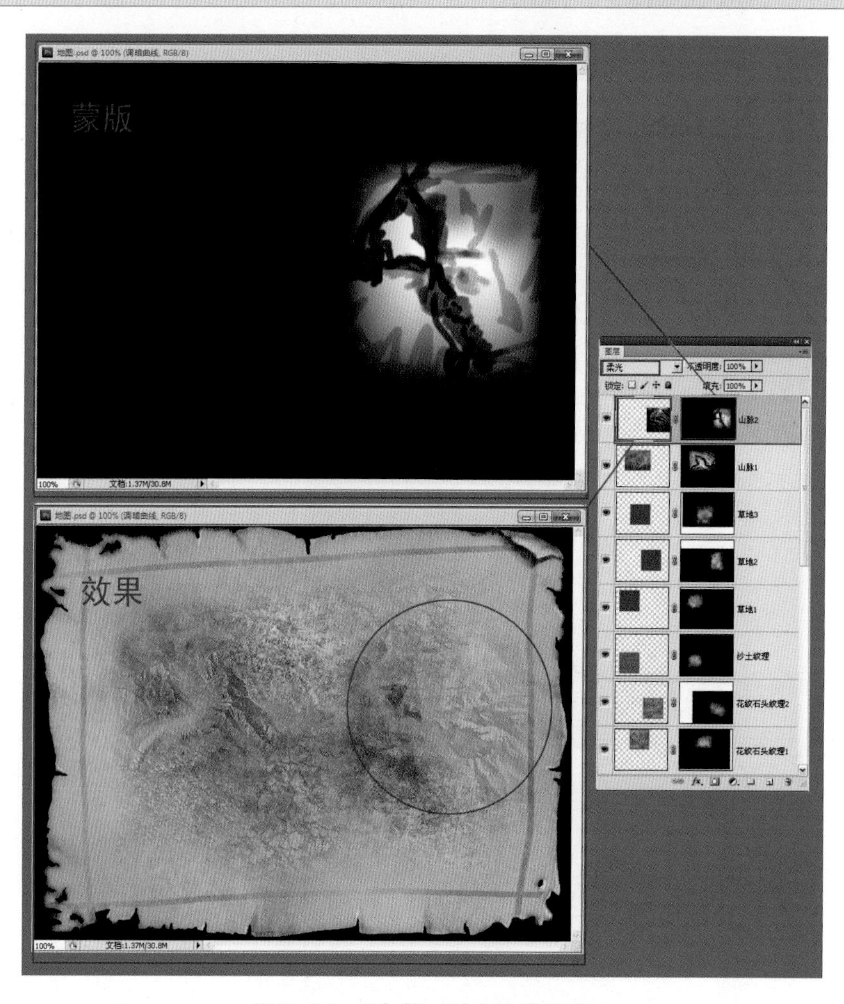

图 2–36 叠加第二种山脉的纹理

2.3 地图标识的制作

地图局部的纹理叠加完成之后，还要安排好地图中所必需的一个要素，就是地图的标识。如指南针、路线等，只有将地图标识清楚才能发挥它的实际作用。下面开始地图标识的制作。

(1)打开"\贴图\第2章　二维游戏地图的制作\道路纹理.jpg"文件，然后利用(移动工具)将"道路纹理.jpg"拖动到"地图.psd"文件中，并将新添加的图层重命名为"道路"。选择"道路"图层，单击(添加图层蒙版)按钮，创建一个新蒙版，并将整个蒙版填充为黑色，最后利用(画笔工具)，用白色描画道路所在的区域，结果如图2-37所示。完成后关闭"道路.jpg"文件。

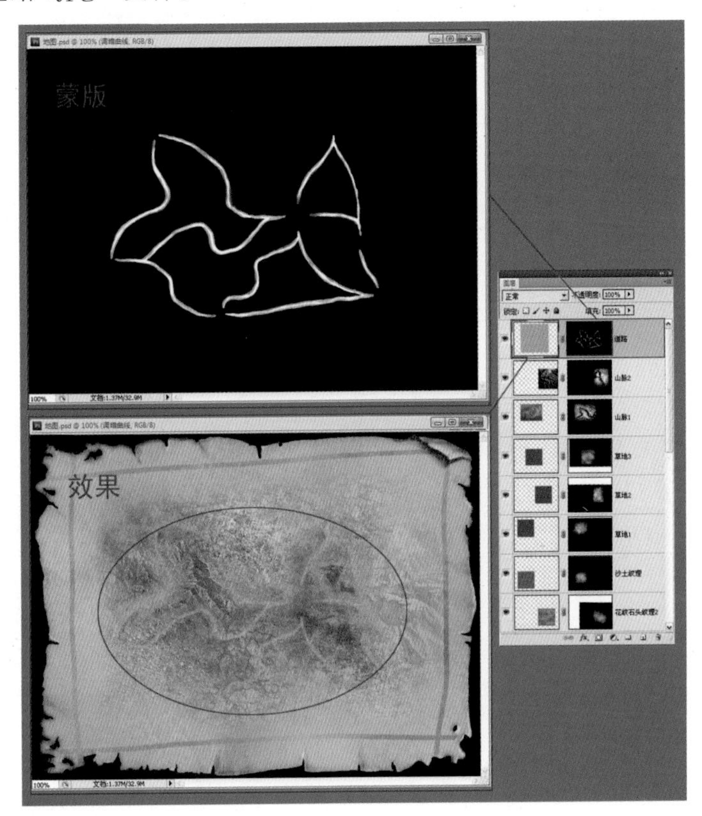

图2-37　道路纹理的叠加

提 示

游戏制作是一种大型团体合作的工作项目，在合作中保证每一位美工所创作出来的作品都能风格统一是相当重要的。道路之所以也用叠加纹理的方法来制作，就是为了让地图的风格整体统一，让道路与地图的其他部分能很好地融合。

(2) 在保证整体感的前提下，对"道路"图层进行装饰。方法：选择"道路"图层，单击"图层"面板下方的(添加图层样式)按钮，在打开的菜单中选择"外发光"命令，在弹出的"图层样式"对话框中设置外发光的参数，如图2-38所示，单击"确定"按钮，结果如图2-39所示。

提 示

需要强调的是，设置"外发光"的颜色要和道路近似，不然会破坏道路图层与其他图层之间的整体感。

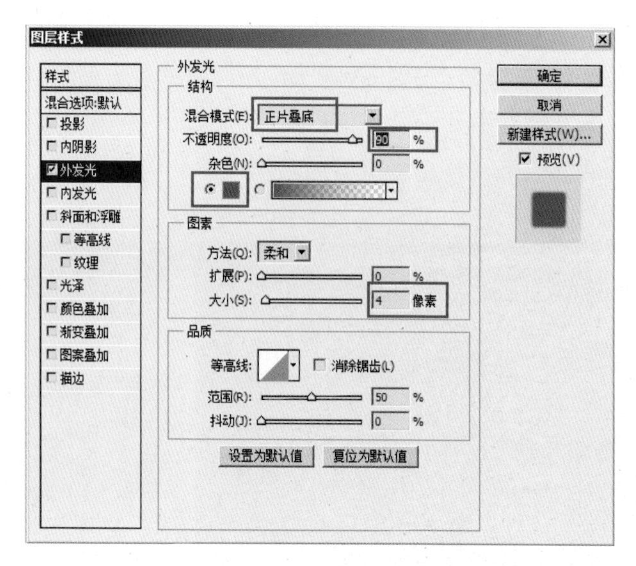

图 2–38 添加“外发光”图层样式

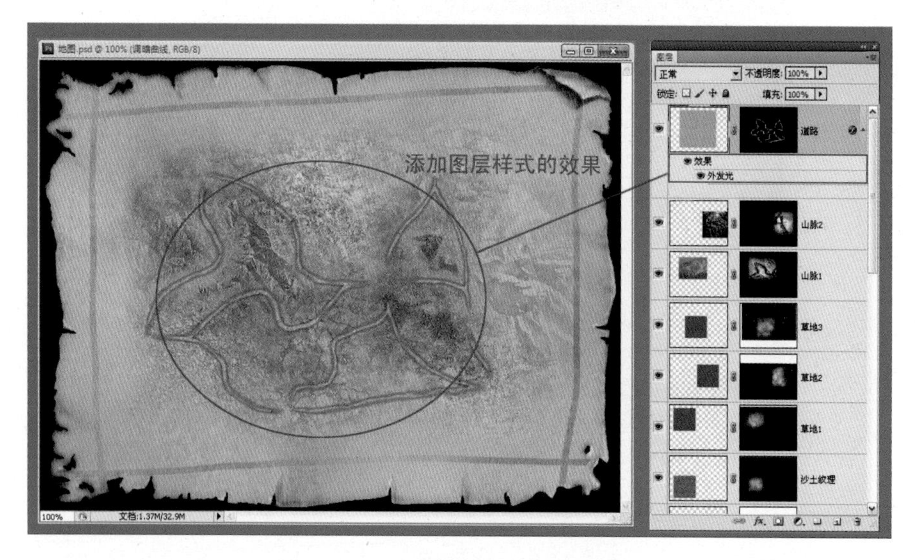

图 2–39 利用图层样式来装饰道路

（3）在保证地图整体性的同时，利用添加图层样式的方法制作地图的标注。方法：打开“\贴图\第 2 章 二维游戏地图的制作\标识_01.psd”“标识_02.psd”“指南针.psd”和“地图名称.psd”4 个文件。然后利用（移动工具）将它们分别拖入“地图.psd”文件中，并根据道路的走向来安排它们的位置。接着将这几个新添加的图层，利用菜单中的“图层 | 向下合并”命令进行合并，并将合并后的图层命名为“标识”。再单击“图层”面板下方的（添加图层样式）按钮，在打开的菜单中选择“外发光”命令，在弹出的“图层样式”对话框中进行设置，如图 2–40 中 A 所示，单击“确定”按钮，结果如图 2–40 中 B 所示。

提 示

添加图层样式能使调入的地图标识和文字有个过渡的边缘，从而能和其他图层结合得比较自然。

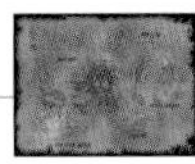

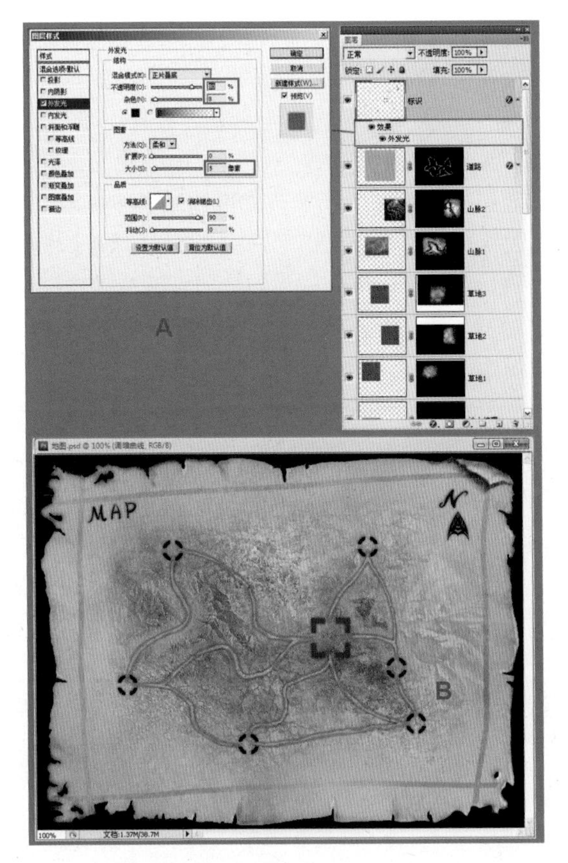

图 2-40　添加地图标识及文字

（4）地图中添加的标识还需要继续丰富，尤其是方形图标代表的主城市与圆形图标代表的小城市，这些城市的标识是地图中最应该突出的东西。下面就给这些标识叠加纹理。方法：打开“\贴图\第2章　二维游戏地图的制作\城市.jpg”文件，然后利用（移动工具）将其拖入到“地图.psd”文件中，接着拖动新图层到（创建新图层）按钮上，为这个图层创建副本。同理，再为新图层创建6个副本，并用（移动工具）将这7个纹理素材分别对齐每个城市的标识。再合并这7个纹理图层，并将合并后的图层命名为“城市”。最后改变此图层的混合模式为“叠加”，结果如图2-41所示。

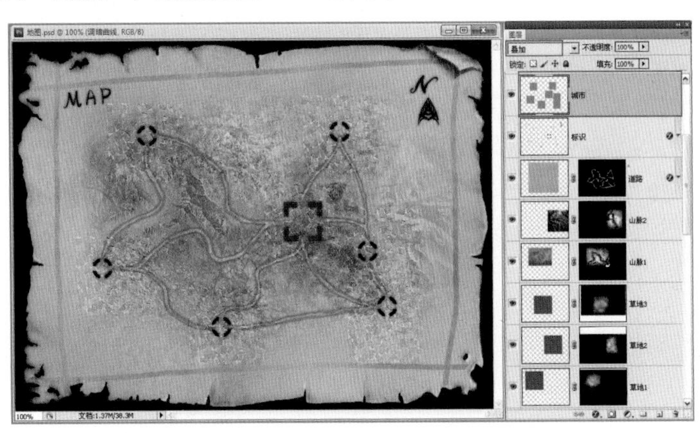

图 2-41　为城市标识叠加纹理

（5）为了精确地控制城市纹理的范围，下面为这个图层添加蒙版。方法：选择“城市”图层，单击“图层”面板下方的 （添加图层蒙版）按钮，创建一个蒙版，并将整个蒙版填充为黑色。然后选择工具箱中的 （椭圆选框工具），在圆形城市图标的位置选择一个圆形的选区，并执行菜单中的“选择|羽化”命令，将这个选区羽化 5 像素，再为选区填充白色，如图 2–42 中 A 所示。同理根据其他 5 个小城市的标识来继续编辑蒙版，结果如图 2–42 中 B 所示。再将 （椭圆选框工具）切换回 （矩形选框工具），为主城市的标识绘制选区并填充白色，得到的效果如图 2–42 中 C 所示。再按住〈Ctrl〉键单击“标识”图层的缩略图，调出标识的选区。最后按住〈Alt〉键，单击“城市”图层的蒙版缩略图切换回蒙版，并为这个选区填充黑色，此时蒙版如图 2–42 中 D 所示。

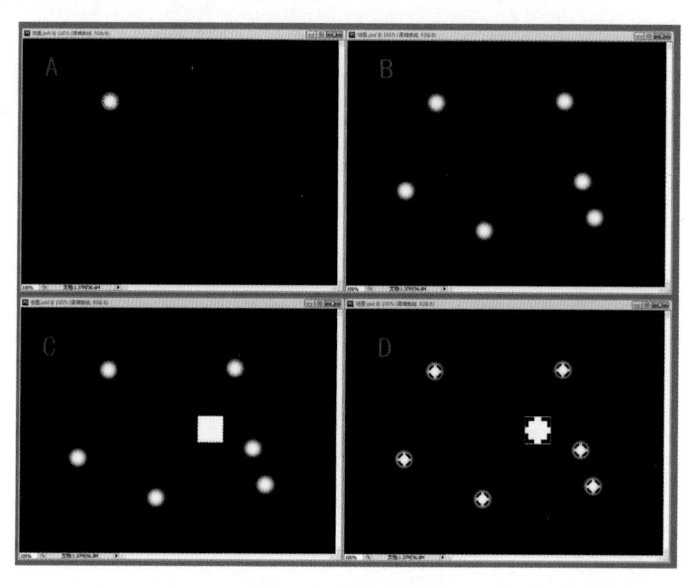

图 2–42　编辑蒙版

提 示

整个蒙版都是根据标识而制作的，这样蒙版能否和标识对齐就显得十分重要了。这就要求在绘制选区的时候要在显示图层的状态下，等选区选择好之后再切换回显示蒙版的状态，因为在显示蒙版的状态下是看不见标识的，所以在蒙版的编辑过程中要不断地在两种状态之间切换。

（6）为编辑好蒙版的“城市”图层继续添加图层样式。方法：单击 fx.（添加图层样式）按钮，在打开的菜单中选择“外发光”命令，在弹出的“图层样式”对话框中给外发光设置浅蓝色，并调节其他参数，如图 2–43 中 A 所示。单击“确定”按钮，关闭“图层样式”对话框，得到的结果如图 2–43 中 B 所示。

提 示

添加“城市”图层是为了丰富“标识”图层的效果，但是“城市”图层的纹理只有准确的边缘还不够，它需要表现的效果更突出。所以这里添加了“外发光”图层样式，给“城市”图层的纹理增加了一圈浅蓝色的边。

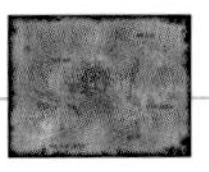

(7) 整个地图中最突出的应该是主城市，所以要对主城市的标识进行加工。方法：选择“标识”图层，利用工具箱中的 (矩形选框工具) 框选主城市的标识，然后按快捷键〈Ctrl+J〉，这样就新建立了一个只有主城市标识的新图层。将新图层重命名为“主城”，并单击 fx. (添加图层样式) 按钮，在弹出的菜单中选择“描边”命令，在弹出的“图层样式”对话框中设置描边的颜色和大小等参数，如图 2–44 中 A 所示。单击“确定”按钮，结果如图 2–44 中 B 所示。

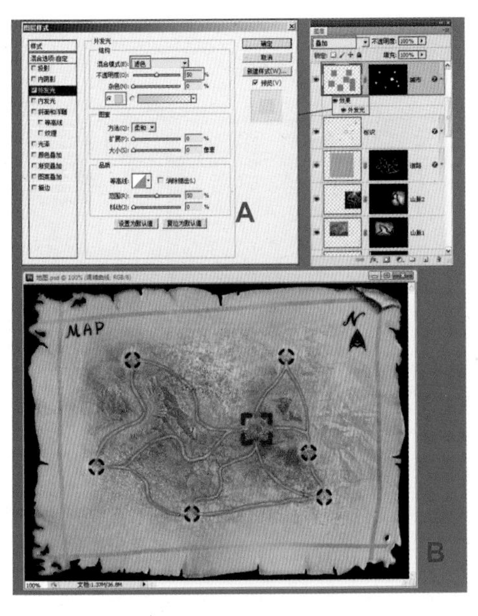

图 2–43　为“城市”图层设置图层样式

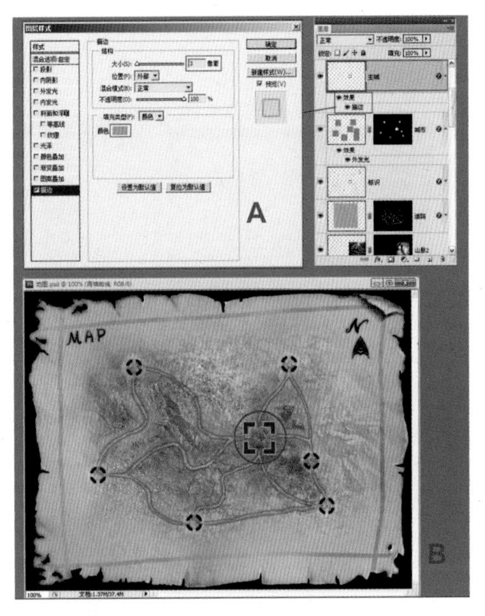

图 2–44　修饰主城市的标识

2.4　效果的整体调整

因为只有在整体观察的时候才能更好地把握整体效果，所以在地图的各个局部都添加完成之后，还需要进行整体的调整。

(1) 单击“图层”面板下方的 (创建新的填充和调整图层) 按钮，在下拉菜单中选择“色相 / 饱和度”命令，创建一个“色相 / 饱和度”调整图层。此时先不调整其参数，等到把蒙版编辑好之后再对其参数进行调节。

(2) 进行蒙版的编辑。方法：按住键盘上的〈Ctrl〉键，单击“羊皮纸纹理”图层的蒙版，从而载入选区。然后执行菜单中的“滤镜 | 渲染 | 云彩”命令，给选区填充云彩纹理。接着选择工具箱中的 (加深工具)，将蒙版中间对应城市标识的位置画黑，从而减少此调节图层对城市标识位置的影响。最后双击上一步骤创建的“色相 / 饱和度”图层的缩略图，再次打开“调整”面板提高地图的饱和度，并降低它的明度，如图 2–45 中 A 所示，结果如图 2–45 中 B 所示。

提 示

因为标识部分需要突出显示，所以在整体调节效果的时候尽量避开了对标识的影响。

（3）单击“图层”面板下方的 （创建新的填充和调整图层）按钮，在下拉菜单中选择“曲线”命令，添加“曲线”调整图层。然后用和上一步骤同样的方法载入选区，并打开蒙版给选区填充云彩纹理，再利用工具箱中的 （加深工具），将蒙版中间对应城市标识的位置画黑，如图 2–46 中 A 所示。接着在“调整”面板中调节曲线的形状，如图 2–46 中 B 所示，结果如图 2–46 中 C 所示。

提 示

此处曲线调整图层的作用在于降低地图暗部的明度，提高地图亮部的明度，从而将整个色调做得更破旧，突出羊皮纸的质感。

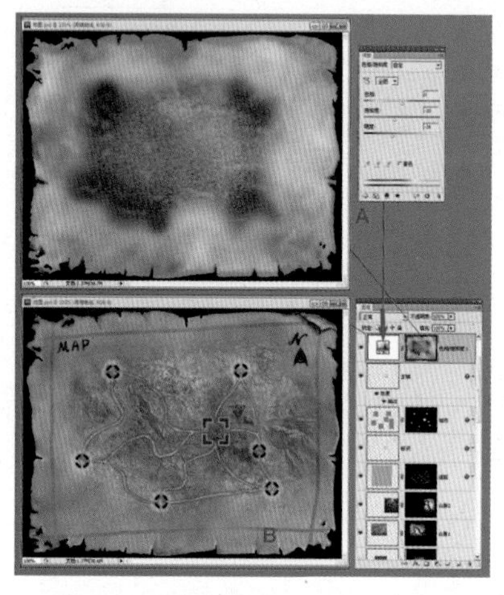

图 2–45 整体调节“色相／饱和度”

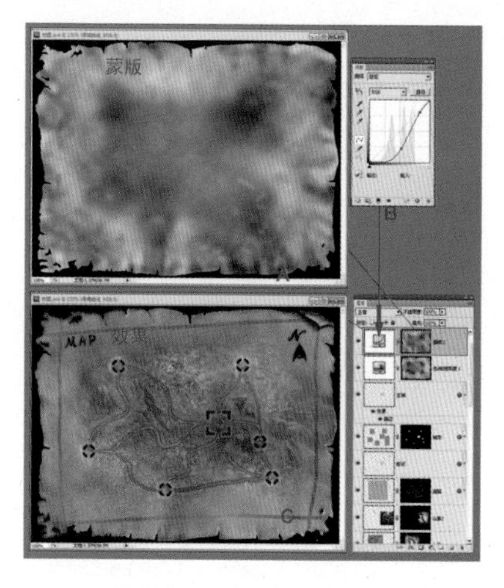

图 2–42 调节“曲线”

（4）真正破旧的纸张会有更多的暗色区域，而且这些区域会自由分布，所以还要再次添加一个曲线图层进行调节。方法：单击 （创建新的填充和调整图层）按钮，在弹出的菜单中选择“曲线”命令，添加“曲线”调整图层。然后载入“羊皮纸纹理”图层的选区，执行“滤镜 | 渲染 | 云彩”命令，接着执行“滤镜 | 渲染 | 分层云彩”命令，两个命令叠加在一起之后做出了很强烈的云彩效果，如图 2–47 中 A 所示。最后双击“曲线”调整图层，在打开的“调整”面板中调节曲线的形状，如图 2–47 中 B 所示，结果如图 2–47 中 C 所示。

至此，地图的制作全部完成，最后完成的效果如图 2–48 所示。

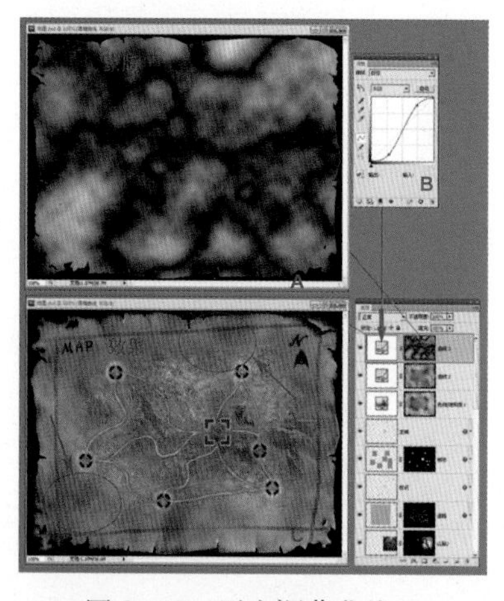

图 2–47 再次调节曲线

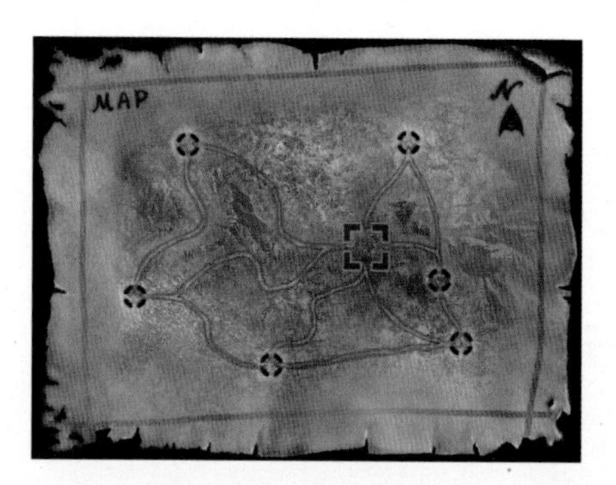

图 2–48 最终效果

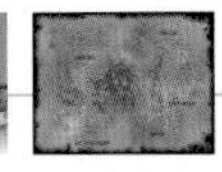
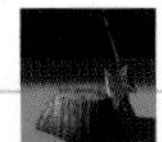

课后练习

运用本章所学的知识制作一张和本章实例风格相同的游戏地图，效果如图 2–49 所示。参数可参考“\ 课后练习 \2.5 课后练习 \ 操作题 .psd”文件。

图 2–49　课后练习效果图

第 3 章 游戏场景中的道具

“道具”一词源于戏剧，主要指在舞台上为了配合表演而准备的一些辅助工具。目前“道具”在游戏业也得到了广泛的应用，我们把除了角色和场景之外的一些辅助物品统称为道具。

道具可分为很多种类，第一类是指最重要的装备道具，如各种盔甲、武器等，如图 3–1 所示，这类道具一直是被玩家所津津乐道的，装备决定着玩家在游戏中的虚拟地位，也决定着攻击对手的能力。第二类是衬物道具，如场景中的一些小物体、桌子、凳子等。道具除了这两类之外，还可以分为任务类道具、应用类道具等。比如，为了完成某种任务，玩家需要互相传递信息的信件、宝物等就属于任务类道具；再如，生存所需的食物等就属于生存道具。

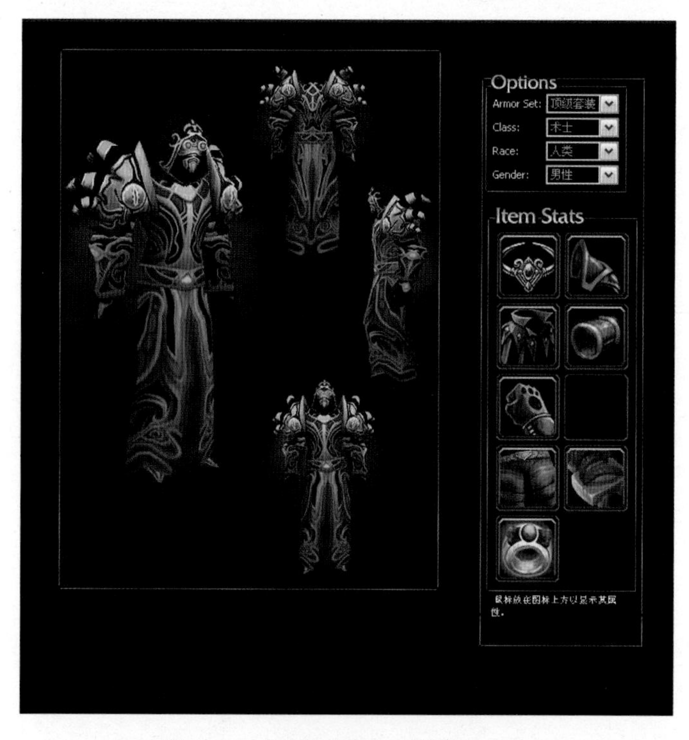

图 3–1 “魔兽世界”顶级装备套装

道具的制作相对于游戏中的其他部分比较简单，但是道具制作的是否成功直接影响着游戏的整体质量。下面将通过一个实例来掌握游戏道具的制作方法。这个实例是由一把斧子和一截木桩组成的，设计要求如图 3–2 所示，设计稿和完成的效果图如图 3–3 所示。

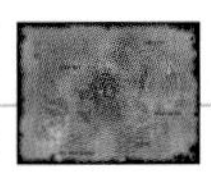

名称	材质	要求
斧子	斧头，斧尾为金属，斧柄为木头	斧头要有装饰，要有不同金属质感，注意斧柄木头质感与木桩木头质感之间的区别
木桩	木头	树桩处于潮湿的环境中，要有陈旧的自然感

图 3–2　设计要求

图 3–3　设计稿和效果图

3.1　制作道具模型

在建模之前首先要对设计稿进行简单的分析。通过图 3–3 中的设计稿可以清楚地看到木桩是近似于圆柱形的。我们的思路是在 3ds Max 中创建一个圆柱体，然后对其进行适当修改，从而得到木桩模型。

3.1.1 制作木桩雏形

（1）打开 3ds Max 2012 软件。单击 （创建）面板 （几何体）类别中的“圆柱体”按钮，如图 3–4 所示。然后在顶视图中按住鼠标左键拖动，定义圆柱的底面半径，接着释放鼠标按键，上下移动鼠标来定义圆柱体的高度，最后单击确认，并右击结束创建，结果如图 3–5 所示。

图 3–4　单击“圆柱体”按钮

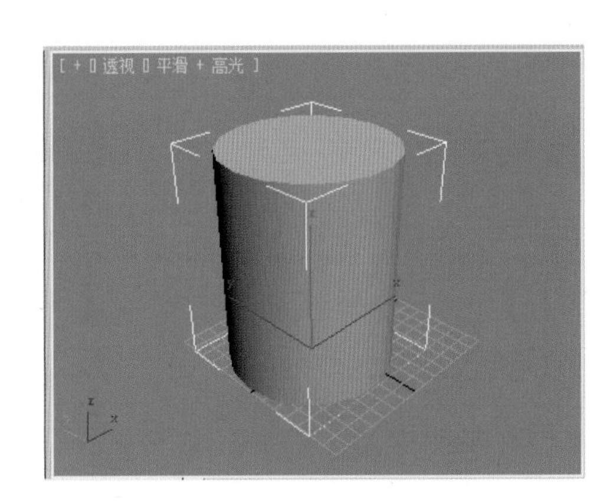

图 3–5　创建圆柱体

（2）进入 （修改）面板，调整圆柱体的大小并减少段数，从而得到想要的接近木桩的雏形，如图 3–6 所示。

> **提 示**
>
> 如果视图中的圆柱体没能显示出线框，可以按键盘上的〈F4〉键，显示出线框。

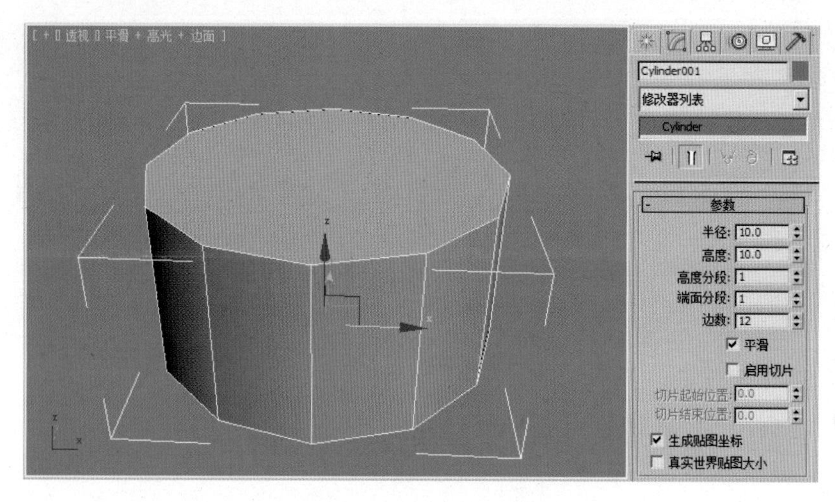

图 3–6　修改圆柱体参数

3.1.2　刻画木桩细节

现在视图中的圆柱体已经有了木桩的基本形象，但是并没有什么特征，也没有细节。要想把圆柱体变成真正的木桩模型，需要先把它转变成“可编辑的多边形”物体。因为“可编辑的多边形”有更多的属性可以编辑，有足够的余地对它进行自由的加工，甚至可以说用它能做出任何想要的形象。它就像雕塑家手中的雕塑泥一样可以被灵活塑造。这种建模手法在游戏的建模中应用十分广泛，在以下的章节中将循序渐进地来讲解。

（1）在视图中选择圆柱体并在物体上右击，在快捷菜单中选择“转换为|转换为可编辑多边形”命令，如图 3–7 所示。此时屏幕右边的 （修改）面板中会显示出“可编辑多边形”物体的可控参数，如图 3–8 所示。

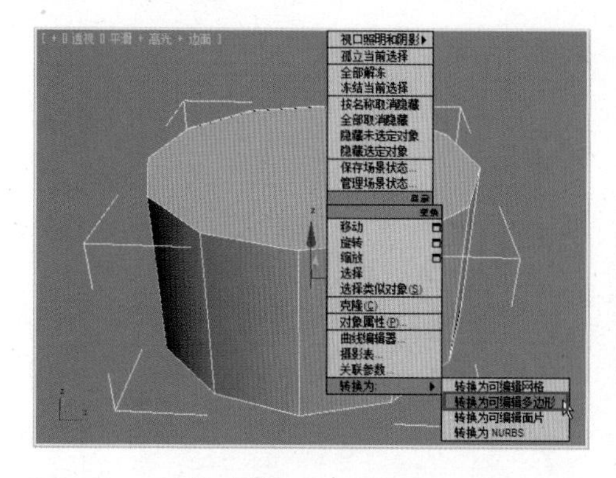

图 3–7　选择“转换为可编辑多边形”命令

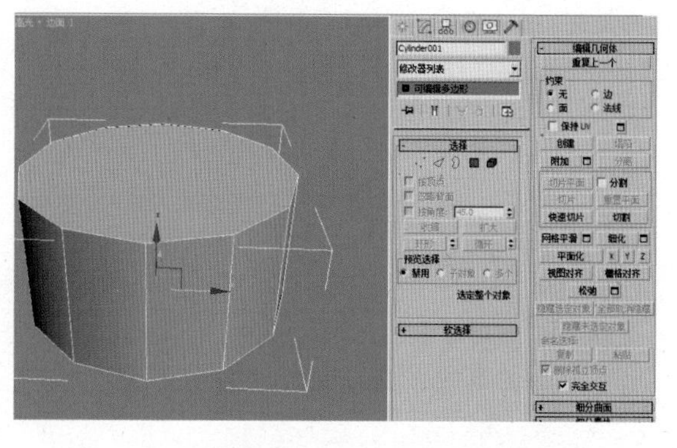

图 3–8　“可编辑多边形”物体的可控参数

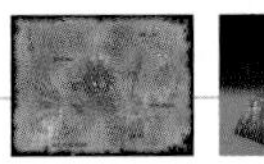
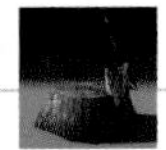

(2) 细化木桩顶面以便以后添加更多的细节。方法：进入 (修改) 面板“可编辑多边形”的 (多边形) 层级，然后选择圆柱体顶部多边形，如图 3–9 所示。接着单击“细化”右侧按钮，如图 3–10 所示。然后在视图的设置面板中设置参数，如图 3–11 所示。单击 按钮确认操作，结果如图 3–12 所示。

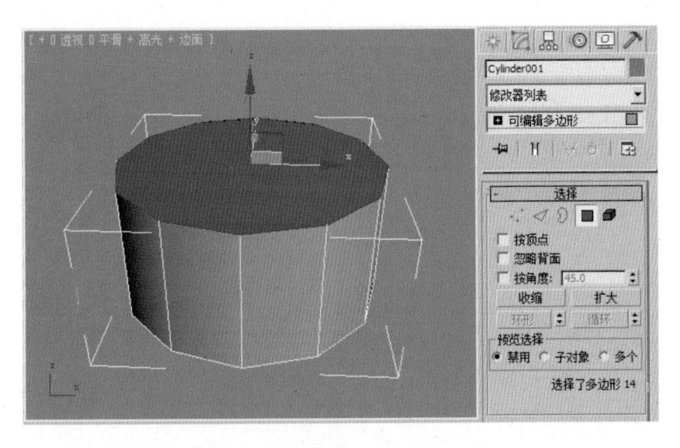

图 3–9　选择圆柱体的顶面

图 3–10　单击“细化”右侧按钮

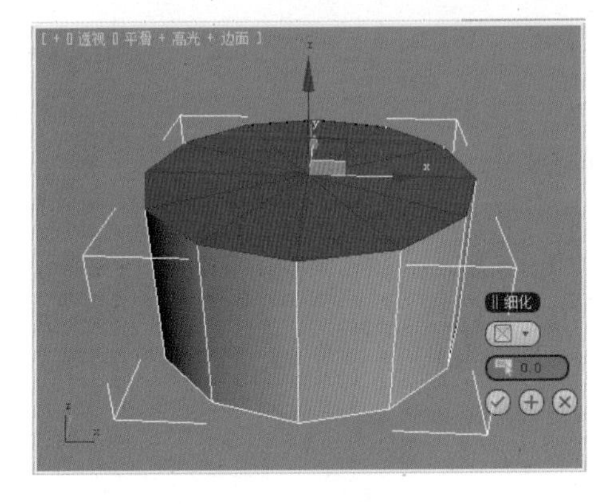

图 3–11　设置参数

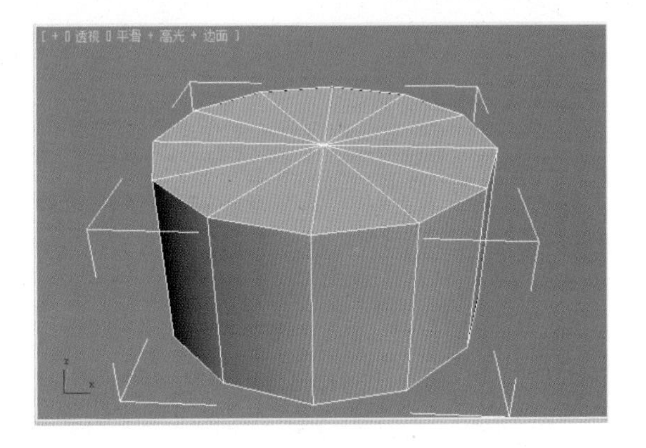

图 3–12　在视图中给圆柱的顶面加线

(3) 顶面需要丰富细节，但是底面却正好相反，它的存在是没有意义的，因为在游戏中是看不到底面的。它的存在只会增加模型的面数，从而降低游戏的运算速度。选择底面，按键盘上的〈Delete〉键将其删除。

(4) 制作木桩顶部的豁口。方法：按大键盘上的数字键〈1〉进入 (顶点) 层级，然后选择圆柱顶部的一个点，单击“切角”按钮，如图 3–13 所示。接着在视图中选择的点上拖动鼠标，将选择的点细分成 4 个点，如图 3–14 所示。最后选择刚才创建出来的 4 个点中的两个，单击 (修改) 面板中的“连接”按钮，如图 3–15 所示，从而在选择的两个点之间加线，如图 3–16 所示。

图 3-13　单击“切角”按钮

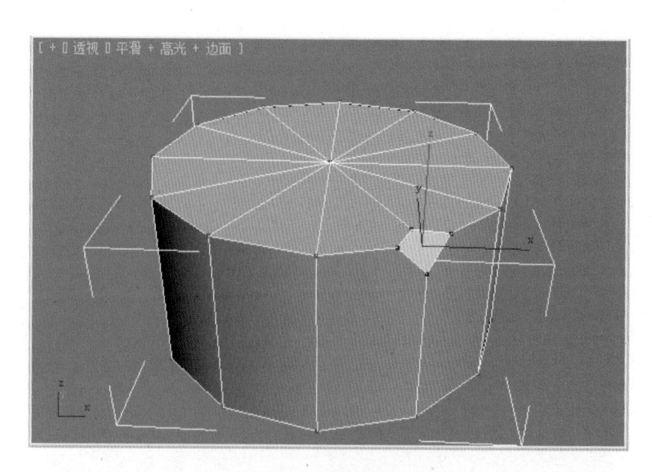

图 3-14　切角后的效果

图 3-15　单击“连接”按钮

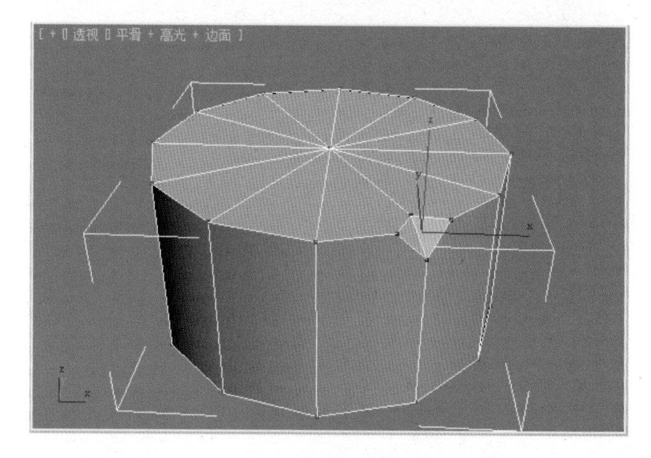

图 3-16　连接后的效果

（5）现在的模型上有两个五边的面，这样的模型最终放到游戏程序中会很不稳定，甚至带来模型扭曲或者贴图错位等错误。因此需要将其转化成四边形或者三角形。加线工具除了前面使用的“连接”工具之外，还有一个“切割”工具，下面就利用“切割”工具来解决这个问题。方法：先选择木桩雏形，单击“切割”按钮，如图 3-17 所示。

提 示

激活“切割”工具的时候并不需要选择任意的次物体，只要选择物体就能执行命令。这一点是它与“连接”的不同之处，所以相比之下它更自由，运用起来更灵活。

在模型的起始点单击，然后移动鼠标到目标点，再右击，这样就在两个点之间连接了一条线，最后右击结束创建。同理，给模型添加图 3-18 所示的几条边。

提 示

运用“切割”工具时的始点和终点可以是模型表面的任意点。使用它能连接两个边、两个点，甚至能在模型的表面任意切分。游戏中的模型是有着严格的要求的，切线的时候要有的放矢。

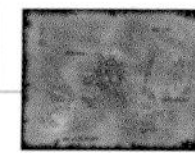

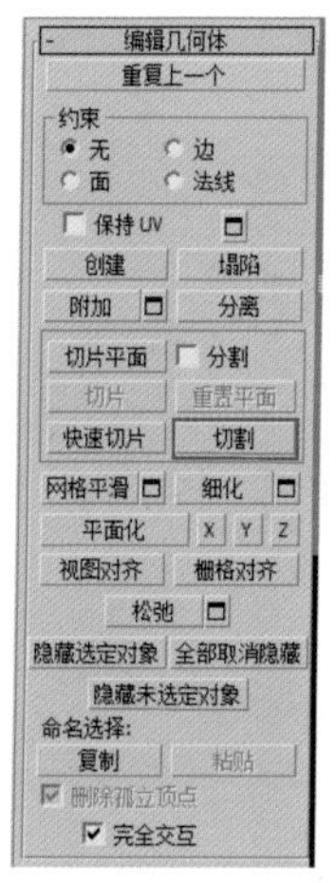

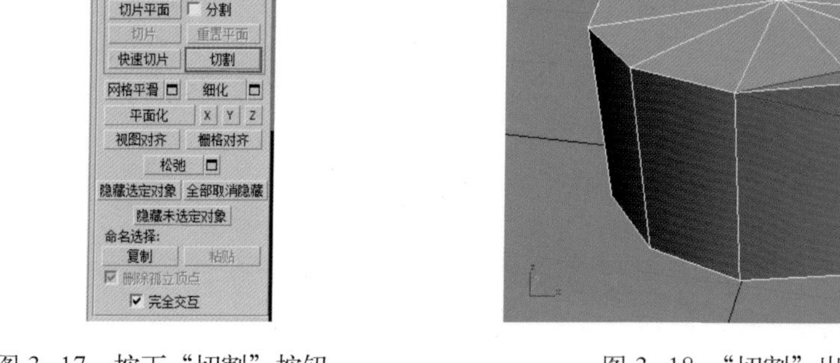

图 3–17　按下“切割”按钮　　　　图 3–18　“切割”出几条边

此时圆柱体上就有了一个豁口，这是添加的第一个细节，下面就要进入下一个细节制作了，等到模型的大体形状初步完成后，还可以再对其进行整体调整。

大家都知道，树桩贴近地面的位置会有树根长出地面，这些树根使树桩的底部变粗，变得形象多异。下面就来制作这部分。

（6）首先利用（选定的环绕）工具将视图旋转到树桩豁口的另一面，然后选择一条垂直方向上的边，并按下“切角”按钮，如图 3–19 所示。接着将鼠标指针移到视图中被选择的那条边上，按住鼠标左键并拖动鼠标，这时能看到被选择的那条边从一条变成了两条，两端也同时进行了相应的变化，如图 3–20 所示。

图 3–19　按下“切角”按钮

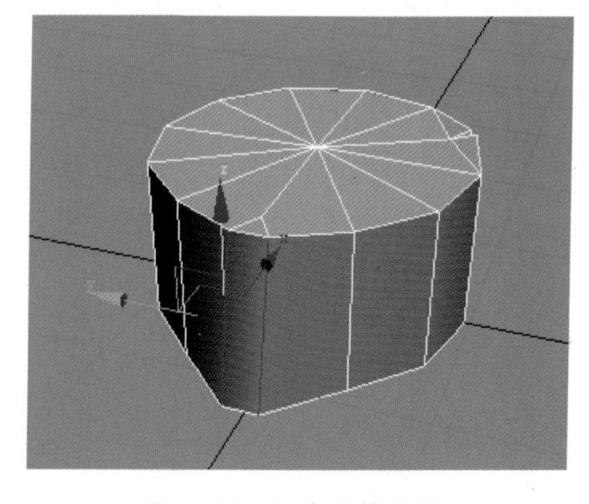

图 3–20　切角后的效果

提 示

在前面的制作中，是利用“切角”来加工点，此时是利用它来加工边。

（7）利用“切割”工具继续给树桩模型加线，如图 3–21 所示。

（8）此时木桩模型上线的布局有些繁杂，下面对其进行精简处理。方法：进入（顶点）层级。然后选择一个要去掉的点，右击，从弹出的快捷菜单中选择“删除”命令（见图 3–22），删除选择的点和与这个点相连接的几条边，结果如图 3–23 所示。

（9）调整刚才编辑过的几条边，结果如图 3–24 所示。

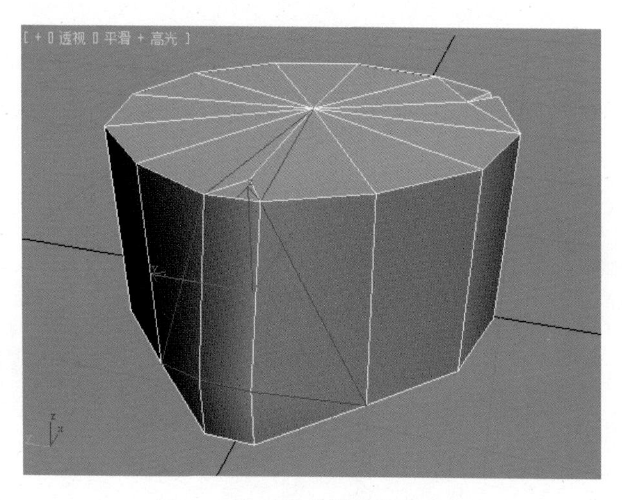

图 3-21　继续给树桩模型加线

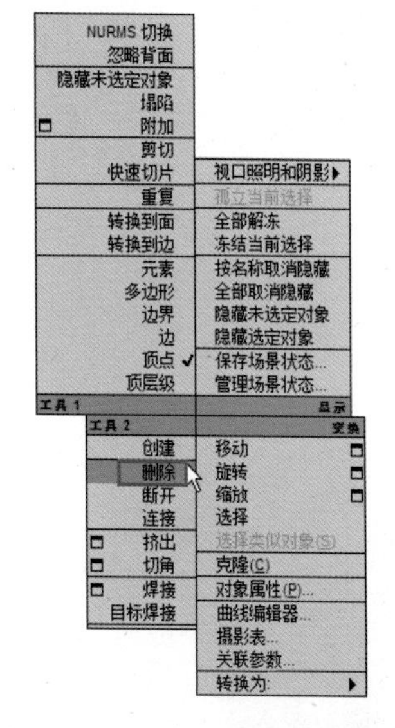

图 3-22　选择“删除”命令

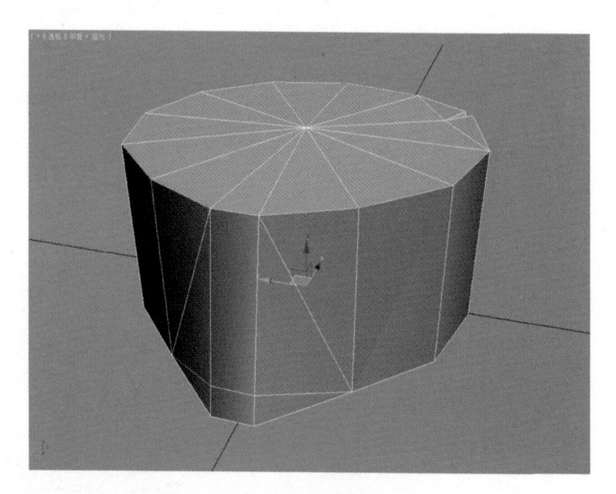

图 3-23　删除点的效果

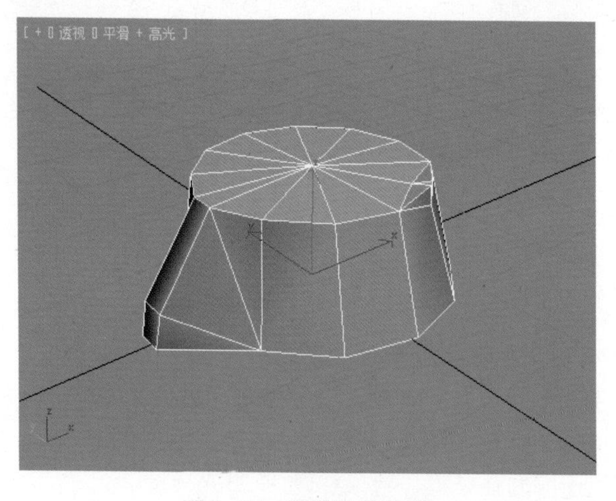

图 3-24　调整边的位置

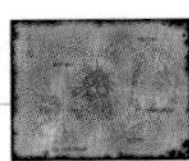
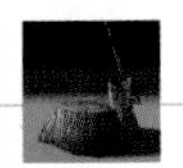

(10) 通过刚才的调整，树根的效果基本出来了，但是树桩的顶部过于平滑，现在要做的就是给顶部加入起伏变化，让它变得更自然。方法：选择图 3–25 所示的边，然后右击，从弹出的快捷菜单中选择“删除”命令，删除两条边，并用“切割”工具加入一条新边，结果如图 3–26 所示。

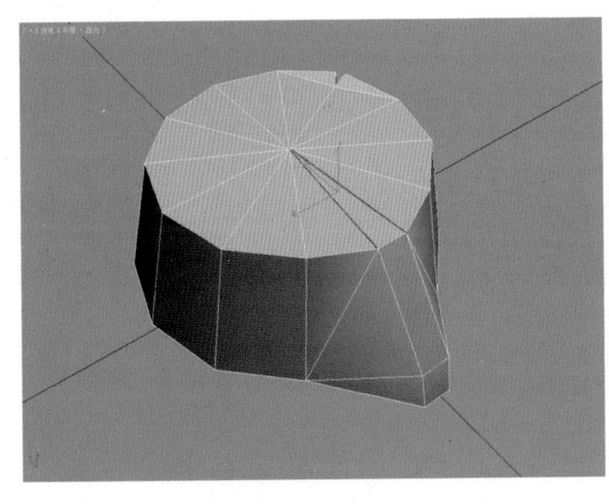

图 3–25　选择边

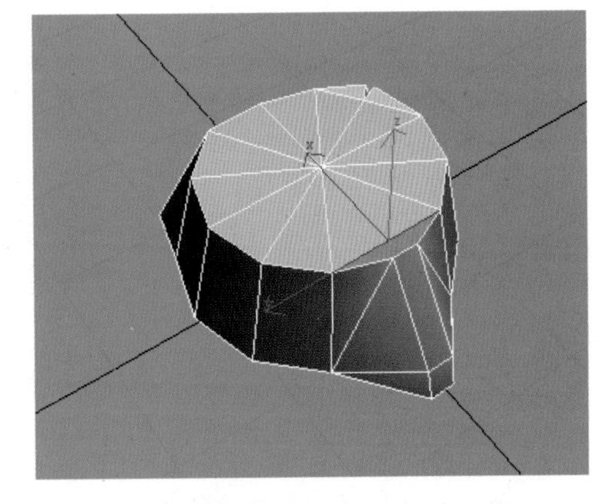

图 3–26　删除边并切出一条新边的效果

(11) 到目前为止，圆柱体已经被加上两个细节，一个是斧子砍在树桩上的豁口；另一个是树根。这两个细节都安排在了圆柱体的同一端，而另一端却没有什么变化，显得有些简单。下面就给树桩的另一端也加上一点细节，使整个物体都丰富起来。方法：利用 （选定的环绕）工具旋转视图到圆柱体没有细节的另一边，然后切换到 （顶点）层级，选择底部的一个点，接着利用“切角”工具对这个点进行切角，如图 3–27 所示。

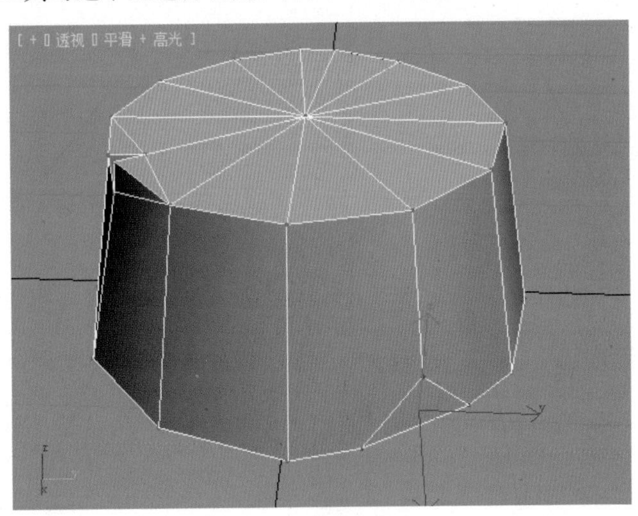

图 3–27　对顶点进行切角

(12) 游戏中不应出现五边形的面，下面就将刚才被“切角”出来的两个五边形处理为四边形。方法：选择上一步切出的角中的 3 个顶点中最高的那个，并在 （修改）面板中选择“目标焊接”工具，如图 3–28 所示。然后连接其顶部的目标点，这样 3 个点中最高的那个顶点和目标点就被焊接到一起，合并成了一个点。接着调整顶点，使圆柱体的另一端也产生树根的效果，如图 3–29 所示。

图 3-28　选择“目标焊接”工具

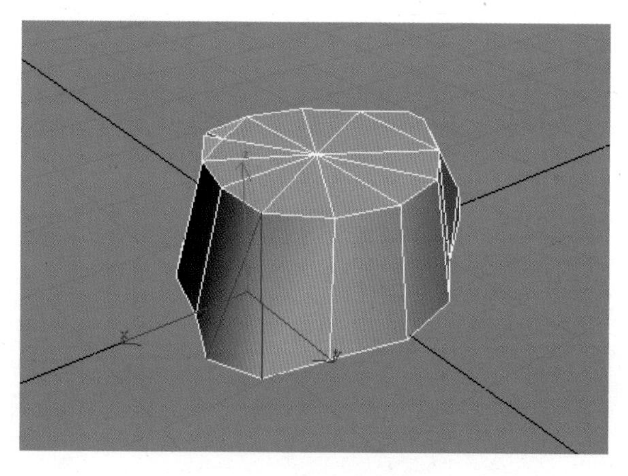

图 3-29　调整顶点的位置

3.1.3　调整木桩整体

在对模型进行局部细致的刻画之后，一定要再回到整体，对模型进行认真冷静的检查和调整。

（1）利用“切割”工具给物体添加图 3-30 所示的几条边，从而将模型中的一些扭曲比较明显的四边形面切成两个三角形面。

提 示

这样切线的意义在于两点：第一点，切分后的三角形比扭曲的四边形稳定，能在一定程度上避免贴图的拉伸；第二点，调整这些切出来的线能让模型的表面形状更丰富，比如在树根部分，切线后凸出来的转折就会更明显。

（2）至此树桩的细节制作完毕，但顶面的边线略显繁杂，需要整理一下。方法：在视图中右击，从弹出的快捷菜单中选择“删除”命令，将顶面圆心的点删除，这时相应的繁杂的边也同时被删除，如图 3-31 所示。

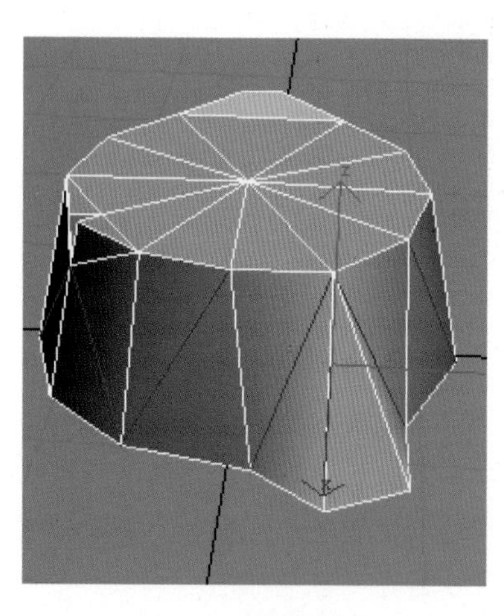

图 3-30　添加边

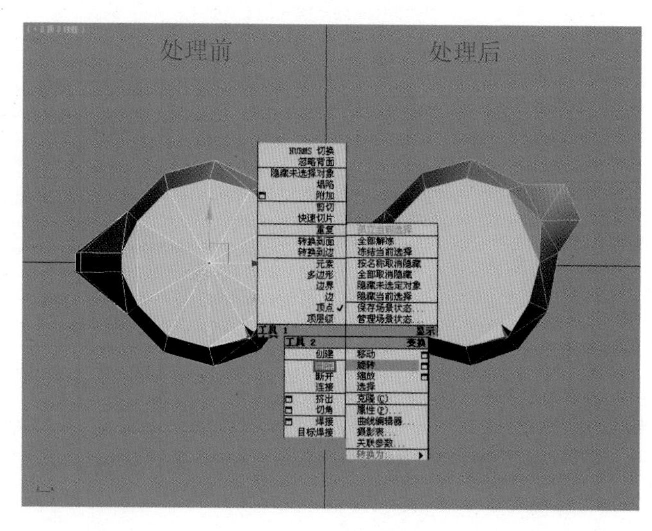

图 3-31　删除边

（3）清理完毕，用“切割”工具将顶面的边重新布局，如图 3–32 所示。

（4）模型在经过整理之后，布线更简洁，细节也更丰富了。至此树桩模型创建完毕。单击工具栏中的（渲染产品）按钮进行渲染，效果如图 3–33 所示。

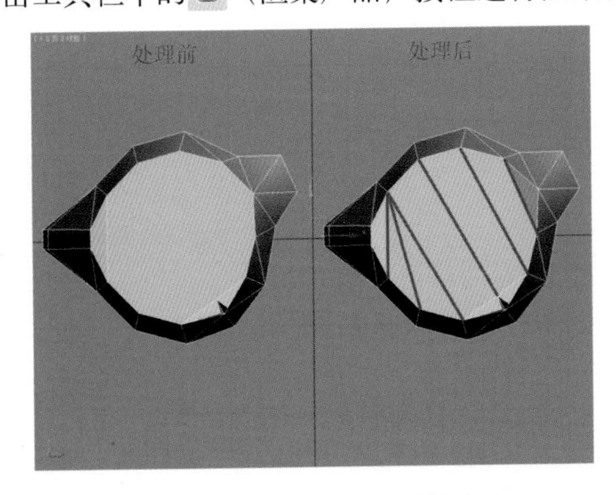

图 3–32　重新布局顶面的边

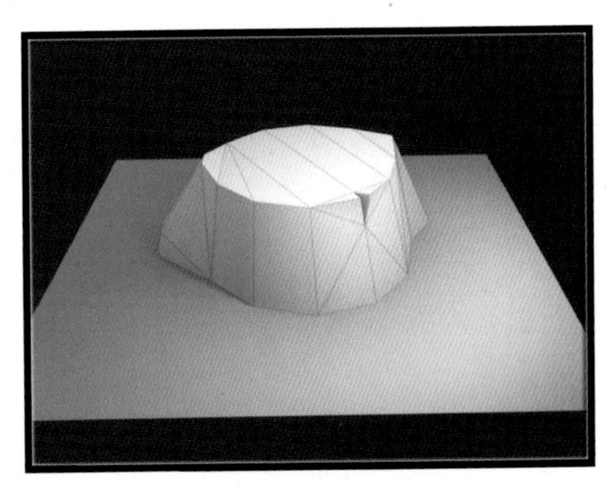

图 3–33　渲染效果

3.1.4　制作斧柄模型

斧子与木桩不同，木桩是个简单明了的整体，而斧子的形状要复杂一些。对于这种形状复杂的物体，最好采取化整为零的办法，实际上不管多复杂的物体都能被拆分成若干的基本几何形。一旦一个复杂的物体被拆分成若干的基本几何形，它就变得简单多了。

斧子模型分为斧头和斧柄两部分。这两部分又分别可以拆分成几个几何形，如斧柄就是几个圆柱体和锥体构成的。

下面就来进行斧柄部分的制作。

（1）建立一个圆柱体，然后进入（修改）面板，修改圆柱体的参数，如图 3–34 所示。

提 示

圆柱体的边数越多越圆滑，但游戏场景中要尽量节省面。为了兼顾两者，可以选择 8 个边，这个边数是比较适中的，在后面贴图后同样会得到一个圆滑的圆柱体。

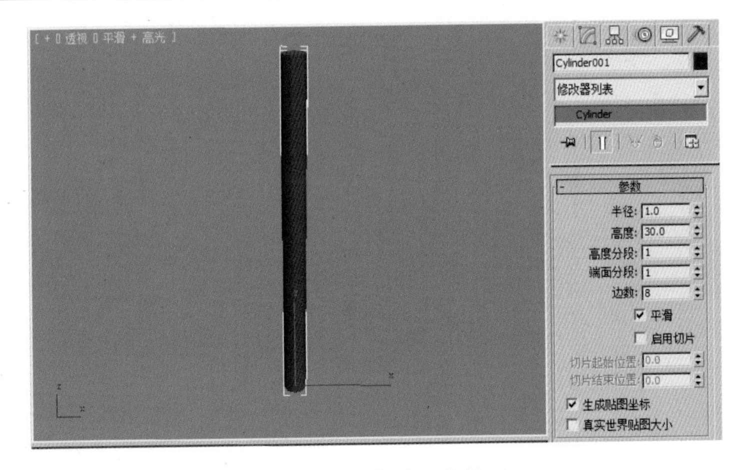

图 3–34　创建圆柱体

（2）右击圆柱体，从弹出的快捷菜单中选择“转换为|转换为可编辑多边形”命令，将圆柱体转变成“可编辑多边形”物体。

（3）进入“可编辑多边形”物体的■（多边形）层级，如图 3–35 所示。

（4）由于圆柱体的顶面有斧头遮挡，底面有斧柄遮挡，为了减少资源，就将它们删除。方法：选择圆柱体的顶面和底面，按键盘上的〈Delete〉键。

（5）按住键盘上的〈Shift〉键，在透视图中利用✣（选择并移动）工具沿着 Z 轴向下移动圆柱，从而复制出另外一个圆柱，如图 3–36 所示。

提 示

这是最快捷的复制物体的方法，能提高工作效率，希望大家熟练掌握它。

（6）选择复制出的圆柱体，然后利用工具栏中的▭（选择并挤压）工具将其进行缩短和变粗处理，结果如图 3–37 所示。

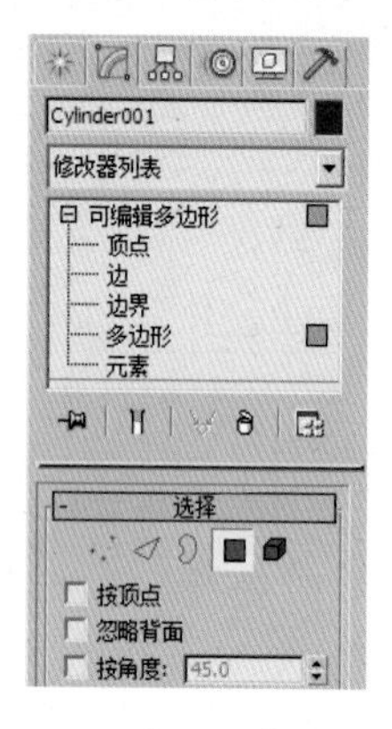

图 3–35　进入多边形层级

图 3–36　复制圆柱体

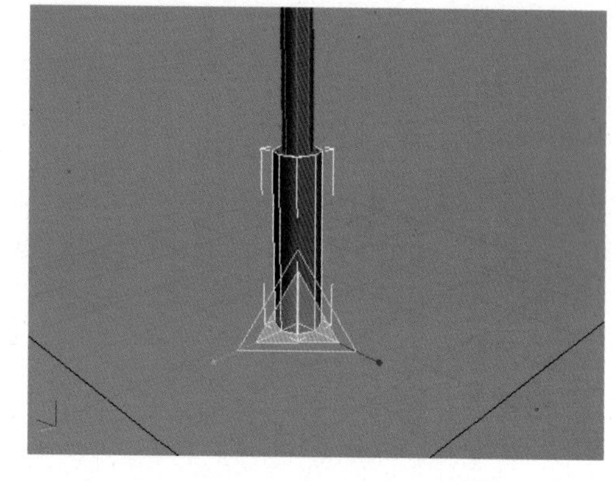

图 3–37　选择并挤压复制后的圆柱体

提 示

这个圆柱体将会被加工成斧柄的尾部。

（7）进入◁（边）层级，然后选择短圆柱所有的垂直方向线，单击☑（修改）面板中的“连接”按钮，如图 3–38 所示。然后加入两圈横线，结果如图 3–39 所示。

图 3–38　单击“连接”按钮

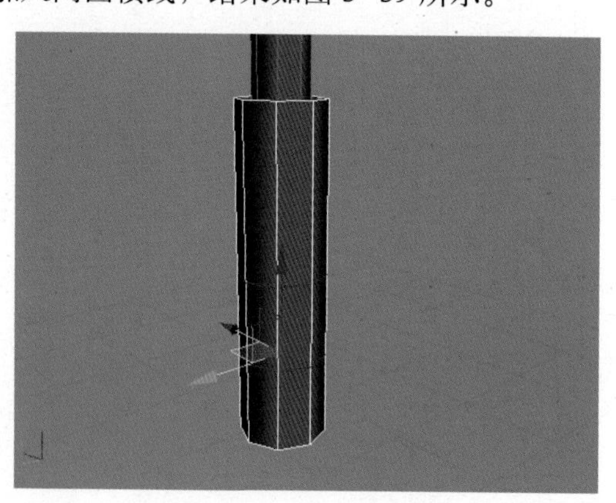

图 3–39　加入两圈横线

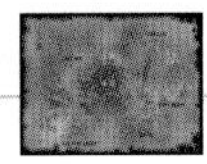
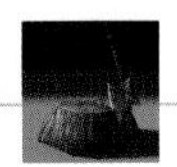

(8) 进入“顶点”层级，然后选择底面的一圈点，单击 (修改) 面板中的“塌陷”按钮，如图 3-40 所示，将底面的一圈点塌陷成一个点。接着选择上一步增加的那一圈边，用缩放工具将它扩大，并进一步调整其形象，以完成斧柄尾部的制作，如图 3-41 所示。

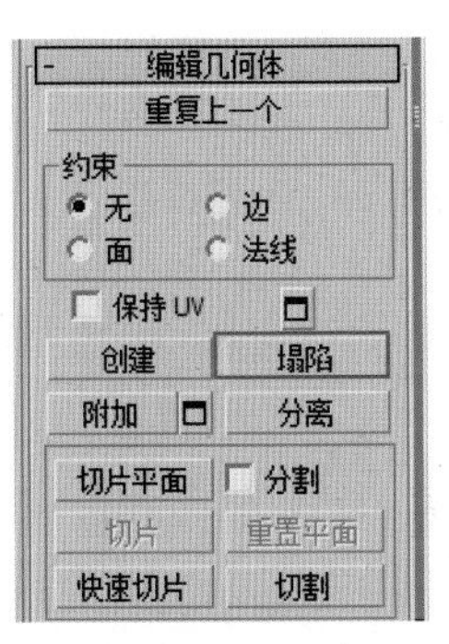

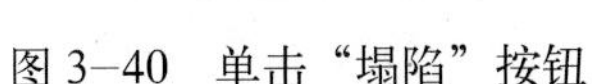
图 3-40　单击“塌陷”按钮

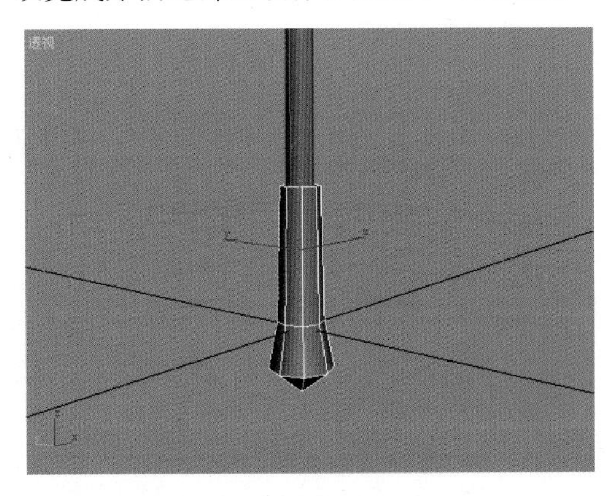
图 3-41　斧柄尾部效果

(9) 制作斧头的装饰。方法：单击 (创建) 面板 (几何体) 类别中的“四棱锥”按钮，然后按住鼠标左键在顶视图拖动，从而创建一个四棱锥，如图 3-42 所示。接着在 (修改) 面板中修改四棱锥的参数，如图 3-43 所示。最后调整四棱锥的位置到斧头的一端，中间留出空间，如图 3-44 所示。至此，斧柄的模型创建完毕。

提 示

留出空间的目的是要在这个空间添加斧头的模型。

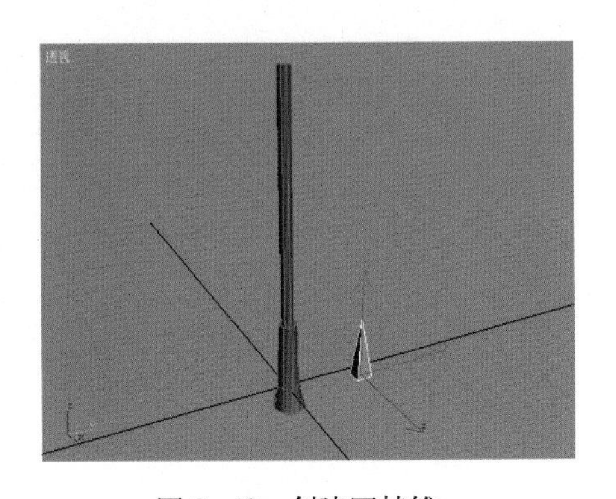
图 3-42　创建四棱锥

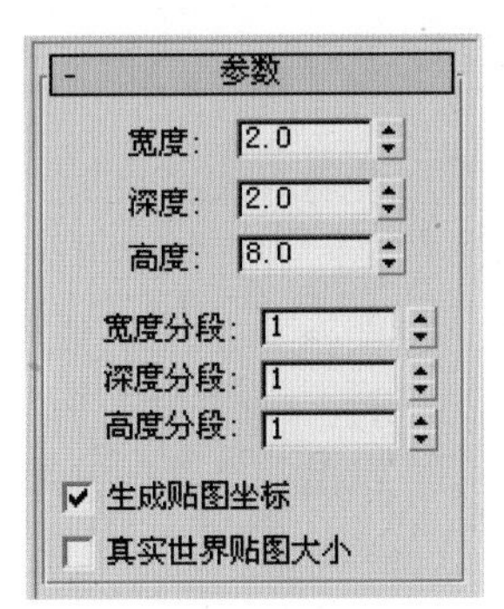

图 3-43　修改锥体参数

图 3-44　调整四棱锥的位置

3.1.5 制作斧头雏形

斧头的形状不是很明显的圆柱体，而是有着流线型的斧刃和锋利的尖角。不管怎么复杂，还是能把它归纳为简单的长方体。下面就从长方体开始斧子头部模型的创建。

(1) 单击 (创建) 面板 (几何体) 类别中的“长方体”按钮，然后在顶视图中拖动鼠标定义出长方体的长和宽，接着释放鼠标并上下移动来定义长方体的高度，最后单击确认，结果如图 3-45 所示。

提 示

建立的这个方体的大小以和斧柄大小匹配为宜。

（2）调整刚才创建的长方体的位置，将其放置在斧柄的空缺中，如图 3–46 所示。

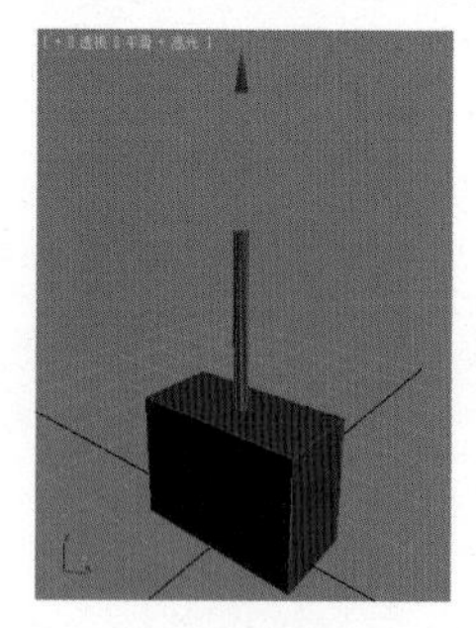

图 3–45　创建长方体

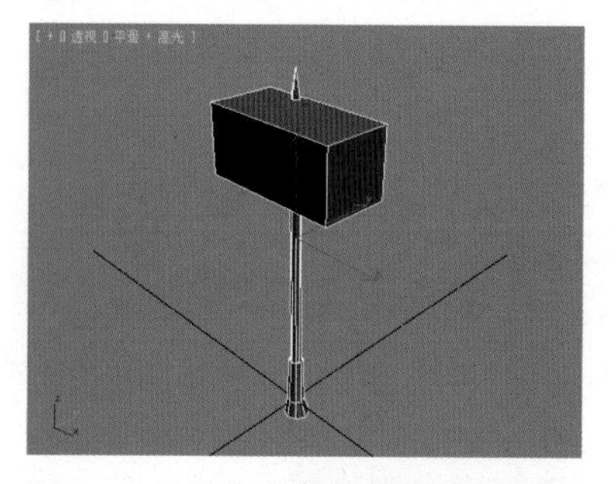

图 3–46　将长方体放置到适当位置

（3）选中长方体物体，利用工具栏中的（选择并均匀缩放）工具将它压扁，然后右击，从弹出的快捷菜单中选择“转换为|转换为可编辑多边形”命令，从而将长方体转化为“可编辑多边形”物体。

（4）进入（边）层级，然后选择斧头横方向上的四条边，利用“连接”命令在这四条边的垂直方向上加入一条边，从而进一步增加细节。

（5）调整长方体的外形到近似于设计稿中斧头的样子，如图 3–47 所示。至此斧子头部的雏形创建完成。

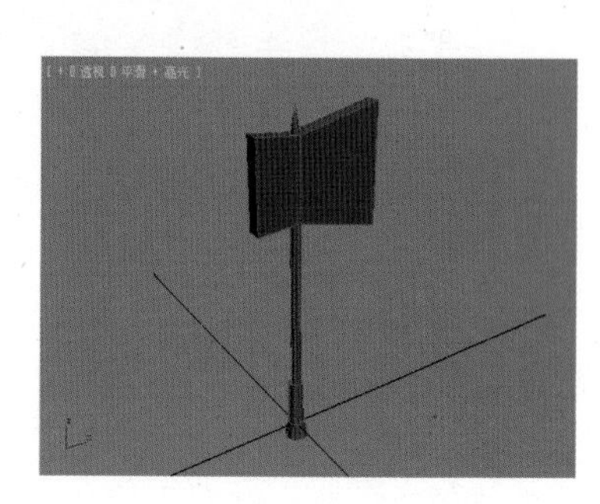

图 3–47　调整长方体的形状

3.1.6 刻画斧头细节

斧子的基本雏形已经有了，但斧子有刃的一端是一个面，而不是锋利的边，下面需要将它从一个面处理为一条边。

（1）选择斧刃一端上部的两个点，然后在视图中右击，从弹出的快捷菜单中选择“塌陷”命令，从而将两个点合并成一个点。同理，对斧刃一端下部的两个点也做同样的操作，这样斧刃的锋利感觉就出来了，结果如图 3–48 所示。

图 3–48　制作出斧刃

提 示

“塌陷”命令也能在“修改”面板中找到，如图 3–40 所示，但是鼠标右键的快捷菜单更方便。所以这里选择执行快捷菜单中的命令。

（2）实际的斧刃不会是笔直的一条线，而是流线型的，接下来就来制作斧刃的流线型效果。方法：选择斧刃及与它临近的平行竖边，利用“连接”工具加入 5 条横线，如图 3–49 所示。

此时由于添加了 5 条边，斧刃上增加了 5 个点，下面认真调整这几个点，尽可能地把斧刃的弧线做得圆滑，并继续利用“连接”工具加边，使斧头布局更加合理，结果如图 3–50 所示。

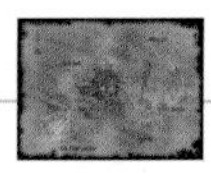

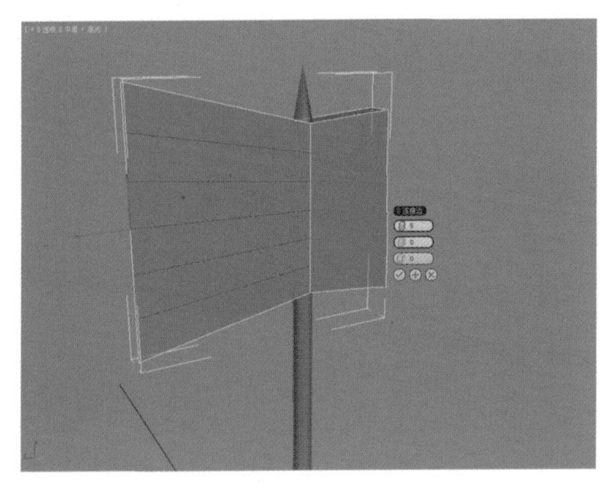

图 3-49　加入 5 条横线

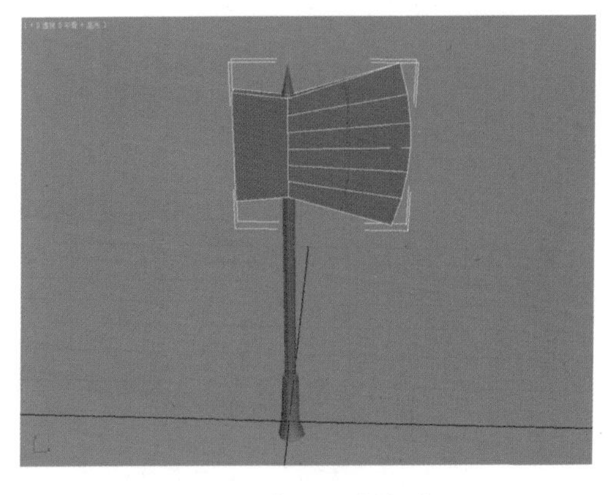

图 3-50　加入一条竖线

（3）斧刃的细节已经做出来了，同时相应的边也增多了，而游戏行业中模型的面数是有着严格限制的，所以要在保证模型细节的基础上尽可能地精简面数。在精简的同时还不能忽略细节的调整，下面利用“删除”和“切割”工具对模型进行精简，具体精简过程如图 3-51 所示。

提 示

需要注意的是，利用“删除”工具移除边的过程中，有些边的点是不会被自动移除的，要记住经常切换到顶点的次物体层级，检查是不是有作废的点留下来，这些点要及时用“删除”命令清理掉。

（4）接下来的工作是继续丰富斧头的细节。方法：利用“切割”工具切出两条线，并调整线的位置，将斧头的边缘进一步圆滑，如图 3-52 所示。

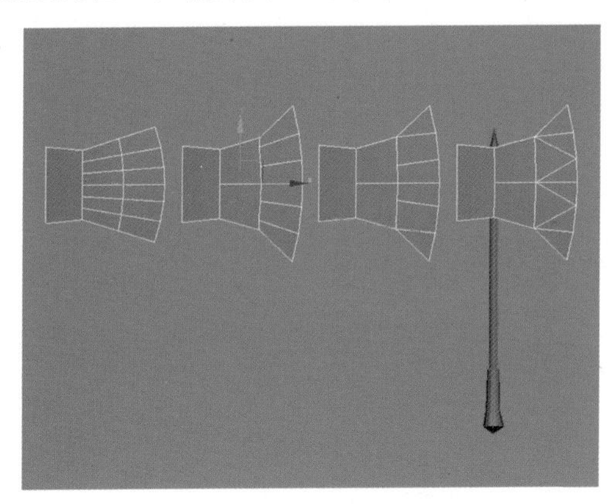

图 3-51　对模型进行精简的流程图

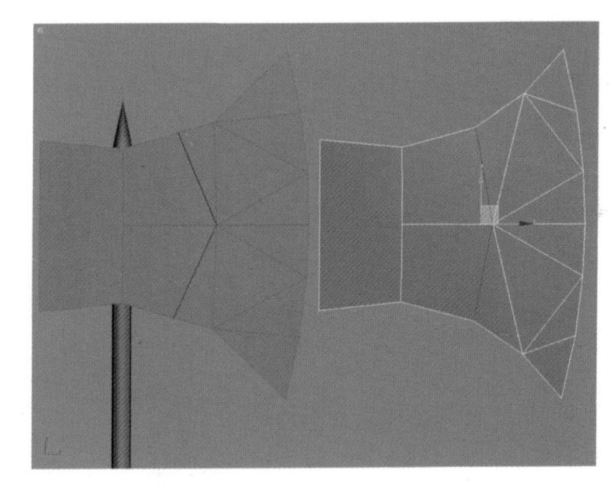

图 3-52　将斧头的边缘进一步圆滑

（5）继续利用“切割”工具切出 3 条线，如图 3-53 所示。

提 示

在切边时背面不要忽略。在操作时，一般情况下都只会看到 3 条边中前面的两条边，但是不要忘记现在做的是三维游戏，需要从全方位来考虑。

（6）选择图 3-53 所示的 A 和 B 两个点，然后右击，从弹出的快捷菜单中选择“塌陷”命令，从而将两个点塌陷成一个点。接着将背面的两个点也塌陷到一起，结果如图 3-54 所示。

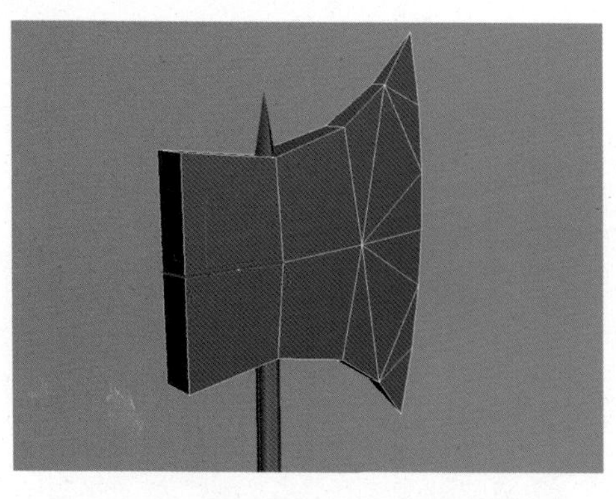

图 3–53　利用“切割”工具切出 3 条线

图 3–54　塌陷点

(7) 选择图 3–55 所示的一条边，利用“切角”工具将这条边切成两条，结果如图 3–56 所示。

图 3–55　选择边

图 3–56　切角出两条边

(8) 整理刚才切角出来的几条线，然后切换到 (顶点) 层级，利用“目标焊接”工具焊接 3 组点。图 3–57 中 A1、B1、C1 为原点；A、B、C 为目标点。接着利用“切割”工具连接出图 3–57 所示的两条红线。

图 3–57　焊接顶点并连接线

(9) 斧子的斧刃部分都很锋利，游戏中优秀的武器不会只有一边有攻击的斧刃，下面给斧头的后面也加上锋利的尖角。方法：选择斧头后面两个角上的 4 个点，两个一组，分别将它们进行塌陷，结果如图 3–58 所示。

(10) 斧子现在有 4 个锋利的尖角，但是这 4 个角并没有什么变化，相同就意味着简单，当然也就不美观。解决的办法很简单，只要将 4 个尖角中的一个移动一下位置即可，如图 3−59 所示。

图 3−58　塌陷点

图 3−59　调整点的位置

（11）图 3−59 中用红线标示的那条边太直太简单了，斧子上面都是弧形才会更自然，下面利用“切割”工具切线，并调整线的位置，将直线调节成平滑的弧线，如图 3−60 所示。

（12）斧子模型创建完成。下面检查模型中的面数是否超出预期，如果面数过多要及时精简，并检查是否有五点面等不符合要求的面，如果有五点面要把它改成三点面。最后找个合适的角度，单击（渲染产品）按钮渲染一张，享受一下劳动过后的成就感。模型渲染的结果如图 3−61 所示。

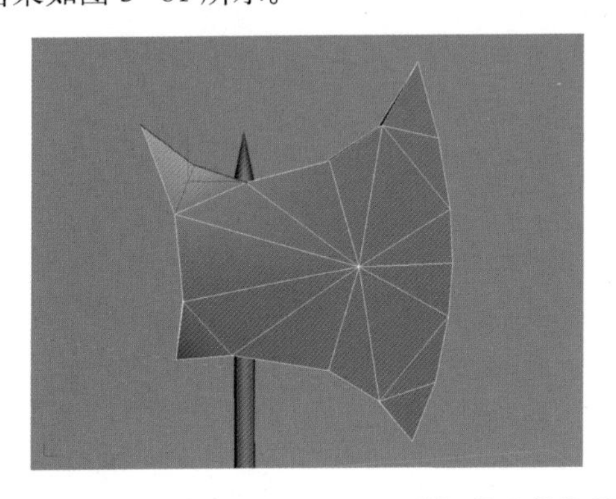

图 3−60　利用“切割”工具切线并调整线的位置

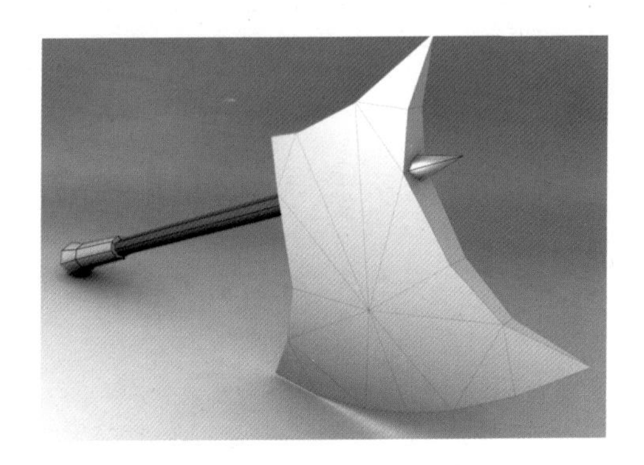

图 3−61　渲染后的效果

提 示

游戏中的模型最好都要用由 3 个点构成的面，因为将模型加载到引擎中后，所有的面都是按照三点面来运算的。如果模型中有四点面，那么引擎会把一个四点面沿对角线分成两个三点面。沿对角线的分解不会对外形造成很大变化。如果模型中有五个点构成的面，那么引擎也会把五点面分解成三点面，但是会分解得比较混乱，使在建模时所完成的造型扭曲。所以在建模时要保证不能出现任何超过四点的面。

3.2　调整贴图 UV 坐标

如果想要把贴图正常地贴在模型的表面，合适的贴图坐标是必须的。因为绘制的贴图毕竟是二维空间的，而三维模型是三维空间。如果不给二维贴图以合适的命令，它会出现变形拉伸等错误。这就需要在工作的流程中有一个展开贴图坐标的工序。

所谓的展开贴图坐标，其实就是把三维物体表面的坐标尽可能地二维平面化的过程。贴图和模型之间的关系有些近似于地球仪和世界地图，也可以形象地把展开贴图坐标理解为把地球仪的表皮展开成一张地图的过程。

这个过程需要十分耐心细致，不然画的贴图再精彩也没有意义，它不能正确地显示在三维模型的表面。

首先看看什么样的贴图坐标是正确的，什么是错误的。如图 3–62 所示，很明显图中左边的模型和贴图配合是不对的，因为模型表面的贴图有着严重的拉伸变形，而右边贴图坐标是经过调整的模型，贴图中的黑白格子分布很均匀，这样贴图与模型的配合才是正确的。

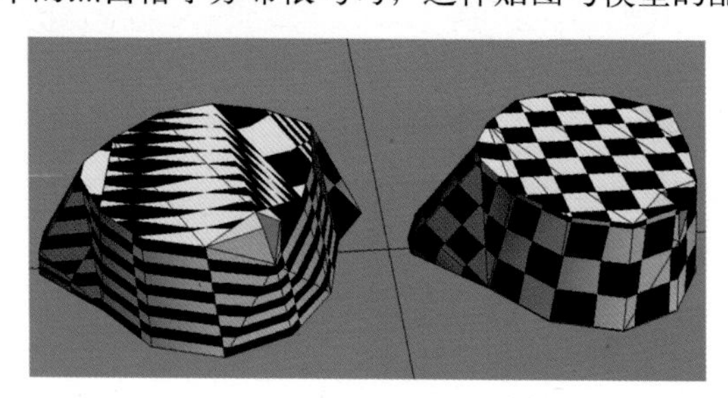

图 3–62　错误和正确的贴图对比

三维空间的坐标是 X、Y、Z，对应三维空间的贴图坐标是 U、V、W，所以贴图坐标被称为 UV 坐标。这一节中学习的内容就是怎样调整模型的 UV 坐标。所用的模型是上一节建立的木桩及斧子模型。

3.2.1 初步调整木桩 UV

木桩模型相对于斧子模型要简单一些，建模时是从它开始的，调整 UV 坐标的学习还是从它开始。

（1）打开“\MAX 文件 \ 第 3 章　游戏场景中的道具 \ 木桩模型 .max”文件，按键盘上的〈M〉键，调出材质编辑器。

提 示

〈M〉键是材质编辑器的热键。当然也可以从菜单中打开材质编辑器，但是不如按热键更快捷。

（2）选择一个空白的材质球，如图 3–63 中 A 所示，然后单击“漫反射”通道右边的方形按钮，如图 3–63 中 B 所示，弹出贴图浏览器，选择黑白格子的“棋盘格”贴图，如图 3–63 中 C 所示，单击“确定”按钮，从而将它加入“漫反射”贴图通道。

提 示

图 3–63 中所示步骤 C 的意义在于它能把贴图最大化地显示出来，这有利于调整贴图。尤其是对初学者，能通过图像迅速地辨认出黑白格子的“棋盘格”贴图。

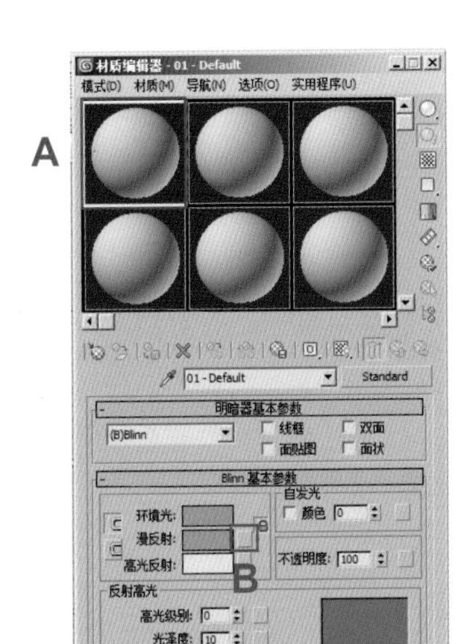

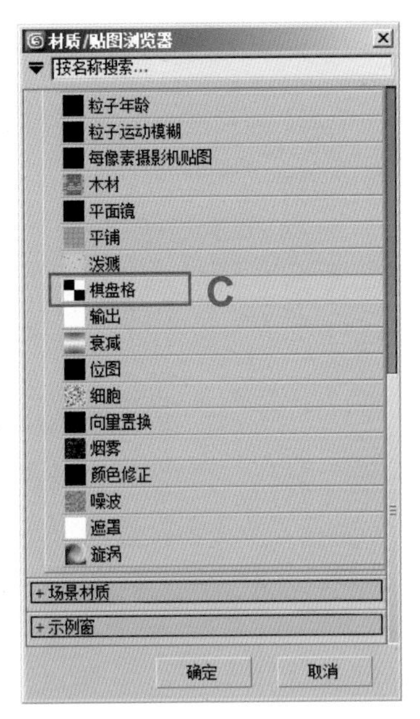

图 3−63 选择“棋盘格”贴图

（3）在材质编辑器工具栏中单击（将材质指定给选定对象）按钮，从而将棋盘格材质赋予视图中的木桩模型，此时贴图 U 和 V 两个方向的重复次数默认都为 1，贴图中的黑白格太大，不能很清晰地表示出坐标的分布，如图 3−64 所示。下面简单编辑一下“棋盘格”贴图，将贴图 U 和 V 两个方向的重复次数都设置为 5，结果如图 3−65 所示。

提 示

调整 UV 坐标时，选择“棋盘格”贴图来做参考是因为“棋盘格”贴图是由大小相同、颜色醒目的黑白格子组成的。如果贴图在模型表面显示的大小不同或者不是正方形就说明贴图坐标有缺陷。需要继续调整。

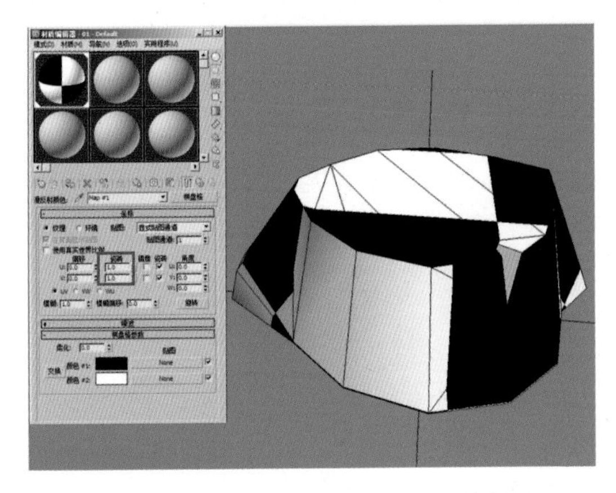

图 3−64 U 和 V 重复次数都为 1 的效果

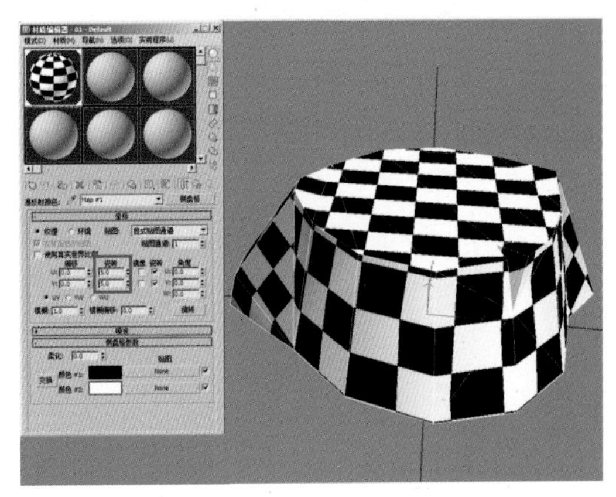

图 3−65 U 和 V 重复次数都为 5 的效果

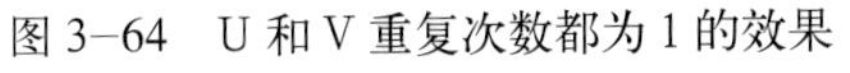

（4）在修改器列表中选择“UVW 展开”修改器，如图 3−66 所示。

“UVW 展开”修改器集成了“UVW 贴图”修改器的功能，它能单独为模型指定贴图的包裹方式，可以完全独立地对模型进行贴图坐标的编辑，贴图包裹的方式有（平面）、

（柱形）、（球形）和（长方体）4 种，如图 3–67 所示。

图 3–66　选择“UVW 展开”修改器

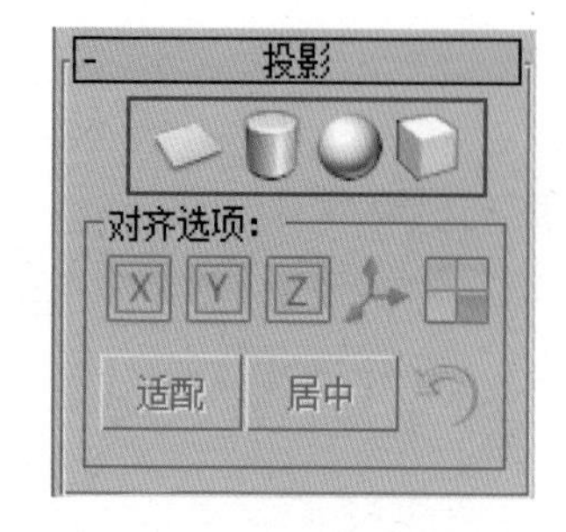

图 3–67　贴图包裹方式

在正式开始编辑 UV 之前，先来分析一下树桩的形体。树桩的外形可以概括成一个圆筒和两个圆形的平面。其中接触地面的圆形是看不到的，所以在建模时就已经删除了。现在只剩下一个圆形的顶面和一个圆筒。而这两个部分刚好就适合“UVW 展开”修改器的（平面）和（柱形）两种贴图包裹方式。如果这样简单的指定不能完全满足要求，利用“UVW 展开”修改器也能进行详细的编辑。在后面的学习中将会逐步地深入讲解。

现在先给树桩简单地指定贴图的包裹方式：

（5）进入（修改）面板的（多边形）层级，选择图 3–68 所示的树桩顶面，然后给顶面单独指定一个“平面”方式的贴图坐标，如图 3–69 所示。

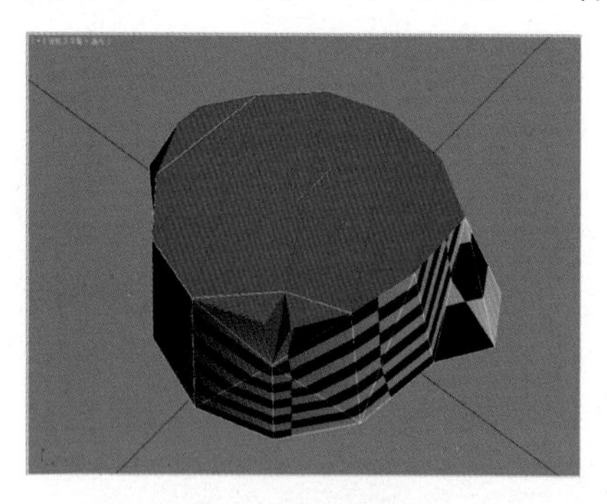

图 3–68　选择顶面

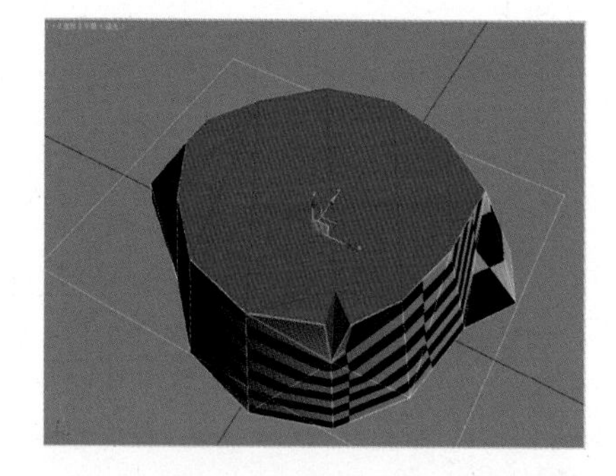

图 3–69　指定“平面”方式的贴图坐标

（6）此时指定的平面贴图坐标，大小和树桩的顶面并不匹配，下面通过 3ds Max 提供的“适配”命令来解决这个问题。方法：选中顶面，在激活（平面）情况下，单击“适配”按钮，如图 3–70 所示。适配完成后能看到贴图中的黑白格子均匀地分布在模型的顶面。这说明树桩的顶面贴图已经能正确显示了，如图 3–71 所示。

提 示

“适配”能迅速地让“平面”大小适配被选择面的大小。

（7）树桩的顶面显示正常了，但是其他部分还有问题。下面就来处理除顶面以外的其他部分。方法：首先选中图 3–72 所示的多边形，然后单击“柱形”按钮，给选择的部分指定圆柱形的贴图包裹方式。接着单击“适配”按钮，让坐标的大小适配模型，结果如图 3–73 所示。

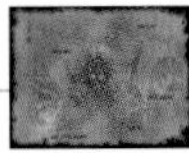
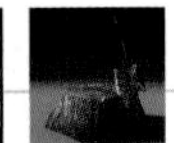

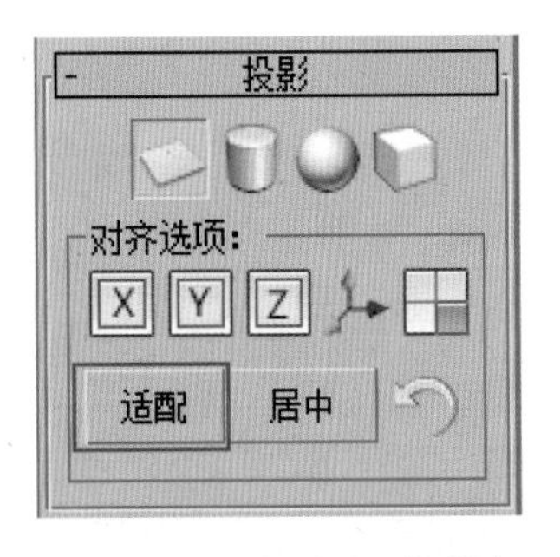

图 3–70　单击“适配”按钮

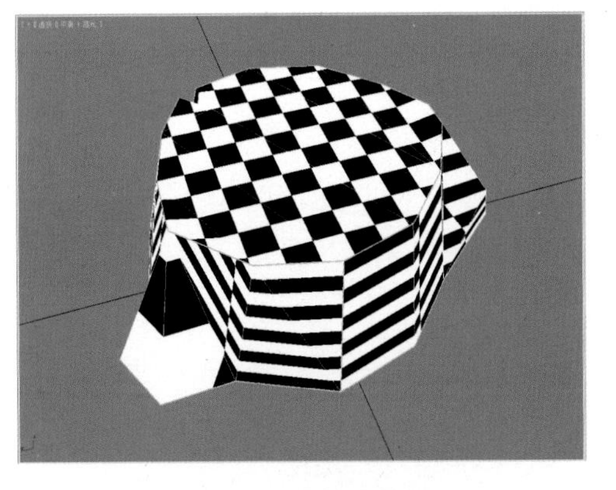

图 3–71　适配后的效果

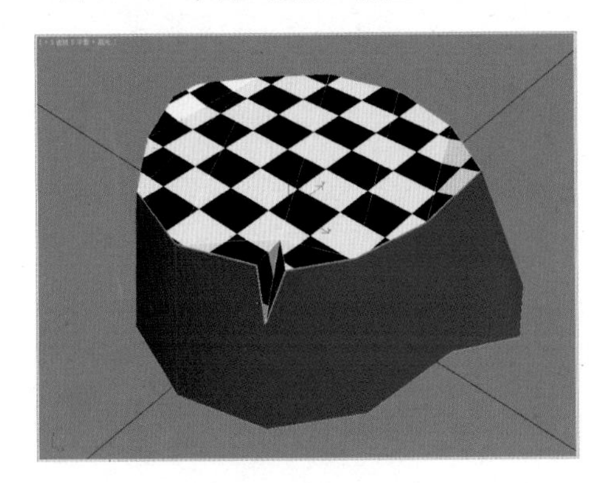

图 3–72　选中多边形

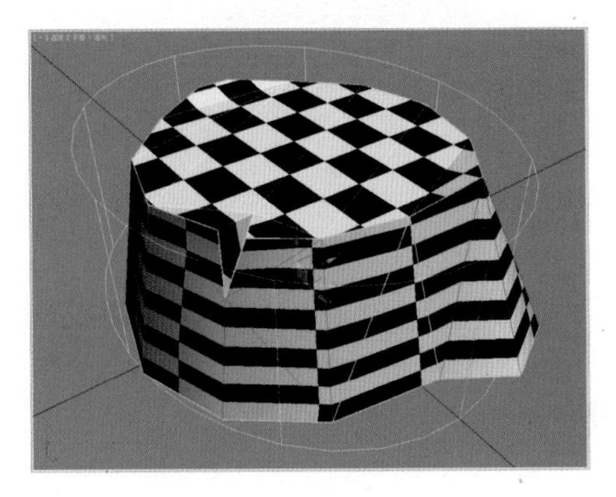

图 3–73　适配后的效果

3.2.2 细致调整木桩 UV

经过适配的模型坐标已基本分布均匀，不过还不能完全满足要求。UV 坐标编辑最好的结果是棋盘格贴图中的每个黑白格大小相同、形状近似。下面就来细致调整木桩 UV。

如果继续为模型 UV 坐标进行深入的编辑，则需要对顶面的坐标和侧面的坐标分别进行处理。最直接的办法是把模型拆开，分成两个物体，然后分别对这两个物体进行细致调整。具体操作步骤如下：

（1）拆分模型时最先要做的是将模型塌陷，方法：选中物体并右击，从弹出的快捷菜单中选择“转换为可编辑的多边形”命令，使模型塌陷。

提 示

这样可以将已经编辑好的坐标保留下来，否则模型被拆分之后，贴图坐标可能会变得很混乱。

（2）进入■（多边形）层级，选择树桩的顶面，然后单击“分离”按钮，如图 3–74 所示。在弹出的对话框中将物体命名为“顶面”，如图 3–75 所示。单击“确定”按钮，从而将这部分分离。这样原来的模型就被分成了两部分。

图 3-74　单击“分离”按钮

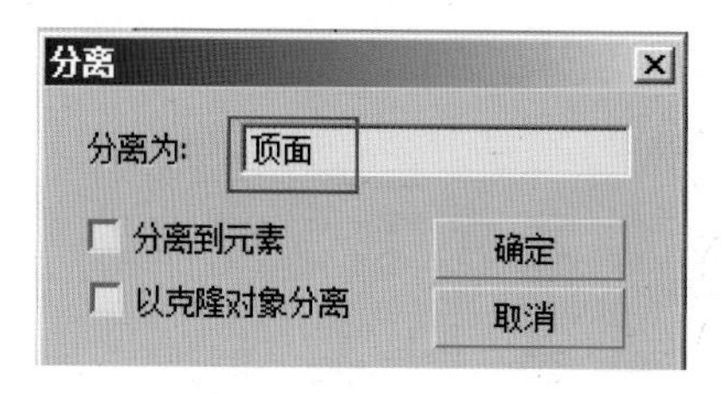

图 3-75　分离顶面

（3）为了便于操作，下面隐藏侧面物体。方法：选择侧面物体并右击，从弹出的快捷菜单中选择“隐藏当前选择”命令，将侧面物体隐藏。

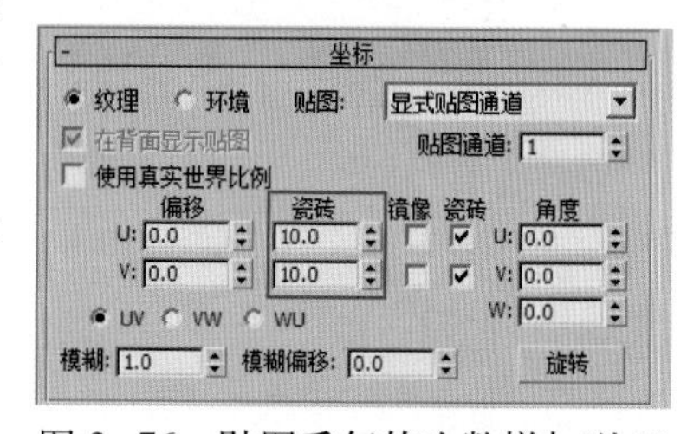

（4）随着操作的深入，对贴图坐标的细节要求也越来越高，为了能更清楚地看出坐标是否适合，需要细化贴图。方法：按键盘上的〈M〉键，调出材质编辑器，进入“漫反射”的贴图通道，把贴图重复的次数增加到 10，如图 3-76 所示。

图 3-76　贴图重复的次数增加到 10

（5）棋盘格贴图的重复次数多了，格子变小之后，贴图坐标不合理的地方也就显露出来。图 3-77 中红色圆圈的部分有很明显的拉伸，现在就来解决这个问题。方法：给模型再次添加“UVW 展开”修改器，然后进入“面”次物体层级，选择全部面，加上一个“平面”的坐标。红圈中那部分的拉伸有了明显的好转，如图 3-78 所示。

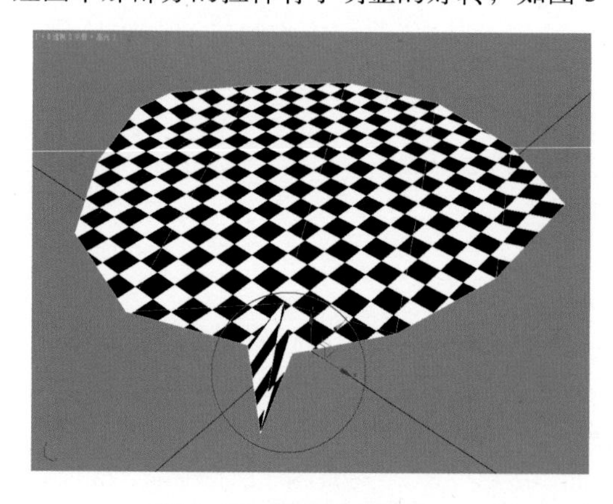

图 3-77　贴图拉伸现象

图 3-78　添加“平面”的坐标效果

（6）进一步调整 UV 坐标，尽可能地完善它。方法：单击图 3-79 所示的“打开 UV 编辑器”按钮，打开“编辑 UVW”窗口，如图 3-80 所示。这将是编辑 UV 工作的主要窗口。在贴图

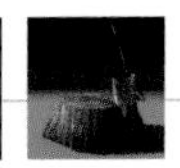

坐标编辑窗口中，能看见和视图中模型的网格十分近似的图形，这个图形就是我们一直在调整的贴图坐标，它和模型是相对应的。

图 3–79　单击“编辑”按钮

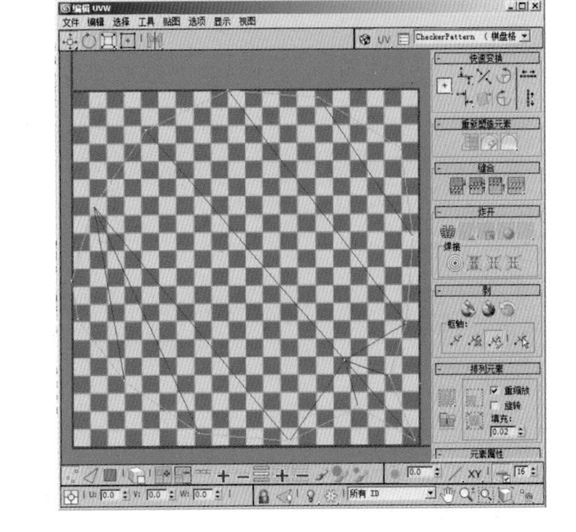

图 3–80　“编辑 UVW”窗口

（7）在贴图坐标的编辑窗口中，棋盘格贴图布满了整个背景。为了不影响视觉，可以把有效区域周围的棋盘格贴图去掉。方法：在“编辑 UVW”窗口的“视图”菜单中取消选择“显示贴图”命令，从而不让贴图在背景内重复，效果如图 3–81 所示。

提 示 1

在进行 UV 坐标编辑时，有很多地方和建模的操作是一样的，例如它也有（顶点子对象编辑模式）、（边子对象编辑模式）、（多边形子对象编辑模式）几种选择模式，也有“移动”“旋转”“缩放”等几种工具。读者可以分别尝试一下，图 3–82 所示为（多边形子对象编辑模式）的显示效果。

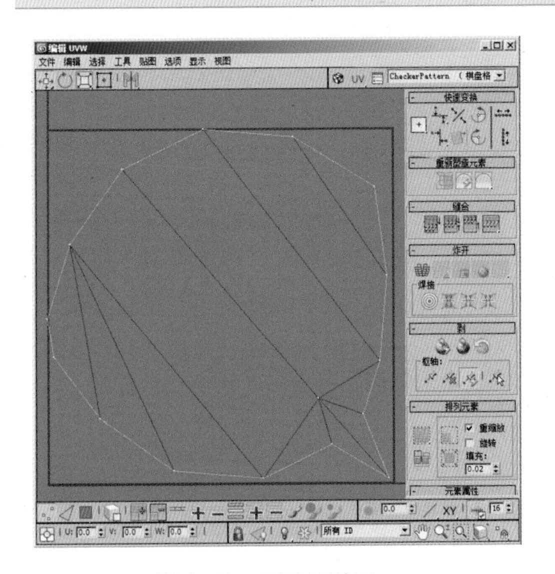

图 3–81　不显示贴图

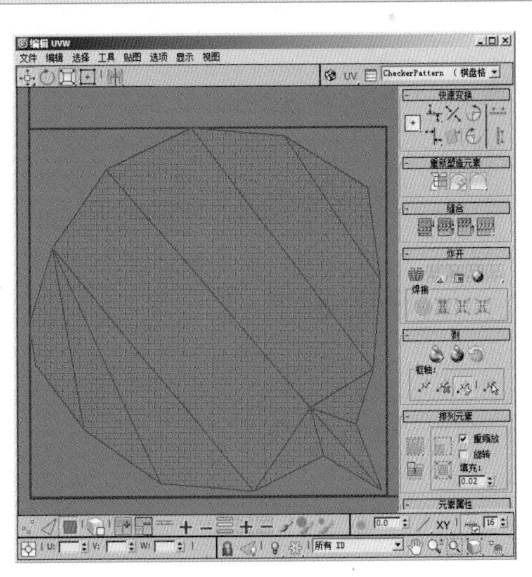

图 3–82　（多边形子对象编辑模式）的显示效果

提 示 2

在“编辑 UVW”窗口中进行工作时有一点要注意，那就是一定要和视图中模型表面的实时显示结合起来，互相参照。只有这样才能快速地完成工作。可以参考图 3–83 中窗口的摆放形式，左边是坐标编辑窗口，右边是模型。这样在编辑坐标时就能直接看到编辑的结果。另外，在编辑时要把移动、旋转、缩放等几种工具结合起来，不能所有的情况都只用一个工具去解决。在选择时也同样要注意类似的问题，选择“点”操作时影响的范围最小，而选择“面”时影响的范围最大，它相当于四个点。所以我们要注意在不同的情况下，随时切换不同的工具。

（8）手动调整 U V 坐标点。方法：选择有拉伸情况出现部位的坐标点，然后移动它的位置，同时观察视图中模型表面的实时显示。不断地调节，直到拉伸被控制到最小为止，结果如图 3–84 所示。

（9）顶面的坐标调整完成后，为了绘制贴图时做参考，还需要渲染出一张贴图坐标的图片。方法：执行贴图坐标编辑窗口的“工具 | 渲染 UVW 模板”命令，如图 3–84 所示。在弹出的对话框中设置贴图的大小为 256 × 256，其他选项保持默认设置单击“渲染 U V W 模板”按钮，如图 3–85 所示，渲染出图并保存，保存的文件名为“木桩顶面坐标参考.jpg”。

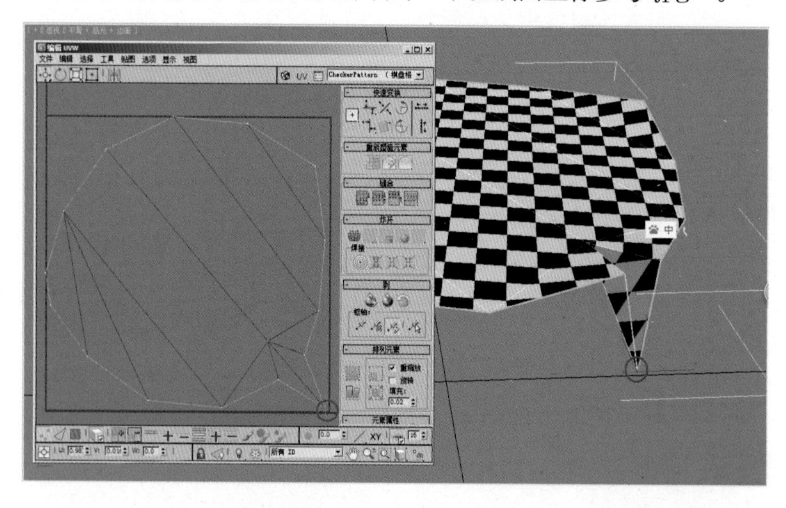

图 3–83 手动调整 UV 坐标点

图 3–84 “渲染 UVW 模板”命令

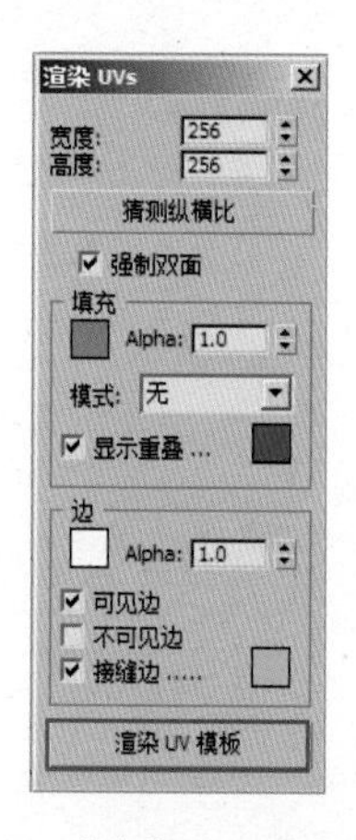

图 3–85 “渲染 UV 模板”按钮

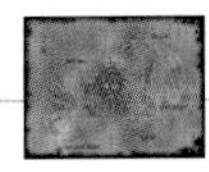

（10）至此，顶面的 UV 坐标调整结束，开始进行侧面的工作。在视图中右击，在弹出的快捷菜单中选择“全部取消隐藏”命令，取消所有物体的隐藏。然后将顶面隐藏，只显示出木桩的侧面，这样可以始终保持视图中只有当前正在操作的物体，避免被其他物体干扰。

（11）给侧面添加“UVW 展开”修改器，然后选中所有的面，为其指定（柱形）包裹方式的贴图坐标。

（12）观察视图中显示的棋盘格贴图，会发现还有明显的不足，本来是正方形的黑白格子，却被拉成很夸张的长方形，如图 3–86 所示。下面就来解决这个问题。方法：单击“打开 UV 编辑器”按钮，打开贴图坐标编辑窗口，并在该窗口中选择所有的面，如图 3–87 所示。

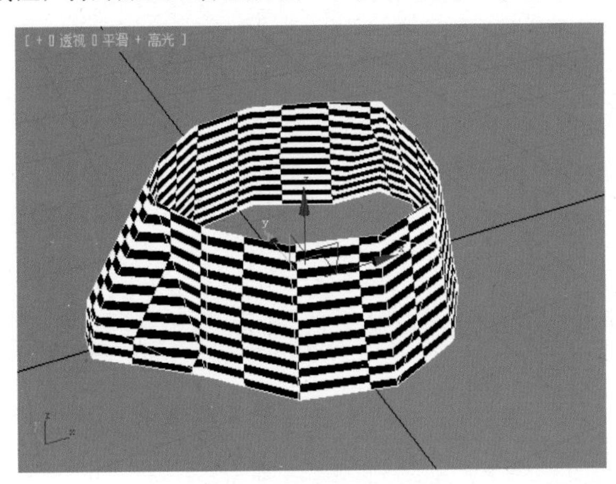

图 3–86 贴图被拉伸现象

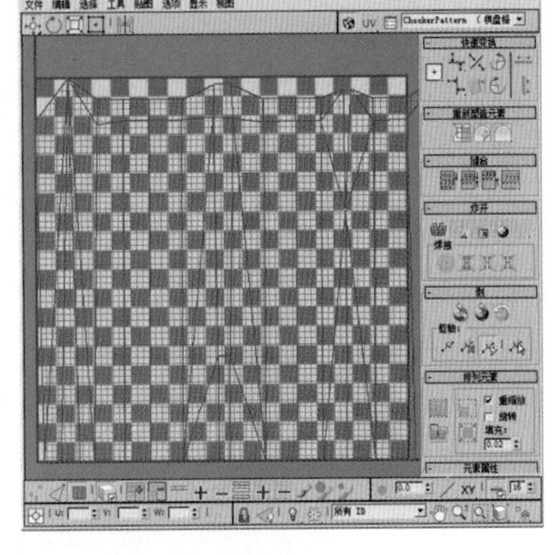

图 3–87 选中所有的面

（13）利用（自由形式模式）工具，在横向上放大贴图坐标，直到模型贴图表面显示为正方形的黑白格子为止，如图 3–88 所示。

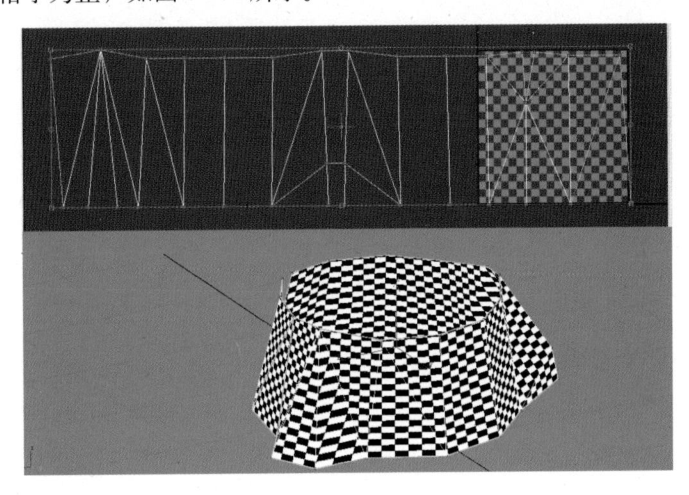

图 3–88 调整贴图 UV

提 示

在运用（自由形式模式）工具时，按住键盘上的〈Shift〉键能锁定轴向。

（14）在图 3–89 所示的红色圈中，贴图坐标依然有被拉伸的地方，接下来将坐标尽可能调整得条理清晰以便以后再次整理。当然，在整理 UV 坐标时也要时刻注意视图中的显示，尽可能让视图中的贴图显示均匀，调整结果如图 3−90 所示。

（15）选择图 3−91 所示的两条边，按快捷键〈Ctrl+B〉将这两条边断开。

提 示

这样做是因为这部分的拉伸较严重，坐标被分开后更容易调节。

图 3−89　贴图被拉伸现象

图 3−90　调整 UV

图 3−91　选中边

（16）调整断开后的几部分，配合视图中模型表面的实时显示，不断地移动坐标点，结果如图 3−92 所示。

（17）选择图 3−93 所示的线，按快捷键〈Ctrl+B〉将它断开成为两部分。

（18）移动刚才断开的两部分，将分割开的这几部分重新组合，如图 3−94 所示。按快捷键〈Ctrl+T〉（“目标焊接”工具），选择一个断开的点并拾取另外的断点将其焊接。同理，对其余断点逐个进行焊接，结果如图 3−95 所示。

提 示

刚才的断开重组，是为了调整贴图坐标在按照圆柱形包裹方式展开时留下的接缝，这个接缝一定要放置在不显眼的位置。否则贴图的接缝会影响视觉效果。

图 3–92　调整 UV

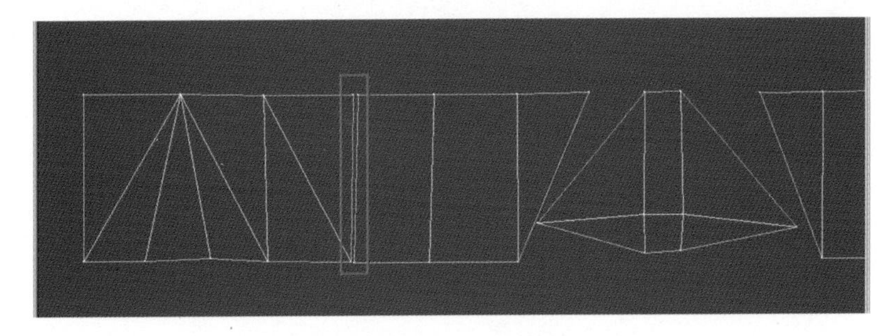

图 3–93　选中线

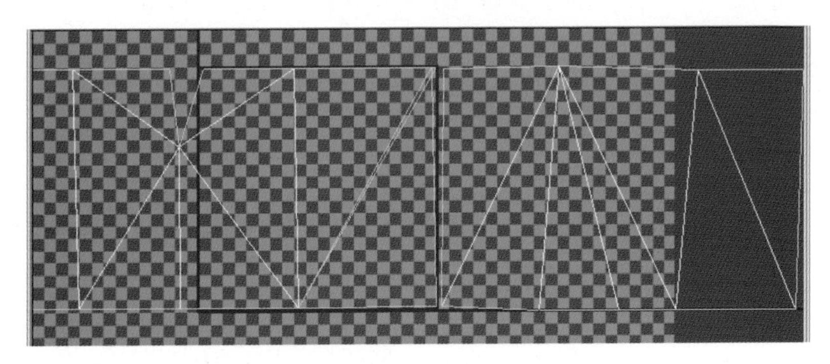

图 3–94　重新组合

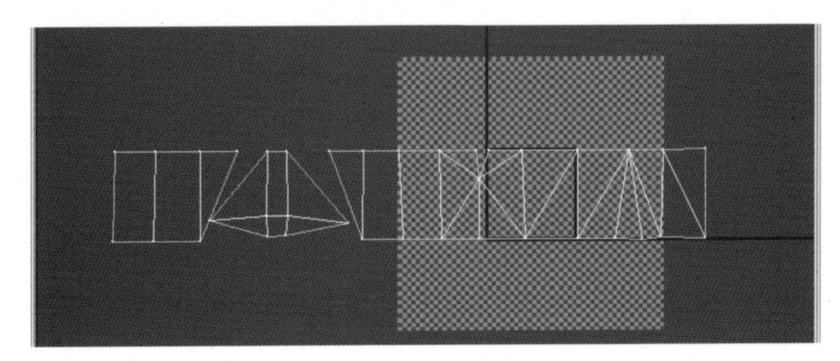

图 3–95　焊接断点

（19）根据视图中的实时显示来细致调整每个坐标点，根据模型表面贴图的变化来移动贴图坐标，直到模型表面的棋盘格贴图显示为大小、形状都一样的黑白格子。当然，贴图 UV 坐标的调整效果也是有限的，不可能绝对做到让棋盘格贴图显示为大小、形状完全相同的黑白格子。

至此，树桩贴图坐标的调节已经基本结束，如图 3−96 所示。按快捷键〈Ctrl+S〉，将文件保存为“木桩 UV 坐标 .max”文件。在贴图绘制完成后，如果与模型有不匹配的情况，还可以根据绘制的贴图微调一下 UV 坐标。

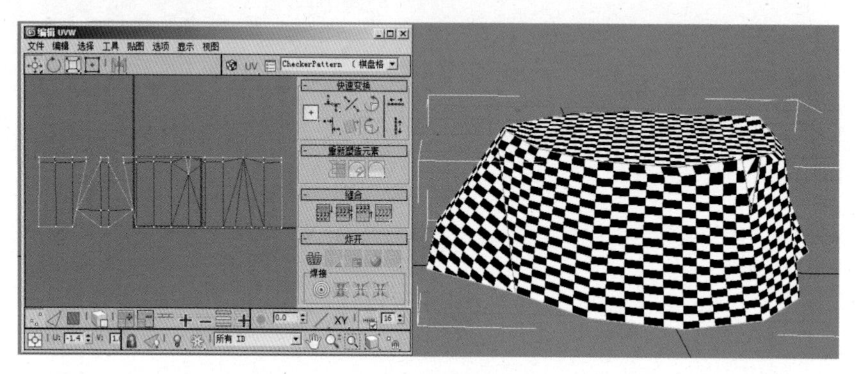

图 3−96　树桩最终 UV

3.2.3　局部调整斧子 UV

上一节进行了木桩 UV 坐标的调整，下面开始调整斧子的 UV。

斧子贴图坐标的展开工作与树桩近似，整体思路是相同的，都是先根据模型的基本形状给它指定一个基本的坐标（例如树桩用的是圆柱形的坐标包裹方式），然后进入贴图坐标编辑窗口进行具体的坐标调节，直到满意为止。

那么，树桩与斧子的工作流程不同的是什么呢？最大的不同就是树桩是把一个整体拆成两部分；而斧子本来就是由几个物体组成的，最后要把它合并成一个。

（1）打开“\MAX 文件 \ 第 3 章　游戏场景中的道具 \ 斧子模型 .max”文件，分别赋予每个部分“棋盘格”贴图，结果如图 3−97 所示。

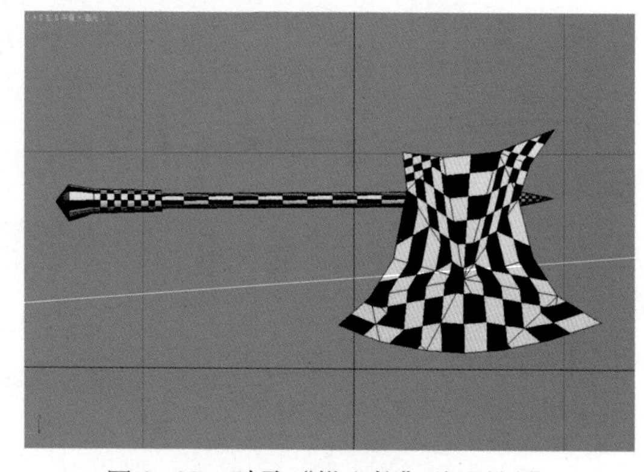

图 3−97　赋予“棋盘格”贴图效果

提 示

这种贴图对于检验贴图坐标是最佳选择。

（2）选择图 3−98 所示的斧子一侧的多边形，然后给这一侧指定（平面）包裹方式的贴图坐标。接着单击“适配”按钮，软件就会自动将坐标平面的大小适配所选择面的大小。同理，对斧子的另一侧也做同样的工作，这样斧子头部就被分成了两个平面。

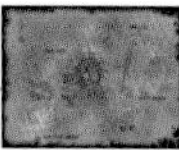

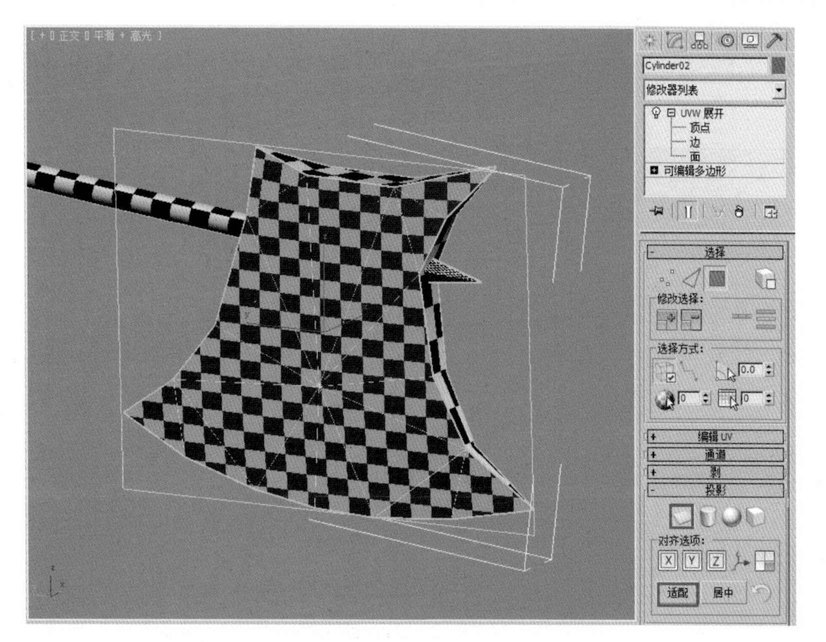

图 3–98　选中多边形

（3）选择斧子头部顶端的截面，对这个截面也应用“平面”方式的贴图坐标。如果贴图坐标平面的大小和位置都不合适，除了单击“适配”按钮来解决这个问题外，还有一个更好的方法解决它，那就是单击 （最佳对齐）按钮，用最佳的方式对齐被选择的多边形，结果如图 3–99 所示。

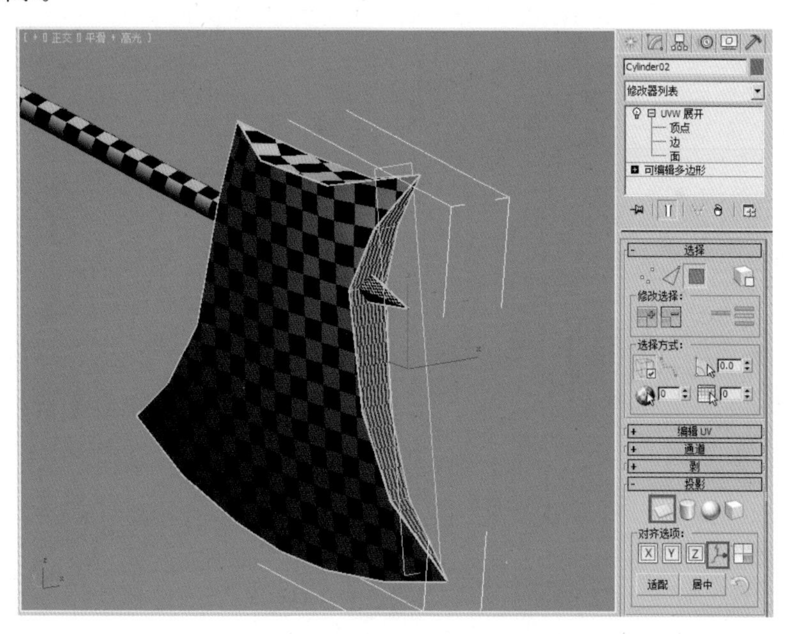

图 3–99　单击“最佳对齐”按钮

（4）同理，对斧子头部的另外几个截面也进行同样的操作。

（5）隐藏斧子的其他部分，只显示出要进行编辑的斧子尾部模型。然后选择这部分所有的面，给它指定“柱形”的贴图坐标，如图 3–100 所示。

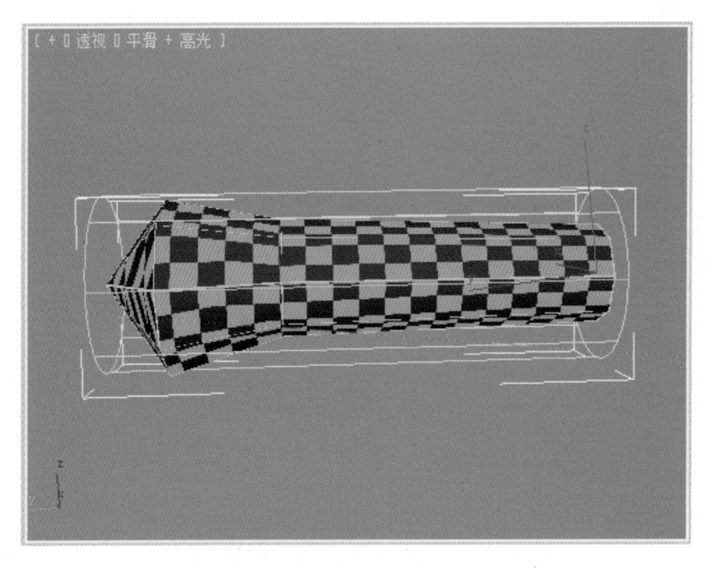

图 3-100　给斧子尾部指定“柱形”贴图坐标

（6）在（修改）面板中单击“打开 UV 编辑器”按钮，打开贴图坐标的编辑窗口，如图 3-101 所示。

（7）为了便于观看，在“编辑 UVW”窗口中取消激活（显示对话框中的活动贴图）按钮，从而隐藏贴图背景，效果如图 3-102 所示。

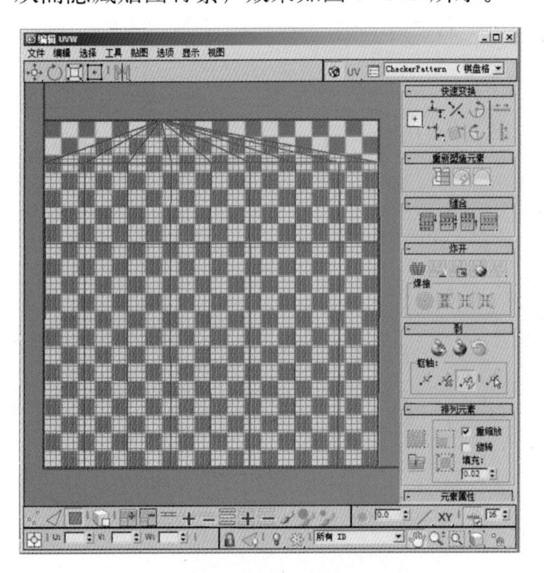

图 3-101　打开贴图坐标的编辑窗口

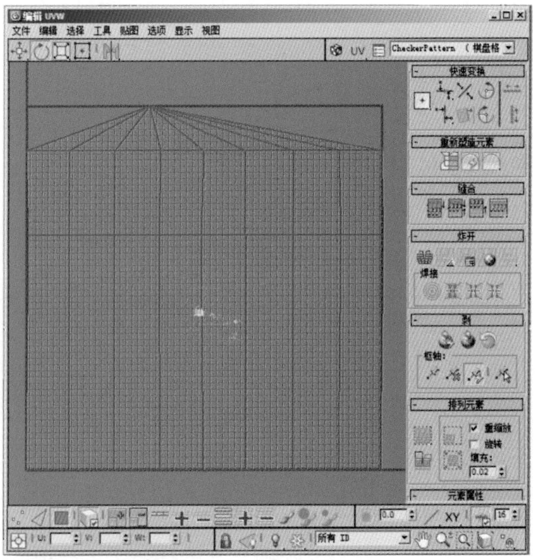

图 3-102　取消贴图显示

（8）取消激活（按元素 UV 切换选择）按钮，然后激活（顶点）按钮，选中图 3-103 所示的红色点，该顶点是斧子柄尾部的尖状突起，它周围的坐标有些拉伸变形，需要将它们展开。方法：执行菜单中的“工具 | 断开”命令，将选中的点打断。

（9）将断开的顶点均匀地分散开，调整为近似篱笆墙的形状，如图 3-104 所示。

（10）斧柄的形状较规范，下面选中斧柄所有的多边形，然后给它们添加（柱形）包裹方式的坐标，结果如图 3-105 所示。

 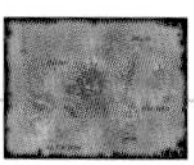 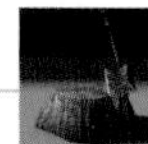

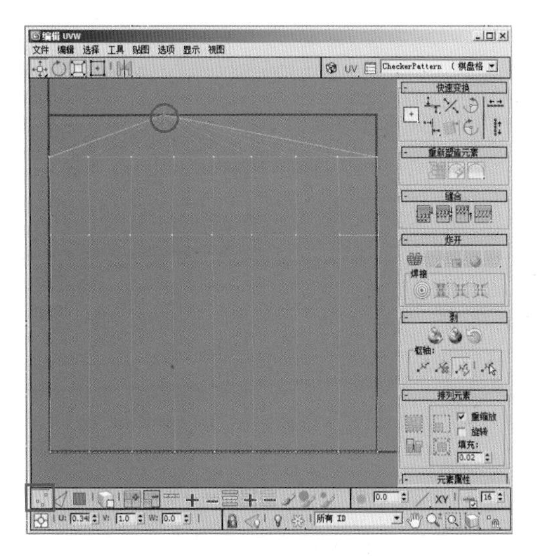

图 3–103　选中红色点

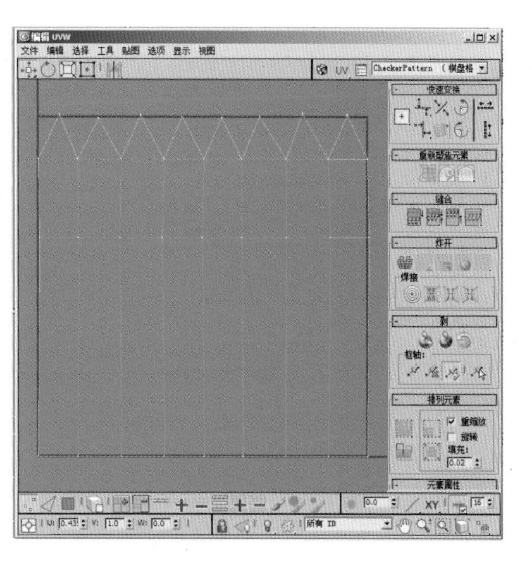

图 3–104　调整顶点成篱笆墙的形状

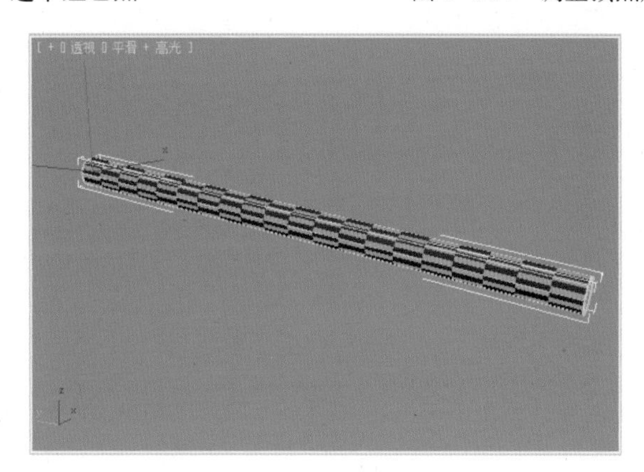

图 3–105　给斧柄的多边形添加“柱形”包裹方式的坐标

(11)展开斧子头部尖角的UV。方法：选中斧子头部尖角的所有多边形，也给它们添加(柱形）包裹方式的贴图坐标，并适配它的大小，如图 3–106 所示。

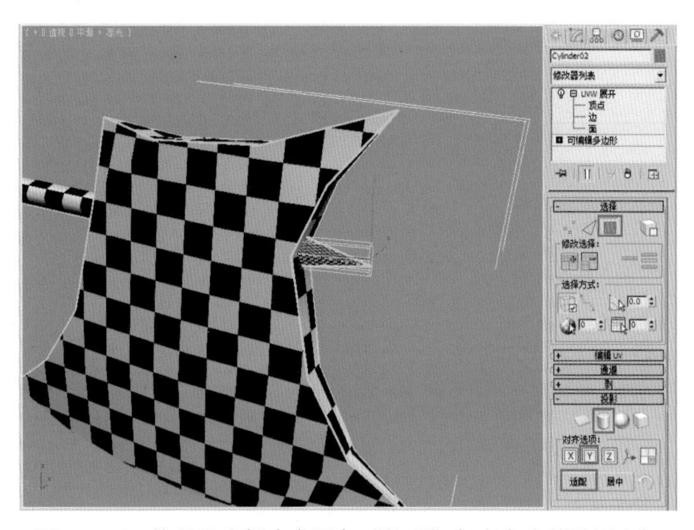

图 3–106　给斧子头部尖角添加“柱形”包裹方式的贴图坐标

3.2.4 整体调整斧子 UV

整个斧子的 4 个部分都已经分别编辑好了，但是如果在分开的状态下继续工作，就需要绘制 4 张贴图，会比较浪费系统资源。所以需要把斧子的几个部分合并到一起。

（1）将斧头塌陷，然后选中斧子的任何一个部分，单击“附加”右侧的□按钮，在弹出的对话框中选择所有对象，如图 3–107 所示。单击“附加”按钮，从而将斧子的其他几个部分都合并到斧子头部上来。

提 示

塌陷之后贴图坐标的信息依然保留在模型中，这样就不会让坐标丢失或混乱，所以合并前要塌陷。

图 3–107　将斧子各部分附加成一个整体

（2）选择合并后的斧子物体，单击修改面板的“打开 UV 编辑器”按钮，打开贴图坐标编辑窗口，此时能看到所有的坐标重叠在一起，十分混乱，如图 3–108 所示。

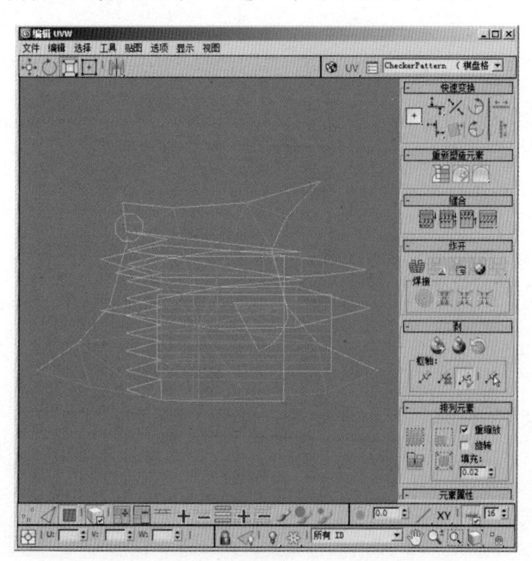

图 3–108　调整 UV 前的效果

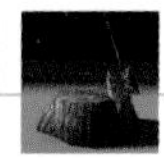

（3）执行菜单中的“工具 | 紧缩 UV”命令，如图 3–109 所示。在弹出的对话框中按默认设置即可，单击“确定”按钮，从而将混乱的、重叠在一起的坐标调整好，并将它们按照一定的方式排列在贴图坐标的有效范围框之内，如图 3–110 所示。

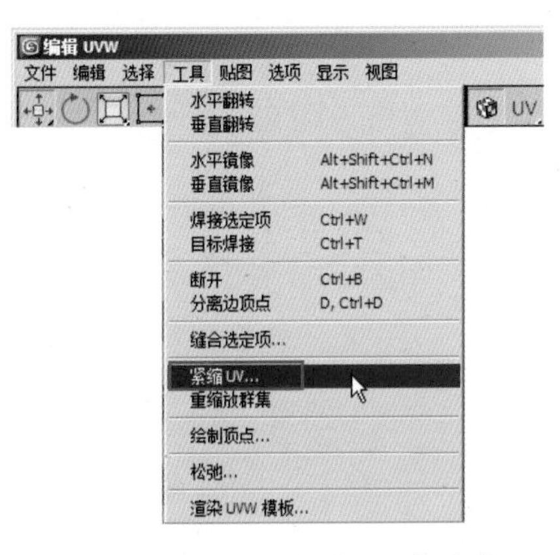

图 3–109　执行“紧缩 UV”命令

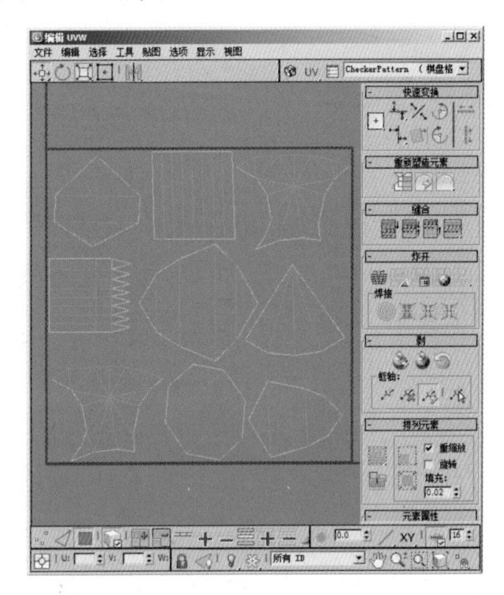

图 3–110　紧缩 UV 后的效果

（4）斧子头部的左右完全对称，在这种情况下，最好让它的两面共用一张贴图，这样能最大化地利用贴图空间，并节省系统资源。下面选择斧子头部的一面，利用（移动选定的子对象）和（旋转移动的子对象）工具将它对齐到另外的一面上，让它们完全重合，如图 3–111 所示。

（5）下面在贴图坐标编辑窗口中利用（移动选定的子对象）、（旋转移动的子对象）和（缩放移动的子对象）工具，修改每个元素的比例，使视图中“棋盘格”贴图的黑白格子显示大小相同、比例统一，此时 UV 如图 3–112 所示。

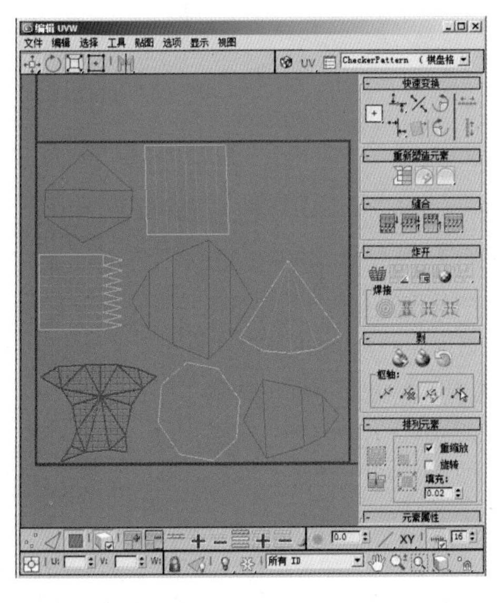

图 3–111　将斧子头部左右的 UV 对齐

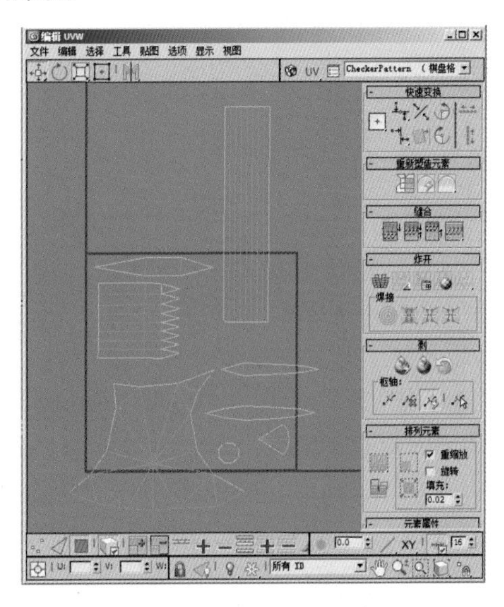

图 3–112　调整 UV

（6）将调整好比例的坐标元素合理地安排到深蓝色的有效范围框中，最终结果如图 3–113 所示。完成后按快捷键〈Ctrl+S〉，将文件保存为“斧子 .max”文件。

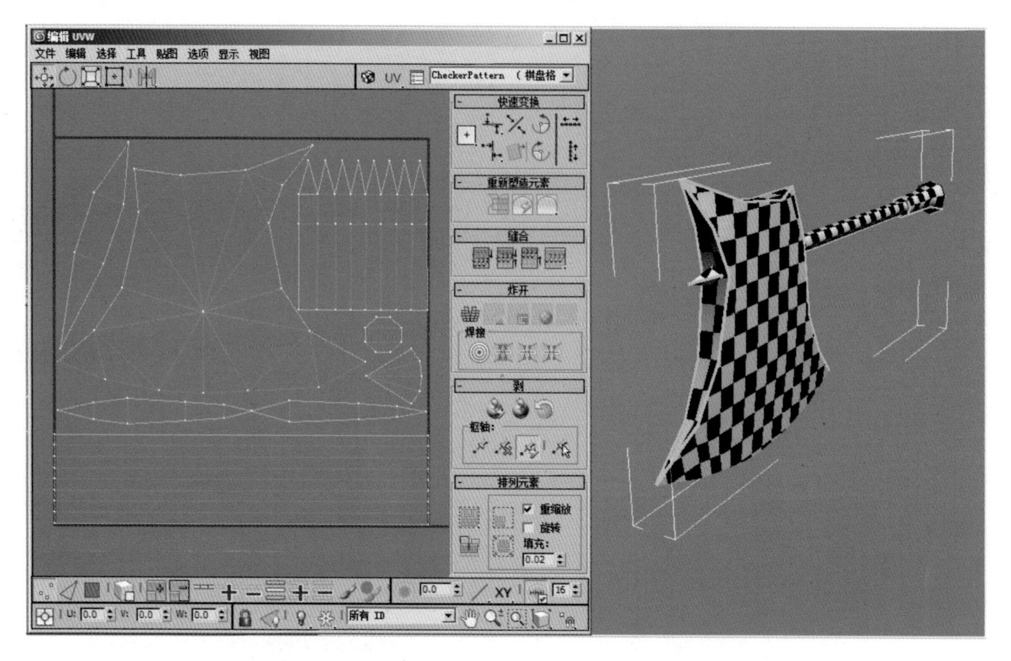

图 3-113　将坐标合理安排到深蓝色有效范围框中

3.3　绘制贴图

在调整好 UV 后将进入贴图的制作阶段，贴图的绘制是整个道具制作过程中比较重要的一个环节，甚至有“三分模型七分贴图”的说法。其实在游戏行业中往往贴图的比重比七分还要多一些，因此对于一个游戏制作人员来说，必须要有扎实的美术基础和艺术感知能力，否则可能会事倍功半。

本节仍以木桩和斧子为例，首先从木桩的贴图绘制开始。

3.3.1　绘制木桩顶面贴图

贴图的绘制也是分为木桩的顶面和侧面两部分来进行，首先绘制木桩顶面的贴图。

（1）启动 Photoshop CS5 软件，打开“\贴图\第 3 章　游戏场景中的道具\木头纹理素材.jpg”文件，如图 3-114 所示，然后按快捷键〈Ctrl+Shift+S〉，将其存储并重命名为“树桩顶面 .psd”文件。

（2）打开“\贴图\第 3 章　游戏场景中的道具\木桩顶面坐标参考. jpg”文件。它的大小和“木头纹理素材. jpg”大小相同。然后利用工具箱中的（移动工具），将其拖动到“树桩顶面 .psd”文件中，并双击图层名，分别将两个图层的名字改为“坐标参考”和“木头纹理素材”，如图 3-115 所示。

现在坐标图整个覆盖在木头纹理上，根本看不到下层中的木头纹理素材，那是因为当前“坐标参考”图层的混合模式是“正常”。将“坐标参考”图层的混合模式设置为“滤色”，从而使它变为透明，结果如图 3-116 所示。

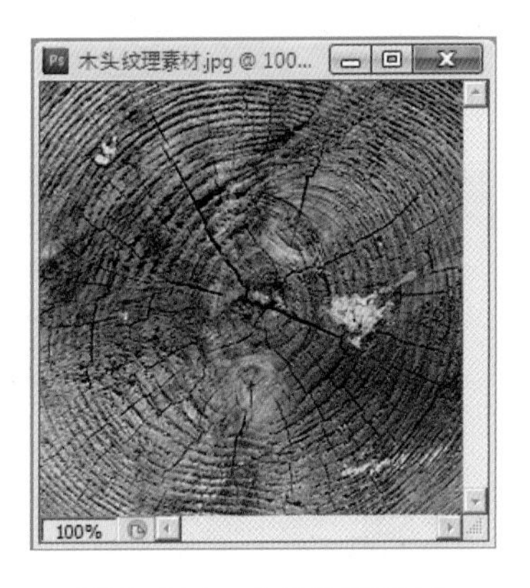

图 3-114　木头纹理素材

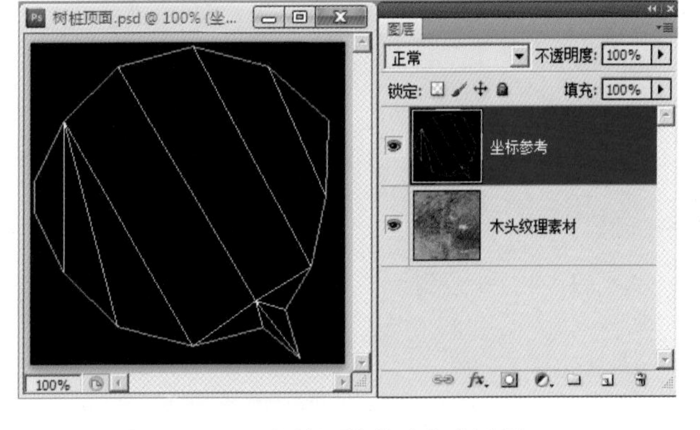

图 3-115　合并图片并重命名图层

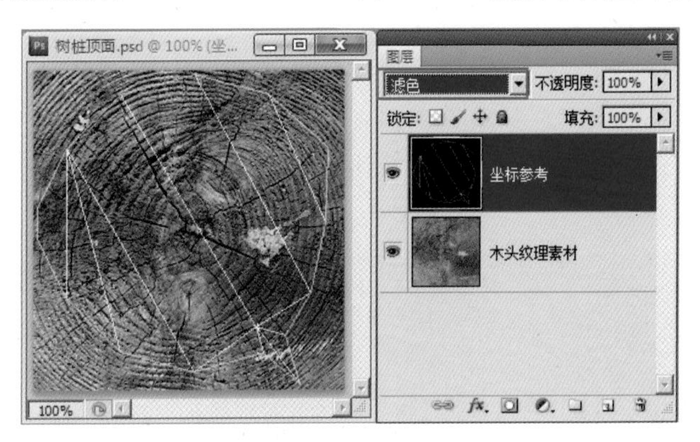

图 3-116　改变图层混合模式

提 示

"坐标参考"图层要始终处于所有图层的最顶端，它是以后对贴图进行加工时的参照。

(3) 接下来的工作是给树桩加上一个刀疤。方法：打开"\贴图\第 3 章　游戏场景中的道具\木头疤痕素材. jpg"文件，然后将其拖动到"树桩顶面 .psd"中，并将新图层重命名为"疤痕"。

(4) 选择"疤痕"图层，单击"图层"面板下方的 (添加图层蒙版) 按钮，给它添加图层蒙版，并填充黑色。然后将前景色转换为白色，选择工具箱中的 (画笔工具)，根据顶层的坐标图将需要添加疤痕的地方涂白，并改变"疤痕"图层的混合模式为"叠加"，最终结果如图 3-117 所示。

提 示

蒙版中的黑色表示隐藏当前图层的图像，白色表示显现当前图层的图像。这样就能用蒙版把需要的地方留下来，把不需要的地方变透明，也就是说在刀口的地方留下刀疤，而其他部分是透明的。

(5)疤痕加完了，但疤痕的感觉太浅，没有层次。下面将疤痕的颜色加深。方法：选择"疤痕"图层，单击"图层"面板下方的 (创建新的填充或调整图层) 按钮，从弹出的菜单中选择"曲线"命令，如图 3-118 所示。给它添加一个曲线调整图层，如图 3-119 所示。

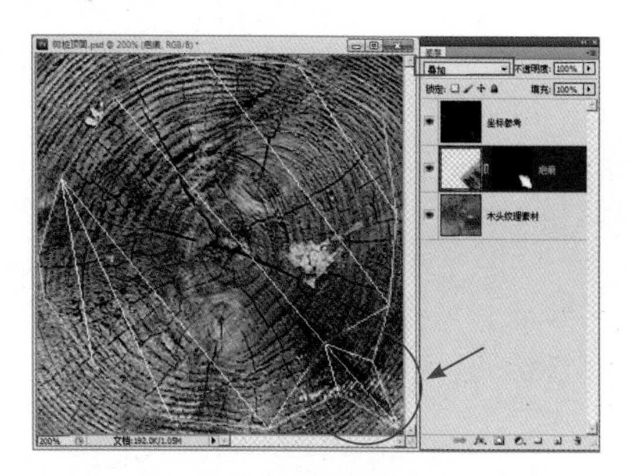

图 3–117　对“疤痕”图层蒙版进行处理

图 3–118　选择“曲线”命令

图 3–119　添加曲线调整图层

（6）添加曲线图层之后会自动添加一个蒙版，下面仍采用刚才画疤痕蒙版的老办法，首先给蒙版填充黑色，然后用白色画出想要调节的区域。这样曲线调节只会针对白色蒙版区域起作用。双击曲线图层图标，调出“调整”面板，调节曲线的形状，将疤痕深处的颜色调深，结果如图 3–120 所示。

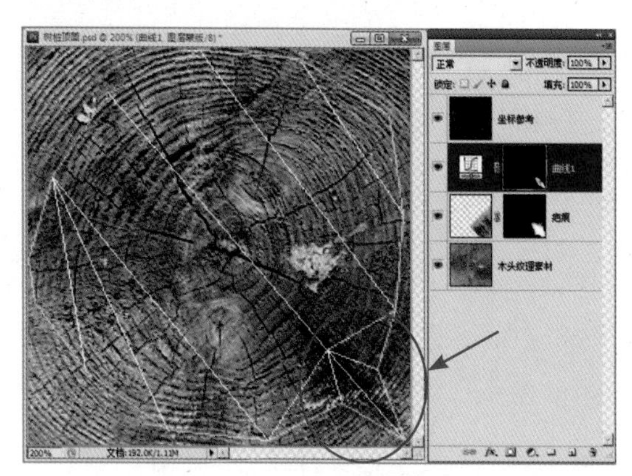

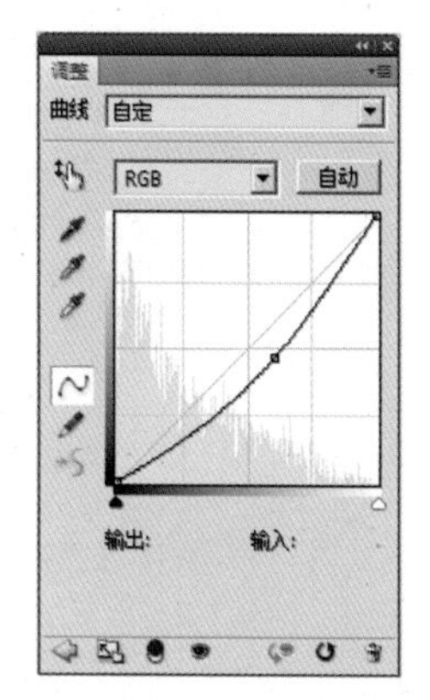

图 3–120　进一步调整疤痕

（7）刀疤深处的颜色是暗的；经常被摩擦的地方以及受光的地方都是亮的，比如树桩顶面的边缘。下面的工作就是把顶面的边缘调亮。方法：依然是添加曲线调整图层，然后为蒙版填充黑色，接着给要调亮的地方画上白色，最后打开曲线调整面板，调节曲线的形状，将顶面的边缘调亮，如图 3–121 所示。

提　示

第一点，用笔刷绘制蒙版时一定要注意笔刷的虚实。尤其是在画蒙版的边缘时更要注意这一点。如果用数位板绘画，就要注意手上的力度，如果没有数位板，那就调节 Photoshop 笔刷的设置，设置的具体方法是：选择画笔工具后，首先在工具选项栏中降低笔刷的不透明度和流量。然后在工具选项栏的左端单击“画笔”，弹出一个下拉面板，其中包括笔头大小、笔头的硬度等，这些参数可以根据自己的习惯来调整。第二点，在绘制白色的蒙版时要注意顺着木头的纹理画，要考虑到年轮的纹理绘制，也要考虑到木头的裂缝，如果忽略这些因素，木头就会丧失凹凸的质感。

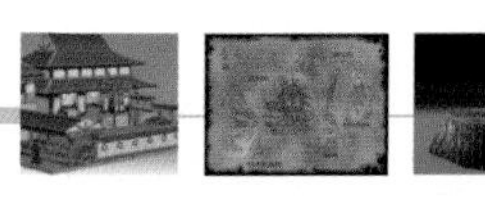

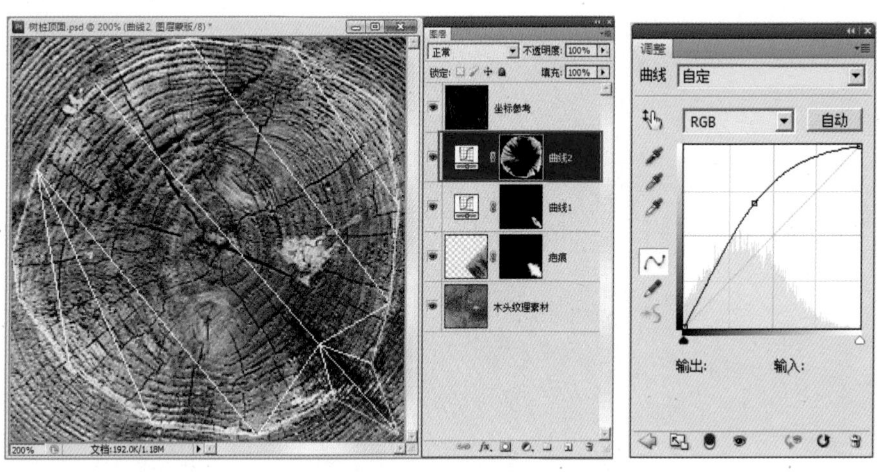

图 3-121 将顶面的边缘调亮

（8）树桩顶面的边缘已经处理了，下面处理顶面的中间部位，中间部位的颜色很单调，需要更丰富一些。打开“\贴图\第 3 章 游戏场景中的道具\木头纹理素材_新. jpg”文件，这张图片中的树干截面就像是刚刚被锯开的样子。利用工具箱中的（移动工具）将“木头纹理素材_新. jpg”拖到正在绘制的木桩顶面贴图中，并为这个图层添加蒙版。同理，为蒙版填充黑色，然后用白色画出需要的部位，使这个部分的蒙版透明，最后将图层命名为“新木头纹理”，如图 3-122 所示。

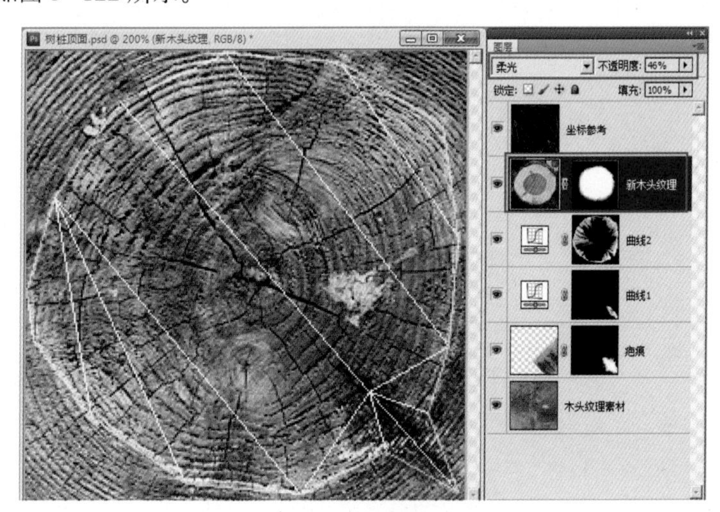

图 3-122 处理顶面的中间部位

提 示

蒙版的边缘要有过渡，要注意绘制边缘时笔刷的力度。还要注意降低“新木头纹理”图层的不透明度，并改变图层的混合模式为“柔光”，让新锯断的树干和老树干两种素材能够比较自然地合成在一起，不至于太突兀。

（9）改变贴图的色彩倾向，让木头表面有些青苔。方法：选择“新木头纹理”图层，单击“图层”面板下方的（创建新的填充或调整图层）按钮，从弹出的菜单中选择“色彩平衡”命令，给它添加一个色彩平衡调整图层，并降低青色和黄色的数值，如图 3-123 所示。

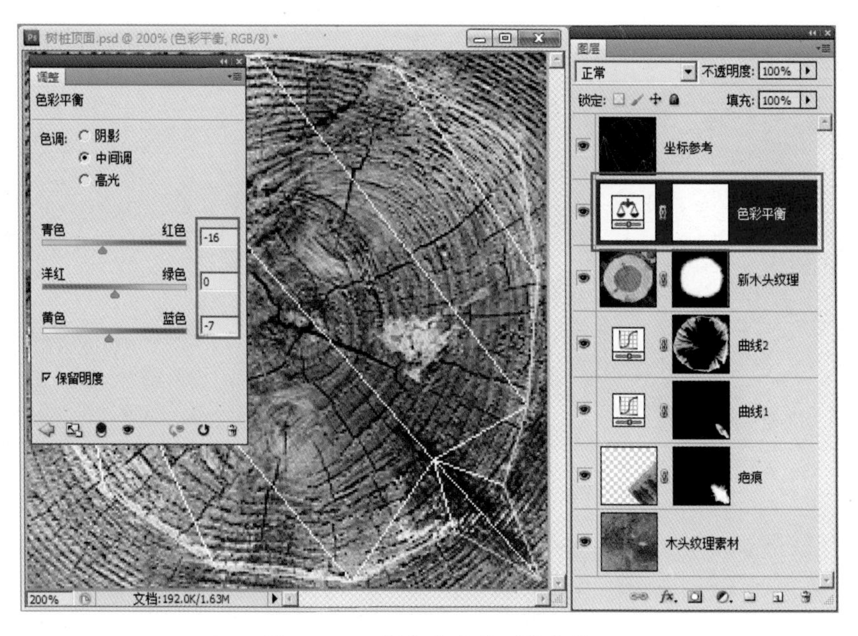

图 3–123　制作木头表面的青苔

（10）单击“图层”面板下方的 （创建新图层）按钮，新建图层，并重命名为“血迹”。然后使用工具箱中的 （画笔工具），用红色绘制一些血迹。绘制完成后，降低“血迹”图层的不透明度，并改变图层的混合模式为“柔光”。

提 示

血迹要用不同基调的红色来画，并且在画的时候还要尽可能地让外形多些变化，有变化才够真实，如图 3–124 所示。

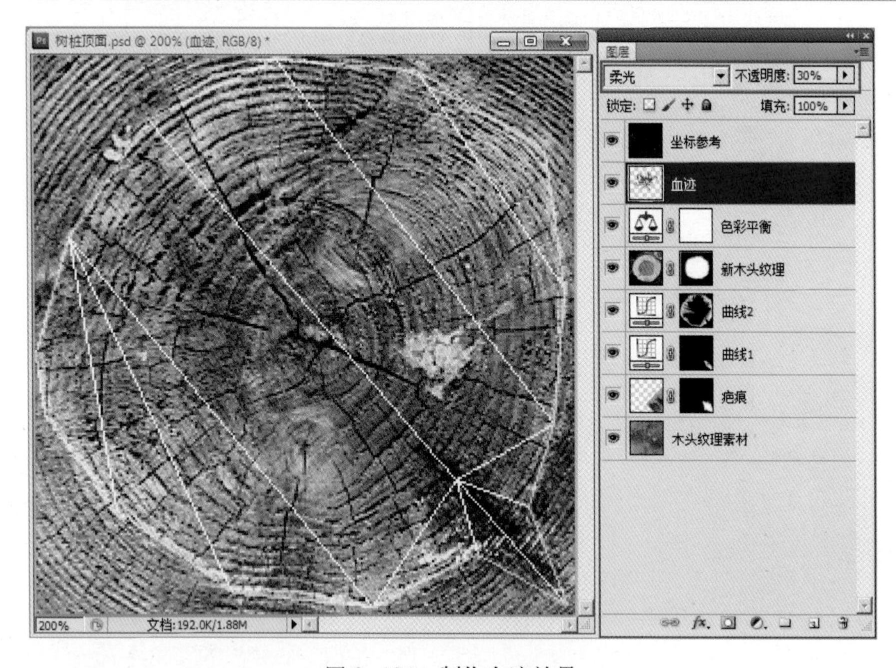

图 3–124　制作血迹效果

（11）单击“坐标参考”图层的▣（指示图层可见性）图标，隐藏该图层，并将所有图层合并。至此，木桩顶面贴图绘制完毕。执行菜单中的“文件|存储为”命令，将其保存为“树桩顶面 .jpg”，如图 3–125 所示。

图 3–125　合并图层并保存文件

3.3.2　绘制木桩侧面贴图

下面开始绘制树桩侧面的贴图，树桩侧面的贴图相对于顶面来说要简单一些，制作方法和顶面贴图基本相同。

（1）新建名为“树桩侧面”、大小为 256 × 128 像素的 Photoshop 文件，如图 3–126 所示。

（2）打开“\贴图\第 3 章　游戏场景中的道具\树皮素材 .jpg”文件，利用▣（移动工具）将素材拖到“树桩侧面”图像中，并将图层命名为“树皮素材”，如图 3–127 所示。

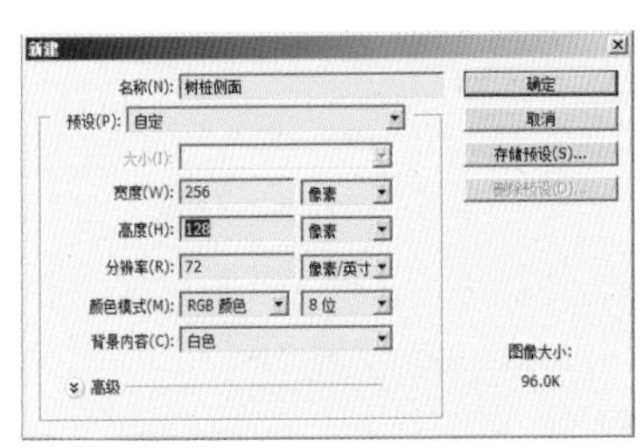

图 3–126　新建文件　　　　图 3–127　将“树皮素材 .jpg”拖到“树桩侧面”图像中

（3）为了让树桩的侧面和顶面能自然地结合在一起，还需要在贴图的顶部加上一张和顶面贴图相似的图。打开“\贴图\第 3 章　游戏场景中的道具\顶侧面衔接 .jpg”文件，利用▣（移动工具）把它拖入，并将新图层命名为“衔接”，如图 3–128 所示。

（4）上一步编辑的两个图层结合得并不完美，下面继续完善侧面和顶面的结合，首先选择“树皮素材”图层，按快捷键〈Ctrl+J〉，给“树皮素材”图层创建一个副本，然后单击“图层”面板下方的▣（添加图层蒙版）按钮给这个图层添加蒙版，接着用黑色画笔将蒙版绘制成锯齿状，如图 3–129 所示。

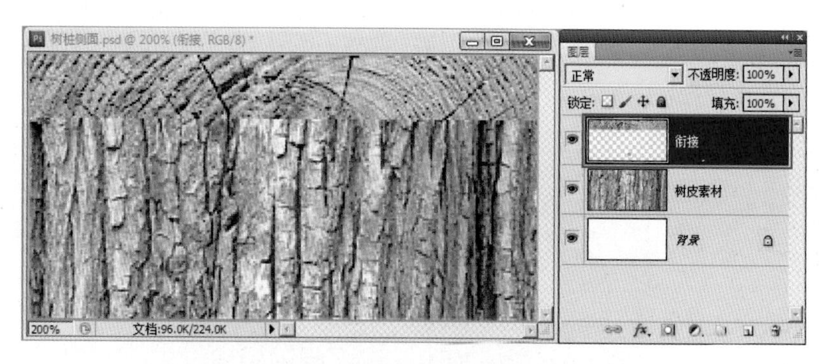

图 3-128　将“顶侧面衔接 .jpg”拖到“树桩侧面 .psd”图像中

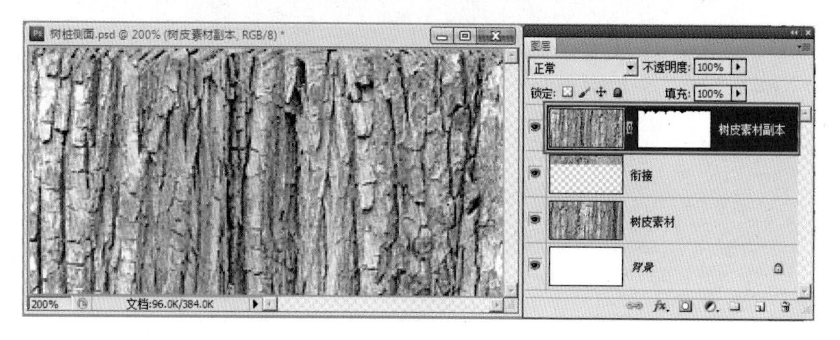

图 3-129　对“树皮素材副本”图层蒙版进行处理

（5）添加一个曲线调整图层，并为这个图层绘制图 3-130 所示的蒙版。

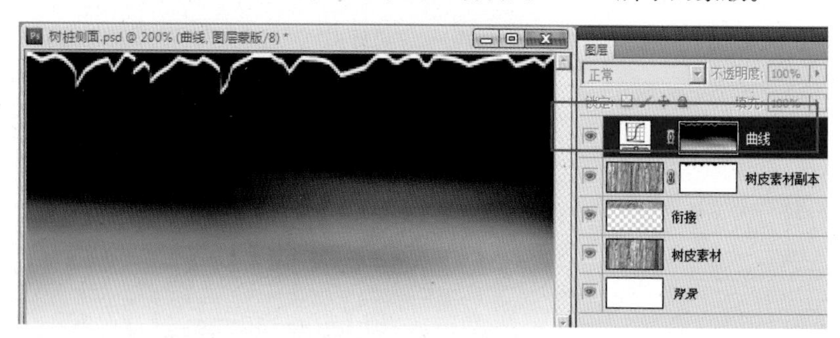

图 3-130　绘制蒙版

（6）调节曲线来改变贴图的明暗，结果如图 3-131 所示。

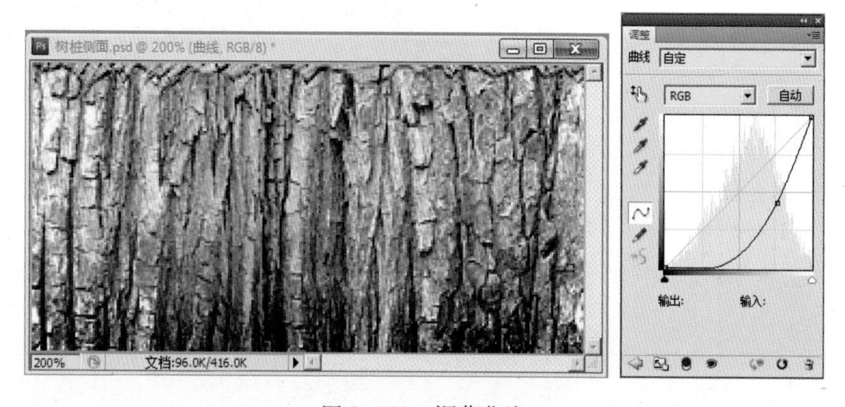

图 3-131　调节曲线

 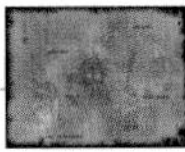 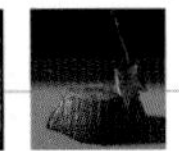

提 示

此步骤的目的有两个：一是让树皮和树干截面的分界线产生阴影的感觉，这样树皮的厚度才能产生；二是让贴图下部颜色变暗以便衔接地面。在以后的步骤中这部分还要添加苔藓。这些工作都是为了避免电脑制作的机械感，为了让最终创作的模型更自然。

(7) 继续添加曲线调整图层，调节整个贴图的明暗曲线，将它调暗一些，如图 3-132 所示。

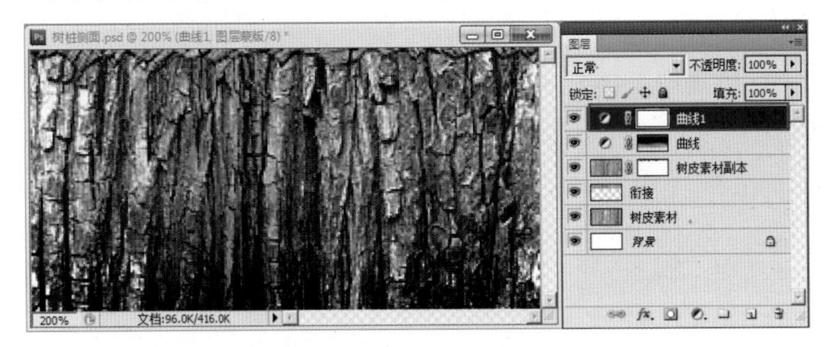

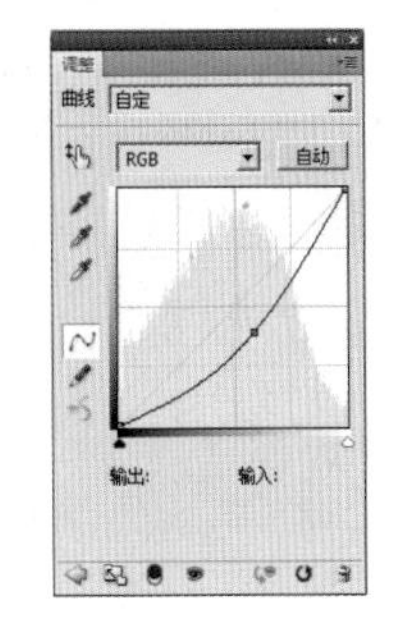

图 3-132 将贴图颜色调暗

(8) 继续添加色阶调整图层，将过亮和过暗的部位调整得合理、自然，如图 3-133 所示。

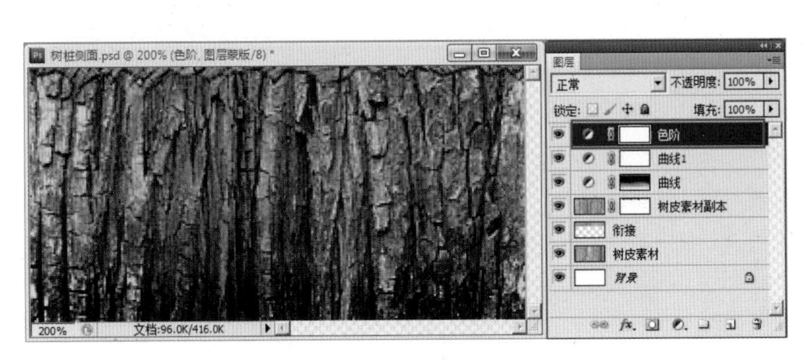

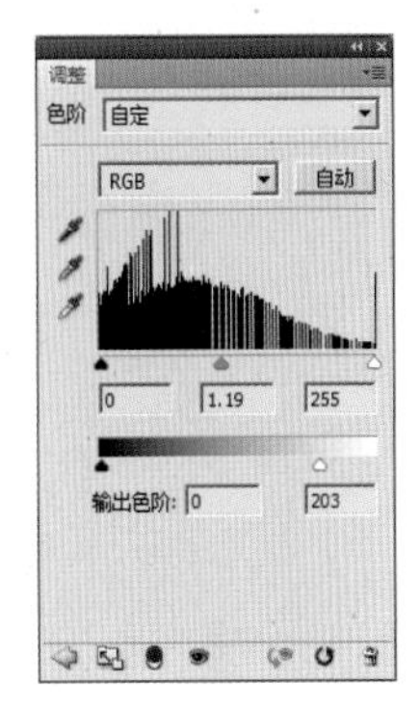

图 3-133 将过亮和过暗的部位调整得合理、自然

(9) 添加色彩平衡调整图层，将图像的颜色调整为倾向于黄绿色，以便和苔藓比较协调，也能和地面结合得更自然，如图 3-134 所示。

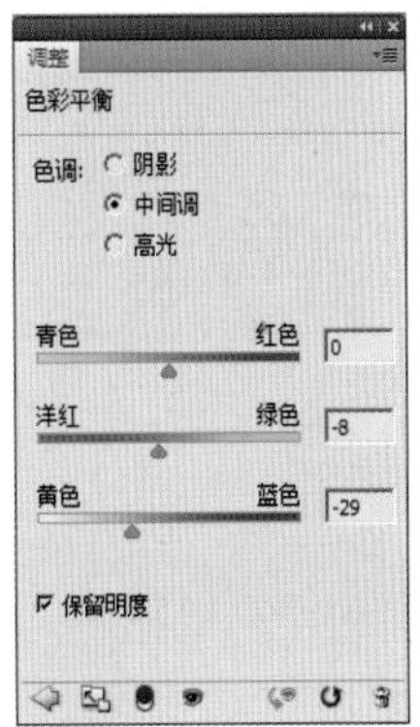

图 3-134 将图像的颜色调整为倾向于黄绿色

(10) 添加曲线调整图层，绘制图 3-135 所示的蒙版，该蒙版要控制的也是树皮与树干

之间的厚度，只不过图 3–130 是为了做树皮厚度的暗面，而这次是为了做树皮厚度的亮面。调整曲线得到的结果如图 3–136 所示。

（11）为贴图合成类似苔藓的效果。方法：打开“\ 贴图 \ 第 3 章　游戏场景中的道具 \ 草地 . jpg”文件，利用 （移动工具）把它拖入。苔藓一般都长在树桩的根部与地面衔接的地方，下面绘制一个渐变的蒙版，用这个蒙版来控制苔藓与树皮的结合。为了便于观看效果，下面隐藏其他图层，结果如图 3–137 所示。

图 3–135　绘制蒙版

图 3–136　调整曲线后的效果

（12）重新显示其他图层，结果如图 3–138 所示。苔藓太过明显，将“草地”图层的混合模式设置为“柔光”即可，如图 3–139 所示。

图 3–137　将“草地 . jpg”拖入“树木侧面 .psd”中

图 3–138　重新显示其他图层的效果

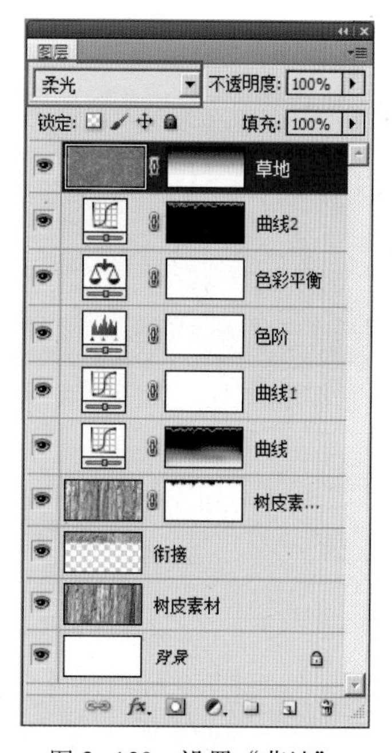

图 3–139　设置“草地”图层的混合模式为“柔光”

提 示

由于此时降低“草地”图层的透明度会使苔藓的感觉消失，因此使用降低透明度的方法并不合适。而采用“柔光”图层混合模式较为合理。

更换图层混合模式后，就会使苔藓与树皮完美结合。至此，树桩侧面的贴图绘制完毕，最终结果如图 3–140 所示。

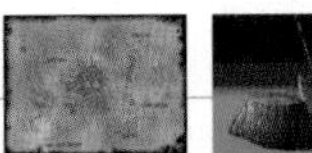

图 3-140 树桩侧面贴图的最终效果

3.3.3 绘制斧柄贴图及木头质感的表现

这一节开始斧子贴图的绘制。斧子贴图中有金属和木材两种材质需要表现，这是本小节的重点。

（1）启动 Photoshop CS5 软件，打开“\贴图\第 3 章 游戏场景中的道具\斧子贴图坐标参考 .jpg”文件，这张图是在 3ds Max 中输出的 UV 坐标线框图，如图 3-141 所示。将文件另存为“斧子贴图 .psd”。

（2）将斧柄的选区单独提取出来。方法：选择工具箱中的（矩形选框工具），框选斧柄矩形区域，然后新建一个图层，按快捷键〈Ctrl+Delete〉，用背景色填充选区，如图 3-142 所示。这样做相当于把斧柄的选区保存了下来，可以方便以后调用。

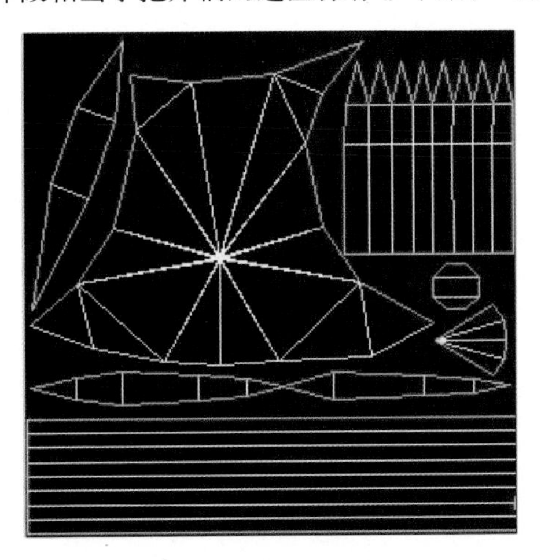

图 3-141 斧子贴图坐标参考 .jpg

图 3-142 将斧柄的选区单独提取出来

提 示

因为斧柄贴图的上下两条边最后要衔接到一起，不能有明显的接缝。它的制作比较特殊，所以要先把它单独提取出来再进行编辑，这样会比较容易控制一些。

（3）按住键盘上的〈Ctrl〉键，单击新建的红色图层，从而载入斧柄选区，然后按快捷键〈Ctrl+C〉，复制选区。

（4）新建一个文件，名称为“斧柄 .psd”，然后按快捷键〈Ctrl+V〉，将红色图层粘贴到新的文件中，从而得到一张和斧柄区域同样大小的新图像。

提 示

Photoshop 会在新建文件时，按照复制图像的大小自动设置新文件的大小。

（5）打开“\贴图\第 3 章 游戏场景中的道具\斧柄木头纹理 .jpg”文件，然后利用（移动工具）将其拖入到“斧柄 .psd”文件中，并将图层重命名为“斧柄木头纹理”，如图 3-143 所示。

图 3-143 将“斧柄木头纹理 .jpg ”拖入到“斧柄 .psd”文件

（6）调整图像的清晰度，执行菜单中的“滤镜|锐化|USM 锐化”命令，在弹出的对话框中设置锐化参数，如图 3-144 所示。单击“确定”按钮，对其进行锐化。

（7）因为斧柄的贴图要包裹模型一周，所以接壤的两端应该是能衔接上的，否则模型的表面就会有一道很明显的分界线。所谓无缝贴图也就是在接壤的地方不会有明显分界的贴图。下面要进行的就是无缝贴图的制作。方法：选择“斧柄木头纹理”图层，执行菜单中的“滤镜|其他|位移”命令，在弹出的“位移”对话框中，将图像在水平和垂直方向各移动 20 像素，未定义区域选择“折回”，如图 3-145 所示。单击“确定”按钮。

提 示

执行位移命令的目的是为了把贴图的接缝显示出来。

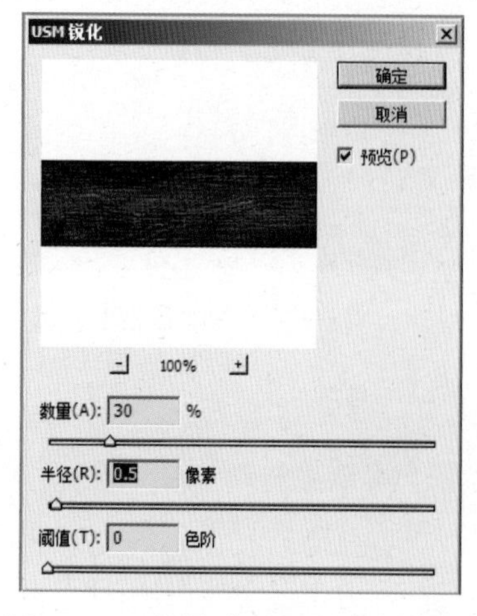

图 3-144 设置“USM 锐化”参数

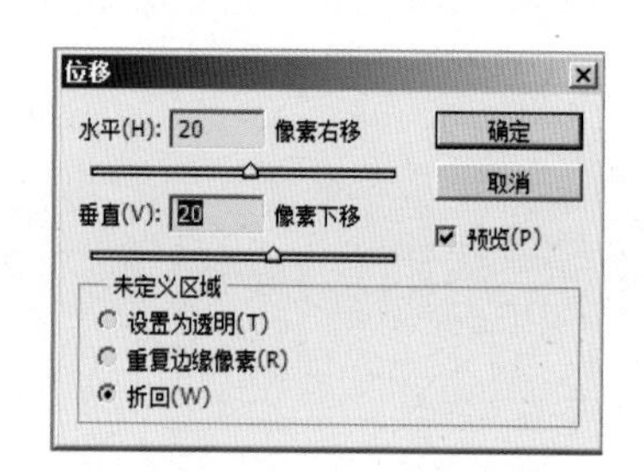

图 3-145 设置“位移”参数

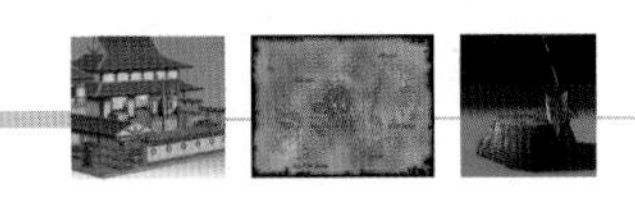

(8) 修复接缝。方法：选择工具箱中的 (图案图章工具)，首先按住〈Alt〉键并在被复制的区域单击，从而定义源点，然后在目标区域按住鼠标左键绘制，这样经过耐心的绘制就能使两个不同的图案混合在一起，掩盖住明显的接缝，如图 3–146 所示。

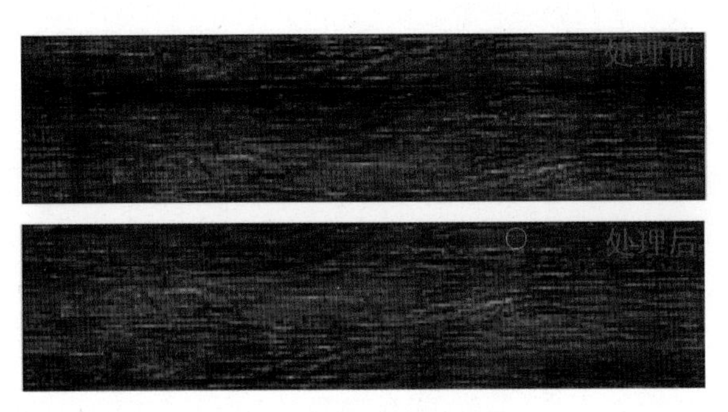

图 3–146 修复接缝

提 示

使用图案图章工具对图中的接缝进行修补后，还要再次执行“位移”命令对其进行检查。如果接缝问题依然存在，需要再次进行修改。

(9) 斧柄无缝贴图的修改已经完成，现在需要把它合成到“斧子贴图 .psd”文件中。方法：选中 (移动工具)，在“斧柄 .psd”文件中按住鼠标左键并把它拖到“斧子贴图 .psd”中，并将图层重命名为“斧柄”。

提 示

有一个小技巧，在拖动图片的同时按住键盘上的〈Shift〉键，能把它放到新文件的中央，再按住〈Shift〉键可以垂直地将它向下移动，这样能准确地将图片放置到已经规划好的目标位置。

(10) 在“斧子贴图 .psd”文件中，首先选中背景图层，然后按快捷键〈Ctrl+J〉为背景图层创建副本，并将其重命名为“UV 坐标参考”，将把“UV 坐标参考”图层拖放到最顶层，并改变图层的混合模式为“滤色”，此时 UV 坐标参考和斧柄部分的贴图完美地叠加在了一起，如图 3–147 所示。

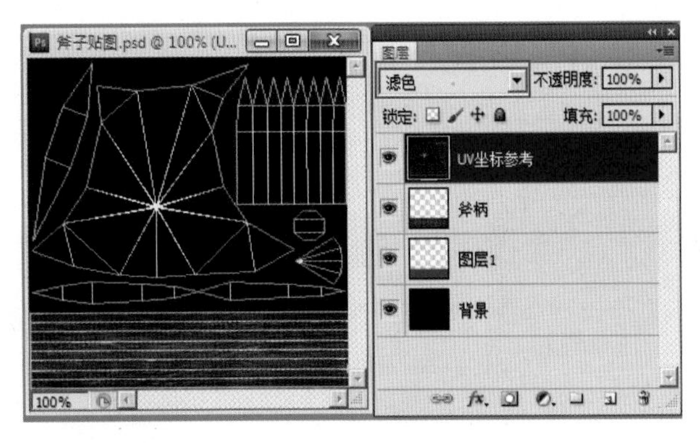

图 3–147 改变“UV 坐标参考”图层的图层混合模式的效果

(11) 斧柄放置好后，可以单击 (指示图层可见性) 暂时把“UV 坐标参考”图层隐藏，待以后需要此图层做参考时再将其显示。

(12) 因为斧柄中间的部位会经常被手摩擦，所以需要把斧柄中间的位置调节得亮一些，这样能表现出斧子的质感，方法：首先选择“斧柄”图层，然后单击“图层”面板下方的 (创建新的填充或调整图层) 按钮，在下拉菜单中选择“曲线”命令，在弹出的“调整”面板中调节曲线的形状，如图 3-148 所示。

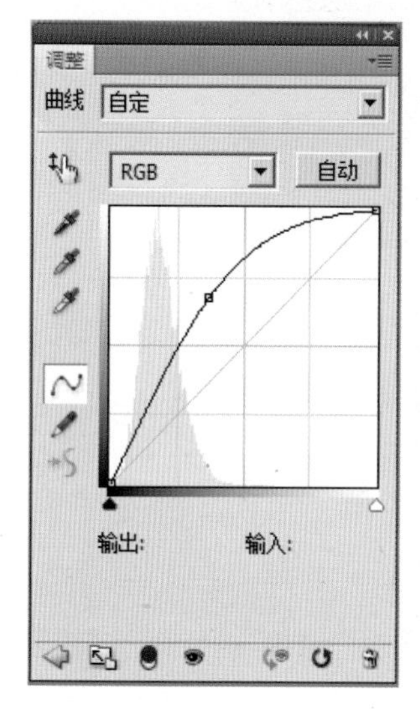

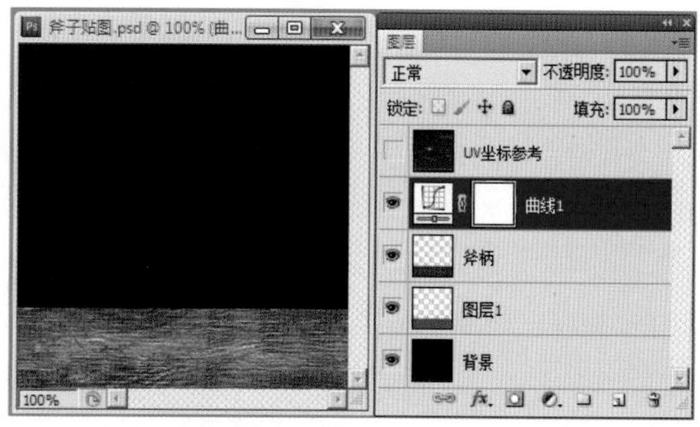

图 3-148　调整曲线的形状

(13) 因为刚才调整的曲线是针对整个图像的，所以整个图像都变亮了，而我们只需要斧柄的中间部位变亮。如果想要对局部进行控制，则可以通过给通道绘制蒙版来解决。绘制分为两个步骤来进行。

第一步是将非斧柄的部分排除。方法：首先单击通道，用矩形选框工具将斧柄以外的区域选中，然后将前景色改成黑色，接着按快捷键〈Alt+Delete〉对其填充黑色。

第二步是将斧柄两端的部分排除。方法：首先按快捷键〈Ctrl+Shift+I〉反选选区，然后右击工具箱中的 (油漆桶工具) 按钮，在弹出的隐藏工具列表中选择 (渐变工具)，并在选项栏中调整渐变的方式为 (对称渐变)。最后用渐变工具绘制蒙版，如图 3-149 所示。

图 3-149　利用渐变工具绘制蒙版

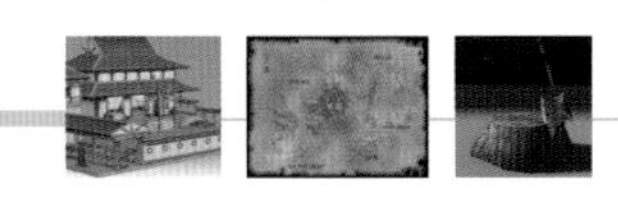

提 示

曲线图层有两个图示，第一个表示是曲线的属性，双击它可以再次调整曲线，第二个表示它的通道，单击通道可以对它进行编辑。按住键盘上的〈Alt〉键单击它，能在绘制的蒙版和RGB图像之间快速切换。

（14）蒙版绘制完成后，曲线图层只对斧柄的中间部位产生作用，结果如图3–150所示。

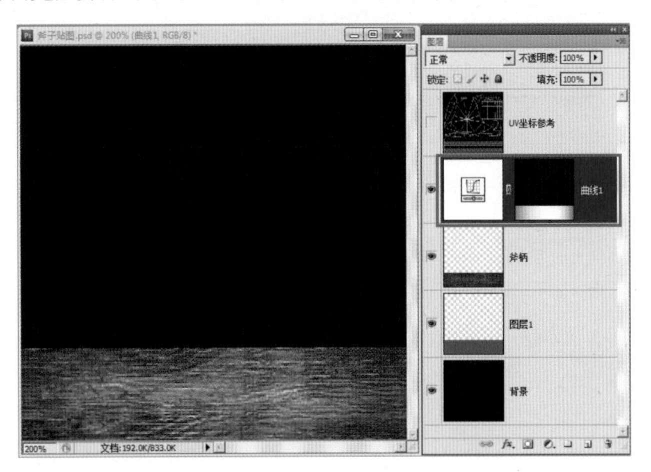

图3–150　添加蒙版后的效果

（15）打开“\贴图\第3章 游戏场景中的道具\草地.jpg”文件（见图3–151），并利用（移动工具）将其拖动到“斧子贴图.psd”中，并将此图层重命名为“霉变”。

（16）此时“霉变”是充满整个画面的，而我们只需要它出现在斧柄两端的区域，下面依然是通过绘制蒙版来解决这个问题。方法：按住键盘上的〈Ctrl〉键并单击填充红色色块的“图层1”，把它的选区调出，然后回到“霉变”图层，单击“图层”面板下方的（添加图层蒙版）按钮，刚才的选区就自动变成这个图层的蒙版。选择工具箱中的（渐变工具）继续绘制蒙版，绘制的结果如图3–152所示。

图3–151　“草地.jpg”

图3–152　绘制蒙版

（17）选择“霉变”图层，改变此图层的混合模式为“强光”，效果如图3–153所示。至此斧柄贴图绘制完成。

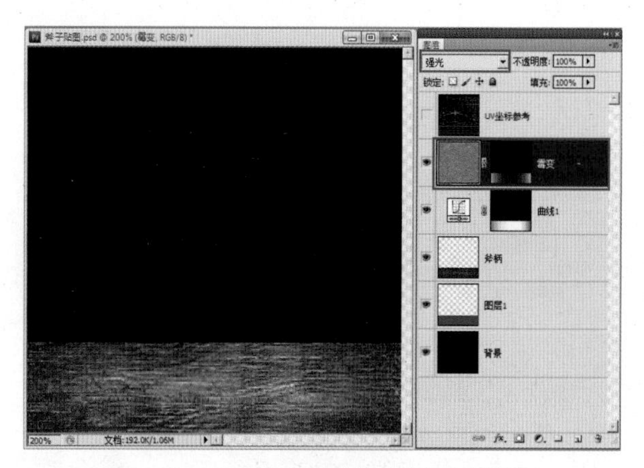

图 3–153　改变“霉变”图层混合模式

3.3.4 绘制斧头贴图及金属质感的表现

斧柄部分主要由木头构成，而斧头部分主要由金属构成，本小节将要进行斧头部分金属质感的制作。

（1）首先单击（指示图层可见性）按钮，显示出“UV 坐标参考”图层，然后单击工具箱中的（多边形套索工具）按钮，根据 UV 坐标将斧头的选区轮廓勾勒出来，如图 3–154 所示。新建图层，名称为“存储选区”，并在新图层的选区中填充任意颜色，以便将其选区保存下来准备将来调用。最后再次单击（指示图层可见性）按钮，关闭“UV 坐标参考”图层及“存储选区”图层的显示，此时图层分布如图 3–155 所示。

提 示

用多边形套索工具勾勒选区的流程是：在选中工具后首先单击起始点，然后松开鼠标移动到下一个 UV 顶点，继续单击，接着依次单击每个顶点，最后回到起始点再次单击，这样就会得到一个准确闭合的选区。如果需要继续添加选区，就按住键盘上的〈Shift〉键，单击其他区域继续选取，就能加选。如果多选了某些区域需要减选，就按住〈Alt〉键继续选取想要减选的区域即可。

图 3–154　根据 UV 坐标将斧头的选区轮廓勾勒出来

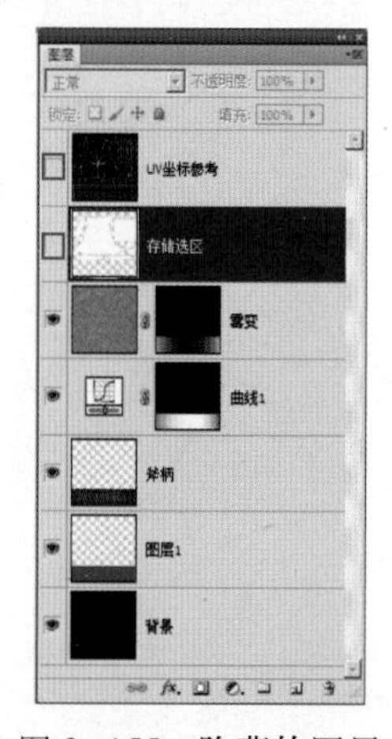

图 3–155　隐藏的图层

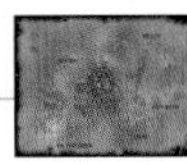
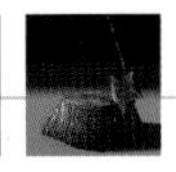

（2）下面开始为斧子丰富各种金属的质感，在制作过程中将叠加各种不同金属的素材。方法：打开“\贴图\第3章 游戏场景中的道具\金属底纹.jpg”文件，然后利用（移动工具）将其拖入“斧子贴图.psd”文件，并为此图层重命名为“金属底纹”。单击“图层”面板下方的（添加图层蒙版）按钮添加蒙版，并把蒙版中斧柄区域填充成黑色。这样这个图层就只覆盖在斧头的区域，不会影响已经制作好的斧柄了，如图3-156所示。

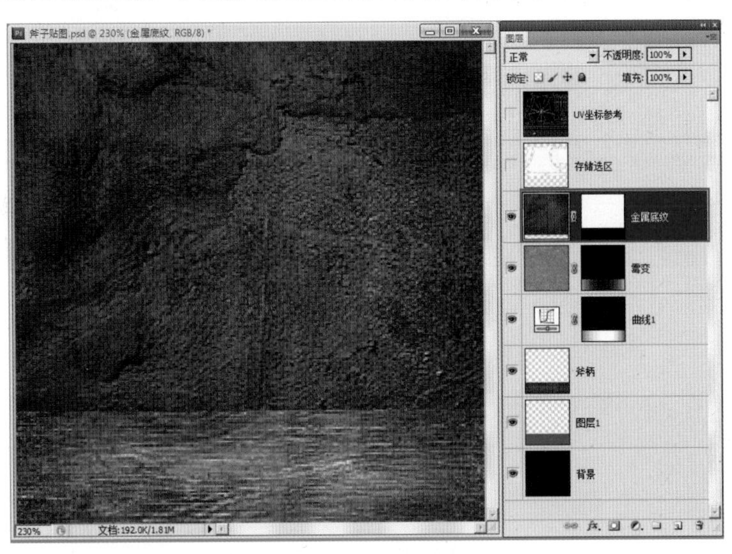

图3-156 添加蒙版效果

（3）打开“\贴图\第3章 游戏场景中的道具\破裂.jpg”文件，然后利用移动工具将其拖入“斧子贴图.psd”文件中，并为此图层重命名为“破裂”，接着改变图层混合模式为“强光”，这样它和下面的纹理就会衔接得更自然。

但是现在破裂的边缘依然会有交界线，并不完美，这就需要给这个图层添加蒙版。方法：单击“图层”面板下方的（添加图层蒙版）按钮添加蒙版，并把它填充成黑色，此时这个图层是完全透明的，然后用（画笔工具）在需要破裂的地方画上白色，白色的地方就会出现这个图层中的破裂，贴图效果和最终绘制的蒙版如图3-157所示。

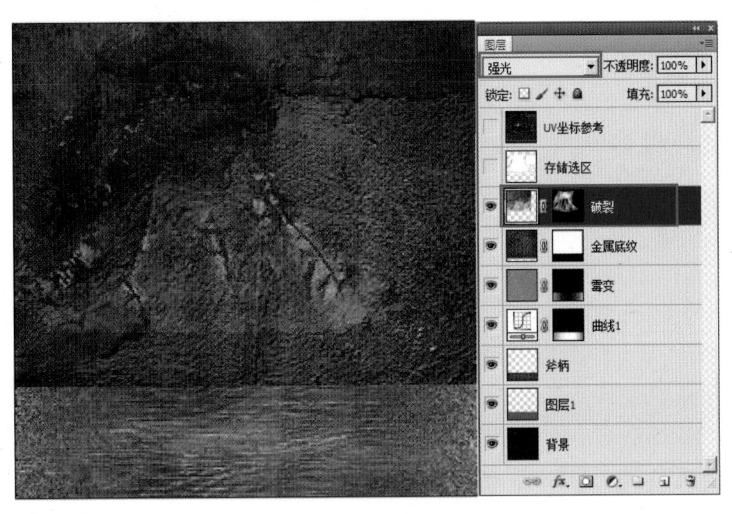

图3-157 制作破裂效果

（4）“破裂”图层叠加完成以后，破裂中的锈纹理和金属底纹不太统一，接下来打开“\贴图\第 3 章　游戏场景中的道具\锈迹 .jpg”文件，然后利用移动工具将其拖入“斧子贴图 .psd”文件中，并为此图层重命名为“锈迹”，接着依然是添加并绘制蒙版，让“锈迹”图层只在适当的位置覆盖，以便通过“锈迹”的融合达到“破裂”和“金属底纹”统一的目的，如图 3-158 所示。

图 3-158　将“破裂”和“金属底纹”进行统一

（5）给斧子添加装饰纹样。方法：打开“\贴图\第 3 章　游戏场景中的道具\装饰纹 1.jpg”和“装饰纹 2.jpg”文件，这是两张金属纹样的素材。利用移动工具将其拖入“斧子贴图 .psd”文件中，并将两个新图层命名为“装饰纹样 1”和“装饰纹样 2”。参照“UV 坐标参考”图层安排好两个装饰纹样的位置。最后为“装饰纹样 1”图层绘制蒙版，并改变图层的混合模式为“柔光”，如图 3-159 所示。再为“装饰纹样 2”图层绘制蒙版，并改变图层的混合模式为“强光”，如图 3-160 所示。最终叠加后的效果如图 3-161 所示。

提 示

选择金属装饰纹样一般要选择带金属质感的素材，因为这样的素材叠加在贴图的底纹上会有凹凸起伏的金属感，而用自己绘制的花纹叠加则会缺少真实金属的感觉。

（6）“装饰纹样 2”图层的金色装饰还不够丰富，需要给它添加一条亮边。打开“\贴图\第 3 章　游戏场景中的道具\亮边 .jpg”文件，并拖入“斧子贴图 .psd”文件中。打开“UV 坐标参考”图层，根据 UV 坐标认真对位，把亮边的位置调整好，最后效果如图 3-162 所示。

（7）接下来要加亮斧子头部的边缘，因为金属武器的边缘在使用中会被摩擦得很光亮，所以这里要叠加两张磨亮的金属纹理素材。方法：打开“\贴图\第 3 章　游戏场景中的道具\金属亮 1.jpg”和“金属亮 2.jpg”两个文件，然后利用（移动工具）将它们拖入“斧子贴图 .psd”文件中。为这两个图层添加蒙版，并沿着斧子的边缘认真绘制蒙版。最后改变图层混合模式为“滤色”，如图 3-163 所示。效果如图 3-164 所示。

图 3-159 绘制”装饰纹样 1“图层蒙版并设置混合模式

图 3-160 绘制“装饰纹样 2”图层蒙版并设置混合模式

图 3-161 最终效果

图 3-162 把亮边的位置调整好

图 3-163 添加蒙版并改变图层混合模式

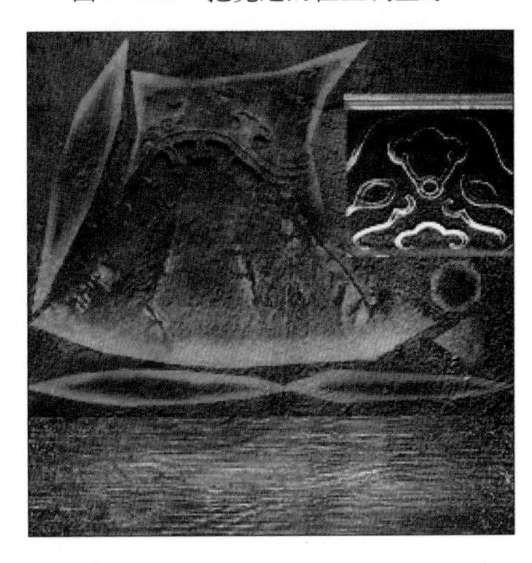

图 3-164 添加蒙版并改变图层混合模式的效果

提 示

在绘制蒙版时要先把蒙版整个填充成黑色，然后按住键盘上的〈Ctrl〉键并单击“存储选取”图层，把存过的斧子轮廓选区调出。接着在选区内沿着选区的边缘绘制高亮的区域，只有这样画才不会影响到其他部位。还有画的时候要调整好画笔的力度和透明度，做到保持高亮的区域既有形状变化也有虚实的变化。另外，这两个图层的蒙版不能雷同，一定要分别画，让两个蒙版进行不同的重叠，效果会更好。同时叠加两张图是为了丰富磨亮部分的金属纹理；两个图层的混合模式变为“滤色”是因为这种混合模式会使叠加的部分变亮，增强磨亮的感觉。但是同时叠加两张图难免会带来雷同，所以其中有一个图层的不透明度降到了30%，磨亮的效果比另外一个弱一些，这样处理既不失丰富又主次分明。

（8）虽然叠加了磨亮的金属纹理，但是整个画面依然不够明亮，下面添加曲线调整图层，利用它对亮度进行调整。为了进行更精确的控制，仍然要对曲线调整图层的蒙版做进一步处理，不过蒙版中的白色区域要比上一步中的磨亮金属范围小，因为这个曲线调整图层是为了让高光区域比原来的图像更亮，如果区域过大，斧子就会整体泛白而不是呈现出金属特有的高光。曲线的参数设置和调完的效果如图 3–165 所示。

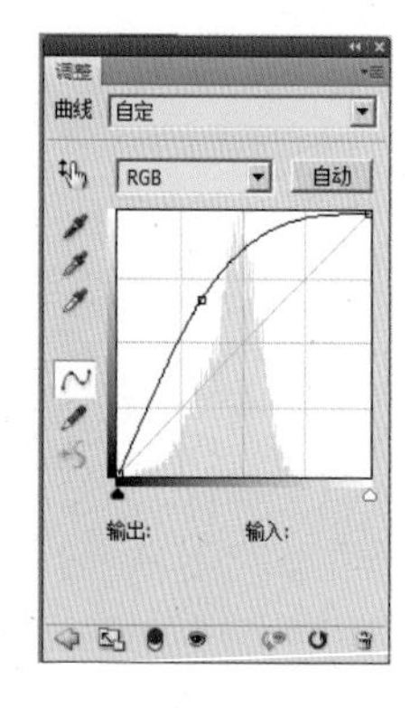

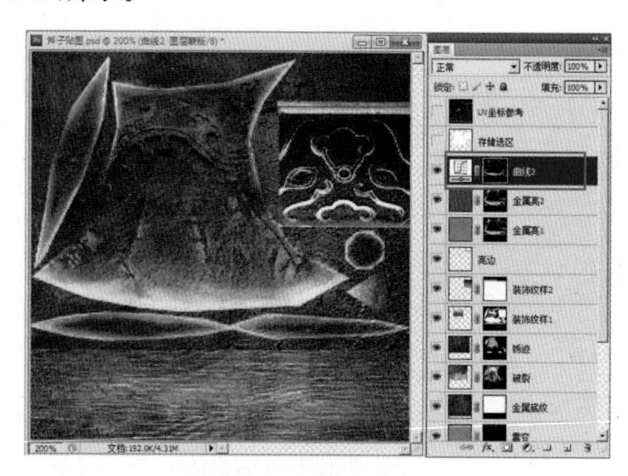

图 3–165　曲线的参数设置和调完的效果

（9）金属的高光呈现出来后斧子也就锋利起来了，此时继续观察画面，感觉还少一些浓重的暗色调子，缺乏和高光点的呼应，下一步继续建立曲线调整图层，并绘制它的蒙版。绘制蒙版时，需要用白色画出来的区域是斧子中不会被摩擦到的部位，这部分需要调整得暗一些，如图 3–166 所示。

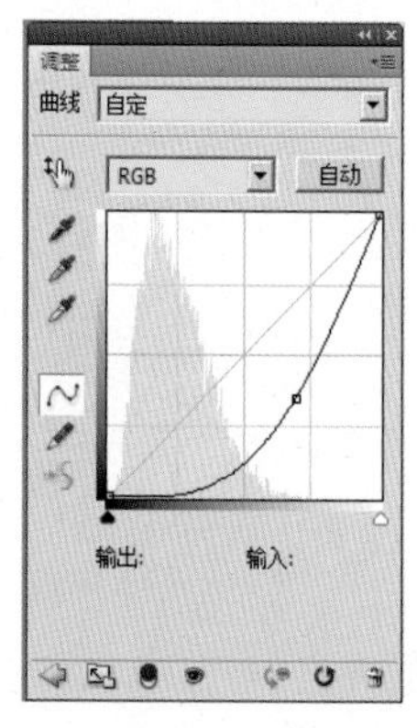

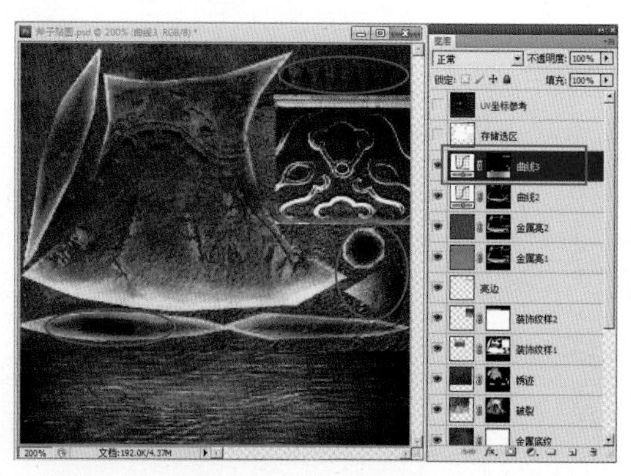

图 3–166　添加暗色调子

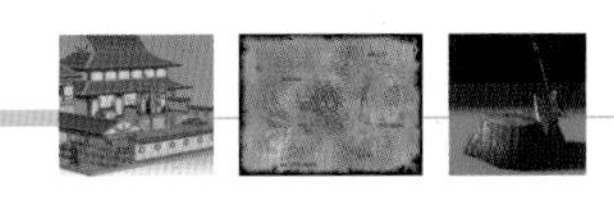

提 示

为了使整体效果更协调，斧柄木头材质的两端也需要变暗，绘制这个区域的蒙版时用（渐变工具）填充即可。

（10）现在进入最后的整体调整阶段，对不完善的地方进行完善。通过更进一步的分析会发现两个问题：一是斧柄上有金色花纹而斧头却没有，斧头和斧柄失去了呼应；二是斧子面上有了破裂的感觉，但斧子刃的地方却没有。下面就来解决这个问题。方法：打开并拖入“\贴图\第3章 游戏场景中的道具\装饰纹3.jpg”“装饰纹4.jpg”和“破裂1.jpg”3个文件，然后按照“UV坐标参考”图层调整位置，接着绘制蒙版，最后将图层混合模式设置为“强光”，如图3-167、图3-168和图3-169所示。

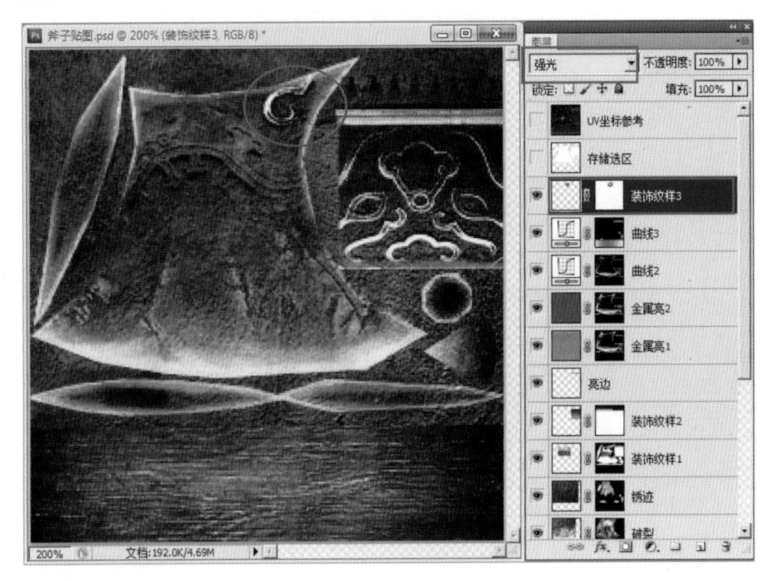

图3-167 制作斧头上的金色花纹1

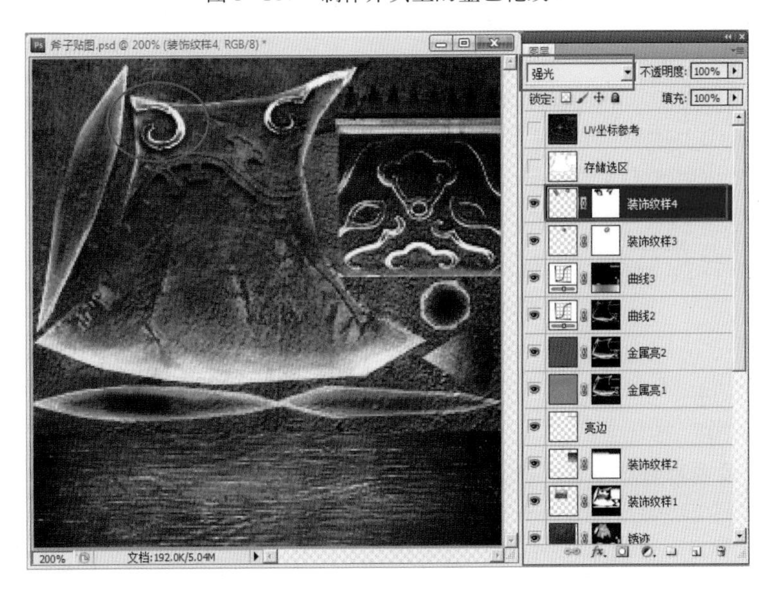

图3-168 制作斧头上的金色花纹2

（11）将“斧子高光 .psd”中隐藏的图层删除，然后按快捷键〈Ctrl+Shift+E〉，将所有的图层合并，然后保存文件。至此，斧子的漫反射贴图就完成了。

提 示

在制作斧子贴图的过程中，总体思路还是从整体到局部再到整体，最后的目标就是得到一张整体统一、局部丰富、细节合理的贴图。

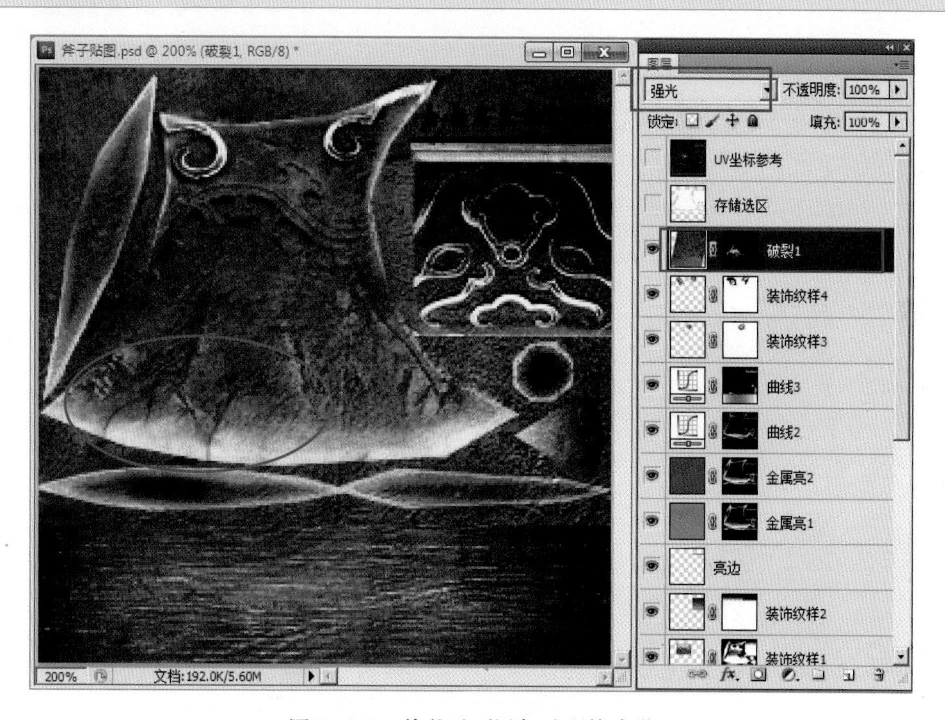

图 3-169　给斧子面添加破裂的感觉

3.3.5 绘制高光贴图及质感的表现

在游戏中，模型所用到的贴图里除了漫反射贴图之外，还有一个很重要的贴图，就是高光贴图，有了它可以使画面效果提升很多，在某些游戏里也利用程序来模仿高光贴图的表现，但是那样的效果往往都不是很理想，因为每一种材质的高光区域和强度都是不一样的，这就需要具体问题具体分析，把不同质感的高光贴图逐一做出来。

高光贴图是利用一张黑白的灰阶图像来控制高光的，它最后和漫反射贴图叠加起来在灯光的作用下产生效果，高光贴图里越白的地方将来在实际场景里越亮，反之则效果越暗。下面就来分析一下斧子的高光贴图，它主要分为两个区域，这两个区域有着比较明显的特征，那就是金属和木头，一个高光强烈而且区域小，另外一个几乎没有高光而且区域大。下面就开始进入高光贴图的制作。

（1）打开前面保存的“斧子贴图 .psd”文件，在文件标题栏上右击，在弹出的快捷菜单中选择“复制”命令，如图 3-170 所示。在弹出的对话框中输入文件名“斧子高光”，如图 3-171 所示。单击“确定”按钮，这样就从“斧子贴图 .psd”文件复制出了一个“斧子高光 .psd”文件。然后关闭“斧子贴图 .psd”文件。

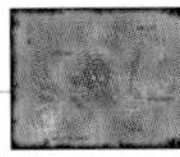
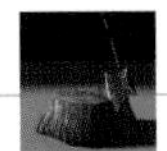

图 3-170 选择“复制”命令

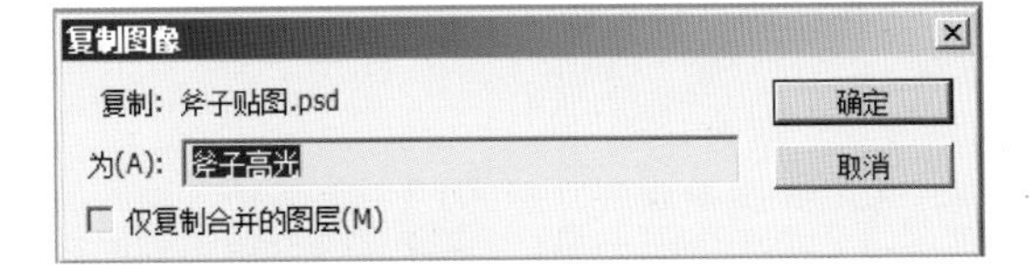

图 3-171 输入文件名

(2) 在“斧子高光 .psd”文件中按快捷键〈Ctrl+J〉，为背景图层创建副本。然后选择“背景副本”图层，执行菜单中的“图像 | 调整 | 去色”命令，将彩色图像变成黑白图像，如图 3-172 所示。

(3) 执行菜单中的“滤镜 | 锐化 | USM 锐化”命令，将图像变得更加锐利一些，从而使金属的高光贴图具有一些细节和颗粒感，如图 3-173 所示。

图 3-172 对图像进行去色处理

图 3-173 对图像进行“USM 锐化”处理

(4) 将图像的亮度整体降低一些。方法：新建一个曲线调整图层，调节曲线，如图 3-174 所示，结果如图 3-175 所示。

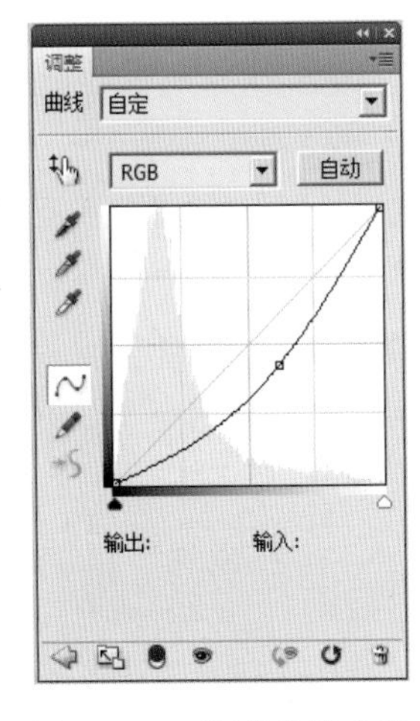

图 3-174 调整曲线参数

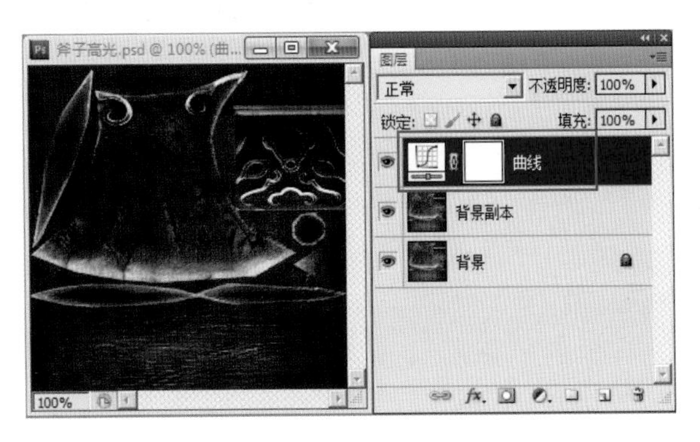

图 3-175 调整曲线后的效果

（5）由于金属和木头的质感有着不同的特点，下面分别对它们进行处理。方法：在它们各自的选区里分别利用“色阶”和“亮度／对比度”调整图层进行调整，使金属高光的区域减小并且提高对比度，使木头高光的区域整体亮度降低，效果如图 3–176 和图 3–177 所示。

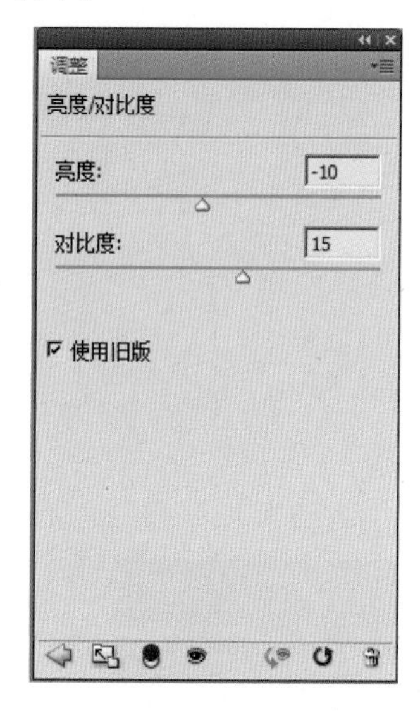

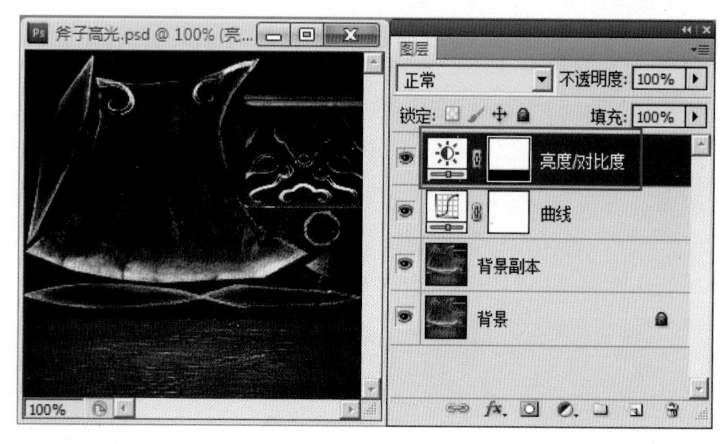

图 3–176　制作金属和木头的质感 1

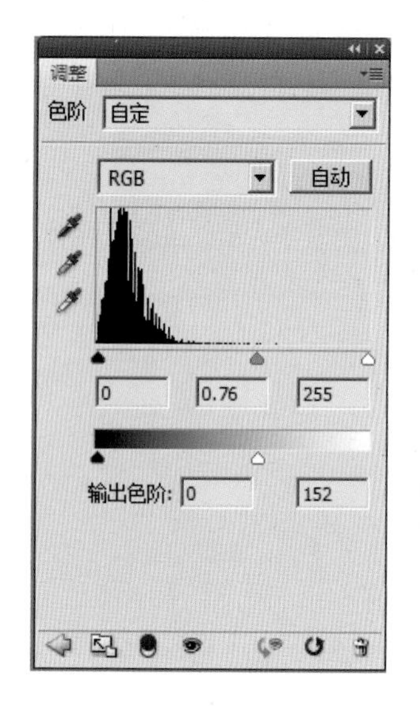

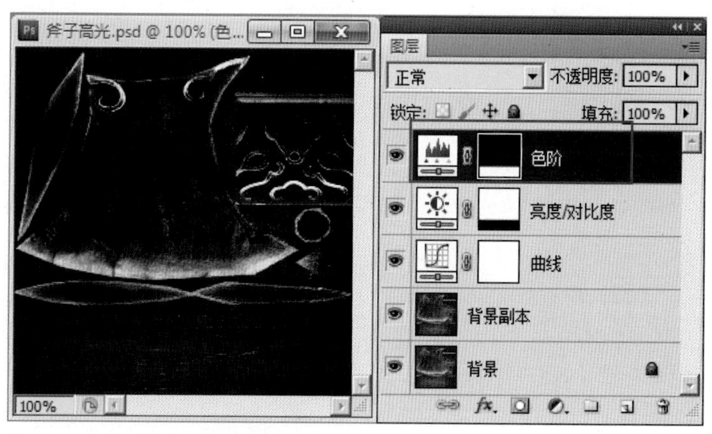

图 3–177　制作金属和木头的质感 2

（6）按快捷键〈Ctrl+Shift+E〉，将文件中所有的图层合并，并保存文件。

（7）打开“斧子贴图 .psd”文件，把高光贴图复制到它的 Alpha 通道里，这样在将贴图赋予模型时只用一张斧子贴图就能起到两张贴图的作用。方法：在“斧子高光 .psd”文件中按快捷键〈Ctrl+A〉，全选整个图层，然后按快捷键〈Ctrl+C〉将其复制，接着在“斧子贴图 .psd”的“通道”面板中，单击 ![] （创建新通道）按钮创建一个新的通道，并将通道重命名为“高光”。选择“高光”通道，并按快捷键〈Ctrl+V〉，将斧子高光复制到此通道中，如图 3–178 所示。

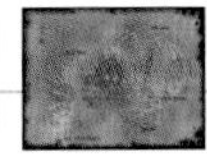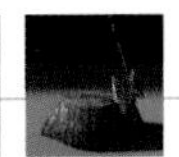

（8）至此，斧子的贴图绘制完毕，按快捷键〈Shift+Ctrl+S〉将“斧子贴图 .psd”文件存储为“斧子贴图 .tga”，在弹出的“Targa 选项”对话框中选中“32 位 / 像素”选项，如图 3–179 所示。

提 示

Targa 选项中选择“32 位 / 像素”是为了把高光的 Alpha 通道信息保存下来。能够存储 Alpha 通道是 TGA 格式文件的特点，所以我们将“斧子贴图 .psd”文件存储为“斧子贴图 .tga”文件。

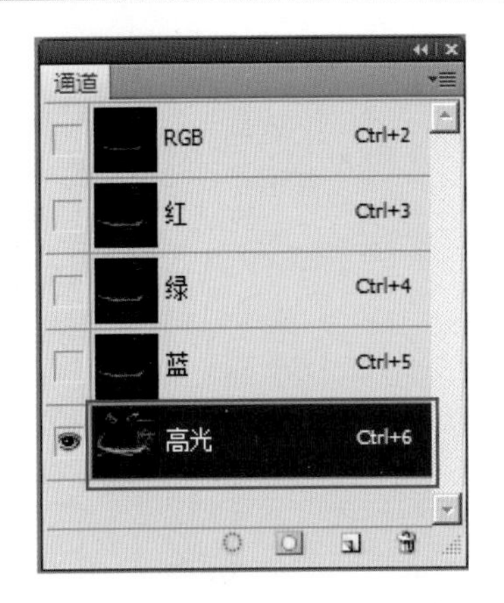

图 3–178 新建“高光”通道

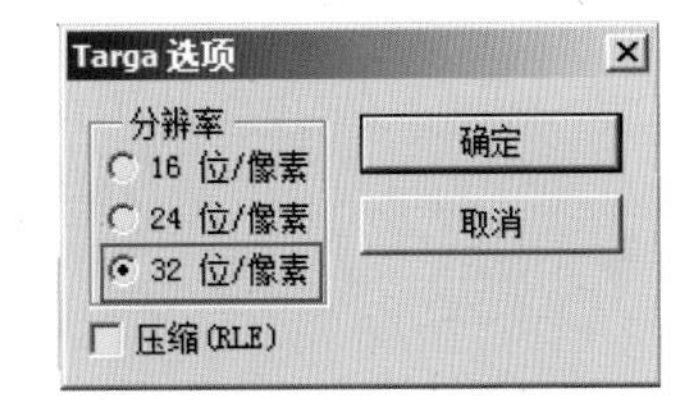

图 3–179 选中“32 位 / 像素”选项

3.4 调整模型与贴图的统一性

在贴图绘制完成后，一定要把贴图赋予模型并进行最终的检查。因为绘制贴图是在二维空间中进行的，难免会与模型的三维空间发生偏差。如果给模型添加贴图后，贴图在模型上效果很好，工作才算真正结束。

（1）启动 3ds Max 2012 软件，打开“\MAX 文件 \ 第 3 章 游戏场景中的道具 \ 树桩 UV 坐标 .max”文件，然后选择树桩的顶面模型，按键盘上的〈M〉键打开“材质编辑器”窗口，选择有棋盘格贴图的材质球，在“明暗器基本参数”卷展栏中选择 Blinn 选项，在“Blinn 基本参数”卷展栏中单击“漫反射”右边方形的按钮，如图 3–180 所示，在弹出的棋盘格贴图参数面板中，单击“棋盘格”按钮，如图 3–181 所示，打开“材质 / 贴图浏览器”对话框。单击“位图”图标，选择“位图”贴图方式，并单击“确定”按钮，如图 3–182 所示。在弹出的对话框中选择贴图为“\ 贴图 \ 第 3 章 游戏场景中的道具 \ 树桩顶面 .jpg”文件，并单击“打开”按钮，将其打开，如图 3–183 所示。同理，将树桩的侧面模型更换贴图为“\ 贴图 \ 第 3 章 游戏场景中的道具 \ 树桩侧面 .jpg”文件。

（2）认真观察视图中更换过贴图的模型，寻找是否有不协调的地方。为了便于实时观察调整贴图，可以改变环境色为白色，使模型在视图中显得更亮。方法：按大键盘的数字键〈8〉打开“环境和效果”对话框，单击“环境光”颜色图标，在弹出的“颜色选择器：环境光”对话框中将颜色设置为白色，如图 3–184 所示。

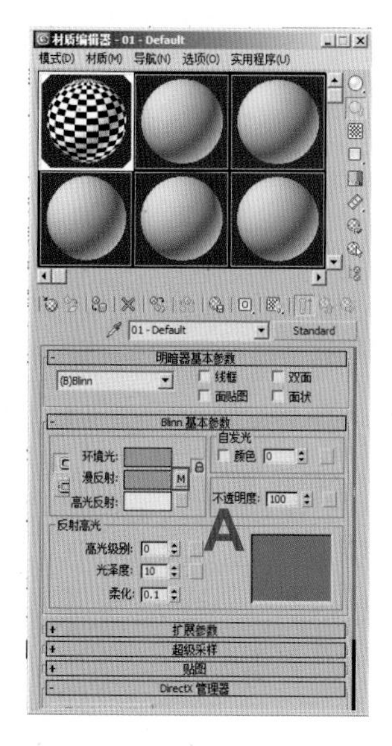

图 3-180　单击“漫反射”右侧按钮

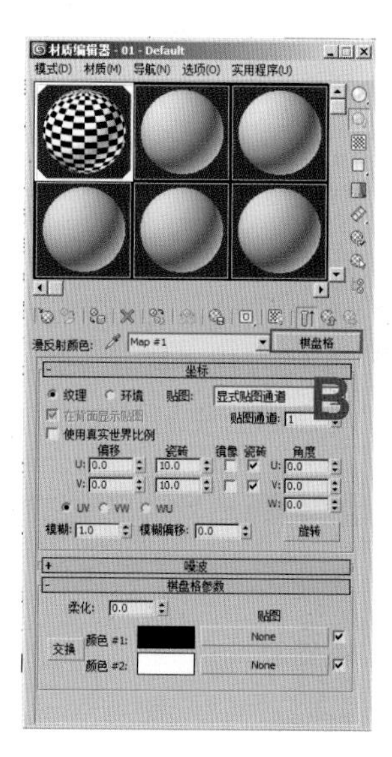

图 3-181　单击“棋盘格”按钮

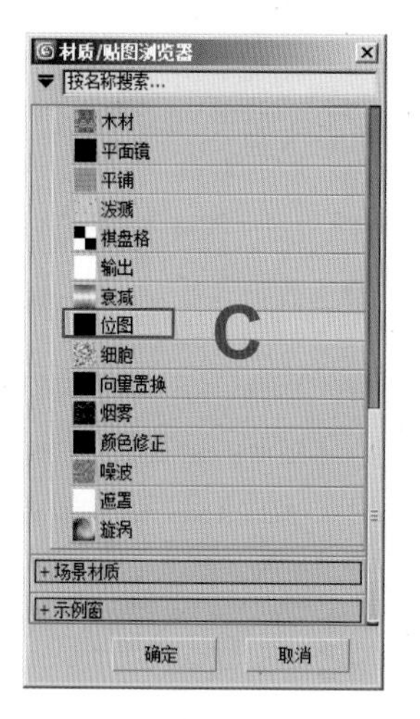

图 3-182　选择“位图”

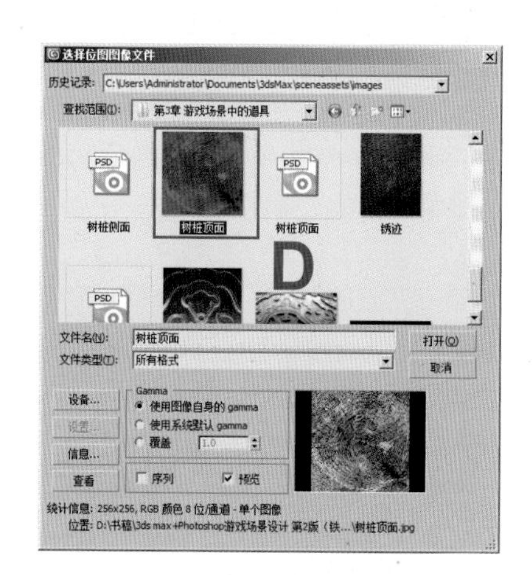

图 3-183　选择“树桩顶面 .jpg”

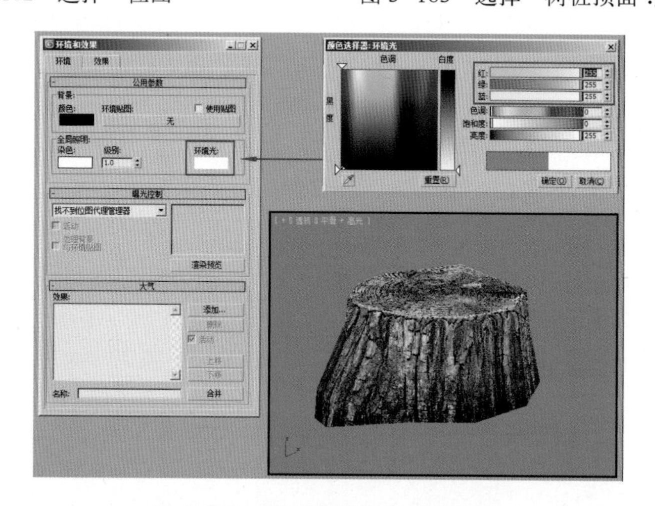

图 3-184　将“环境光”设为白色

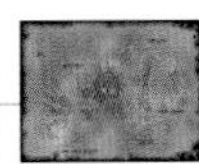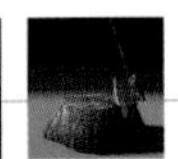

（3）打开树桩顶面物体的贴图坐标编辑窗口，在右上角的下拉列表框中选择“拾取纹理”命令，如图 3–185 所示。将贴图坐标编辑窗口的背景图从原来的棋盘格贴图变成“\ 贴图 \ 第 3 章 游戏场景中的道具 \ 树桩顶面 .jpg”文件，并认真参照视图中的效果及刚才更换的背景图来调整 UV 贴图坐标，如图 3–186 所示。

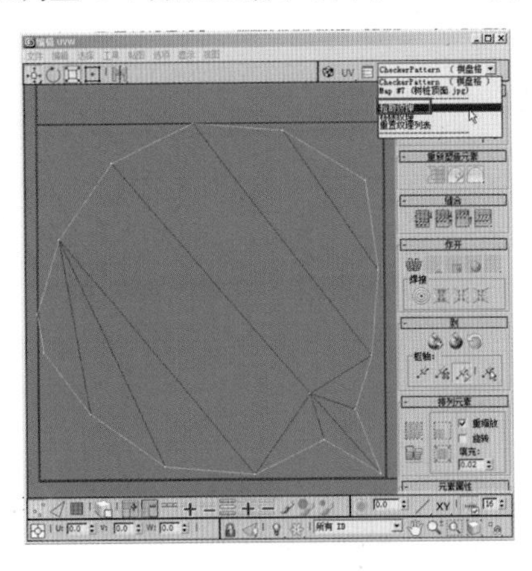

图 3–185 执行“拾取纹理”命令

图 3–186 更换背景图的效果

（4）对树桩侧面物体也完成和顶面一样的 UV 坐标微调工作，如图 3–187 所示。

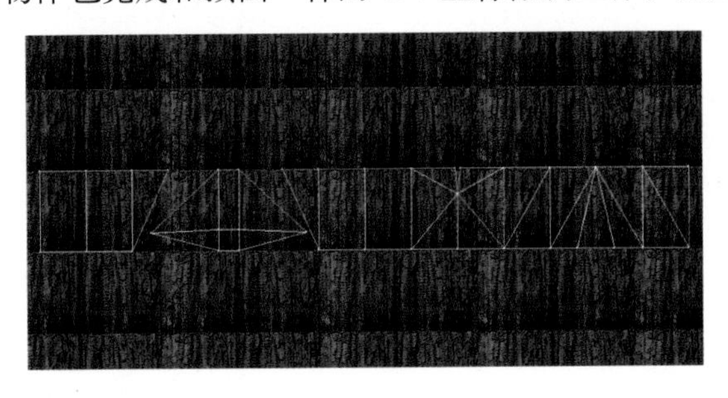

图 3–187 微调 UV 坐标

（5）在 UV 坐标调整完成后，现在的贴图以最佳的方式显示在模型表面上了，下面旋转视图认真地观察模型，会发现模型暴露出来一个问题，树桩的顶面和侧面之间的交界处衔接得并不自然，尽管在绘制贴图时对贴图的交界部分进行了过渡，但依然不够完美。为了让模型与贴图完美地配合，下面在顶面和侧面之间的部位加上一个缓冲。方法：激活“切割”工具，在和顶面交界的侧面上加上一圈线，如图 3–188 所示。

（6）模型改变后对侧面模型的 UV 坐标也进行相应的调整，如图 3–189 所示。

图 3–188 加线

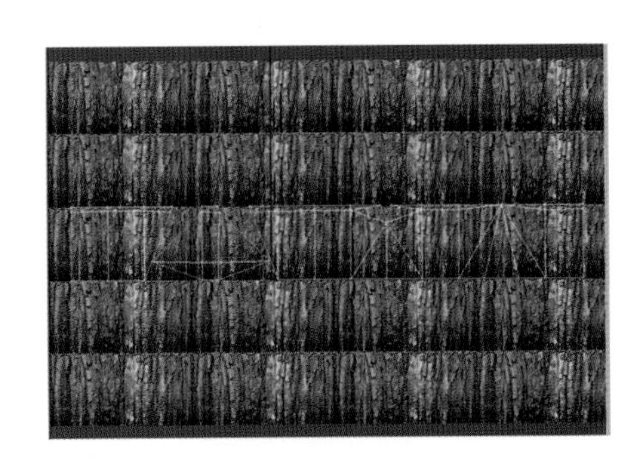

图 3–189 对侧面模型的 UV 坐标进行调整

（7）经过最后调整的模型效果如图 3–190 所示。

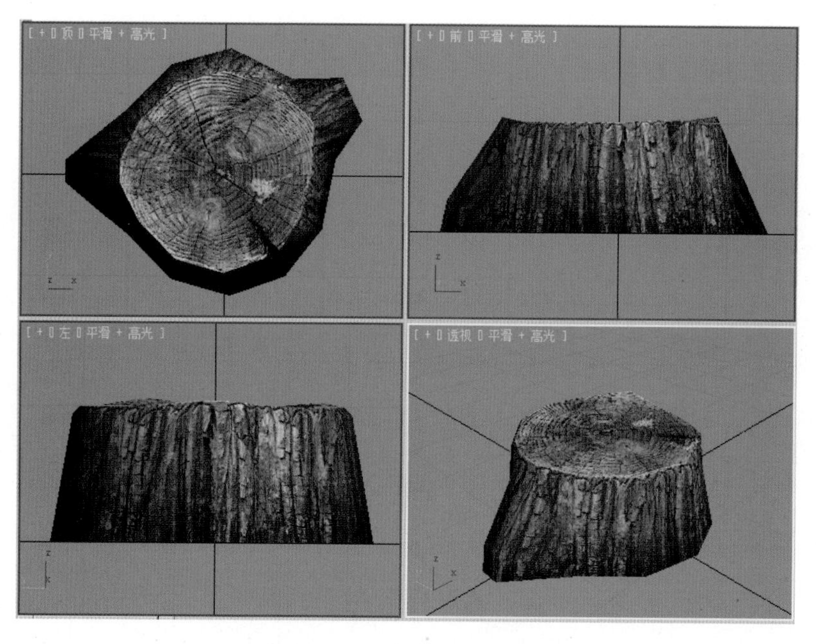

图 3–190 调整后的效果

（8）打开“\MAX 文件 \ 第 3 章 游戏场景中的道具 \ 斧子 .max”文件，按键盘上的〈M〉键打开“材质编辑器”窗口，然后为“漫反射颜色”和“高光级别”两个贴图通道分别添加贴图，如图 3–191 所示。所添加的贴图为“\ 贴图 \ 第 3 章 游戏场景中的道具 \ 斧子贴图 .tga”文件。单击“高光级别”右侧的按钮进入这个贴图通道的参数面板，设置“单通道输出”为“Alpha”通道，如图 3–192 所示。

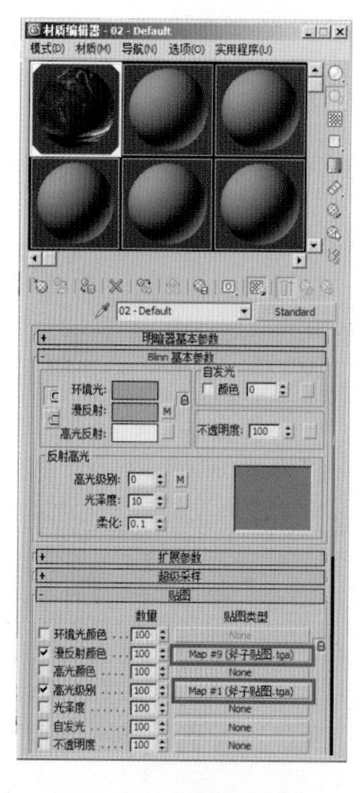

图 3–191 添加贴图

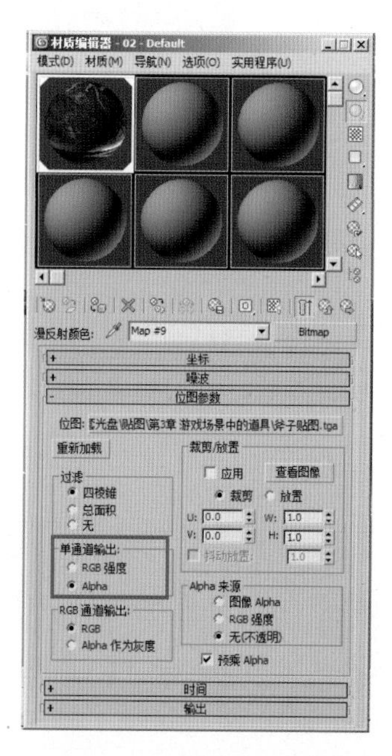

图 3–192 单击 Alpha 选项

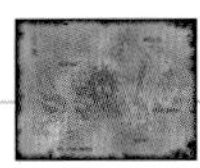
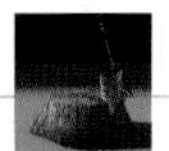

提 示

在“\贴图\第3章 游戏场景中的道具\斧子贴图.tga”文件中的Alpha通道是已经绘制好的高光贴图，而在此设置高光级别贴图的单一输出通道为Alpha通道，就是为了输出已经绘制好的高光贴图。用这种方法，能将一张贴图当作两张图来利用，严格遵守了游戏制作中最大程度节约系统资源的原则。

（9）将斧子贴图赋予模型的效果如图3−193所示。

（10）调整贴图坐标。打开斧子的贴图坐标编辑窗口，把窗口的背景图从原来的棋盘格贴图换成“\贴图\第3章 游戏场景中的道具\斧子贴图.tga”文件，并参照视图中显示的效果调整贴图坐标，如图3−194所示。最终效果如图3−195所示。

（11）将斧子和树桩调整好位置，为了美观再添加一个背景，然后进行渲染，结果如图3−196所示。

图3−193　赋予模型贴图

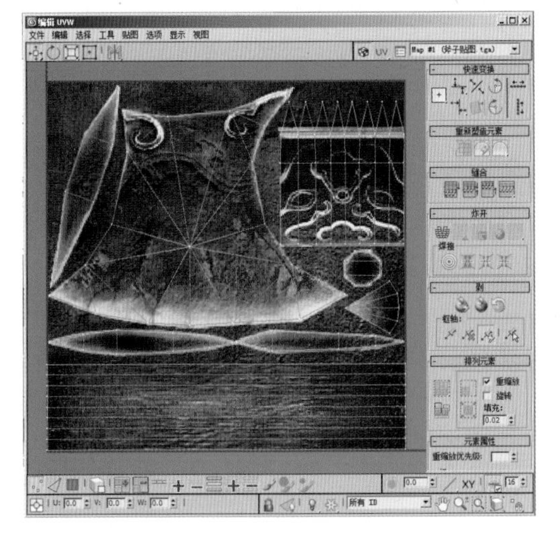

图3−194　调整贴图UV

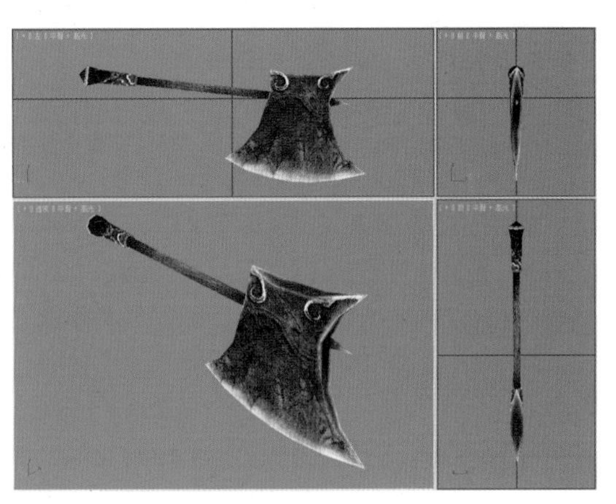

图3−195　斧子最终效果

图3−196　调整斧子和树桩的位置

课后练习

运用本章所学的知识制作木箱和盾牌，制作时需要注意木头和金属质感的表现，效果如图 3–197 所示。参数可参考“\ 课后练习 \3.5 课后练习 \ 操作题 .zip”文件。

图 3–197　课后练习效果图

第 4 章

游戏场景中的植物

游戏场景中的植物包括游戏画面中出现的所有花、草、树、木，在制作中根据所需的精度不同，可以把这些植物分为远景、中景和近景 3 种。

这 3 种植物的制作思路有着很多的相似之处，因为几乎所有的植物都有烦琐的枝叶，如果用写实的手法来表现这些枝叶，必将会给游戏引擎带来很大的负担。所以在制作游戏场景中的植物时，通常利用透明贴图来代替大量枝叶。这种制作思路能够最大化地减少模型的多边形数量，保障游戏引擎能实时渲染，从而给玩家流畅的操作体验。

这 3 种植物在具体制作时也会略有差别。比如近景植物所需要的精度很高，也许一棵植物要用上百个多边形，而远景植物则只用一个多边形就能完成。本章就以树木为例按照远景、中景和近景的分类来分别介绍游戏中植物的制作方法，效果图如图 4–1、图 4–2 和图 4–3 所示。

图 4–1　远景树

图 4–2　中景树

图 4–3　近景树

设计要求如下：

远景树：用最少的多边形表现一组树丛。

中景树：适当添加细节，绘制贴图时注意要表现树叶的体积与颜色的变化，只能用 1 张贴图。

近景树：有足够的细节，能满足特写的需要。要表现树的苍老和神秘。需要自己整理素材，可以适当增加贴图数量。

4.1 制作远景树

远景树一般都被当作背景来使用，不需要太多的细节，所以在保证基本树木形态的前提下，需要尽量减少模型的多边形数量，甚至完全用透明贴图来代替模型。下面讲解远景树的制作。

4.1.1 基本模型的创建

（1）打开 3ds Max 2012 软件，单击（创建）面板（几何体）类别中的“平面”按钮，然后在前视图中创建一个平面模型。进入（修改）面板，设置模型的长度为 100、宽度为 100，长度分段和宽度分段数均为 1。切换到透视图，调整视图到合适的角度，如图 4–4 所示。右击视图中的平面体，在弹出的快捷菜单中选择“转换为 | 转换为可编辑多边形”命令，将平面转换为可编辑多边形物体。

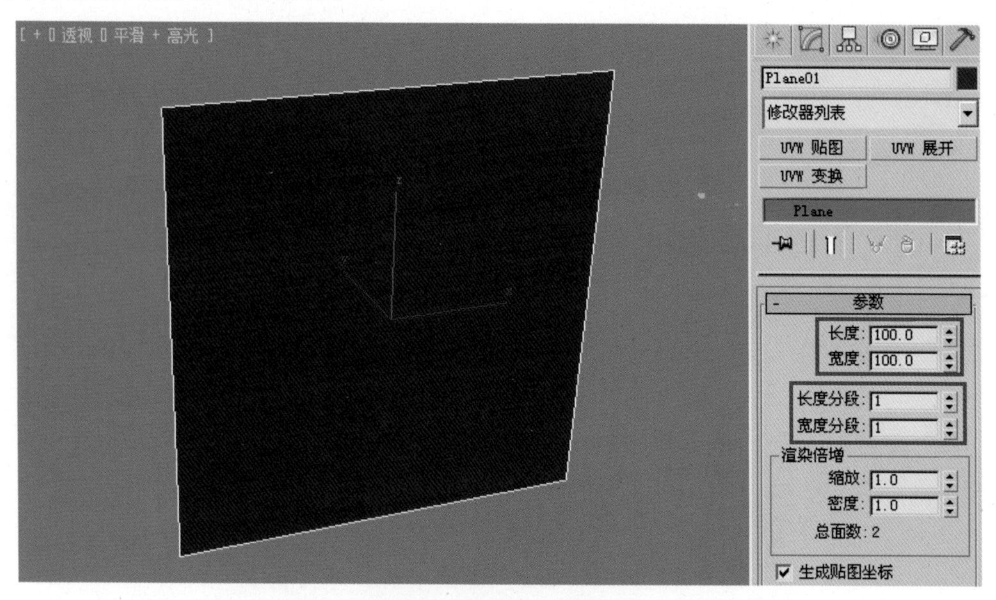

图 4–4　建立一个平面

（2）激活工具栏中的（角度捕捉切换）按钮，然后按住键盘上的〈Shift〉键，利用工具栏中的（选择并旋转）工具在透视图中沿 Z 轴将面片旋转 90°，在弹出的“克隆选项”对话框中选择“复制”选项。单击“确定”按钮关闭对话框，这样就克隆出了十字形交叉的两个面片物体，这样基本模型就完成了，如图 4–5 所示。

图 4-5　模型完成图

4.1.2　透明贴图的制作

远景树的模型被精简到了极限，所有的细节都要通过贴图来表现，并且还要让贴图中除了树木之外的其他部分透明，也就是要制作透明贴图，这是本小节的重点。

（1）启动 Photoshop　CS5 软件，打开“\贴图\第 4 章　游戏场景中的植物 \maps\yuanjingshu\yuanjingshu.jpg”文件，如图 4-6 所示。

（2）选择背景图层之后，选择工具箱中的 （魔棒工具）选取贴图中的背景部分。如果有的背景没有被选上，可以配合键盘上的〈Shift〉键继续添加选区，直到背景部分完全被选中为止。然后按快捷键〈Ctrl+Shift+I〉，反向选择树木选区，如图 4-7 所示。

图 4-6　打开素材

图 4-7　选择的选区

（3）打开“通道”面板，单击面板下方的 （将选区存储为通道）按钮，将刚才选择的树木选区存储为 Alpha 通道，如图 4-8 所示。在贴图赋予模型后，将要用这个通道来控制贴图的不透明度。

（4）按快捷键〈Ctrl+Shift+E〉，合并可见图层，然后按快捷键〈Ctrl+Shift+S〉，将贴图存储为 yuanjingshu.tga 文件，存储时在弹出的“Targa 选项”对话框中选中“32 位 / 像素”选项，如图 4-9 所示。单击“确定”按钮。

提 示

TGA 格式文件的特点是能够保存 Alpha 通道，不过它要求必须在“32 位 / 像素”的条件下，所以在“Targa 选项”对话框中一定要选择“32 位 / 像素”选项。

图 4–8　制作 Alpha 通道

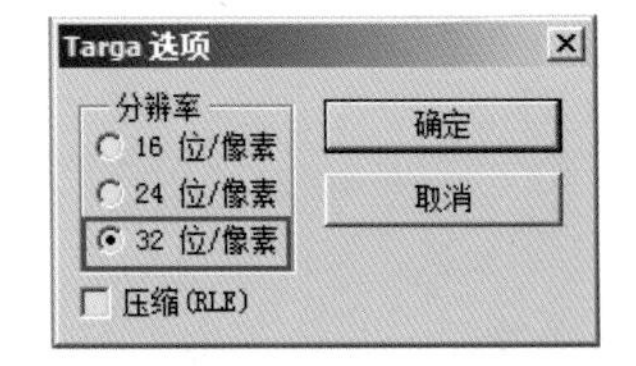

图 4–9　保存 Targa 文件时的选项

4.1.3　整体效果的调整

（1）切换回 3ds Max 2012 软件，按快捷键〈M〉，调出材质编辑器。然后单击一个空白的材质球，单击“漫反射”贴图通道右边的按钮，如图 4–10 中 A 所示，打开“材质 / 贴图浏览器”对话框。双击“位图”图标，如图 4–10 中 B 所示，在弹出的“选择位图图像文件”对话框中找到刚才保存的“\ 贴图 \ 第 4 章　游戏场景中的植物 \maps\yuanjingshu\yuanjingshu.tga”文件，单击“打开”按钮。

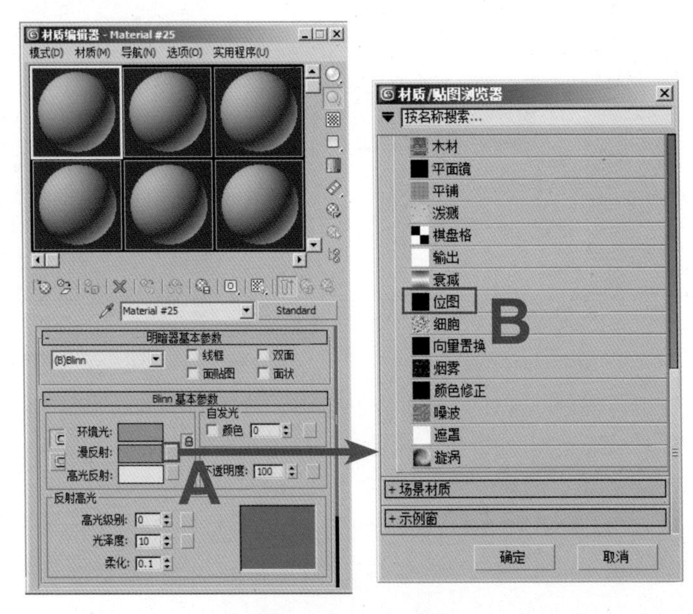

图 4–10　添加位图

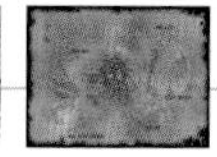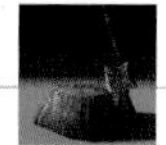

（2）选择视图中十字交叉的两个平面物体，单击材质编辑器工具栏中的（将材质指定给选定的对象）按钮，将材质赋予视图中的平面物体。然后单击材质编辑器工具栏中的（在视图中显示标准贴图）按钮，在视图中显示出贴图效果，结果如图 4–11 所示。

图 4–11　将材质赋予模型

（3）现在模型上有了贴图，但是贴图并不是透明的，下面就来设置贴图的透明效果。方法：取消选择“双面”复选框，如图 4–12 中 A 所示。然后拖动图 4–12 中 B 到 C，在弹出的“复制（实例）贴图”对话框中选中“复制”选项，如图 4–12 中 D 所示。单击“确定”按钮。这样材质的“不透明度”通道和“漫反射颜色”通道就被添加了同样一张“32 位 / 像素”的 TGA 贴图，如图 4–12 中 E 所示。

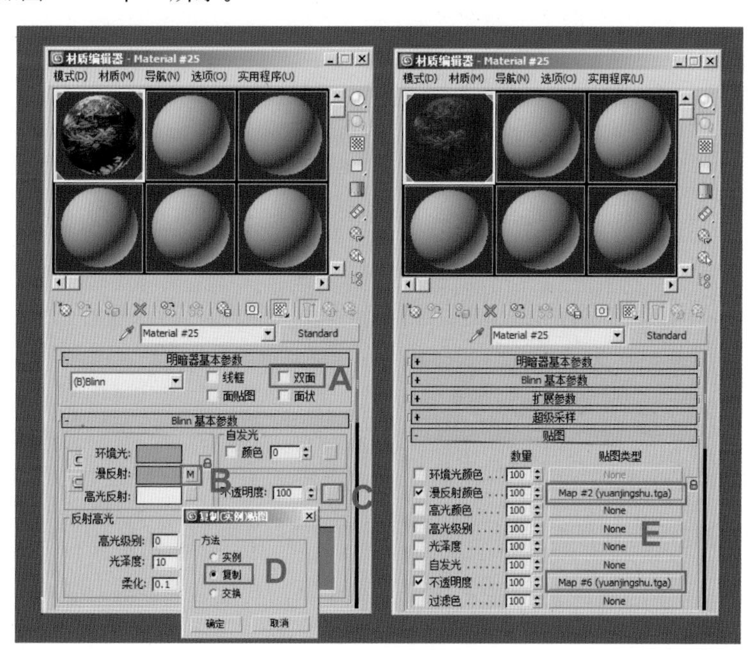

图 4–12　为不透明通道添加贴图

（4）单击不透明通道右侧的贴图按钮，在打开的“位图参数”卷展栏中选中“单通道输出”选项组中的“Alpha”选项，如图 4–13 所示。显示效果如图 4–14 所示。

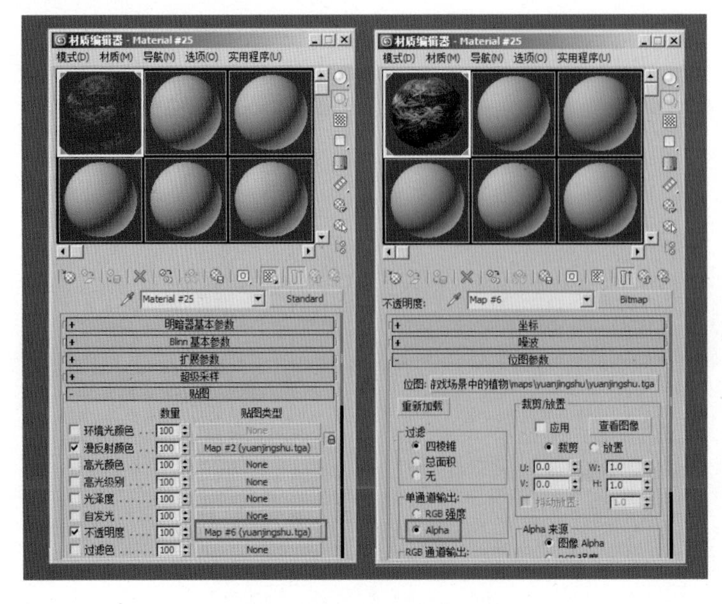

图 4–13　设置“Alpha”通道　　　　图 4–14　显示效果

（5）将远景树复制多个，然后利用工具栏中的（选择并均匀缩放）工具，调整每一个模型的大小，从而避免因为复制而带来的雷同感。至此，远景树制作完成了，最终效果如图 4–15 所示。

图 4–15　远景树最终效果图

4.2　制作中景树

中景树相对于远景树来说细节要丰富得多，在制作时只用贴图来代替树枝已经不能满足三维游戏的要求了，因此中景树的树干和主要树枝需要用三维模型来表现。下面首先来讲解中景树模型的制作。

4.2.1　主干模型的制作

（1）打开 3ds Max 2012 软件，单击（创建）面板（几何体）类别中的“圆柱体”按钮，

然后在透视图中单击，在水平方向拖动来定义圆柱体的半径，接着在垂直方向拖动来定义圆柱体的高度，并单击结束创建。最后进入（修改）面板，设置模型的半径为2.5、高度为50、高度分段数为3、端面分段数为1、边数为5，如图4-16所示。

（2）选择圆柱体，并在视图中右击，在弹出的快捷菜单中选择“转换为|转换为可编辑多边形”命令，将圆柱体转换为可编辑多边形物体。

（3）为了节省资源删除多余的多边形。方法：进入（修改）面板的可编辑多边形的（多边形）层级，选择圆柱体的底部多边形，按键盘上的〈Delete〉键将其删除，结果如图4-17所示。

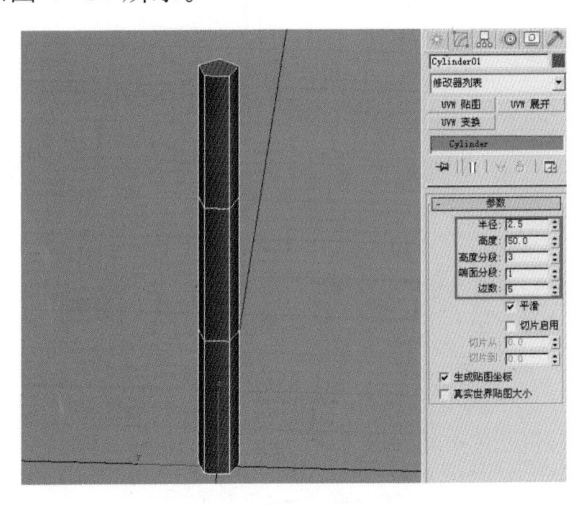

图4-16　创建圆柱体

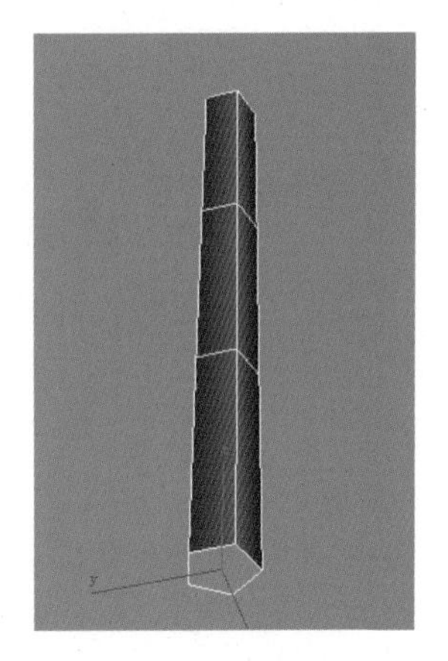

图4-17　删除底面

（4）进入模型的（边）层级，然后利用工具栏中的（选择并移动）工具，选择圆柱体中间的一圈边将其向下移动，如图4-18所示。接着进入（顶点）层级，利用（选择并均匀缩放）工具，选择每一圈的顶点进行缩放，使圆柱体从底端到顶端呈逐渐变细，效果如图4-19所示。

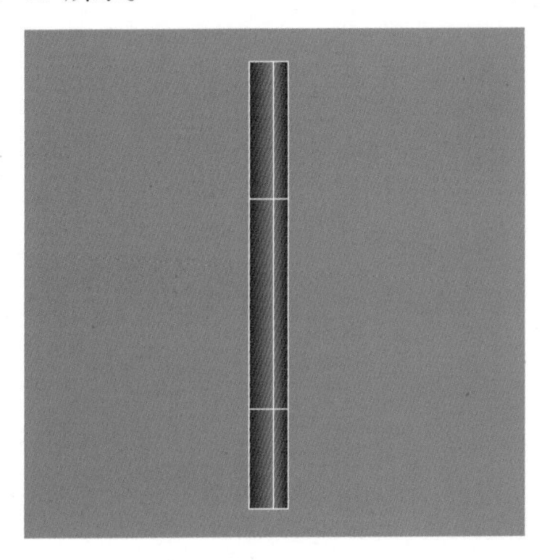

图4-18　调整中段的边

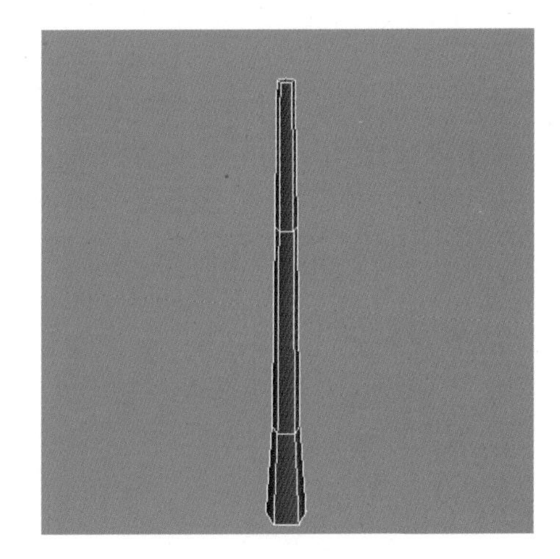

图4-19　调整圆柱体外形

（5）在（顶点）层级，利用工具栏中的（选择并移动）工具，调整圆柱体的中端，让它弯曲到接近树干的形状，如图4-20所示。

（6）利用“切割”工具在最下面的一圈添加图4-21所示的边。

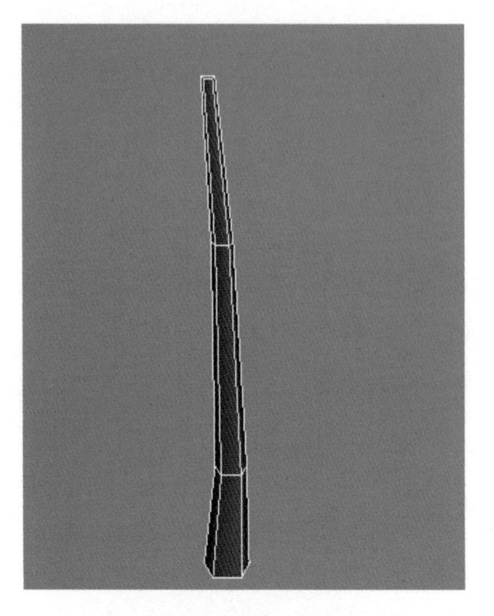

图 4–20　调整主干的形状

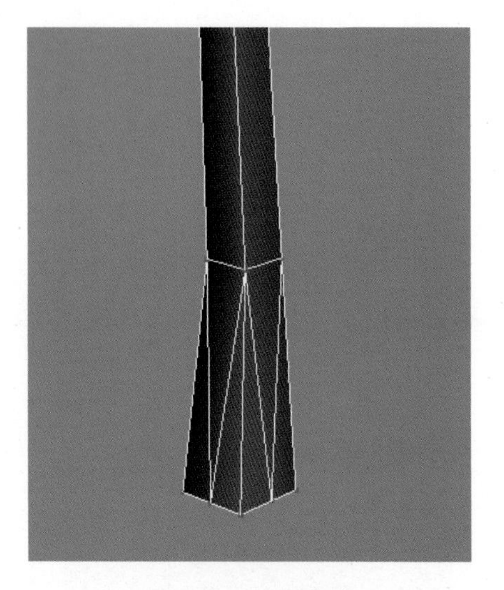

图 4–21　添加边

（7）进入▣（顶点）层级，选择如图 4–22 所示的顶点，利用▣（选择并均匀缩放）工具将其在水平面上缩小。

至此，主干模型制作完成。

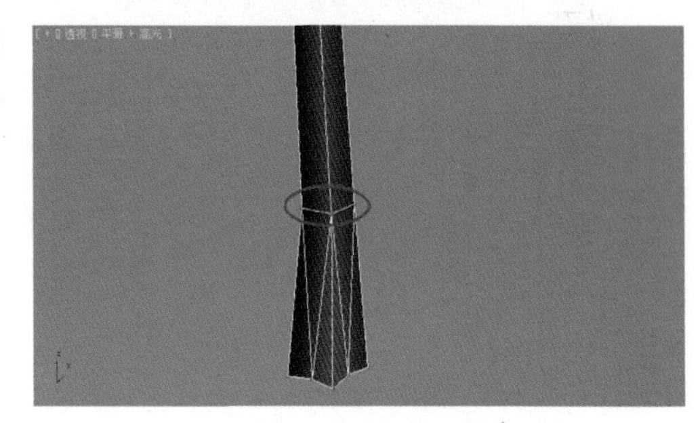

图 4–22　调整底部外形

4.2.2　枝叶模型的制作

主干模型制作完成后，下面来制作枝叶模型。枝叶采用先创建一个简单模型，然后利用贴图来表现枝叶效果的方法实现。

（1）单击▣（创建）面板▣（几何体）类别中的“平面”按钮，在顶视图中创建一个平面模型。然后进入▣（修改）面板，设置模型的长度分段和宽度分段分别为 2 和 3。接着利用工具栏中的▣（选择并均匀缩放）工具调整平面到接近树枝的大小，最后将其转换为可编辑多边形物体，再进入▣（顶点）层级调整顶点位置，使其外形更像叶子，并利用▣（选择并移动）工具调整位置对齐树干，如图 4–23 所示。

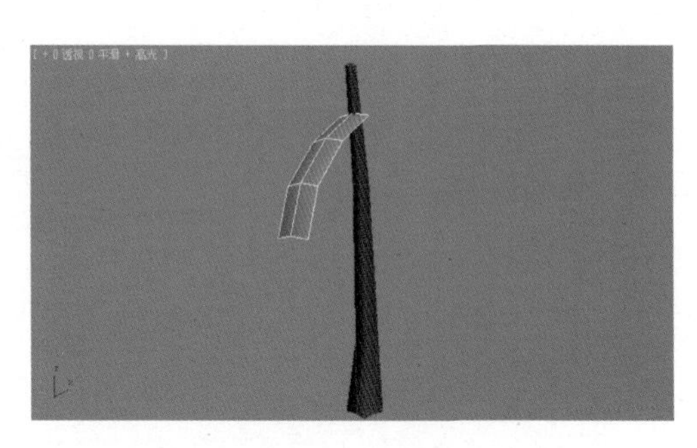

图 4–23　创建树叶

（2）按住键盘上的〈Shift〉键，利用▣（选择并移动）工具移动第一个树叶模型，在弹出的对话框中单击“复制”按钮，再单击“确定”按钮，从而复制出第二个树叶模型。接着调整树叶的外形，使其和第一个树叶不同，最后利用▣（选择并移动）工具将其和树干对齐，效果如图 4–24 所示。

（3）同理，复制出其他树叶，在摆放树叶的位置时要尽量对齐树干，并避免所有的树叶方向雷同，完成的结果如图 4–25 所示。这样中景树的模型创建完成。

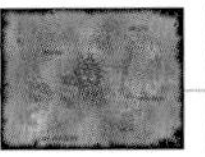
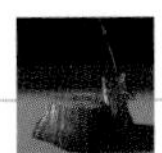

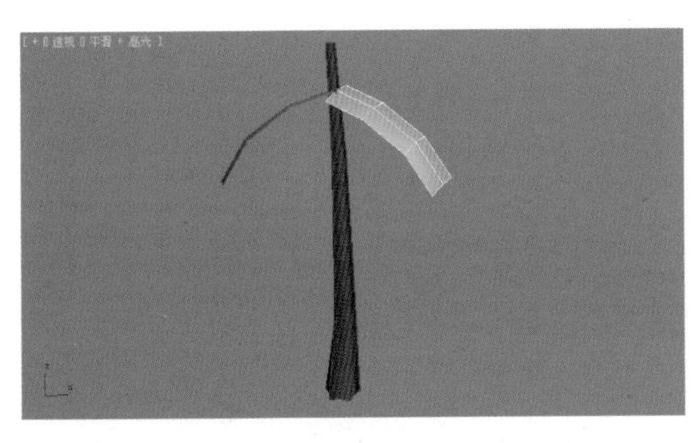

图 4-24　复制出第二个树叶

图 4-25　完成其他树叶

4.2.3　整理贴图坐标

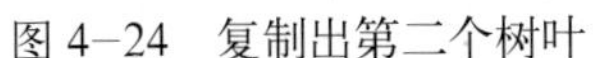

在游戏制作中，节约资源一直是最终的原则之一，为了遵守这个原则，在制作植物时，对于繁多的树叶、树枝，就必须尽量将它们归纳统一。中景树的贴图可以归纳为两种，第一种是树干，第二种是树叶，下面就用贴图坐标来实现贴图的归纳。

（1）选取模型的树干部分，右击，从弹出的快捷菜单中选择“孤立当前选择”命令，将树叶隐藏起来。然后按键盘上的〈M〉键，打开材质编辑器，选择一个空白的材质球，如图 4-26 中 A 所示。接着单击“漫反射”贴图通道右侧的方形按钮，如图 4-26 中 B 所示，打开“材质 / 贴图浏览器”对话框，再双击“位图”图标，如图 4-26 中 C 所示。在弹出的“选择位图图像文件”对话框中找到“\ 贴图 \ 第 4 章　游戏场景中的植物 \maps\zhongjingshu\shugan.tga”文件，如图 4-26 中 D 所示。单击“打开”按钮，将其添加到“漫反射”贴图通道。

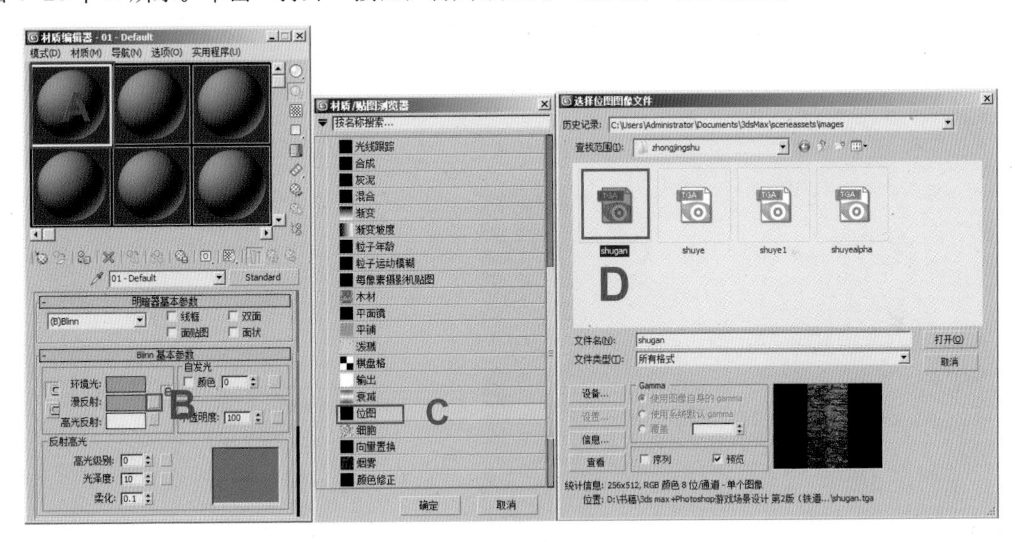

图 4-26　添加位图

（2）单击材质编辑器工具栏中的（将材质指定给选定的对象）按钮，将材质赋予视图中的树干模型。然后单击材质编辑器工具栏中的（在视图中显示标准贴图）按钮，在视图中显示出贴图效果，结果如图 4-27 所示。

（3）在修改器列表中添加“UVW 贴图”修改器，在“参数”卷展栏中设置参数，如图 4-28 所示。

图 4–27　显示贴图

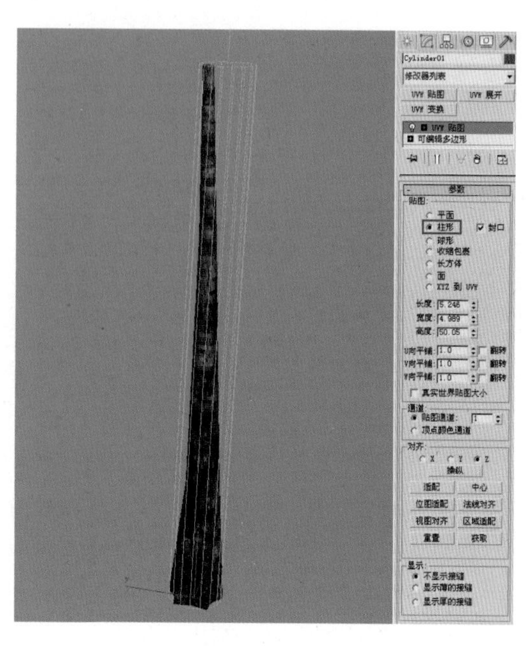

图 4–28　设置“UVW 贴图”参数

（4）执行修改器中的“UVW 展开”命令，在参数面板中单击“打开 UV 编辑器”按钮，打开“编辑 UVW”窗口。然后在右上角的下拉列表框中选择“拾取纹理”选项，如图 4–29 所示。在弹出的“材质 / 贴图浏览器”对话框中双击“位图”图标，如图 4–30 所示。在弹出的“选择位图图像文件”对话框中找到“\ 贴图 \ 游戏场景中的植物 \maps\zhongjingshu\shugan.tga”文件，单击“打开”按钮。

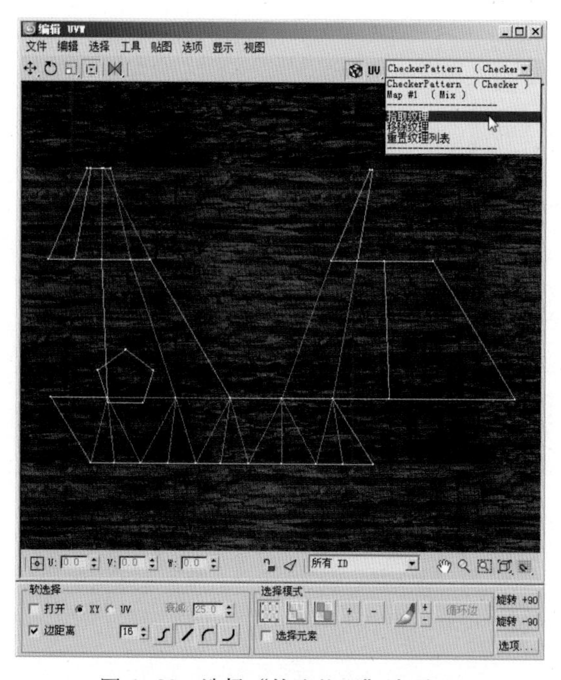

图 4–29　选择“拾取纹理”选项

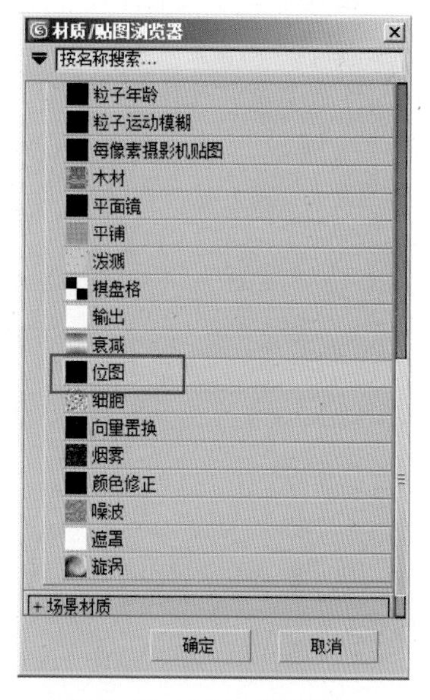

图 4–30　双击“位图”

（5）根据树干的纹理走向合理调整坐标，整理后的 UVW 坐标如图 4–31 所示。

（6）在修改器中右击，从弹出的快捷菜单中选择“塌陷全部”命令，将修改器中的命令

全部合并。此时树干的效果如图 4-32 所示。

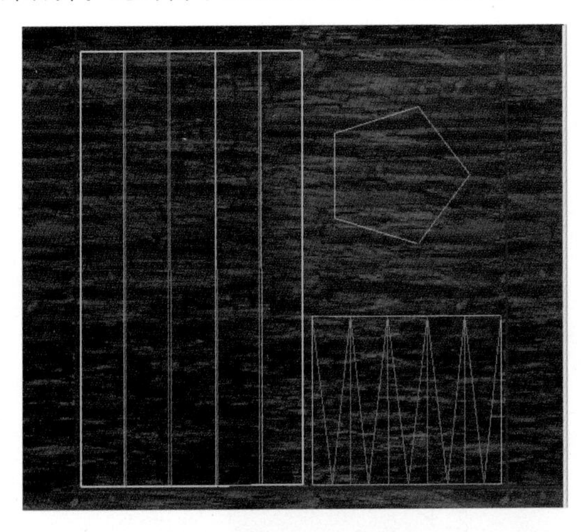
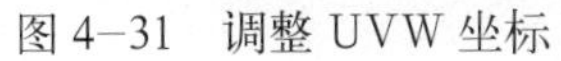

图 4-31　调整 UVW 坐标

图 4-32　树干效果图

(7) 退出孤立模式，利用“附加”工具将所有树叶合并在一起。利用相同的方法将树叶的材质赋予模型，并调整 UVW 坐标，效果如图 4-33 所示。

图 4-33　赋予树叶材质

(8) 利用做远景树的方法为树叶添加 Alpha 通道，使树叶的边缘产生透明，效果如图 4-34 所示。

图 4-34　最终效果

（9）将树复制多个并调整成不同的外形和大小，然后放置到引擎中进行测试，效果如图 4–35 所示。

图 4–35　渲染效果图

4.3　制作近景树

近景树在游戏场景中处于近处，可能会出现特写，甚至可能会与角色有交互，这类树的制作要格外细致，所以它也是植物制作中难度最高的。

4.3.1　树干模型的制作

（1）打开 3ds Max 2012 软件，单击（创建）面板（几何体）类别中的“圆柱体”按钮，然后在透视图中单击，在水平方向拖动来定义圆柱体的半径，接着在垂直方向拖动来定义圆柱体的高度，并单击结束创建。进入（修改）面板，设置模型的半径为 20、高度为 100、高度分段数为 2、端面分段数为 1、边数为 8，如图 4–36 所示。

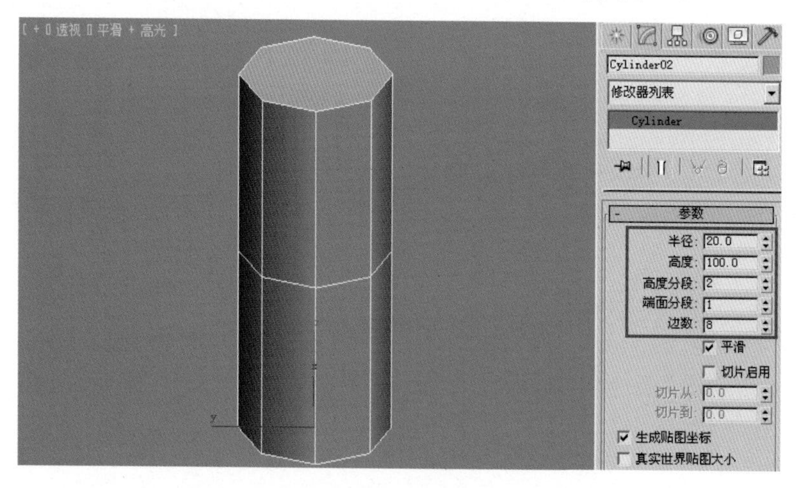

图 4–36　创建圆柱体

（2）选择新建的圆柱体并在视图中右击，从弹出的快捷菜单中选择“转换为|转换为可编辑多边形”命令，将圆柱体转换为可编辑多边形物体。然后进入（顶点）层级，选择圆柱体中间的顶点，并利用（选择并移动）工具将其下移。为了节省资源，进入（多边形）层级，选择圆柱体的底部多边形，按键盘上的〈Delete〉键将其删除，结果如图 4-37 所示。

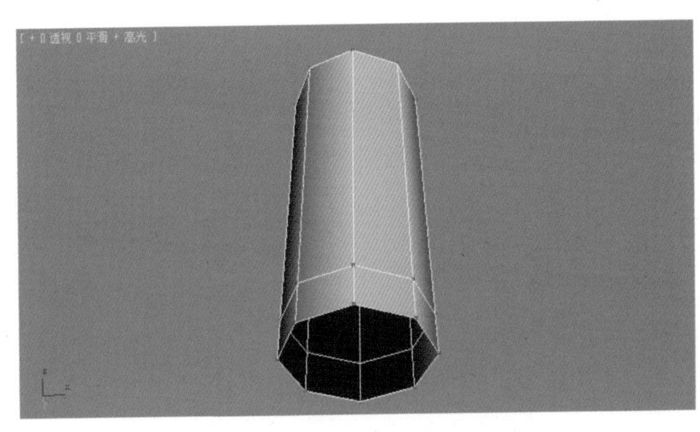

图 4-37　转换为可编辑多边形

（3）制作树根的模型。方法：按快捷键〈Alt+E〉，执行“挤出”命令，然后依次选择圆柱体底部多边形将其挤出两次，挤出完成后分别调节挤出部分的外形，如图 4-38 和图 4-39 所示。这些挤出的部分就是树根的模型。

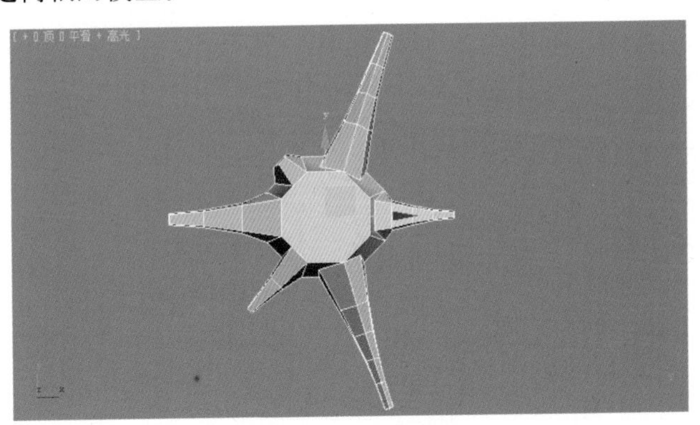

图 4-38　挤出树根 1

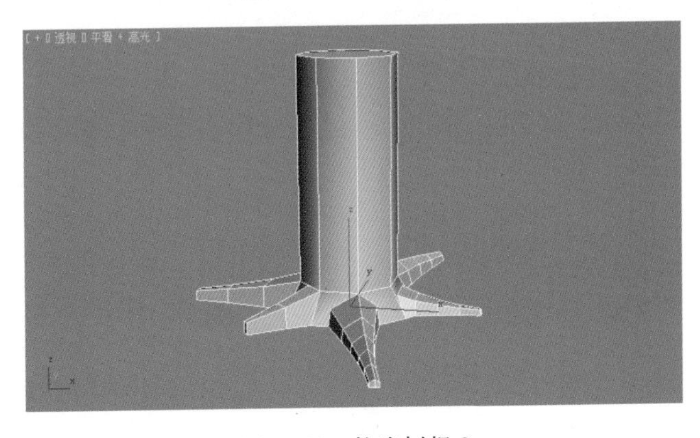

图 4-39　挤出树根 2

提 示

在挤出的时候要注意，不要将所有的多边形都挤出成同一个样子，可以选择其中的一个多边形挤出，也可以选择两个挨着的多边形同时挤出，这样树根才会具有粗细自然感。

（4）进入■（多边形）层级，选择图 4–40 所示的模型底部的多边形，按键盘上的〈Delete〉键删除。

图 4–40　删除多边形

（5）进入◼（元素）层级，然后选择整个树干物体，在“修改”面板的“多边形：平滑组”卷展栏上按下“1”按钮，给树干指定一个平滑组，平滑组会自动把组中的多边形平滑 45，如图 4–41 所示。

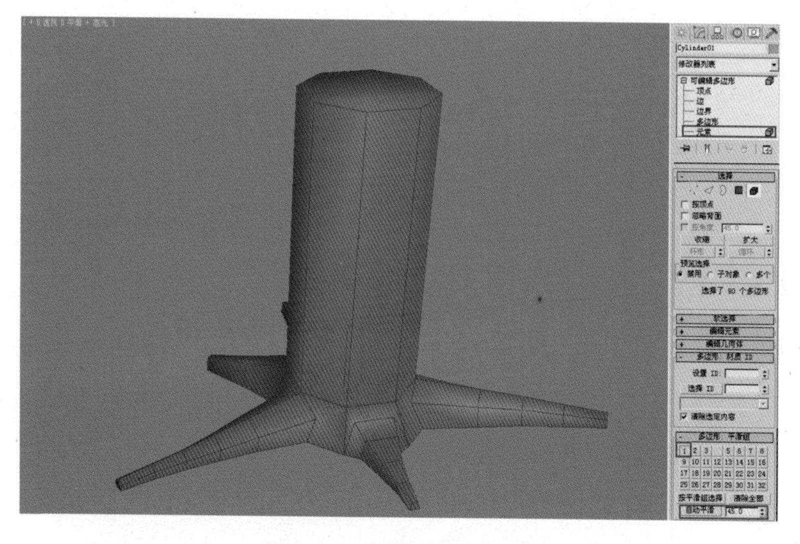

图 4–41　给模型指定平滑组

提 示

指定平滑组的物体会显示得更加圆滑，这种方法在游戏的底多边形建模中会经常用来模仿只有高多边形才会有的光滑效果。

（6）进入⋰（顶点）层级，利用✥（选择并移动）工具调整根部的顶点位置，使树根的形态更加生动，效果如图 4–42 所示。

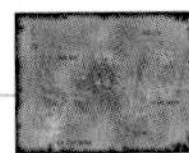

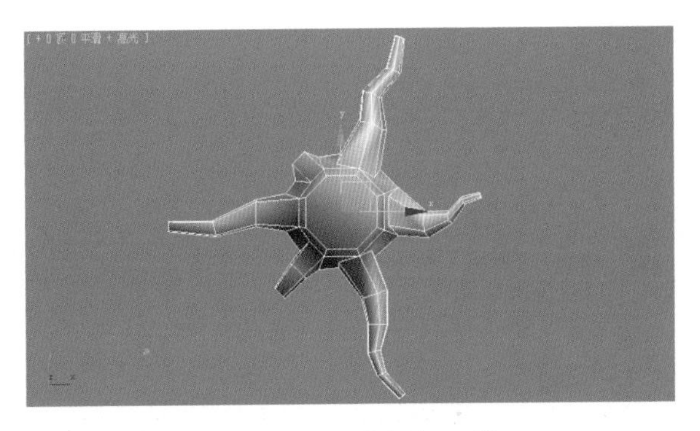

图 4–42　调整树根细节

4.3.2　树枝模型的制作

（1）在创建好树根的模型后，利用“挤出”命令挤出树干，并调整出树干的自然弯曲效果，如图 4–43 所示。

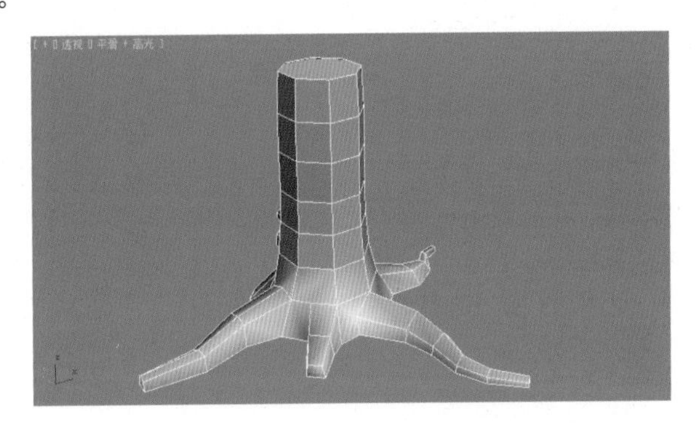

图 4–43　挤出树干模型

（2）在树干的顶部利用“剪切”工具添加一条边，如图 4–44 所示，然后进入（多边形）层级，将顶部的两个多边形利用“挤出”工具分别挤出若干段，并调整外形。接着进入（顶点）层级，选择顶端的顶点，执行“塌陷”命令，将其合并为一个顶点，效果如图 4–45 所示。

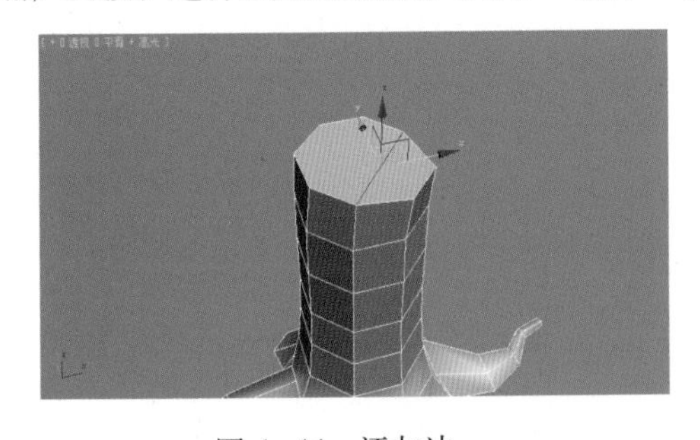

图 4–44　添加边

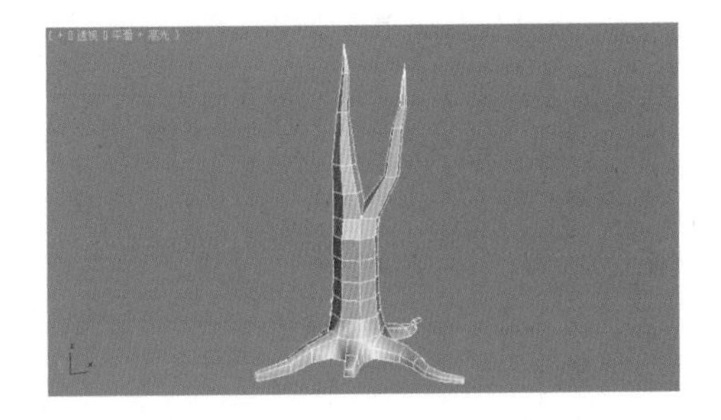

图 4–45　制作顶部分枝

（3）进入可编辑多边形的（边）层级，在树干的弯曲突出部分选择水平方向的一条边，然后执行“切角”命令，将这条边切成两条，如图 4–46 所示。接着进入（多边形）层级，选择刚才切角后形成的几个多边形，利用“挤出”工具将这些多边形挤出成树枝。最进入（顶点）层级，选择树枝顶端的顶点，利用“塌陷”命令将树枝顶端的顶点塌陷，结果如图 4–47 所示。

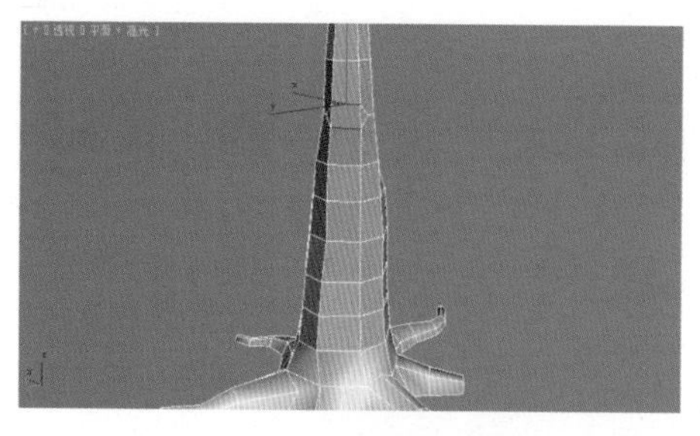

图 4–46　执行“切角”命令

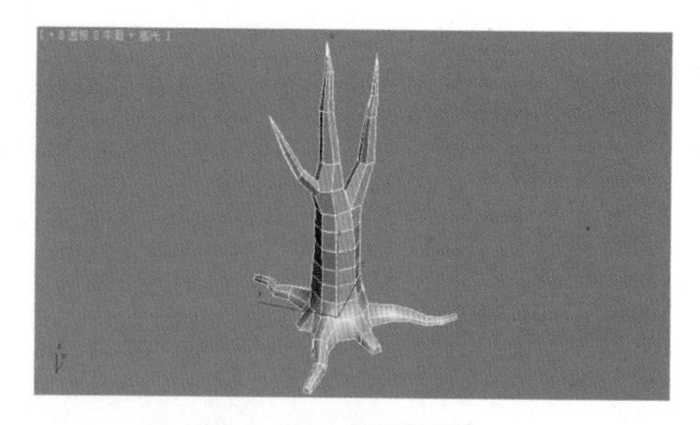

图 4–47　创建树枝

（4）同理，创建出其他的所有分枝，效果如图 4–48 所示。

（5）单击 （创建）面板 （几何体）类别中的“平面”按钮，在视图中创建一个平面，然后将其转换为可编辑多边形物体。接着调整成树藤的外形放置到树枝下，并复制出多个，再利用“附加”工具将其和树干模型合并。平滑显示后的效果如图 4–49 所示。

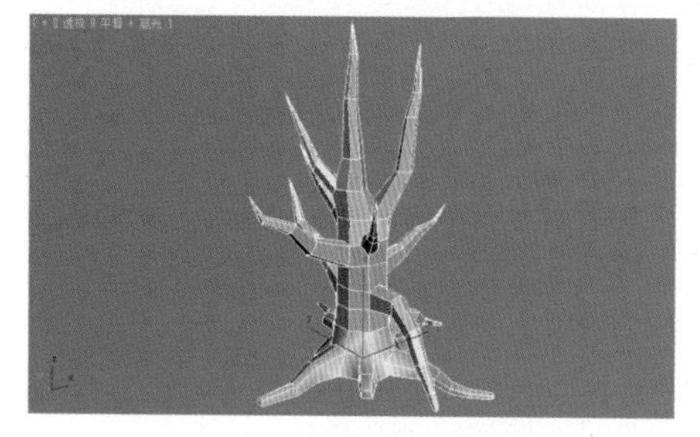

图 4–48　创建其他树枝

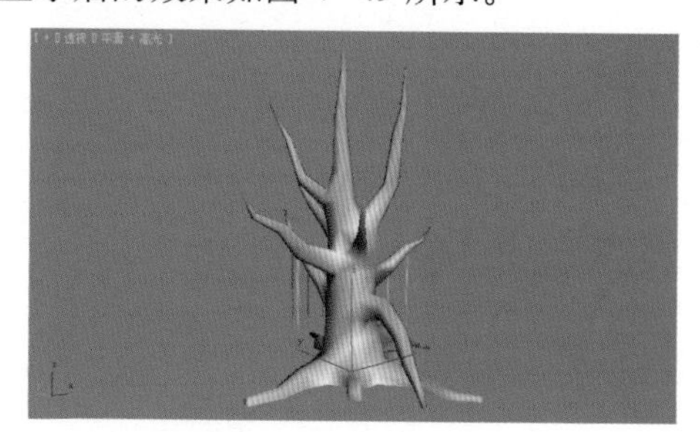

图 4–49　制作树藤

4.3.3　调节树干的贴图坐标

近景树的树干是不规则的形状，比较复杂。对待复杂物体的最好办法就是将其拆分成几个比较规整的部分后，再分别处理。在树干的 UV 贴图坐标调节中就运用这种方法进行操作。

（1）按键盘上的〈M〉键，打开材质编辑器。然后选择一个空白的材质球，如图 4–50 中 A 所示，单击“漫反射”贴图通道后面的按钮，如图 4–50 中 B 所示，打开“材质 / 贴图浏览器”对话框，双击“棋盘格”图标，如图 4–50 中 C 所示。

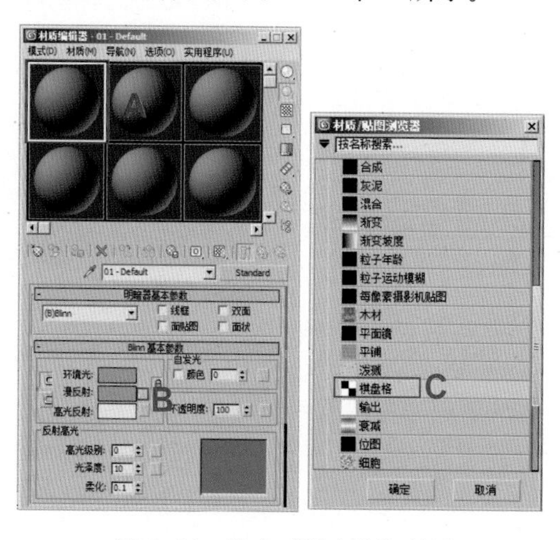

图 4–50　指定“棋盘格”材质

（2）在漫反射的参数设置面板中将 U V 两个方向的平铺数设置为 10，如图 4–51 所示。然后单击材质编辑器工具栏中的 （将材质指定给选定的对象）按钮，将材质赋予视图中树干模型。再单击材质编辑器工具栏中的 （在视图中显示标准贴图）按钮，在视图中显示出贴图效果，如图 4–52 所示。

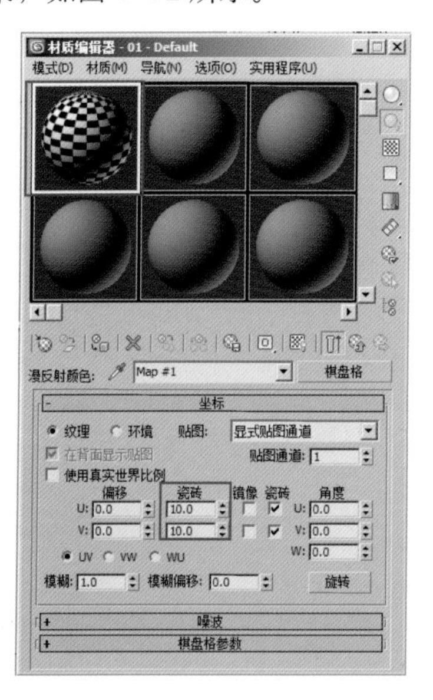

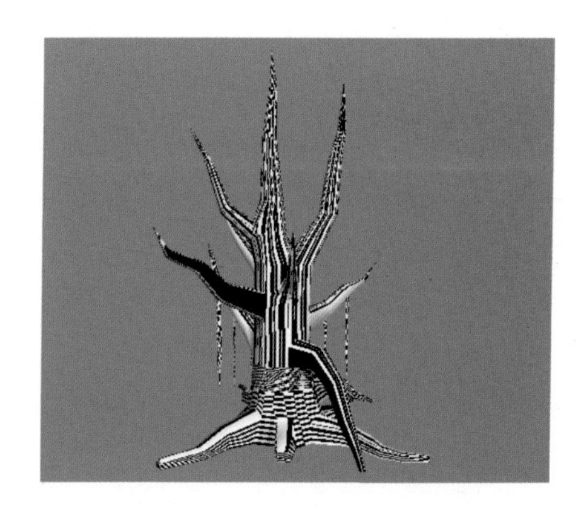

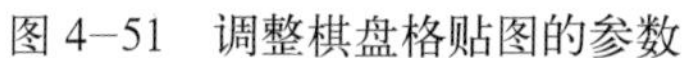

图 4–51　调整棋盘格贴图的参数　　　　图 4–52　显示出棋盘格贴图

（3）下面进行 U V 的编辑。因为树枝的形态比较复杂，不能用简单的圆柱体来概括它的 UV 坐标，所以把每个部分拆分开来，然后手动指定接缝的方法将它展开。拆分模型方法：在修改器列表中选择“UVW 展开”命令，为模型添加“UVW 展开”修改器，然后进入 （多边形）层级，选择要断开的部分，接着单击“修改”面板中的“打开 U V 编辑器”按钮，打开“编辑 UVW”窗口，执行“工具|断开”命令。

（4）指定接缝。方法：进入 （边）层级，选择要指定为接缝的边，然后在“编辑 UVW”窗口中执行菜单中的“工具|断开”命令，将选择的边断开为接缝，效果如图 4–53 所示。

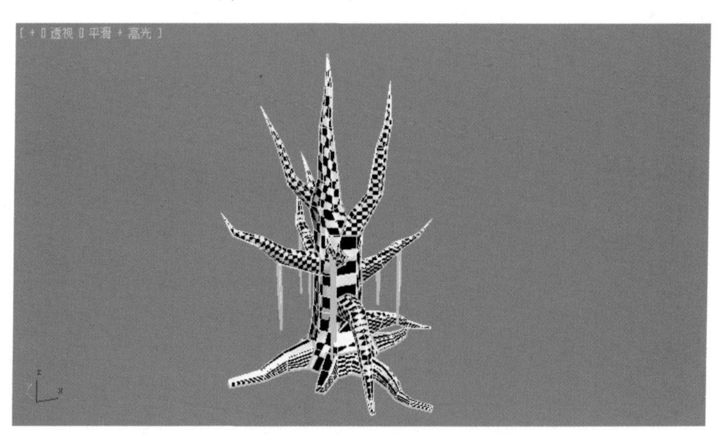

图 4–53　模型接缝的划分

（5）利用“编辑 U V W”窗口中的 （移动选定的子对象）工具整理拆分出来的各个部分 UVW 坐标，通过不断地移动点，按照接缝把每个部分展开。展开的结果如图 4–54 所示。

(6) 在“编辑 UVW”窗口中执行菜单中的“工具|渲染 UVW 模板”命令，在弹出的“渲染 UVs”对话框中，将宽度和高度都改为 512，单击“渲染 UV 模板”按钮，如图 4–55 所示。将 UV 存储为“\ 贴图 \ 第 4 章　游戏场景中的植物 \maps\jinjingshu\shuganuv.tga”文件。

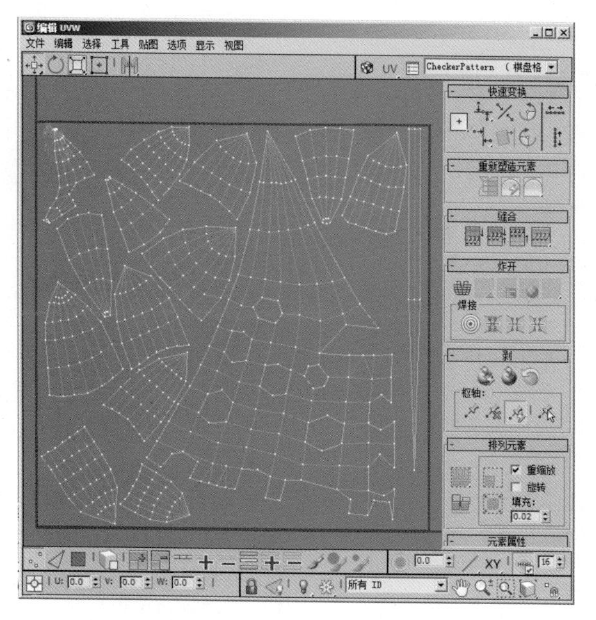

图 4–54　展开 UV 坐标

图 4–55　保存 UV 坐标

4.3.4　绘制树干贴图

(1) 启动 Photoshop CS5 软件，打开“\ 贴图 \ 第 4 章　游戏场景中的植物 \maps\jinjingshu\shuganuv.tga”，然后单击“图层”面板下方的▣（创建新图层）按钮新建一个图层，如图 4–56 所示。

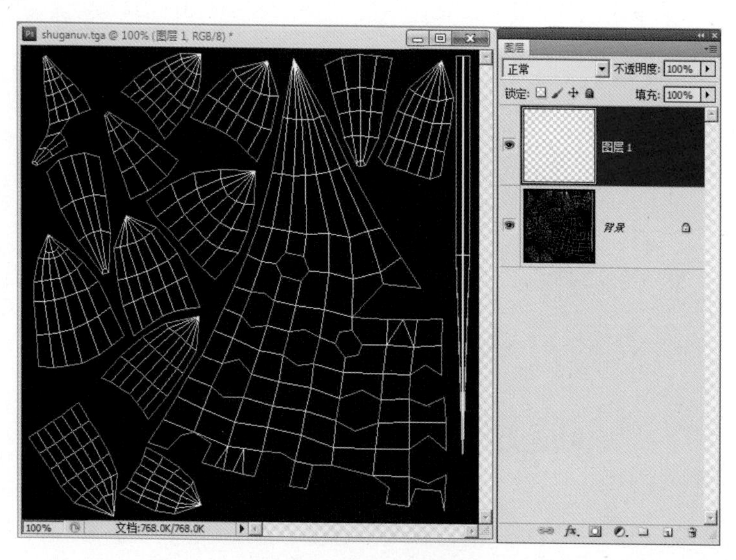

图 4–56　新建图层

（2）执行菜单中的“选择 | 色彩范围”命令，在弹出的“色彩范围”对话框中选中“反相”选项，如图 4–57 中 A 所示。单击 UV 文件中的黑色部分，如图 4–57 中 B 所示，单击“确定”按钮，从而提取出白色线框选区。

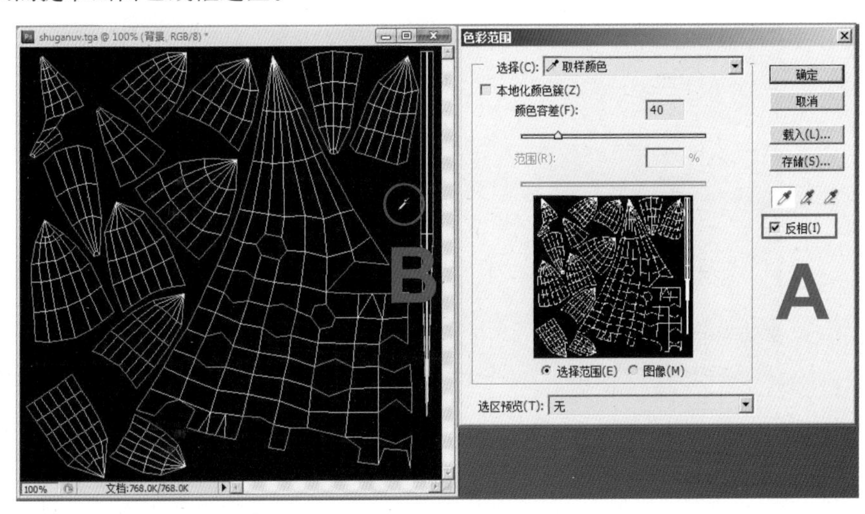

图 4–57 提取线框

（3）选择“图层 1”，将其填充为白色，然后按快捷键〈Ctrl+D〉取消选区。选择“背景”图层，将其填充为黑色，这样 UV 的线框就提取完成。最后在“图层 1”和“背景”图层之间新建一个图层，如图 4–58 所示，下面将在“图层 2”进行贴图绘制。

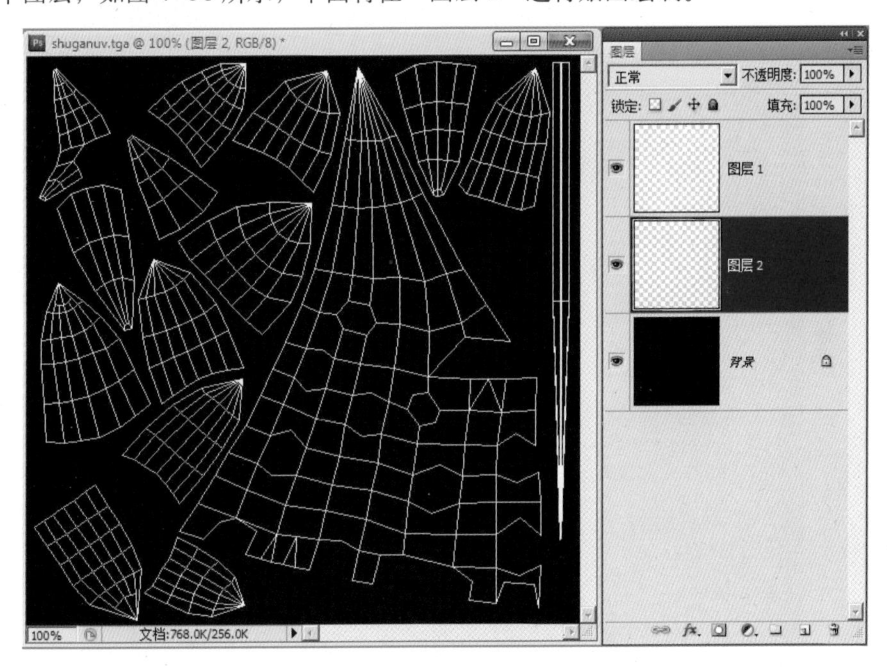

图 4–58 新建图层

（4）根据线框绘制贴图，效果如图 4–59 所示。

（5）隐藏线框“图层 1”，将贴图保存为“\ 贴图 \ 第 4 章 游戏场景中的植物 \maps\jinjingshu\shugan.tga”的文件。

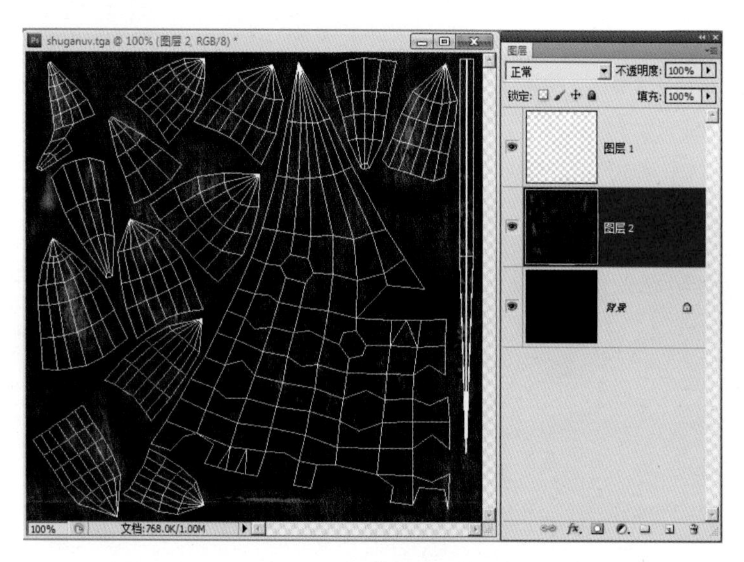

图 4–59　绘制贴图

4.3.5　将贴图与模型进行匹配

（1）切换回 3ds Max 2012 软件，按键盘上的〈M〉键，调出材质编辑器。

（2）选择调整贴图坐标时已经加入了棋盘格贴图的材质球，如图 4–60 中 A 所示。然后单击“漫反射”通道右侧的方形按钮，如图 4–60 中 B 所示，打开漫反射通道，如图 4–60 中 C 所示。

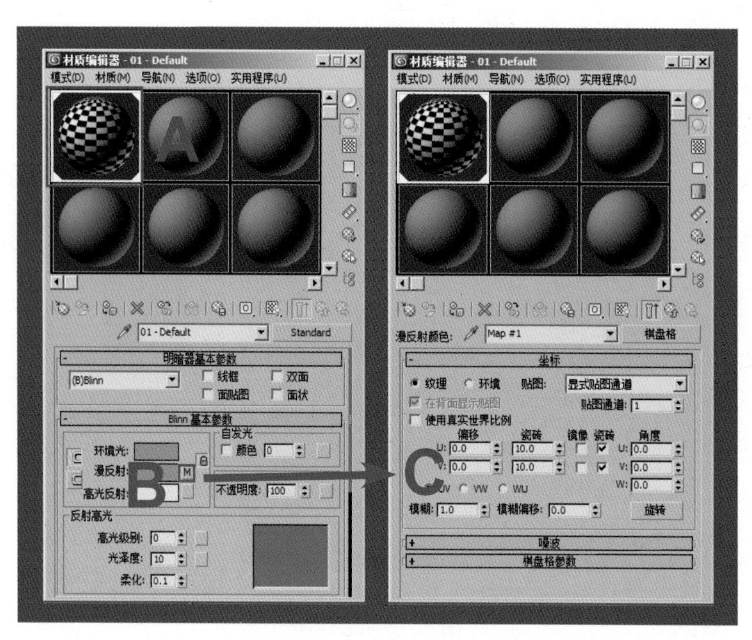

图 4–60　打开棋盘格贴图

（3）单击“棋盘格”按钮，如图 4–61 中 A 所示，打开“材质 / 贴图浏览器”对话框，然后双击“位图”图标，如图 4–61 中 B 所示。在弹出的“选择位图图像文件”对话框中找到绘制并保存好的“\ 贴图 \ 第 4 章　游戏场景中的植物 \maps\jinjingshu\

shugan.tga”的文件。

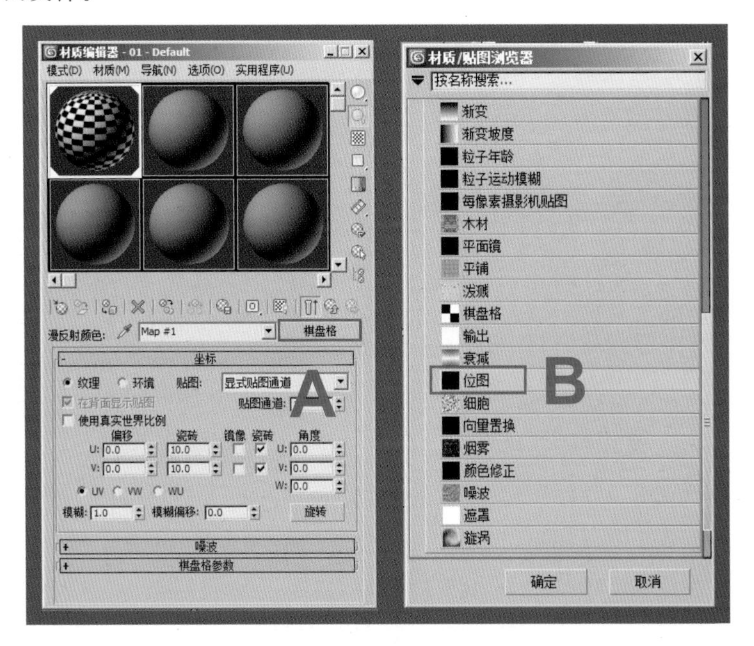

图 4–61　添加贴图

（4）单击材质编辑器工具栏中的（将材质指定给选定的对象）按钮，将材质赋予视图中的树干模型。然后单击材质编辑器工具栏中的（在视图中显示标准贴图）按钮，在视图中显示出贴图效果，结果如图 4–62 所示。

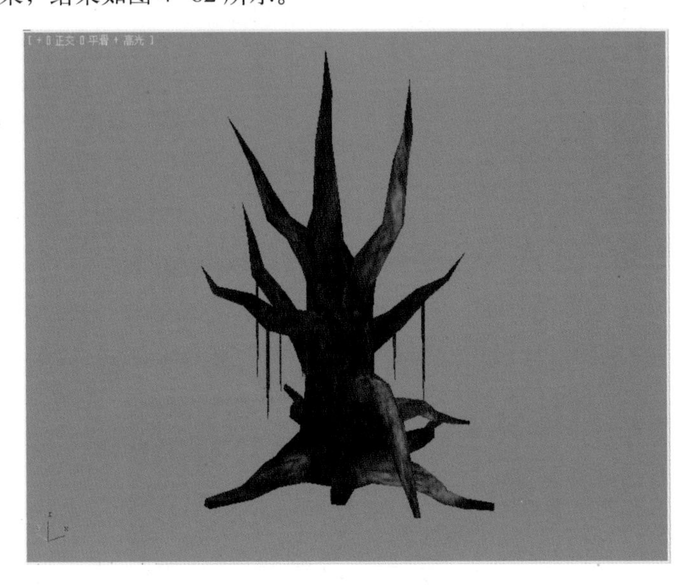

图 4–62　显示贴图

4.3.6　树叶模型的制作

（1）单击（创建）面板（几何体）类别中的“平面”按钮，在视图中建立一个平面，然后在（修改）面板中设置模型长度分段和宽度分段均为 1。将其转换为可编辑多边形后调整到适当大小，摆放到图 4-63 所示的位置。

（2）将此多边形复制多个，并利用（选择并移动）和（选择并旋转）工具调整大小和方向，效果如图 4-64 所示。

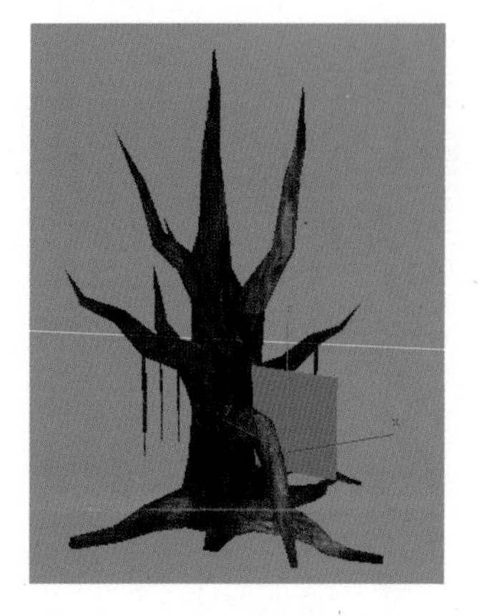

图 4-63　创建平面作为树叶

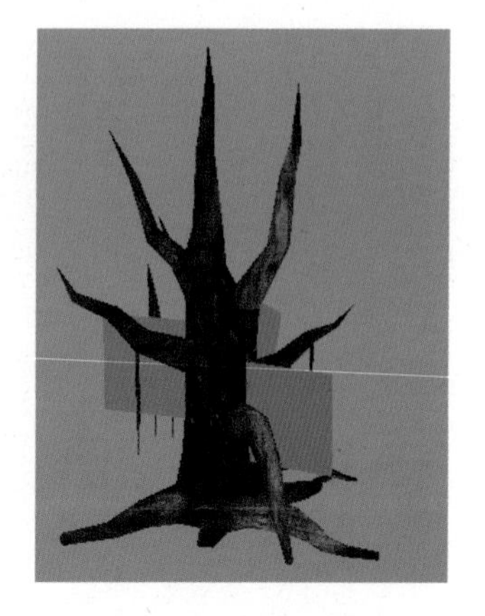

图 4-64　复制平面

（3）和前面制作远景树和中景树树叶的方法一样，为准备好的贴图添加 Alpha 通道，使树叶的边缘产生透明，并将材质赋予平面，然后调整 UV 坐标，效果如图 4-65 所示。

（4）继续添加其他树叶，如图 4-66 所示。

图 4-65　效果图

图 4-66　创建其他树叶

（5）制作好透明贴图，然后把贴图赋予模型，并调整 UV 坐标，效果如图 4-67 所示。

图 4-67　最终效果图

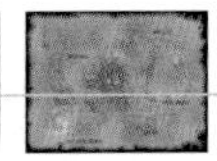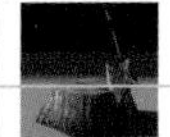

课后练习

1. 运用本章所学的知识制作图 4-68 所示的远景树效果。参数可参考“\课后练习\4.4 课后练习\远景树.zip”文件。

图 4–68　远景树效果图

2. 运用本章所学的知识制作图 4-69 所示的远景树效果。参数可参考“\课后练习\4.4 课后练习\中景树.zip”文件。

3. 运用本章所学的知识制作图 4-70 所示的远景树的效果。参数可参考“\课后练习\4.4 课后练习\近景树.zip”文件。

图 4–69　中景树效果图

图 4–70　近景树效果图

第 5 章 游戏室外场景制作 1——庭院

在游戏中用建筑来表现时空关系是最好的方法，因为建筑能明显地体现时代特征，历史时代风貌、民族文化特点等。所以在游戏场景中建筑场景的表现难度是最大的。本章就以一座古代的庭院为例来详细讲解游戏场景中建筑的制作方法。图 5-1 为该场景放置到引擎中进行渲染的效果图。通过本章的学习，应掌握完整的室外场景的制作方法。

图 5-1　游戏室外场景制作 1——庭院的效果图

在制作之前，首先要根据项目要求进行分析，并对制作目的、技术实现的方式进行准确的定位。

文档要求如下：

名称：庭院。

用途：用于商品交易。

简介：这个庭院为中式古代建筑，玩家在这里和 NPC 商人进行各种交易。

内部细节：添加必要的牌匾、灯笼等建筑装饰，以及酒坛、推车等能突出建筑作用的道具。

接下来进入正式的制作流程。在本章室外场景设计中不设置单位尺寸，这是因为在室外场景制作完成后，是在游戏编辑器中调节物体的大小比例的。而在室内场景关卡设计中为了与角色的比例保持一致，需要在制作前设置单位尺寸。

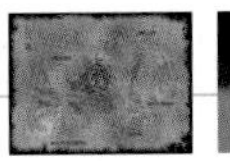

5.1 制作建筑模型

通常一座建筑要由很多模型组成，在制作时要灵活应对，根据每个模型各自的特点应用不同的制作方法。我们要制作的这座建筑模型包含主体、栏杆、柱子、瓦、梁等部分，还要根据具体情况制作相应的装饰物。其中建筑的主体是整个建筑的框架，有了正确的框架之后才能有完美的细节。下面首先来制作主体建筑。

5.1.1 建筑主体模型的制作

（1）打开 3ds Max 2012 软件，单击（创建）面板（几何体）类别中的“长方体”按钮，在透视图中单击，在水平方向拖动来定义长方体的底面，再在垂直方向拖动来定义长方体的高度，右击结束创建。在（修改）面板中设置模型的长度、宽度和高度分别为 60、90 和 30，长度、宽度和高度分段数均为 1，如图 5–2 所示。

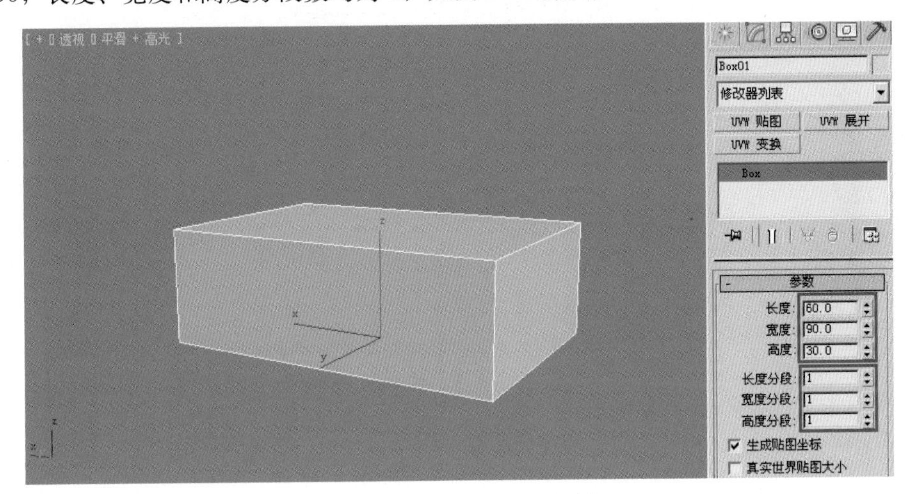

图 5–2　创建长方体

（2）选择长方体并右击，从弹出的快捷菜单中选择“转换为|转换为可编辑多边形”命令，将长方体转为可编辑多边形物体。然后进入模型的（多边形）层级，选择长方体的底面，按键盘上的〈Delete〉键将其删除（为节省资源），结果如图 5–3 中 A 所示。按键盘上的快捷键〈Ctrl+V〉复制当前模型，在弹出的对话框中选择“复制”选项后，单击“确定”按钮，关闭对话框。利用工具栏中的（选择并均匀缩放）工具将新复制出的模型在垂直方向上压扁，在水平方向上适当放大，结果如图 5–3 中 B 所示。

提 示 1

在游戏制作中为了节省资源，通常要将看不到的多边形删除。

提 示 2

为了便于区分长方体，可以将复制出的长方体赋予不同的颜色。

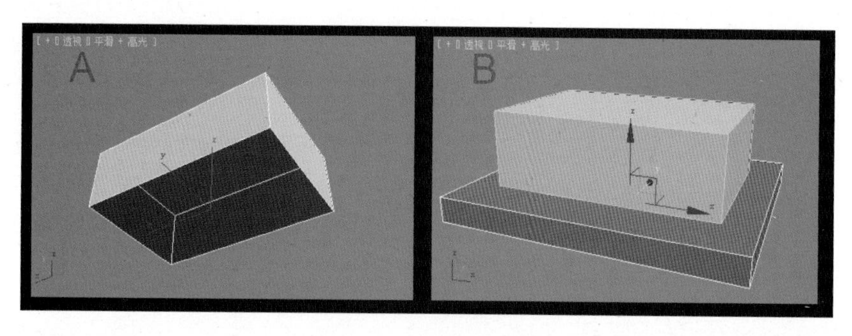

图 5-3　初步调整模型

（3）将上面模型的底部与下面模型的顶部进行对齐。方法：选择下面的模型，然后单击工具栏中的（对齐）按钮，再拾取上面的模型，在弹出的“对齐当前选择”对话框中设置选项，如图 5-4 中 A 所示。单击“确定”按钮，结果如图 5-4 中 B 所示。

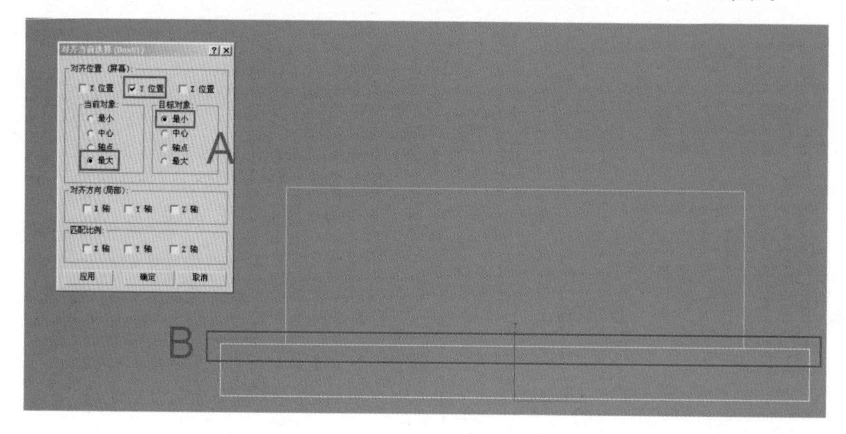

图 5-4　对齐两个模型

（4）选择上面的长方体，然后进入（多边形）层级，接着选择顶面，单击“挤出”工具右边的设置按钮，设置如图 5-5 中 A 所示，然后利用工具箱中的（选择并匀称缩放）工具放大挤出后的多边形，如图 5-5 中 B 所示。

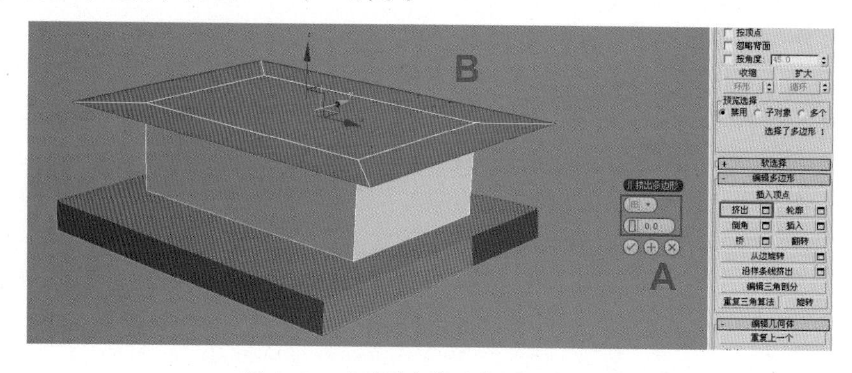

图 5-5　对顶面多边形进行挤出处理

（5）进入（多边形）层级，选择新生成的多边形，按键盘上的快捷键〈Alt+E〉，执行“挤出”命令，按住鼠标左键拖动，以挤出多边形。重复此操作再次挤出多边形，如图 5-6 所示。

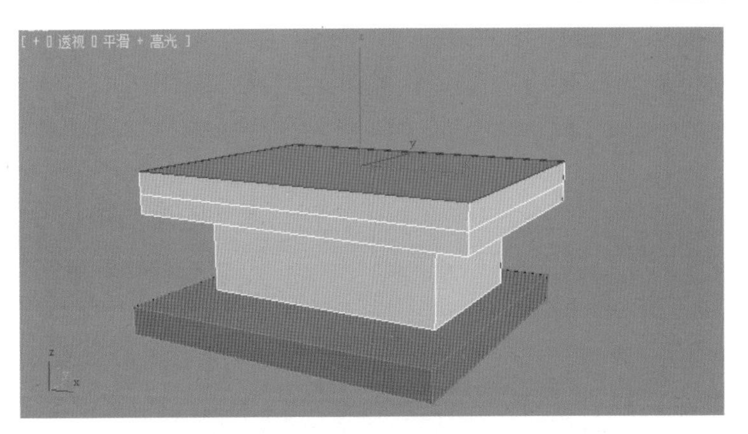

图 5-6　挤出多边形

（6）选择新生成的多边形，利用（选择并均匀缩放）工具缩小多边形，如图 5-7 中 A 所示。然后进入（顶点）层级选择中段的顶点，利用（选择并移动）工具移动到适当的位置，形成瓦的效果，如图 5-7 中 B 所示。

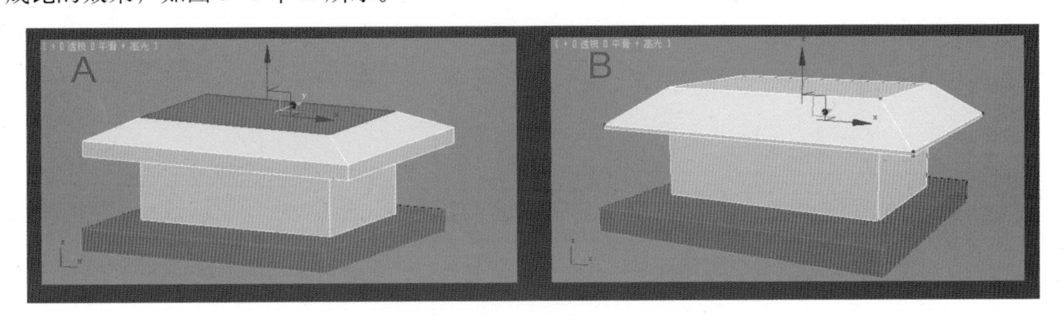

图 5-7　缩小多边形形成瓦的效果

（7）进入（边）层级，选择图 5-8 中 A 所示的边，然后利用“连接”工具添加一圈线。接着进入（顶点）层级，选择图 5-8 中 B 所示的顶点，利用（选择并均匀缩放）工具将其缩放到适当的大小，使瓦产生弧度。

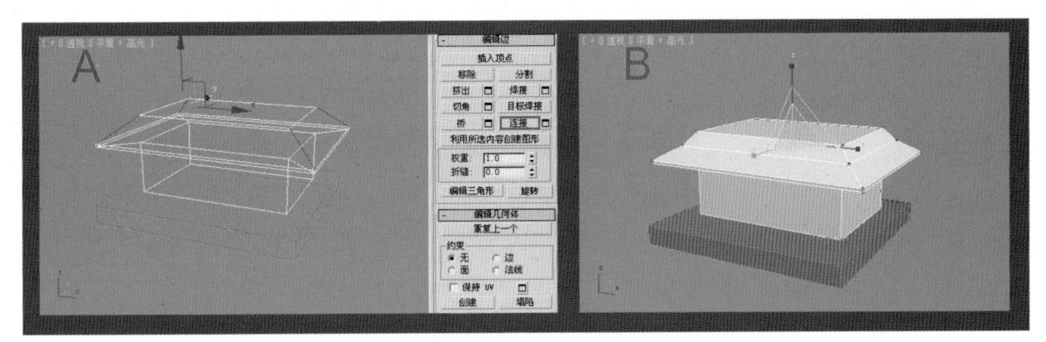

图 5-8　使瓦产生弧度

（8）进入（多边形）层级，选择最上面的多边形，再次利用“挤出”工具挤出建筑的二楼，如图 5-9 所示。

（9）同理，制作出二楼的瓦，并将最上面的顶点利用“塌陷”工具进行合并，效果如图 5-10 所示。

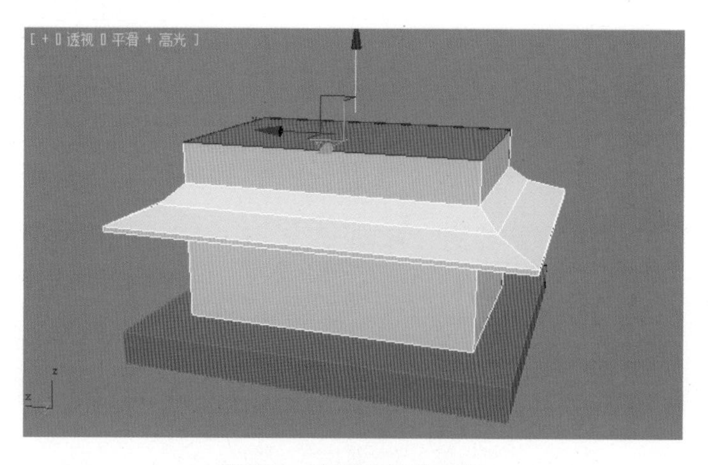

图 5-9　制作建筑的 2 楼

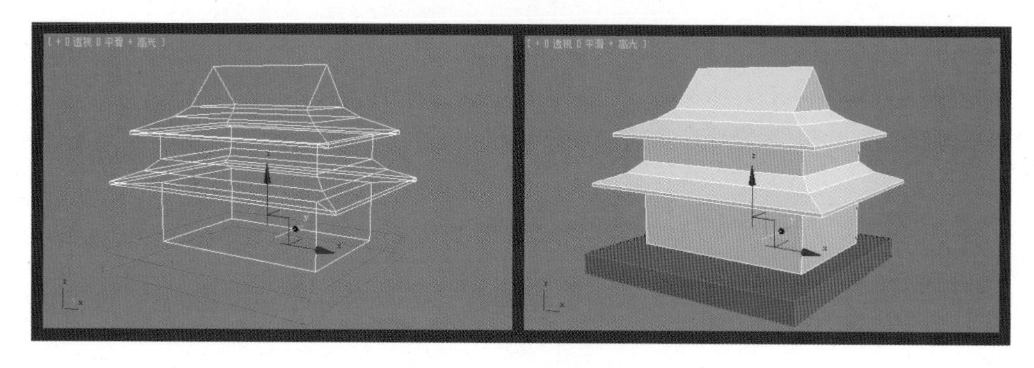

图 5-10　制作顶部的瓦

（10）进入◁（边）层级，选择图 5-11 中 A 所示的边，然后利用“连接”工具添加 6 条边，效果如图 5-11 中 B 所示。

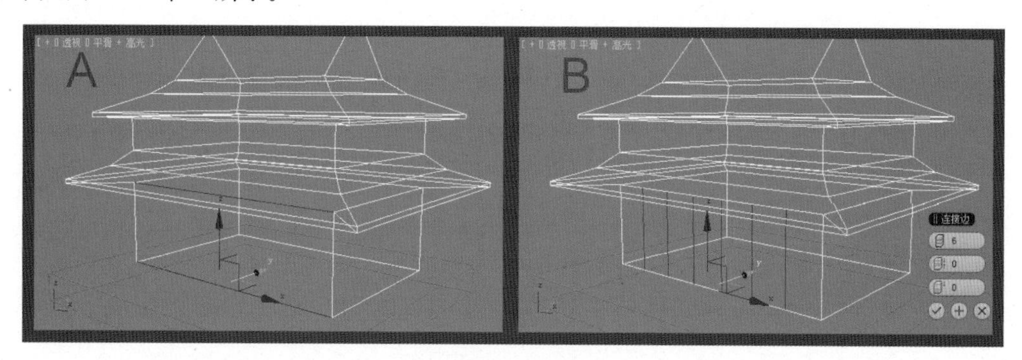

图 5-11　连接边

（11）进入■（多边形）层级，选择图 5-12 中 A 所示的多边形，然后按键盘上的〈Delete〉键进行删除，接着进入◁（边）层级，调整出门的大小，效果如图 5-12 中 B 所示。

（12）制作地面。方法：选择下面的长方体，按快捷键〈Ctrl+V〉复制当前模型，在弹出的“克隆选项”对话框中选择“复制”选项，然后单击“确定”按钮。接着利用工具栏中的（选择并均匀缩放）工具将新复制出来的模型在垂直方向上压扁，再在水平方向上适当放大，最后利用“对齐”工具和上面的建筑主体模型对齐，并将复制出的长方体通过改变颜色与其他模型加以区分，结果如图 5-13 所示。

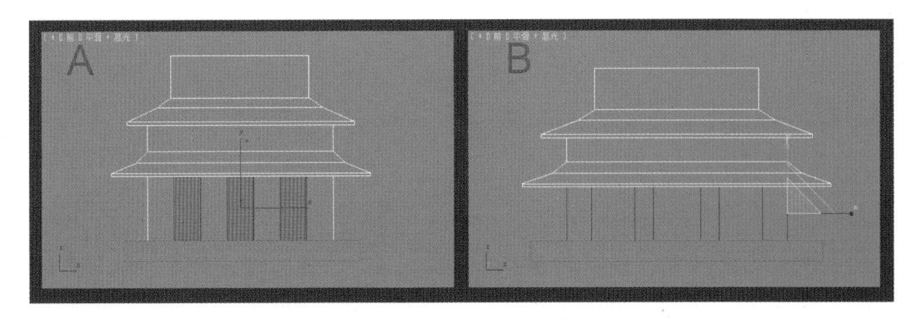

图 5-12　删除多余的多边形做出门的模型

（13）创建主体建筑旁边的小楼。方法：单击（创建）面板（几何体）类别中的“长方体”按钮，然后在透视图中建立一个长方体。接着进入（修改）面板，修改模型的形状和大小，并将所有的段数都设置为1。再利用（选择并移动）工具移动到图 5-14 的位置。最后选择此多边形并在视图中右击，在弹出的快捷菜单中选择“转换为可编辑多边形”命令，将长方体转换为可编辑多边形物体，并删除上下两个多边形，如图 5-15 所示。

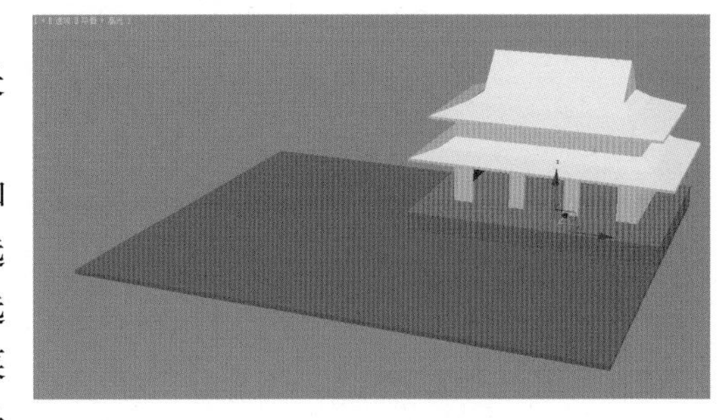

图 5-13　制作地面

图 5-14　创建长方体

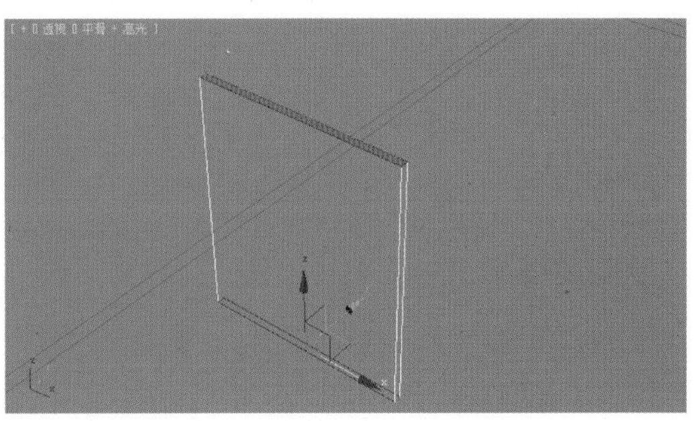

图 5-15　删除上下两个多边形

（14）选择此长方体，按住〈Shift〉用鼠标向下拖动复制出一个，并利用（选择并移动）工具移动到图 5-16 所示的位置。

（15）再创建一个长方体，调整到适当大小后移动到图 5-17 所示的位置，然后转换为可编辑多边形物体。

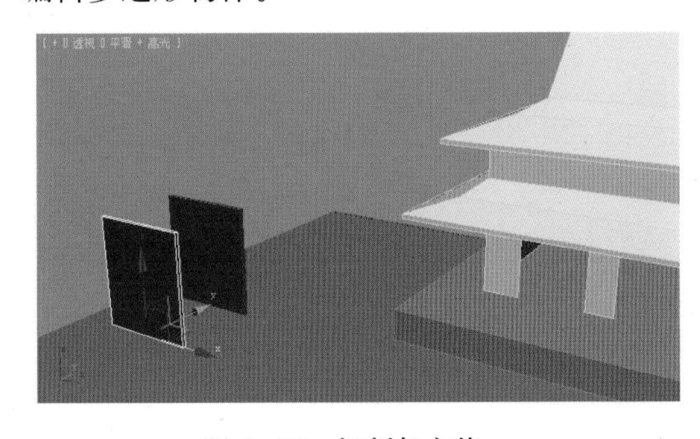

图 5-16　复制长方体

图 5-17　创建长方体

（16）创建小楼的二楼，方法：将下面的长方体向上复制一个并调整大小，然后移动到图 5–18 的所示的位置，再改变多边形的颜色，因为两个长方体的材质不同，用不同的颜色加以区分。

（17）选择如图 5–19 所示的多边形，按住〈Shift〉用鼠标向下拖动复制出一个，并利用（选择并移动）工具向上移动，然后利用（选择并均匀缩放）缩放到适当大小，放在如图 5–20 所示的位置，再改变模型的颜色。

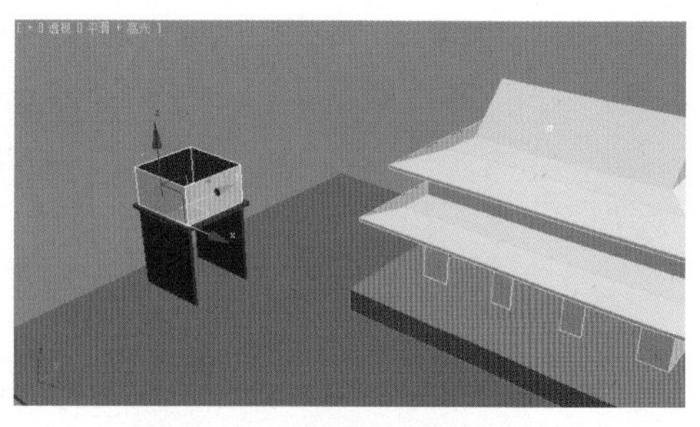

图 5–18　创建小楼的二楼

图 5–19　选择此多边形

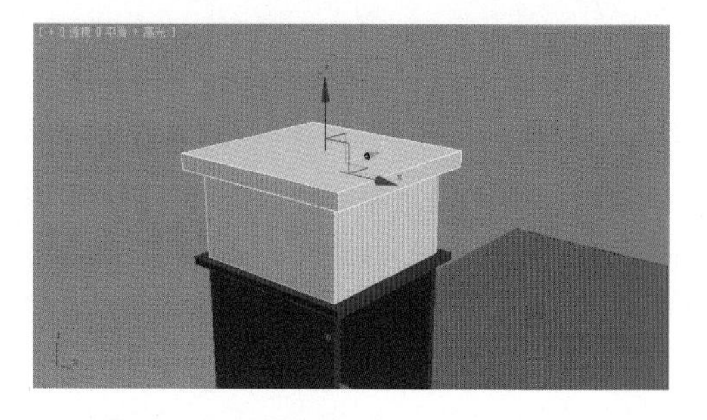

图 5–20　调整多边形大小和位置

（18）利用前面做主体建筑屋顶的方法做出小楼的屋顶，效果如图 5–21 所示。

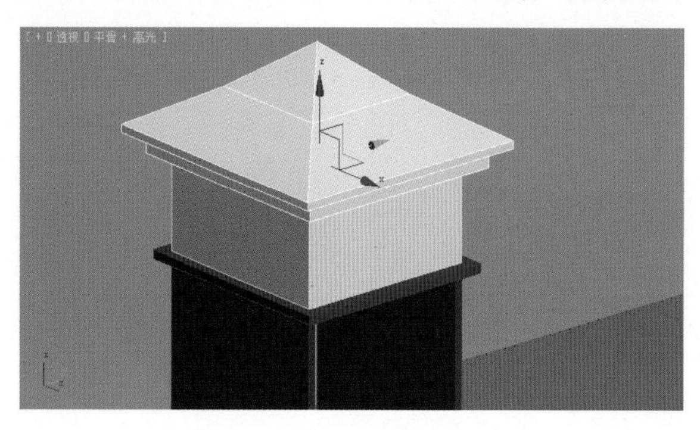

图 5–21　制作小楼的屋顶

（19）选择如图 5–22 所示的长方体，并复制出一个，然后利用（选择并旋转）工具水平旋转 90°，再利用（选择并均匀缩放）缩放到适当大小，并利用（选择并移动）工具放到图 5–23 所示的位置。

图 5–22　选择此长方体

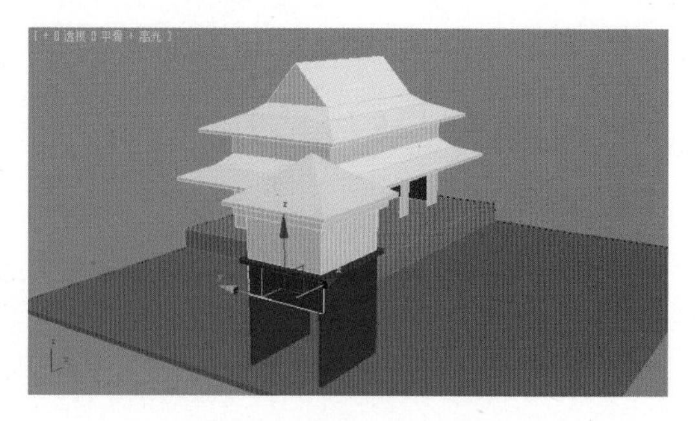

图 5–23　调整后的效果图

 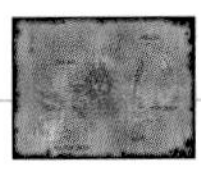 

(20) 创建一个长方体，设置长度分段、宽度分段和高度分段分别为 2、1 和 1，如图 5–24 所示。然后将其转换为可编辑多边形，并删除图 5–25 所示的多边形物体，再调整成图 5–26 所示的形状移动到适当的位置。

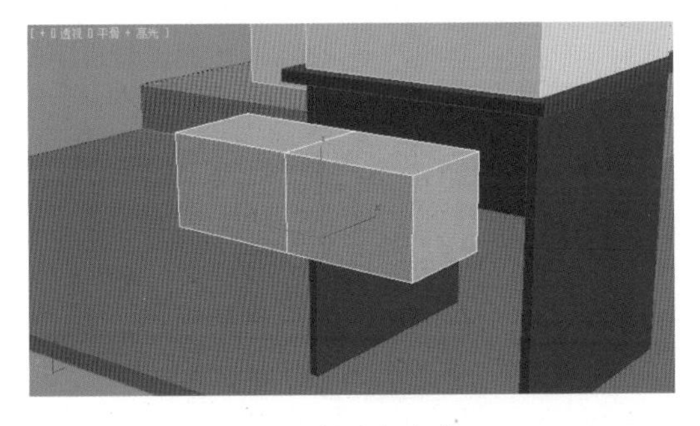

图 5–24　创建长方体

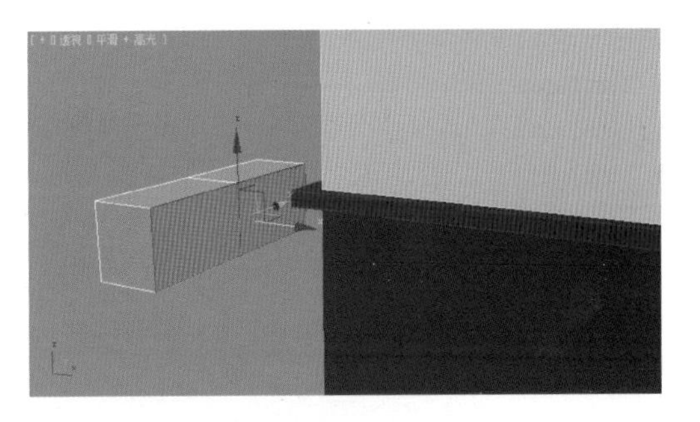

图 5–25　删除多边形

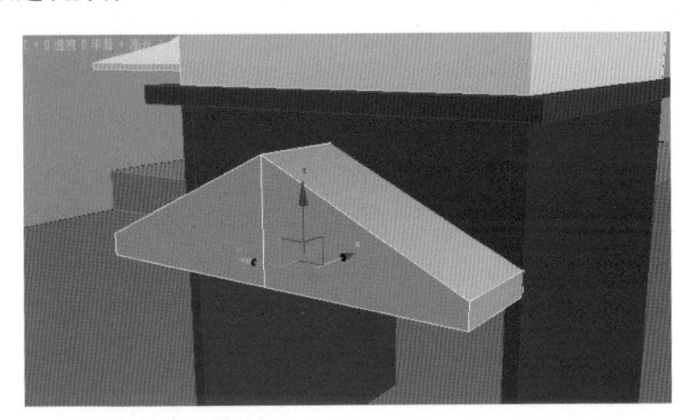

图 5–26　调整形状

5.1.2　门框、柱子、长廊、围墙和瓦楞的制作

1. 制作门框

(1) 单击 (创建) 面板 (几何体) 类别中的“长方体”按钮，在透视图中创建一个长方体，然后在 (修改) 面板中设置模型的参数，如图 5–27 所示。接着利用 (选择并移动) 工具，在透视图中将这个长方体移动到图 5–28 所示的位置。选择此长方体并在视图中右击，从弹出的快捷菜单中选择“转换为 | 转换为可编辑多边形”命令，将长方体转换为可编辑多边形物体，并删除顶部和底部的两个多边形。

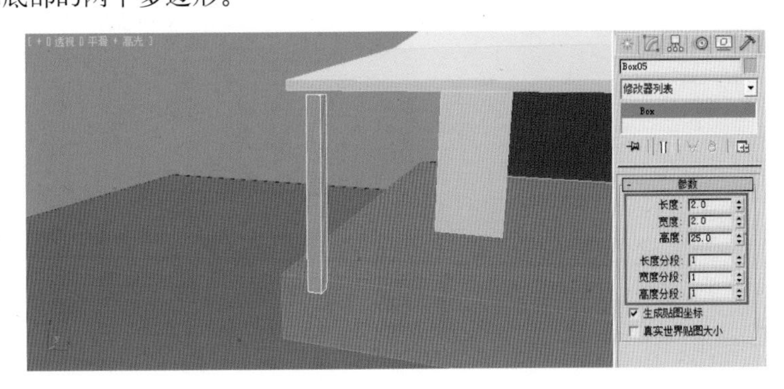

图 5–27　创建多边形

（2）选择刚才创建的多边形，按住键盘上的〈Shift〉键，利用 （选择并移动）工具沿 X 轴移动，在弹出的“克隆选项”对话框中选择“复制”选项，再单击“确定”按钮。将复制出的长方体移动到门边缘的位置。利用同样的方法复制出多个长方体，从而制作出门框，效果如图 5–29 所示。

图 5–28　调整形状并移动

图 5–29　制作门框

2．制作柱子

（1）单击 （创建）面板 （几何体）类别中的“圆柱体”按钮，在透视图中创建一个圆柱体，然后在 （修改）面板中设置模型的参数，如图 5–30 所示。接着利用 （选择并移动）工具，在透视图将这个圆柱体移动到图 5–31 所示的位置。选择此圆柱体并在视图中右击，在弹出的菜单中选择“转换为 | 转换为可编辑多边形”命令，将圆柱体转换为可编辑多边形物体，并删除上面的多边形。

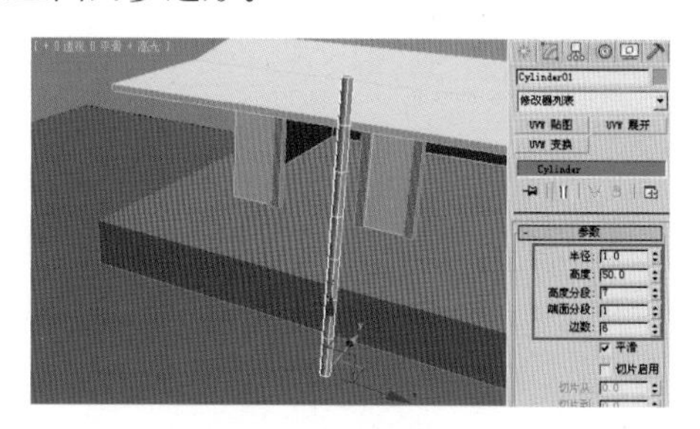

图 5–30　创建圆柱体

图 5–31　移动圆柱体

（2）在 （修改）面板中进入 （多边形）层级，选择底面的多边形，利用（选择并均匀缩放）工具在水平面上稍微放大，如图 5–32 所示。然后进入 （顶点）层级，利用 （选择并移动）工具将下面的两圈顶点在垂直方向上移动到图 5–33 所示的位置。

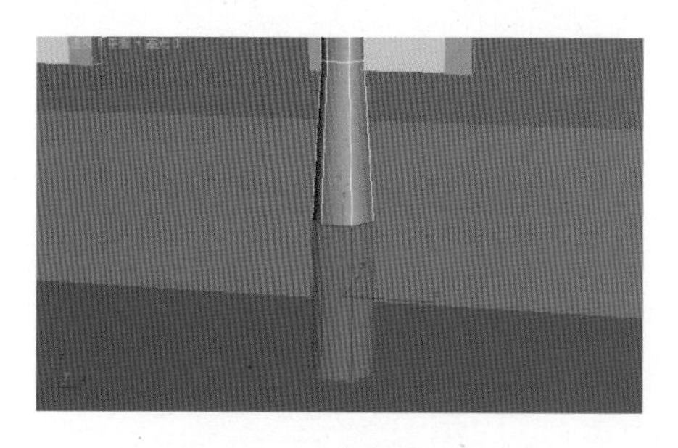

图 5–32　放大多边形

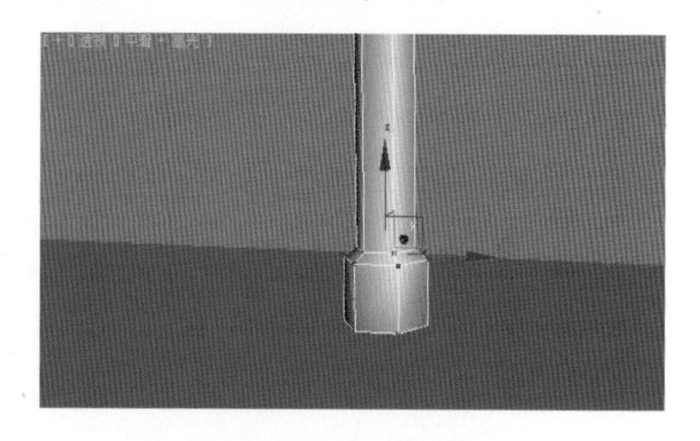

图 5–33　调整顶点

（3）同理，利用同样的方法调整柱子顶面的顶点，效果如图 5–34 所示。

图 5–34　调整柱子的顶部顶点

(4) 将此多边形复制一个移动到图 5–35 所示的位置，然后进行多次复制，利用 (选择并移动) 和 (选择并旋转) 等工具将其调整成图 5–36 所示的效果。

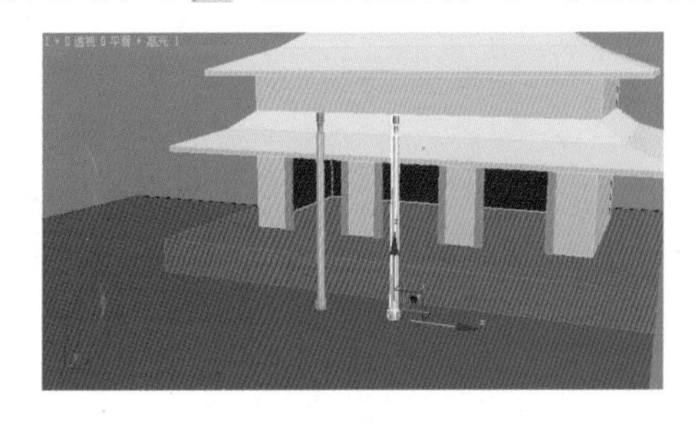

图 5–35　复制圆柱体

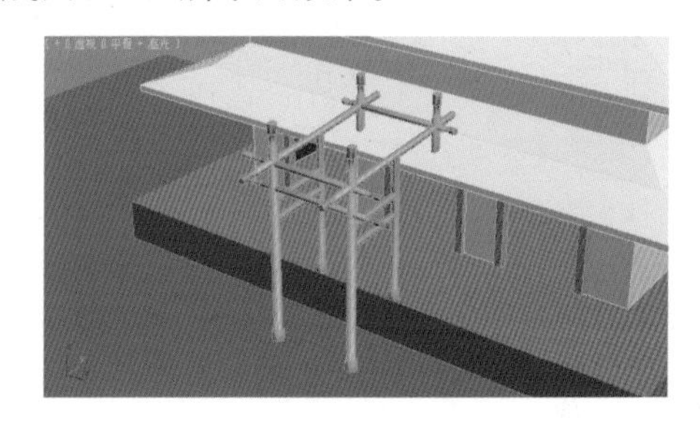

图 5–36　效果图

(5) 制作门槛。方法：选择图 5–37 所示的长方体，首先复制出一个，然后利用 (选择并旋转) 工具沿水平方向旋转 90°，接着利用 (选择并均匀缩放) 工具调整大小，最后利用 (选择并移动) 工具移动到图 5–38 所示的位置。

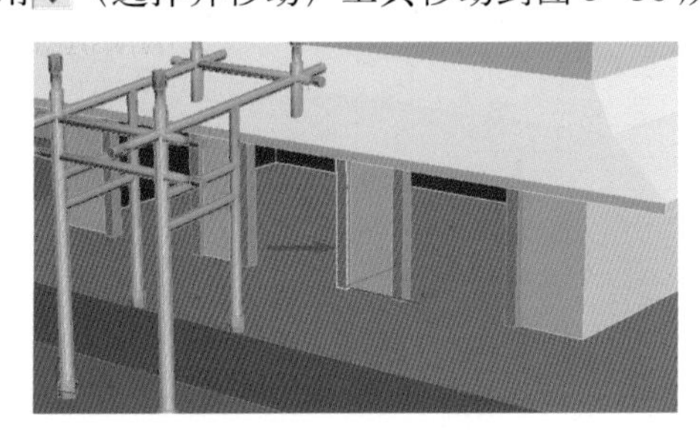

图 5–37　选择长方体

图 5–38　旋转长方体

3. 制作长廊

(1) 使用与前面制作柱子相同的方法制作长廊的支撑柱，外形和大小比例如图 5–39 所示。

(2) 将这个柱子复制多个并摆放到图 5–40 所示的位置。

(3) 选择图 5–41 所示的长方体，然后利用 (选择并旋转) 工具沿水平方向旋转 90°，接着利用 (选择并均匀缩放) 工具调整长度，再利用 (选择并移动) 工具移动到图 5–42 所示的位置。

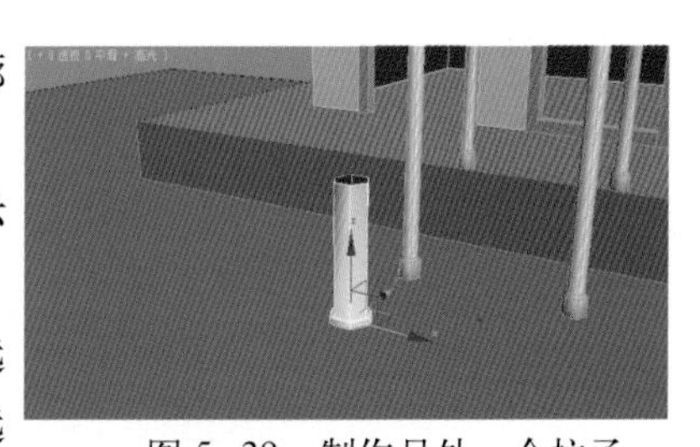

图 5–39　制作另外一个柱子

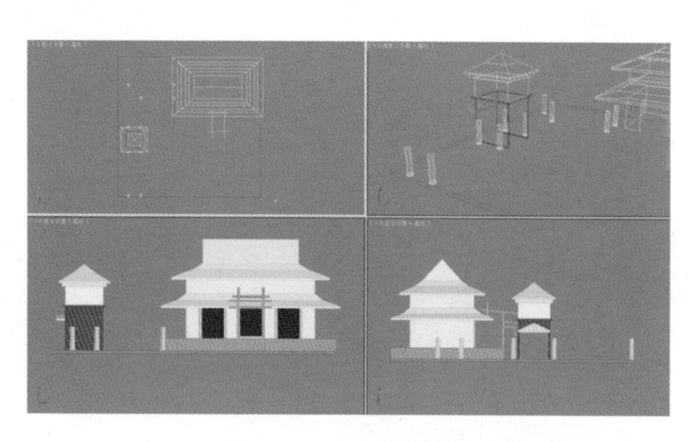

图 5-40　放置大柱子

图 5-41　选择长方体

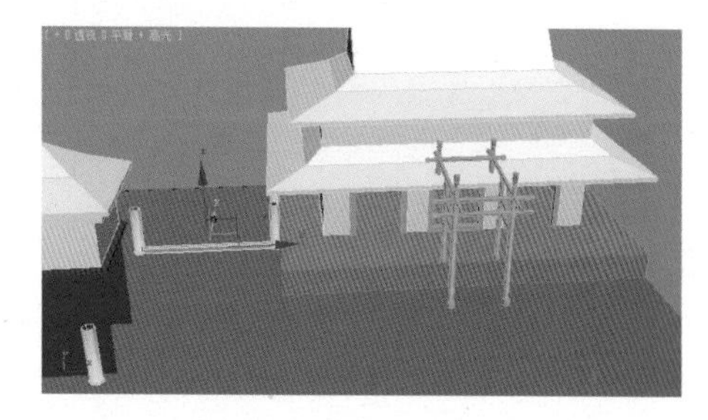

图 5-42　放置位置

（4）复制多个长方体来制作长廊的护栏，效果如图 5-43 所示。

（5）制作长廊的屋檐。方法：创建一个长方体，如图 5-44 所示，然后将其转换为可编辑多边形物体，接着删除上下两个多边形，再利用（选择并均匀缩放）工具调整到适当大小，最后利用（选择并移动）工具移动到长廊支撑柱的上方，然后进入（多边形）层级，选择顶部和底部的多边形，按〈Delete〉键进行删除，效果如图 5-45 所示。

图 5-43　制作长廊的护栏

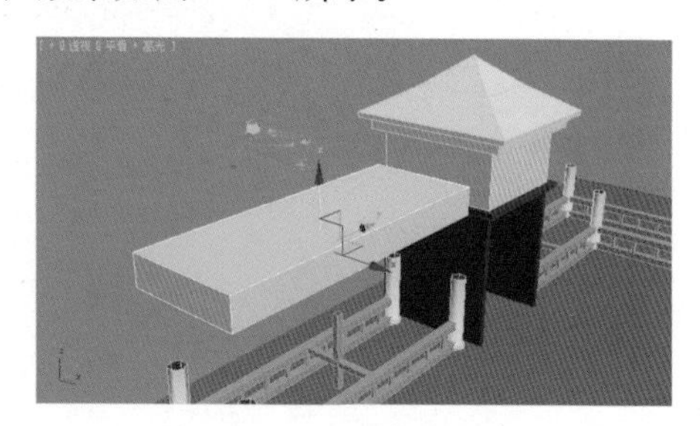

图 5-44　创建长方体

（6）同理，制作出另外一边的屋檐，效果如图 5-46 所示。

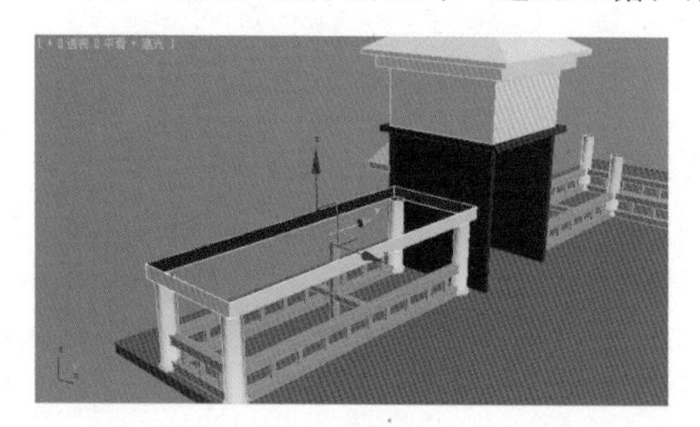

图 5-45　制作屋檐

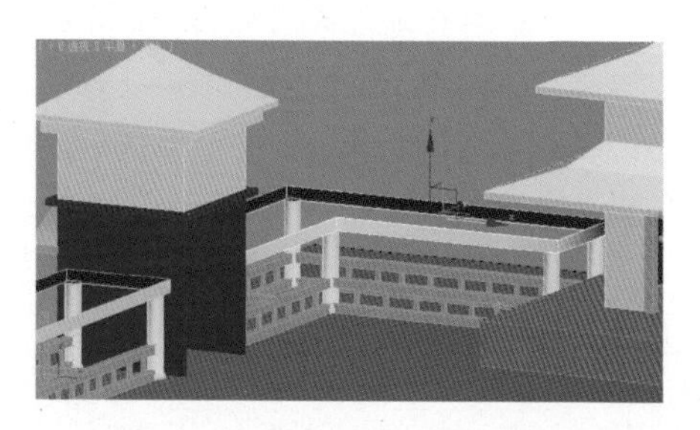

图 5-46　制作另外一边的屋檐

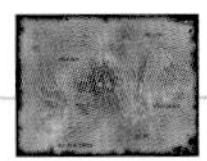
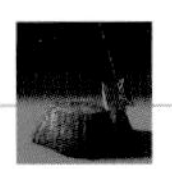

（7）选择图 5–47 所示的门楼模型，然后进行复制，再利用（选择并旋转）工具沿水平方向旋转 90°，接着利用（选择并均匀缩放）工具调整大小，再利用（选择并移动）工具移动到图 5–48 所示的位置。

图 5–47 选择多边形

图 5–48 制作长廊的屋顶

（8）制作出小楼的柱子。方法：选择图 5–49 所示的大柱子，进行复制。然后利用（选择并均匀缩放）工具调整其大小，接着将其复制出 3 个，再利用（选择并移动）工具移动到图 5–50 所示的位置。

（9）同理，制作出大门口的两根柱子，效果如图 5–51 所示。

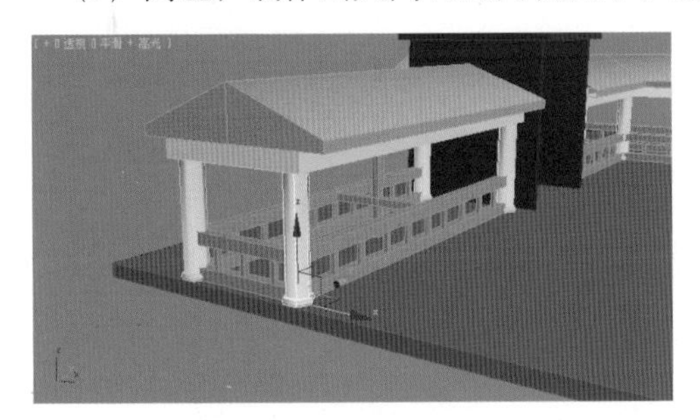

图 5–49 选择大柱子

图 5–50 制作小楼的柱子

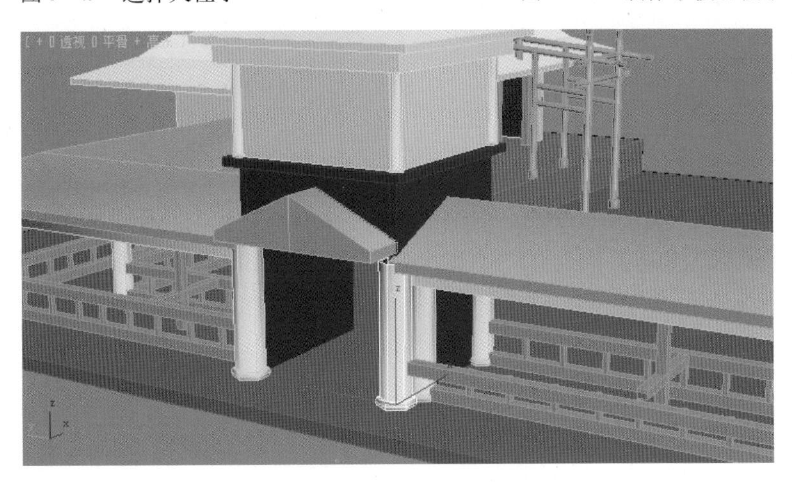

图 5–51 制作出大门口的两个柱子

4. 制作围墙

（1）创建一个长方体，再将其转换为可编辑多边形物体，并删除边顶部的小多边形，如图 5–52 所示。

（2）利用“连接”工具在中间添加 3 条边作为墙角的转折处，如图 5–53 所示。

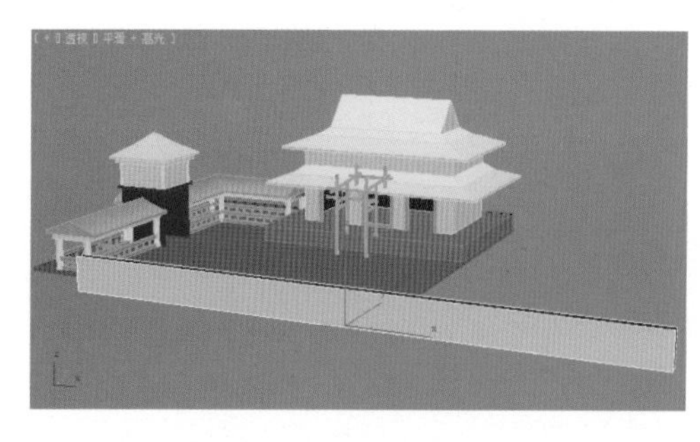

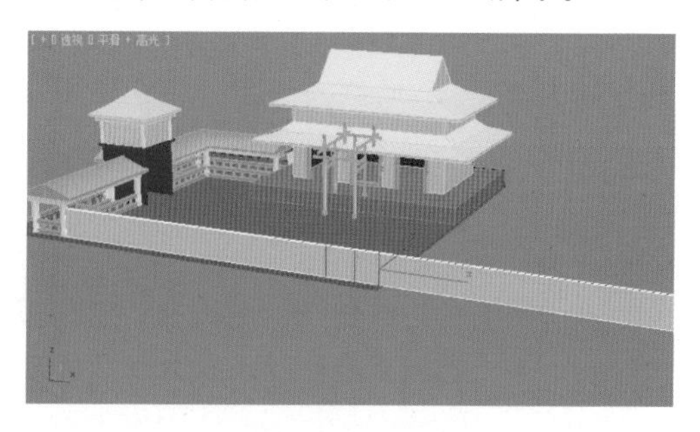

图 5–52　创建长方体　　　图 5–53　添加边

（3）按键盘上的〈T〉键进入顶视图模型，然后进入（顶点）层级，利用（选择并移动）工具移动右边的顶点，从而制作出垂直方向的围墙。接着调整转折处的顶点，使其更自然，效果如图 5–54 所示。

（4）制作出拱门的模型。方法：选择图 5–55 所示的边，然后利用“连接”工具添加 6 条边。为了节省资源删除图 5–56 所示的两个多边形，再进入（顶点）层级，调整顶点位置，从而制作出拱门的模型，效果如图 5–57 所示。

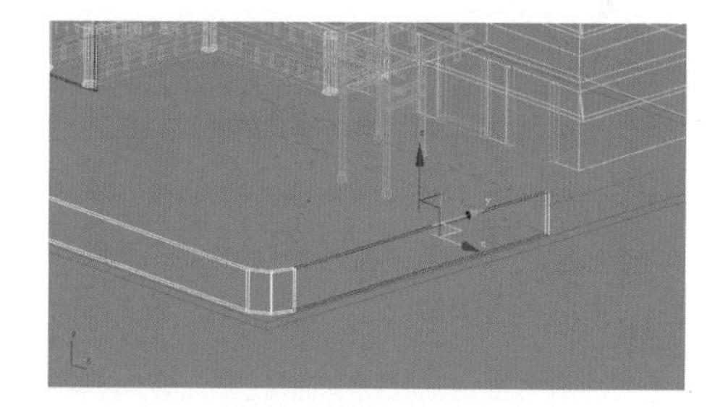

图 5–54　制作围墙　　　图 5–55　选取边

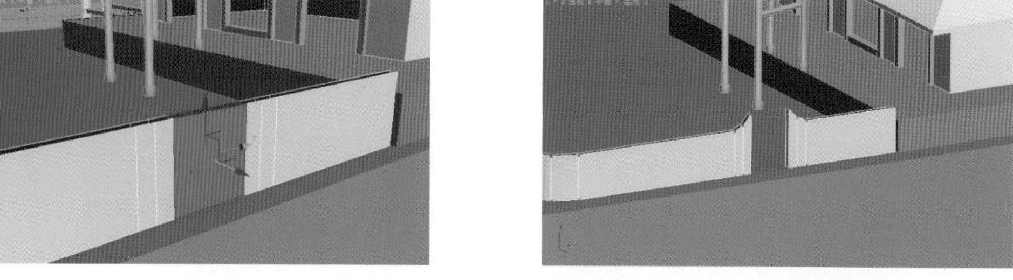

图 5–56　删除多边形　　　图 5–57　调整顶点

（5）进入（边）层级，在门的两边再次各连接出 3 条边，然后进入（顶点）层级调整顶点的位置，从而制作出门的弧度，效果如图 5–58 所示。

（6）利用制作长廊屋顶的方法制作出围墙上面的瓦，效果如图 5–59 所示。

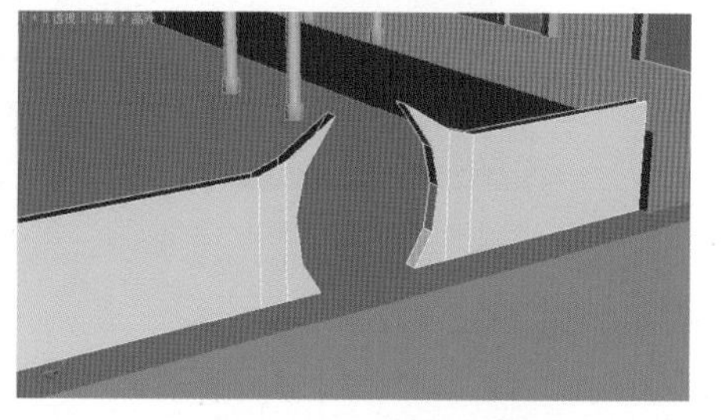

图 5–58　制作出拱门

5．制作瓦楞

（1）创建一个长方体，然后将其转换为可编

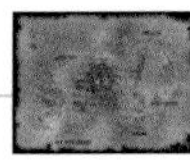

辑多边形物体，并删除底部的多边形，如图 5–60 所示。

图 5–59　制作围墙的顶

（2）利用（选择并均匀缩放）工具调整其大小，然后利用（选择并移动）工具将多边形移动到图 5–61 所示的位置。

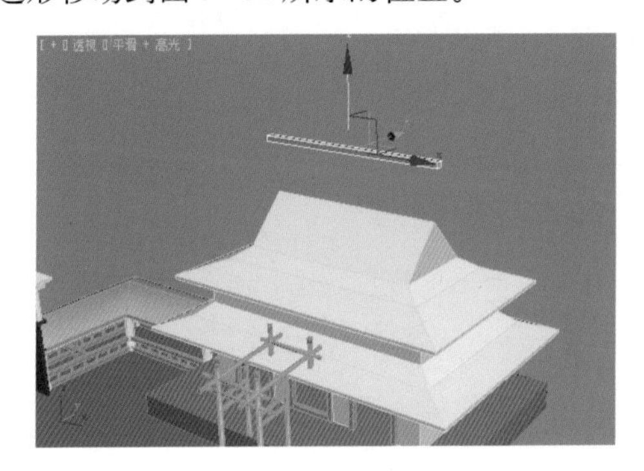

图 5–60　创建长方体

图 5–61　长方体目标位置

（3）进入（边）层级，选择图 5–62 所示的两条边，然后利用“连接”工具添加 4 条边，再利用（选择并移动）工具调整边的位置，如图 5–63 所示。

图 5–62　选择边

图 5–63　调整边的位置

（4）进入（多边形）层级，选择图 5–64 所示的两个多边形，然后利用“挤出”工具挤出两次，进入（顶点）层级调整顶点位置，做出屋檐边上的角，效果如图 5–65 所示。

图 5–64　选择多边形

图 5–65　做出屋檐边上的角

（5）创建一个长方体，然后将其转换为可编辑多边形物体，为了节省资源删除底部的多边形，如图 5–66 所示。

（6）利用（选择并旋转）工具将此长方体旋转一定角度，然后利用（选择并移动）工具将其移动到图 5–67 所示的位置。

图 5–66　创建长方体

图 5–67　制作出瓦楞

（7）将此长方体复制多个，并移动到屋顶的边缘，效果如图 5–68 所示。

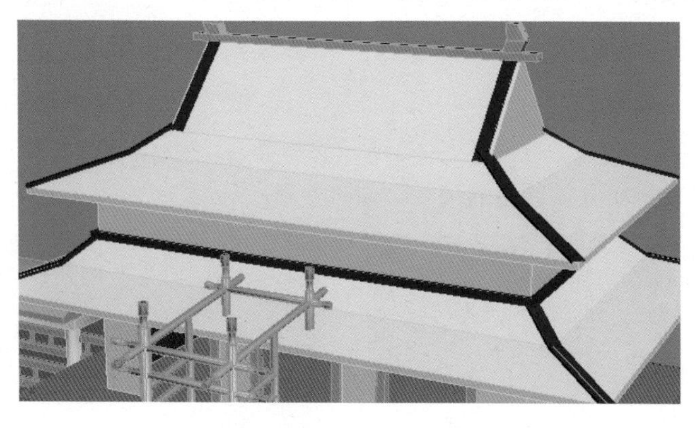

图 5–68　复制多个长方体并移动到屋顶的边缘

提 示

弯曲的地方可以利用“连接”工具添加一圈边，然后调整顶点位置来做出弯曲的效果。

（8）创建一个圆柱体，设置高度分段、端面分段和边数分别为 2、1 和 6，然后将其转换为可编辑多边形物体，并进入（多边形）层级删除最上面的多边形，如图 5–69 所示。接着利用（选择并旋转）工具和（选择并移动）工具移动到瓦楞上面，效果如图 5–70 所示。

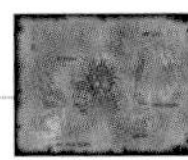

图 5-69　创建长方体

(9) 复制出多个圆柱体依次移动到瓦楞上面，对于有弧度的瓦楞，可以进入 (顶点) 层级调整圆柱体中段的顶点位置，使其产生弧度效果，如图 5-71 所示。

图 5-70　将长方体移动到瓦楞上面

图 5-71　复制出多个圆柱体依次移动到瓦楞上面

(10) 同理，制作出旁边的小楼和围墙上的瓦楞，效果如图 5-72 和图 5-73 所示。

图 5-72　制作出旁边的小楼和围墙上的瓦楞 1

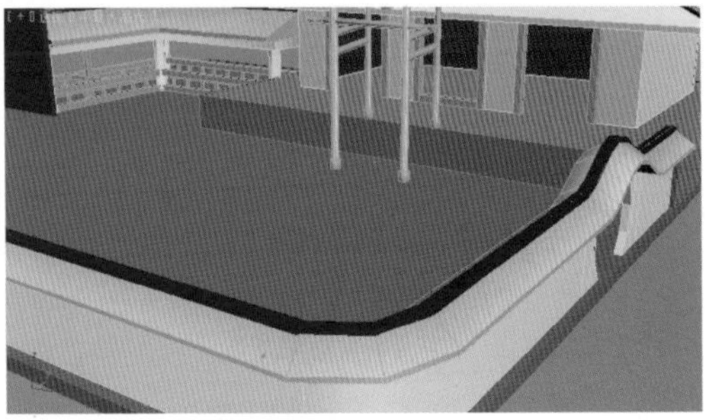

图 5-73　制作出旁边的小楼和围墙上的瓦楞 2

(11) 利用长方体做出一个阶梯模型，效果如图 5-74 所示。

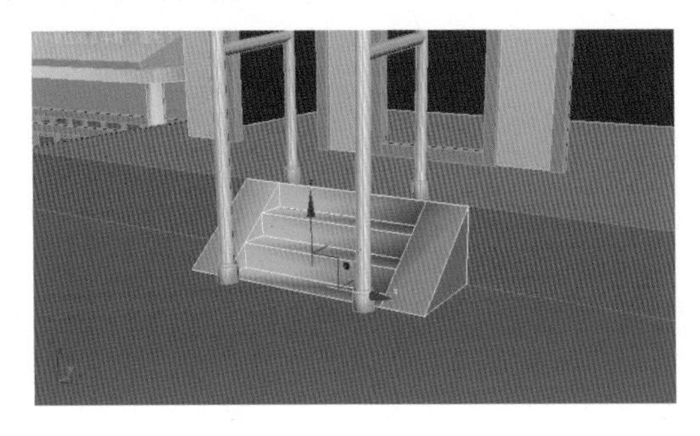

图 5-74　阶梯效果

此时模型的主体建筑就完成了，效果如图 5–75 所示。

图 5–75　主体建筑效果图

5.2　制作建筑装饰物模型

建筑的装饰物能够说明建筑的功能、历史年代，也能给建筑添加很多细节，会让建筑的视觉效果更精彩。本节装饰物模型比较多，主要讲解具有代表性的手推车和灯笼的制作方法。

5.2.1　手推车的制作

制作手推车分为制作手推车的大体结构和制作车轮两部分。

1．制作手推车的大体结构

（1）单击（创建）面板（几何体）类别中的“长方体”按钮，在透视图中建立一个长方体，然后在（修改）面板中将设置模型的长度分段、宽度分段和高度分段均设置为 1，如图 5–76 所示。在视图中右击，从弹出的快捷菜单中选择“转换为 | 转换为可编辑多边形”命令，将长方体转换为可编辑多边形物体。

（2）将此长方体复制出多个（因为手推车各个部件的材质都是一样的），然后利用（选择并均匀缩放）工具逐个进行大小调整，并利用（选择并旋转）工具和（选择并移动）工具调整位置，效果如图 5–77 所示。

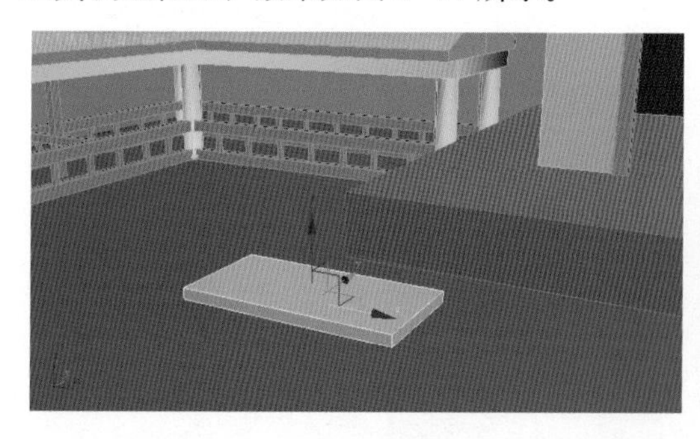

图 5–76　创建多边形

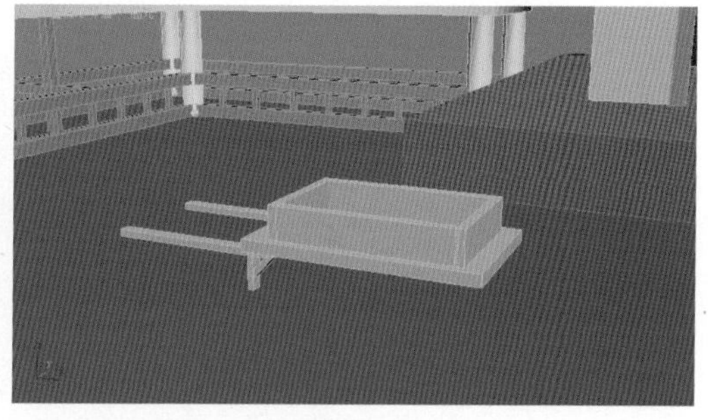

图 5–77　复制并调整长方体的大小

2. 制作手推车的车轮

（1）单击 （创建）面板 （几何体）类别中的“圆柱体”按钮，在透视图中建立一个圆柱体，然后在“修改”面板中将模型的高度分段、端面分段和边数分别设置为 1、1 和 6，效果如图 5-78 所示。接着利用 （选择并旋转）工具将其水平旋转 90°，再利用 （选择并移动）工具移动到图 5-79 所示的位置，最后将其转换为可编辑多边形物体。

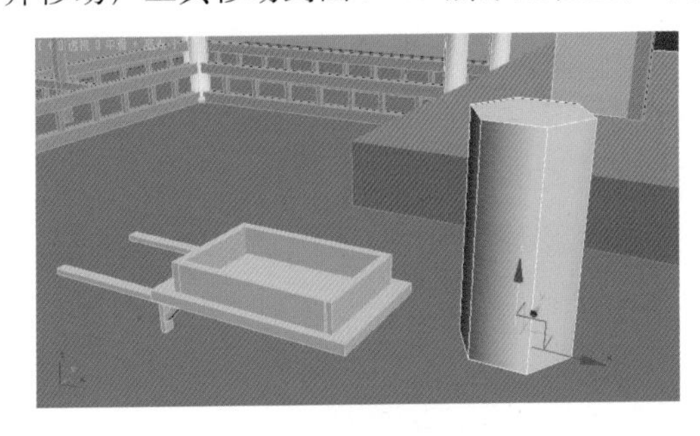

图 5-78　创建圆柱体

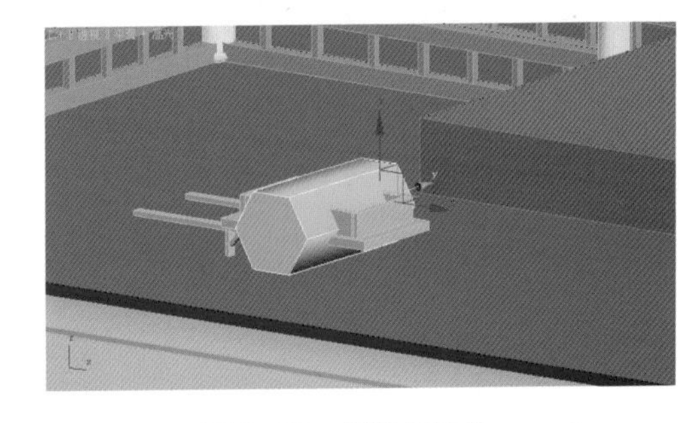

图 5-79　摆放圆柱体

（2）选择此圆柱体进入 （多边形）层级，然后选择圆柱体侧面所有的多边形，如图 5-80 所示。按键盘上的〈Delete〉键删除。选择两个六边形，按住键盘上的〈Shift〉键，在垂直面上拖动复制，再利用 （选择并移动）工具调整 4 个六边形的位置，做出车轮的模型，效果如图 5-81 所示。

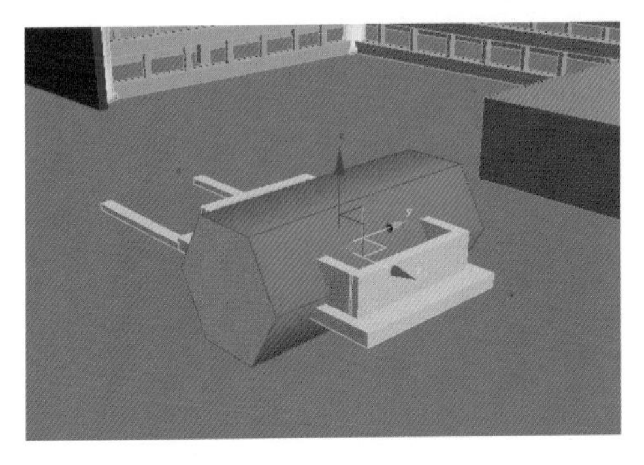

图 5-80　选择要删除的多边形

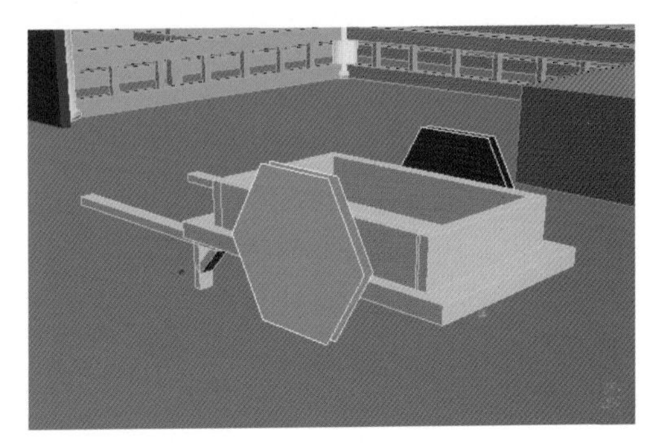

图 5-81　制作出车轮

（3）利用 （选择对象）工具框选手推车所有的部件，然后利用 （选择并均匀缩放）工具调整它的大小，使其和周围的模型比例协调。接着将小车复制出多个，摆放成图 5-82 所示的样子。

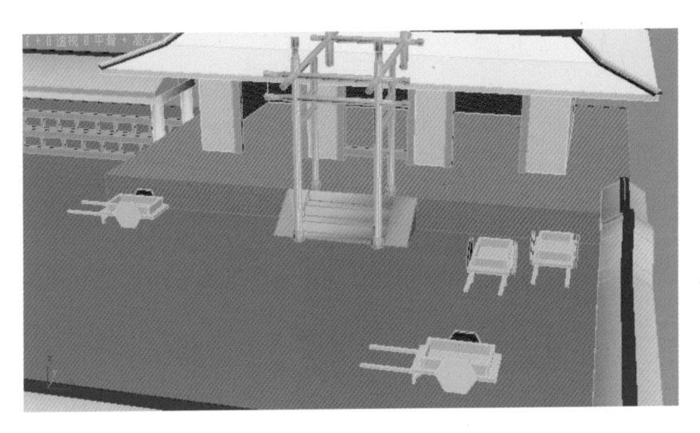

图 5-82　摆放手推车

5.2.2 灯笼模型的制作

制作灯笼模型分为制作灯笼的基础模型和制作灯笼的骨架两部分。

1. 制作灯笼的基础模型

（1）制作灯笼的基础模型。方法：单击（创建）面板（几何体）类别中的“圆柱体”按钮，在透视图中建立一个圆柱体，然后在（修改）面板中将模型的高度分段、端面分段和边数分别设置为 5、1 和 8，如图 5-83 所示。在视图中右击，在弹出的快捷菜单中选择“转换为|转换为可编辑多边形”命令，将圆柱体转换为可编辑多边形物体。

图 5-83 创建圆柱体

（2）选择灯笼模型，按快捷〈Alt+Q〉，执行“孤立当前选择”命令，从而隐藏除了灯笼之外的其他物体。然后进入模型的（边）层级，选择模型顶端和底端的边，利用（选择并移动）工具在透视图将这些边沿 Z 轴分别向上、向下移动，如图 5-84 所示。选择模型两端的两圈边，利用（选择并均匀缩放）工具将这些边缩小。最后进入（多边形）层级，删除上、下两个多边形，如图 5-85 所示。

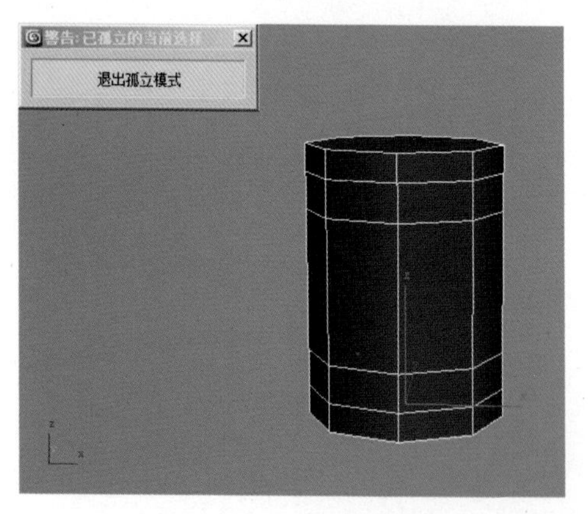

图 5-84 调整边

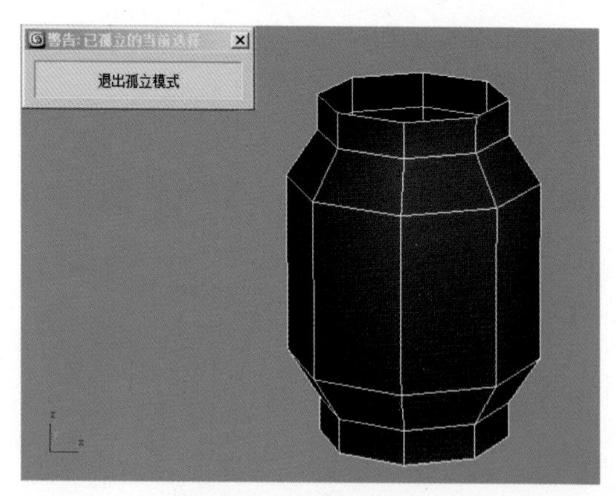

图 5-85 灯笼的主体模型

2. 制作灯笼的骨架

（1）单击（创建）面板（几何体）类别中的“平面”按钮，在顶视图中建立一个平面。

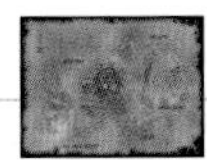

然后在 （修改）面板中将模型的长度分段和宽度分段都设置为1，在透视图中将这个平面移动到灯笼内部，并将其调整到适合灯笼的大小。在视图中右击，在弹出的快捷菜单中选择“转换为|转换为可编辑多边形”命令，将平面转换为可编辑多边形物体。

（2）复制一个骨架模型，让两个平面垂直交叉。然后将它们移动到灯笼的底端，并复制出另外两个平面，把它们移动到灯笼顶端，这样灯笼的骨架就做好了，如图5–86所示。

（3）单击视图左上方黄色的“退出孤立模式”按钮，将其他隐藏的部分显示出来，然后利用长方体创建出灯笼的悬挂。将制作好的灯笼复制出一个，将它们分别摆放到大门的两根柱子上，如图5–87所示。

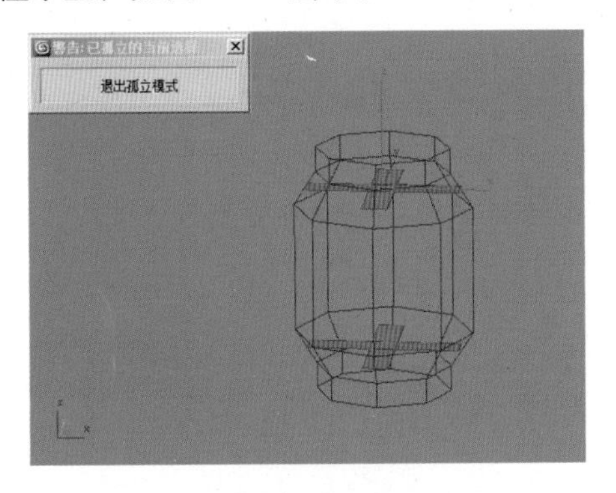

图5–86　制作灯笼的骨架

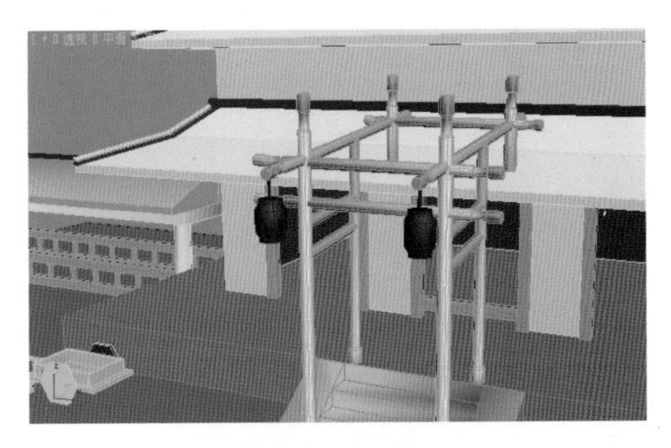

图5–87　摆放灯笼

5.2.3　酒坛模型的制作

（1）制作出酒坛的基础模型，酒坛模型是以灯笼模型为基础进行创建的。方法：选择一个灯笼的主体模型，然后按住键盘上的〈Shift〉键，利用 （选择并移动）工具在透视图中移动它，在弹出的“克隆选项”对话框中选择“复制”选项，单击“确定”按钮，从而将其复制出来，如图5–88所示。

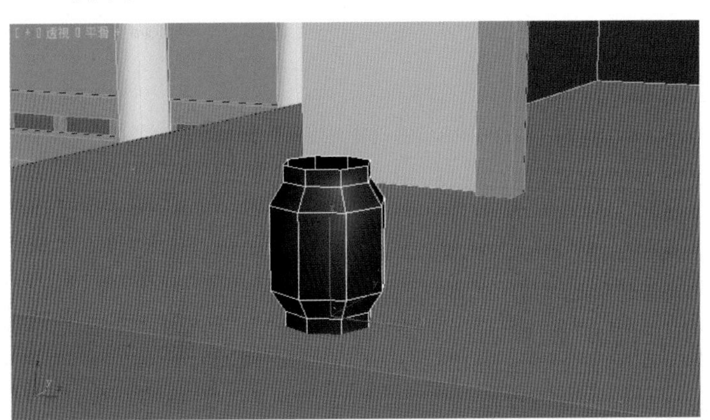

图5–88　复制灯笼作为酒坛

（2）选择酒坛模型，进入 （边）层级，选择底部的边，利用 （选择并均匀缩放）工具将它们放大，如图5–89所示。进入模型的 （边界）层级，选择顶端的边界，单击 （修改）面板“编辑边界”卷展栏下的“封口”按钮，将边界用一个多边形封住，如图5–90所示。

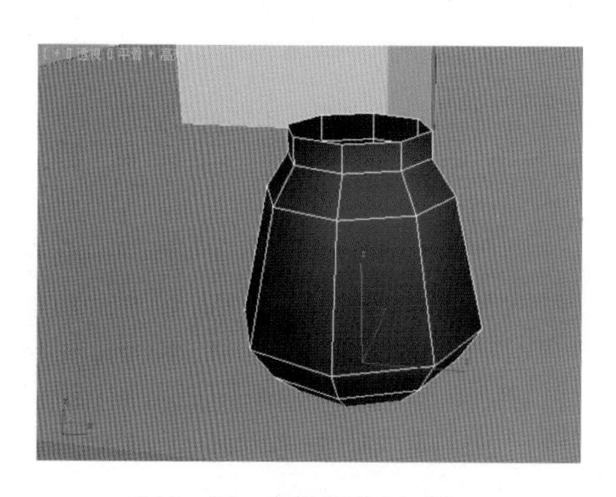

图 5-89　制作酒坛底部

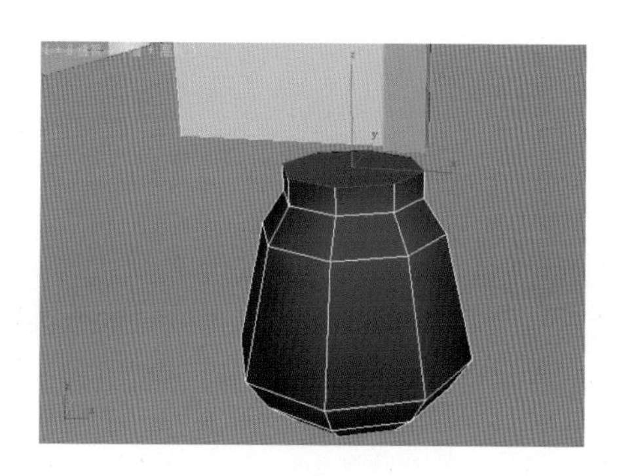

图 5-90　封口酒坛顶部

（3）进入模型的■（多边形）层级，选择顶面封口的多边形，单击◪（修改）面板“编辑多边形”卷展栏下的“插入”按钮，执行两次插入多边形的操作，如图 5-91 所示。选择顶面中间的那个多边形，右击，从弹出的快捷菜单中选择“塌陷”命令，将这个多边形塌陷成一个顶点，并将这个顶点向上移动，如图 5-92 所示。

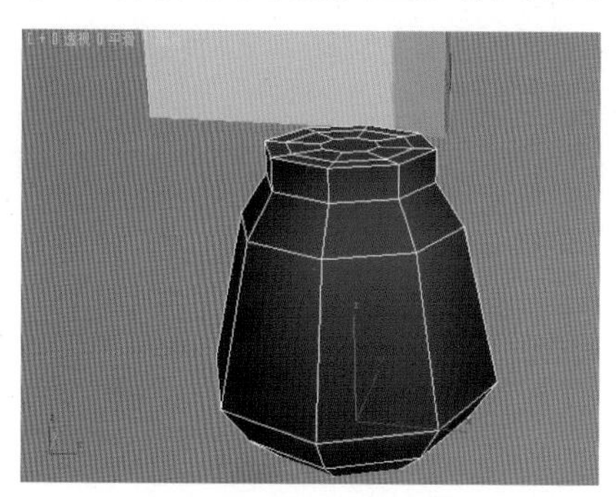

图 5-91　执行两次“插入”命令

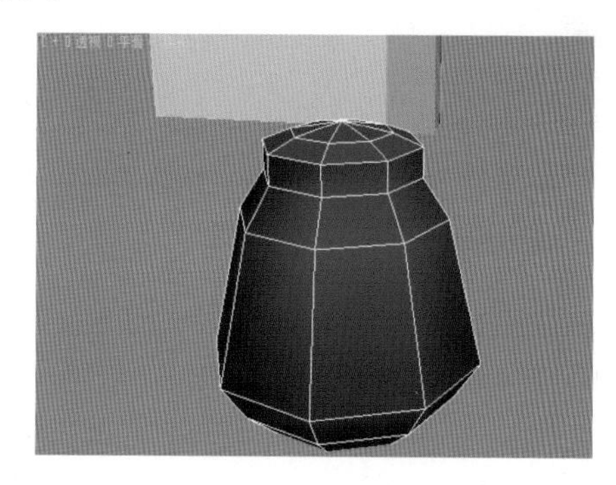

图 5-92　调整顶部顶点

（4）制作酒坛的标签。方法：进入模型的■（多边形）层级，选择酒坛侧面中部的两个多边形，然后按住键盘上的〈Shift〉键并用✣（选择并移动）工具向前稍微拖出，从而将两个多边形进行复制。再选择复制出的两个多边形，单击◪（修改）面板“编辑几何体”卷展栏下的“分离”按钮，将这两个多边形分离成一个新的物体，并给它指定一个新的颜色加以区分，如图 5-93 所示。选择新分离出来的物体，进入◁（边）层级，选择侧面的一个边并右击，从弹出的快捷菜单中选择“塌陷”命令，将这个边塌陷成一个顶点。最后把另外一侧的边也塌陷成一个顶点，这样酒坛的标签模型就完成了，如图 5-94 所示。

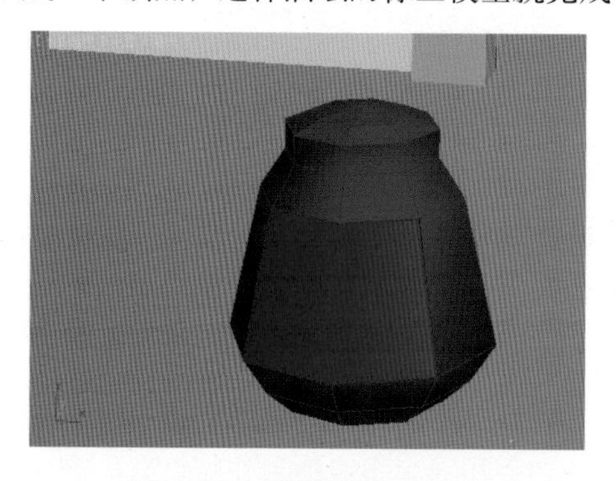

图 5-93　分离两个多边形

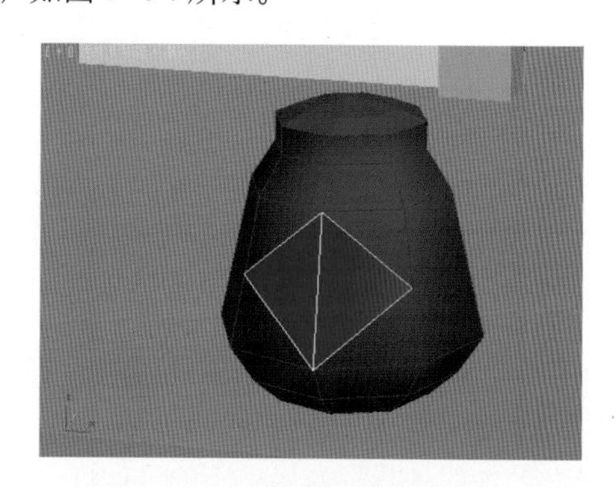

图 5-94　将边塌陷成顶点

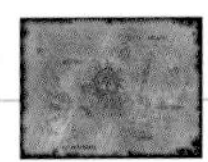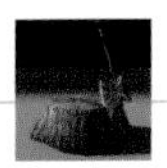

(5) 同时选择酒坛模型和标签模型，然后按住键盘上的〈Shift〉键并用 (选择并移动) 工具进行拖动，从而复制出多个。接着调整复制出的酒坛和标签模型的位置和方向以避免雷同，完成后的结果如图 5-95 和图 5-96 所示。

图 5-95 酒坛效果图 1

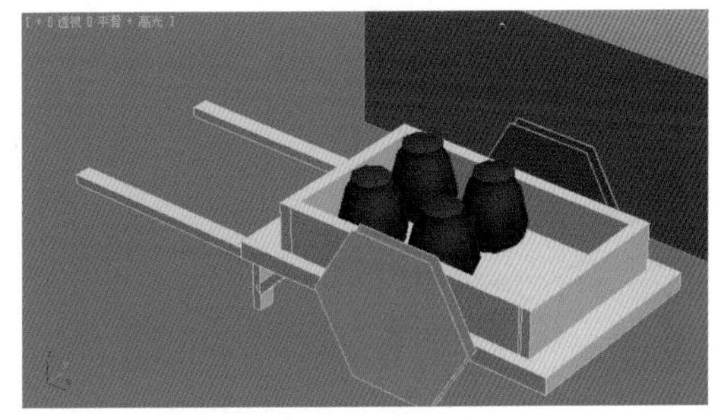

图 5-96 酒坛效果图 2

(6) 制作出其他装饰物，效果如图 5-97 ~图 5-99 所示。

图 5-97 其他装饰物效果图 1

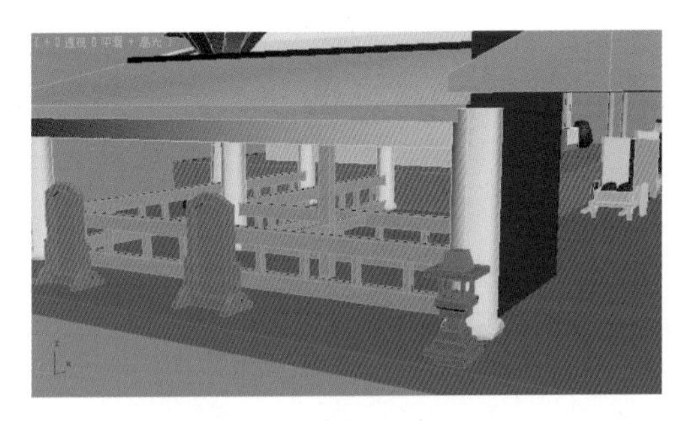

图 5-98 其他装饰物效果图 2

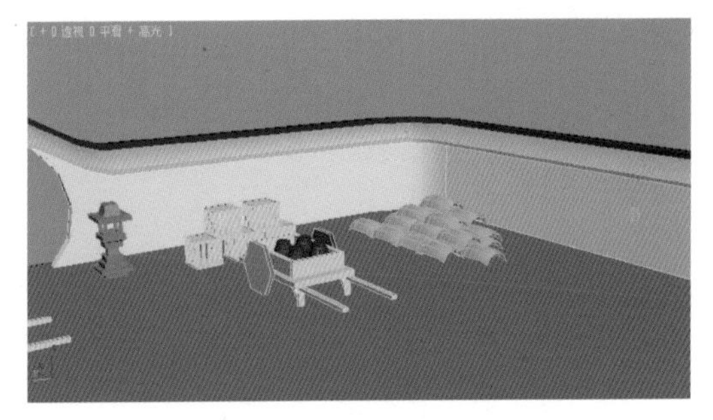

图 5-99 其他装饰物效果图 3

5.3 调整模型与贴图

在搜集好模型的材质后，就可以调整模型与贴图了。因为建筑中的模型相对来说比较简单，主要以长方体为主，因此在贴图完成后将贴图赋予模型，然后根据贴图在模型表面的显示来贴图坐标即可。

5.3.1 调整地面

(1) 选择地面模型，然后按快捷键〈Alt+Q〉，执行“孤立当前选择”命令，将其他模型隐藏，如图 5–100 所示。

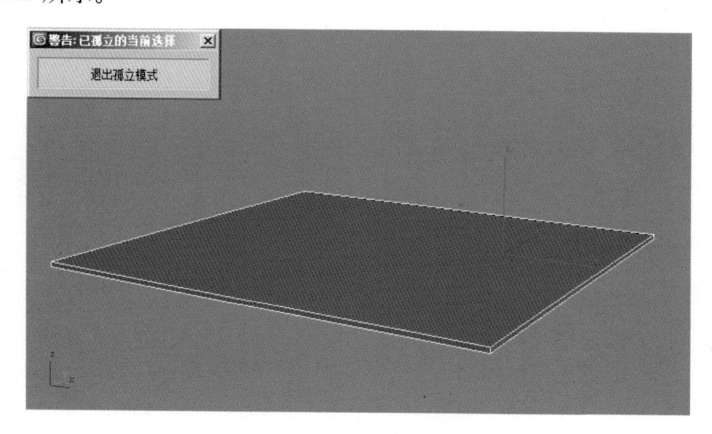

图 5–100　孤立地面模型

（2）按键盘上的〈M〉键，进入材质编辑器，然后选择一个空白的材质球，如图 5–101 中 A 所示，并将这个材质命名为“dimian”，如图 5–101 中 B 所示。单击图 5–101 中 C 所示的按钮，在弹出的“材质 / 贴图浏览器”对话框中双击“位图”图标，如图 5–101 中 D 所示。在弹出的“选择位图图像文件”面板中找到硬盘中“\贴图\第 5 章　游戏室外场景制作 1——庭院 \maps\dimian.tga”文件，如图 5–101 中 E 所示，单击“打开”按钮，将其打开。

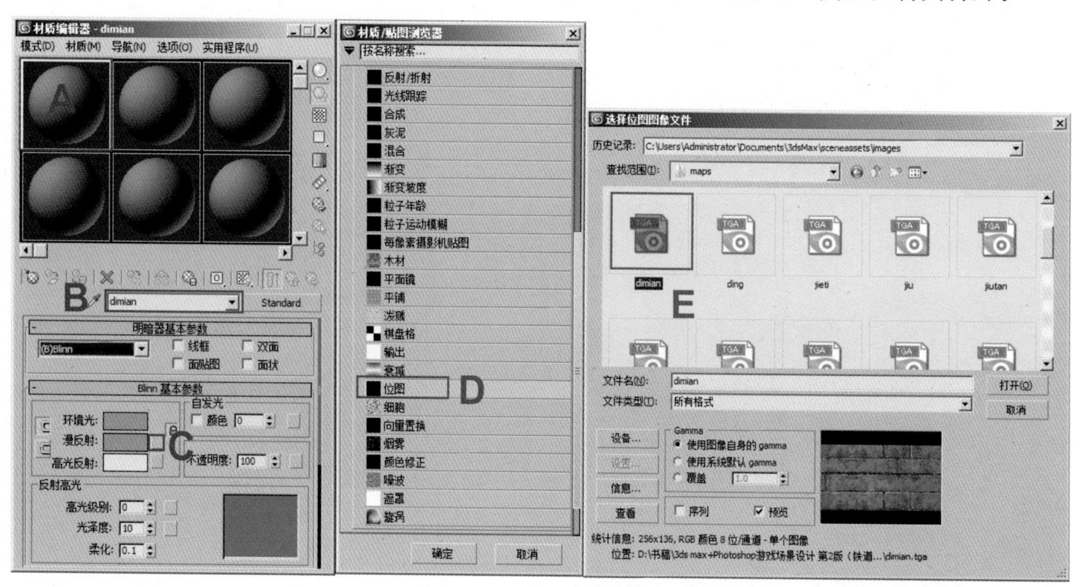

图 5–101　指定墙面贴图

提 示

在模型数量较多的场景中为模型指定材质前，最好要明确地为所有材质命名，以便能方便地对材质进行管理。

（3）单击材质编辑器工具栏中的 （将材质指定给选定对象）按钮，如图 5–102 中 A 所示，将材质指定给地面模型。单击材质编辑器工具栏中的 （在视图中显示标准贴图）按钮，如图 5–102 中 B 所示，在视图中显示出贴图。单击 （转到父对象）按钮，如图 5–102 中 C

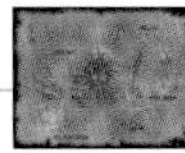

所示，回到上一级。

（4）此时视图中会显示出贴图效果，如图 5—103 所示。但是贴图的显示并不正确，下面需要继续调整 UVW 贴图坐标。

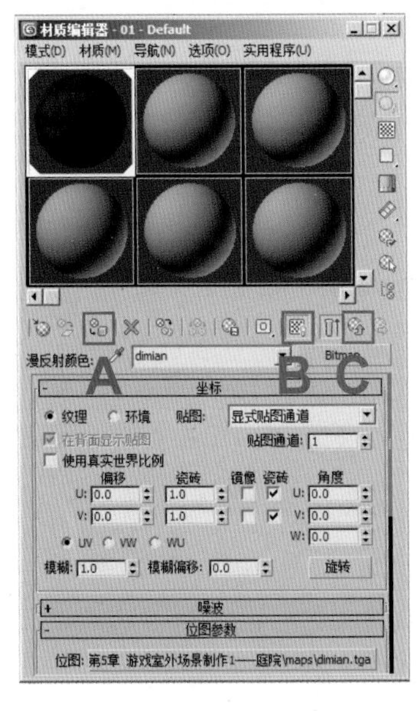

图 5—102　将贴图显示出来

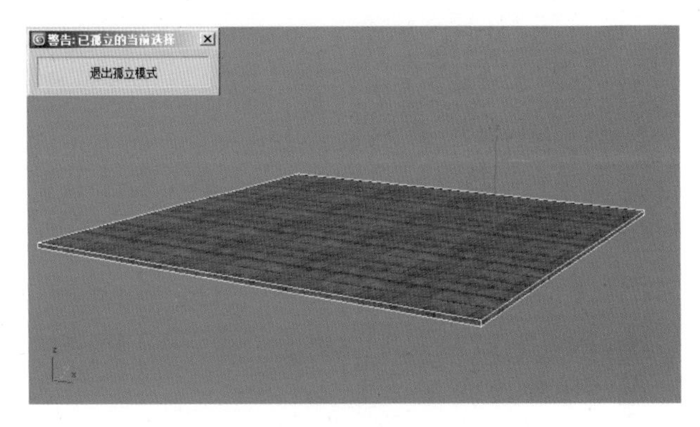

图 5—103　贴图显示

（5）在 （修改）面板中，执行修改器中的“UVW 贴图”命令，如图 5—104 中 A 所示。然后在“参数”卷展栏中选择“长方体”选项，如图 5—104 中 B 所示。

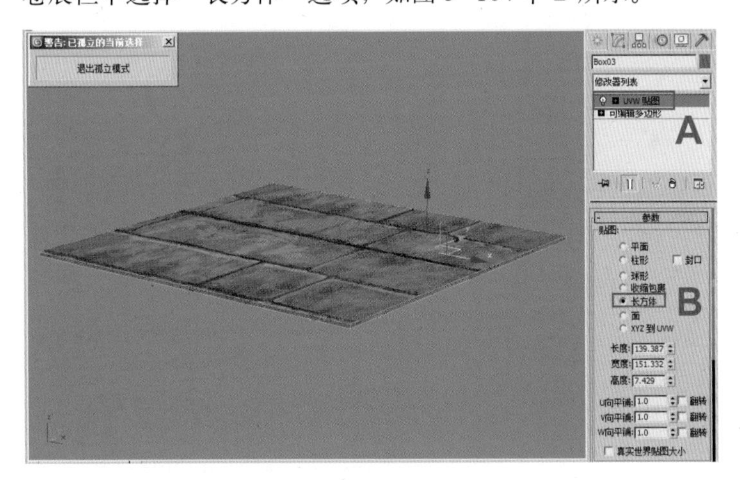

图 5—104　添加基本贴图坐标

提 示

此时添加的贴图坐标是基础坐标。在游戏制作中通常是根据模型的形状来选择最接近的选项。

（6）在 （修改）面板的修改器列表中选择“UVW 展开”命令，如图 5—105 中 A 所示。然后单击“打开 UV 编辑器”按钮，如图 5—105 中 B 所示，打开“编辑 UVW”窗口。调节贴图坐标的主要工作都要在这个窗口中完成。打开窗口后能看到当前的贴图坐标重叠在一起，如图 5–105 中 C 所示。

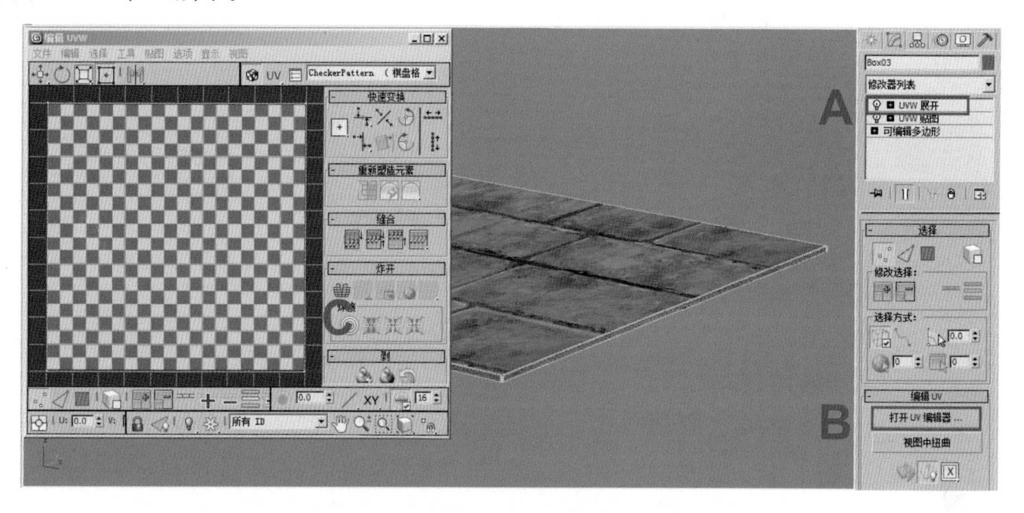

图 5–105　添加“UVW 展开”修改器

（7）为了便于观看，下面单击“编辑 UVW”窗口中的（显示对话框中的活动贴图）按钮，隐藏棋盘格显示。然后执行菜单中的“选项 | 首选项”命令，在弹出的“展开选项”对话框中取消选择“显示栅格”复选框，如图 5–106 所示。单击“确定”按钮，结果如图 5–107 所示。

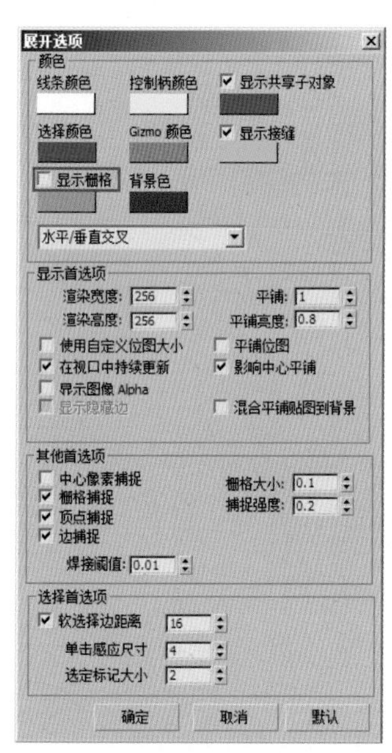

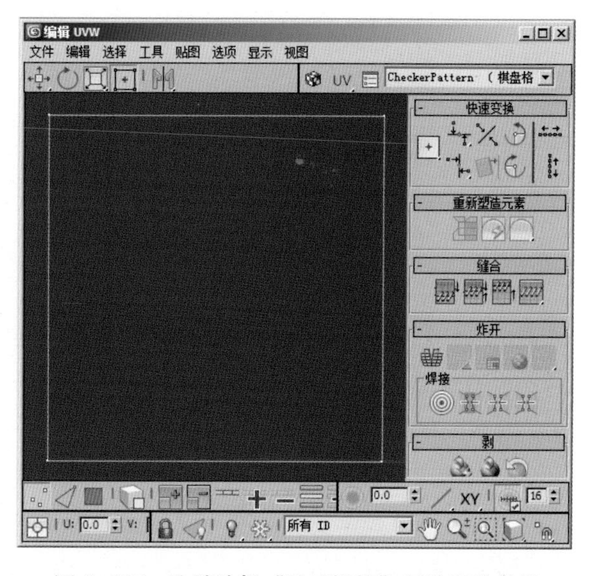

图 5–106　取消选择“显示栅格”复选框　　　图 5–107　取消选择“显示栅格”复选框的效果

（8）单击（多边形子对象模式）按钮，并选中（按元素 UV 切换选择）复选框，如图 5–108 中 A 所示。然后将“拾取纹理”设置为 dimian.tga，如图 5–108 中 B 所示。接着选择地面贴图坐标的各个元素，逐个将它们均匀摆开，再利用（自由形式模式）工具调整贴图坐标的形状，将它们调节成适当的比例，如图 5–108 中 C 所示。

(9) 同理，选择主体建筑下面的石基模型，然后添加“UVW 展开”修改器，并调整贴图坐标，完成后的 UVW 坐标如图 5-109 所示。

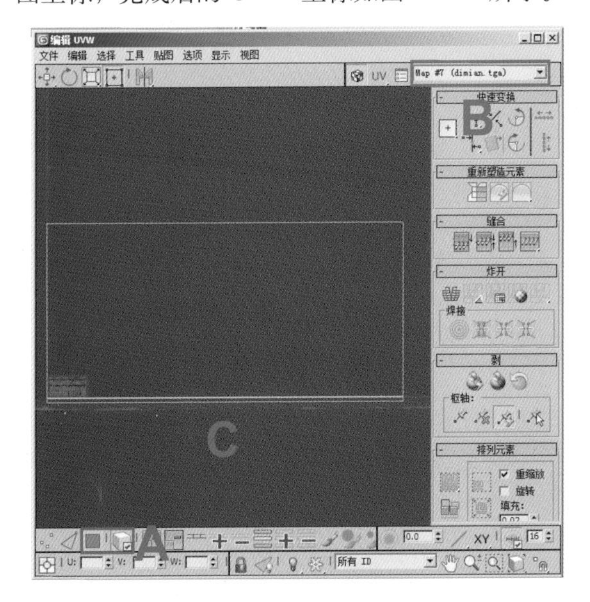

图 5-108　调节贴图坐标

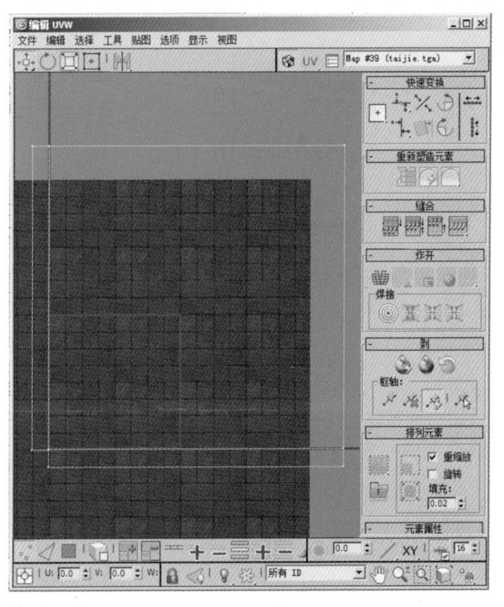

图 5-109　石头台阶 UVW 坐标

(10) 退出孤立模式，将建筑中的其他隐藏的部分显示出来。效果如图 5-110 所示。

图 5-110　渲染效果图

5.3.2　调整房屋

(1) 选择模型的房屋部分，然后按快捷键〈Alt+Q〉，执行“孤立当前选择”命令，将其他模型隐藏，如图 5-111 所示。

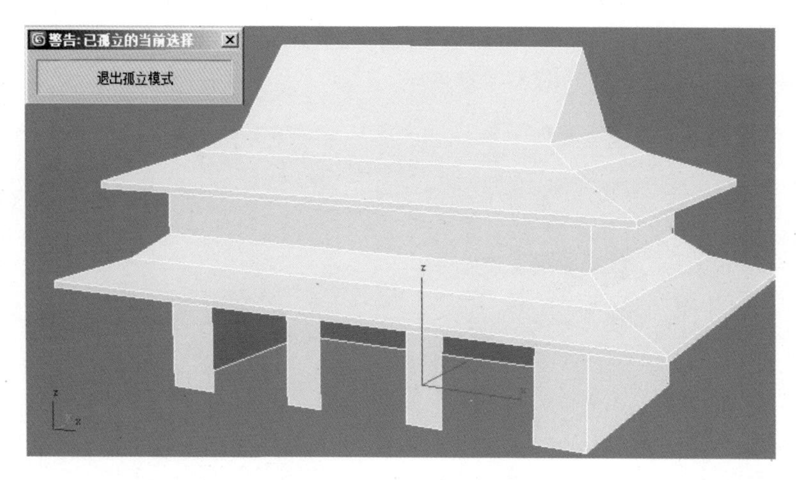

图 5-111　孤立房屋模型

（2）进入模型的■（多边形）层级，选择下面墙壁的多边形，然后在“编辑几何体”选项中单击“分离”按钮，将墙壁和房屋分离，如图 5-112 所示。接着再次执行“孤立当前选择”命令，将房屋的其他部分隐藏，如图 5-113 所示。

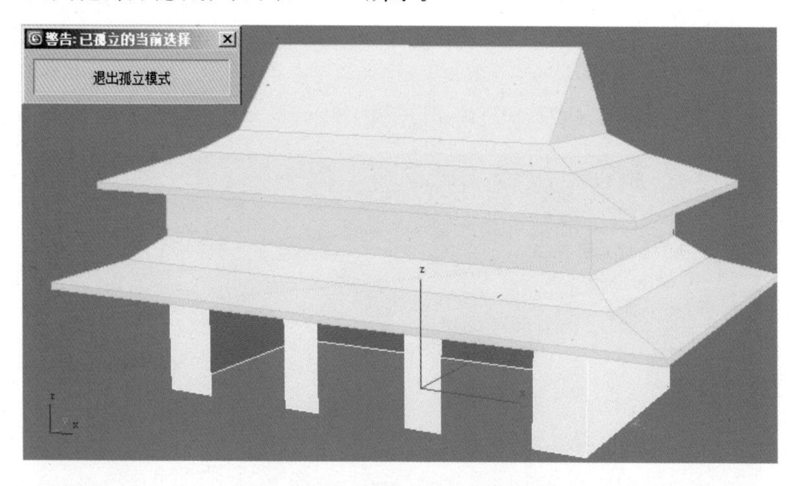

图 5-112　将墙壁和房屋分离

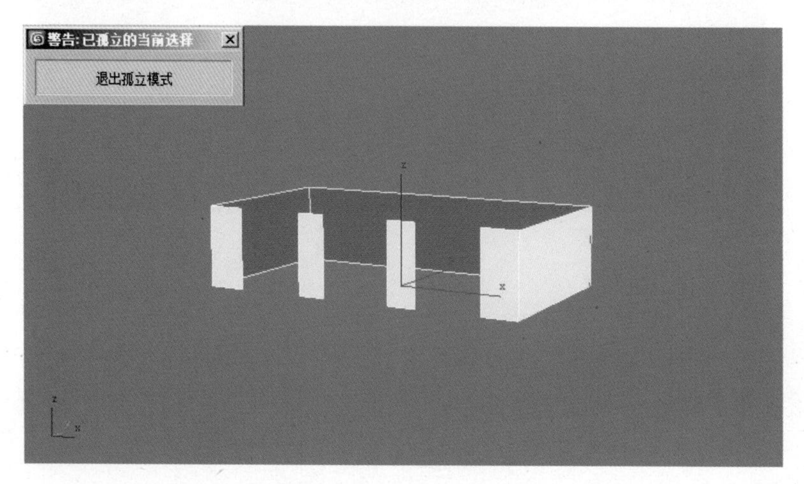

图 5-113　孤立其他模型

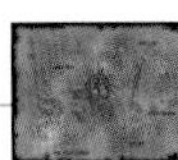

（3）利用赋予地面材质的方法赋予墙壁材质，效果如图 5–114 所示。

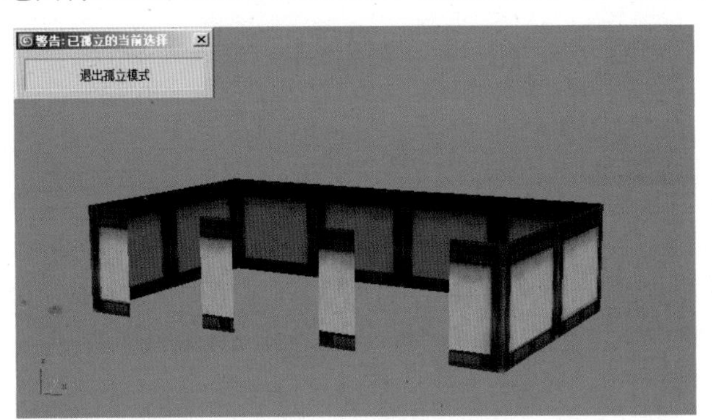

图 5–114　墙壁效果图

（4）利用这种方法对房屋的其他部分进行调整，最后完成的效果如图 5–115 所示。

图 5–115　房屋效果图

提 示

UV 材质一样的部分，比如上下两层瓦可以放在一起调整，以节约资源。

5.3.3　调整其他部分

下面进行模型其他部分的调节，完成的效果如图 5–116、图 5–117 和图 5–118 所示。

图 5–116　最终效果图 1

图 5–117　最终效果图 2

图 5–118　最终效果图 3

课后练习

运用本章所学的知识制作图 5-119 所示的武馆效果。参数可参考“\ 课后练习 \5.4 课后练习 \ 操作题 .zip”文件。

图 5–119　课后练习的效果图

第 6 章 游戏室外场景制作 2——哨塔

第 5 章我们使用了简单的模型堆砌的方式来创建场景，本章以一个古代的哨塔为例来详细讲解使用透明贴图来制作室外场景的方法。图 6–1 为该场景放置到引擎中进行渲染的效果图。

图 6–1　游戏室外场景制作 2——哨塔的效果图

在制作之前，首先要根据项目要求进行分析，并对制作目的、技术实现的方式进行准确的定位。

文档要求如下：

名称：哨塔。

用途：游戏中 NPC 驻守的地方。

简介：这个哨塔为中式古代建筑，玩家可以从这里的 NPC 接到游戏任务。

内部细节：添加军旗、兵器等突出建筑作用的道具。

6.1　制作建筑模型

根据设计要求，将模型规划为 3 个部分：主体建筑部分、附属建筑部分和建筑装饰。其中主体建筑部分有地面、高台、地板；附属建筑部分有栏杆、帐篷、塔楼；建筑装饰有旗帜、灯笼、桌子等。下面首先制作建筑的主体部分。

6.1.1 建筑主体模型的制作

（1）打开 3ds Max 2012 软件，单击（创建）面板（几何体）类别中的“长方体”按钮，然后在透视图中单击，在水平方向拖动来定义长方体的底面，再在垂直方向拖动来定义长方体的高度，单击结束创建。在（修改）面板中设置模型的长度、宽度和高度分别为 150、150 和 50，长度、宽度和高度分段数均为 1，如图 6–2 所示。

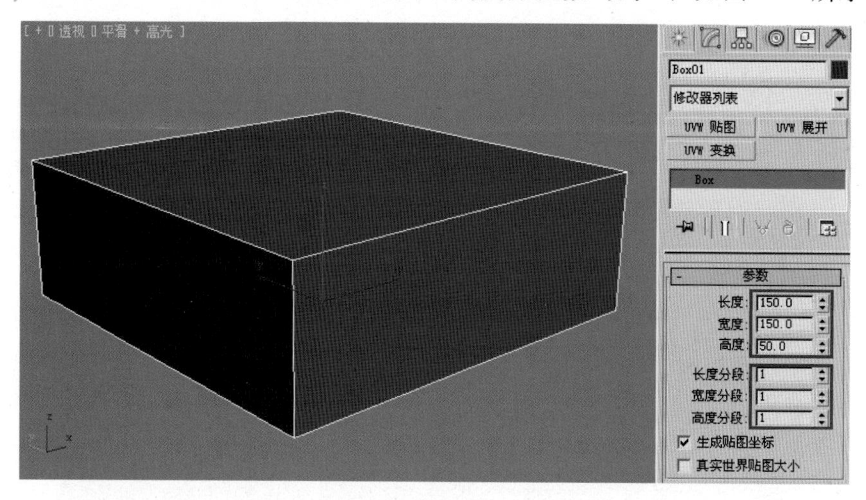

图 6–2 创建长方体

（2）选择长方体，并在视图中右击，从弹出的快捷菜单中选择“转换为 | 转换为可编辑多边形”命令，将长方体转为可编辑多边形物体。然后按进入模型的（多边形）层级，选择长方体的底面多边形，按键盘上的〈Delete〉键将其删除（为节省资源），结果如图 6–3 所示。按快捷键〈Ctrl+V〉复制当前模型，在弹出的对话框中选择“复制”选项，单击“确定”按钮，关闭对话框。最后利用工具栏中的（选择并均匀缩放）工具将新复制出来的模型在垂直方向上压扁，在水平方向上适当放大，从而制作出模型的地面效果，结果如图 6–4 所示。

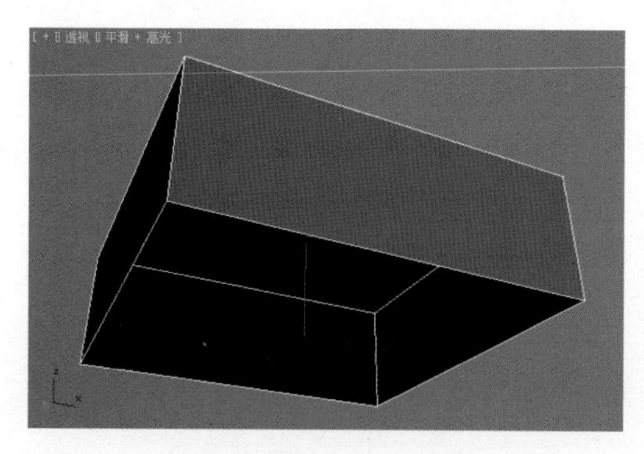

图 6–3 转换成可编辑多边形并删除底面多边形

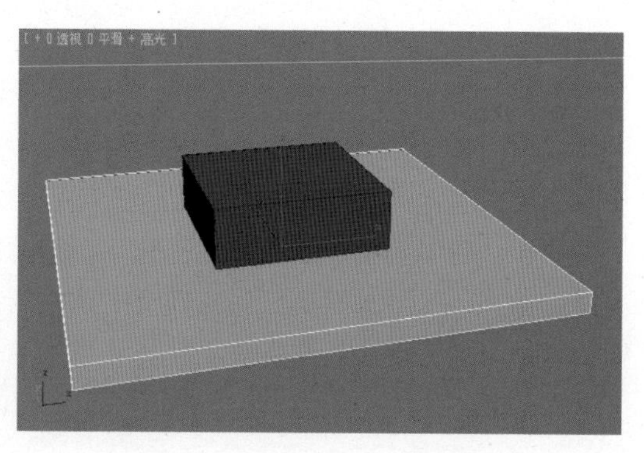

图 6–4 复制长方体作为地面

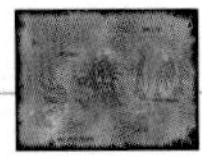

提 示 1

在游戏制作中为了节省资源，通常要将看不到的多边形删除。

提 示 2

为了便于区分长方体，可以将复制出的长方体赋予不同的颜色。

（3）将上面模型的底部与下面模型的顶部对齐。方法：选择下面的模型，然后单击工具栏中的（对齐）按钮后拾取上面的模型，在弹出的“对齐当前选择”对话框中设置选项，如图6–5中A所示。单击“确定”按钮，关闭对话框，结果如图6–5中B所示。

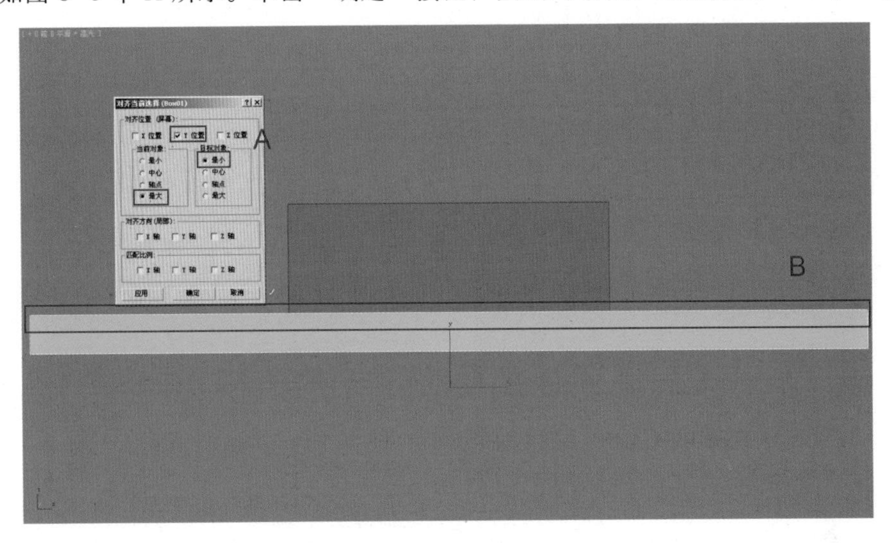

图6–5　对齐两个模型

（4）选择上面的模型，按键盘上的数字键〈4〉，进入模型的（多边形）层级，选择长方体顶面的多边形，然后利用（选择并均匀缩放）工具沿着X轴和Y轴缩小，效果如图6–6所示。

（5）同理，将下面长方体顶部的多边形稍微缩小，效果如图6–7所示。

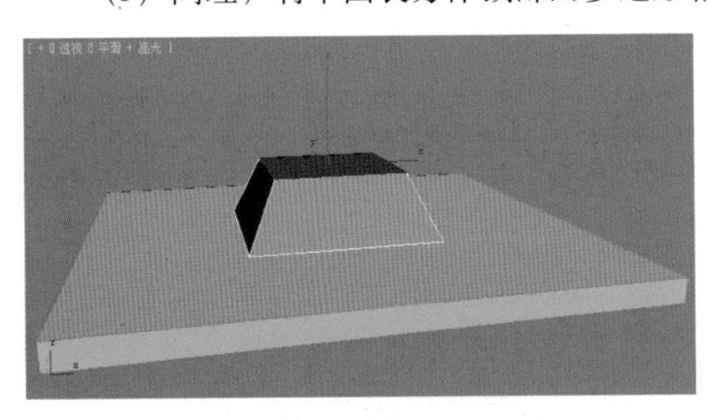

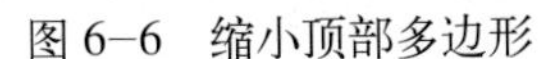

图6–6　缩小顶部多边形

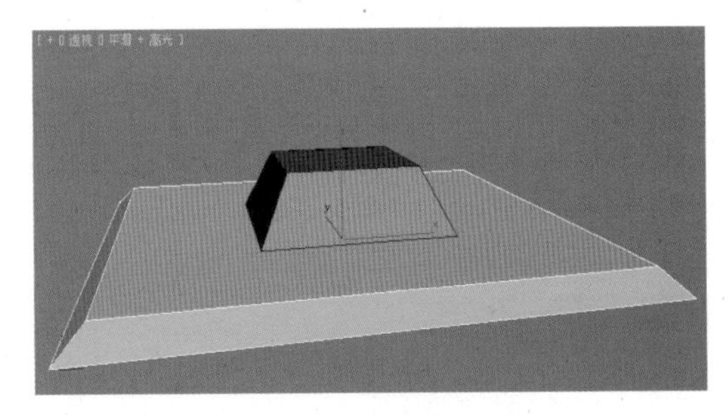

图6–7　调整地面模型

（6）再创建一个长方体，利用（选择并均匀缩放）工具调整到适当大小，然后放到图6–8所示的位置作为台子上面的地板，然后将其转换为可编辑多边形。

至此，建筑的主体部分就完成了。

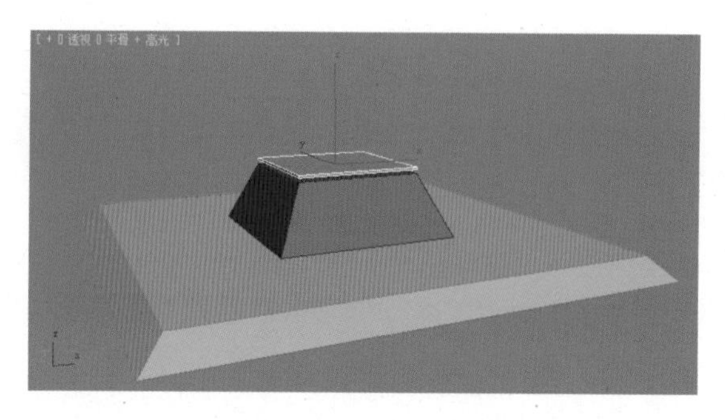

图 6–8　创建多边形

6.1.2　栏杆、帐篷与塔楼的制作

（1）单击 （创建）面板 （几何体）类别中的“平面”按钮，按键盘上的〈F〉键，进入前视图模式，然后创建一个平面，设置其长度分段和宽度分段分别为 1 和 3，效果如图 6–9 所示。将其转换为可编辑多边形物体，进入 （顶点）层级，利用 （选择并移动）工具调整顶点的位置，效果如图 6–10 所示。

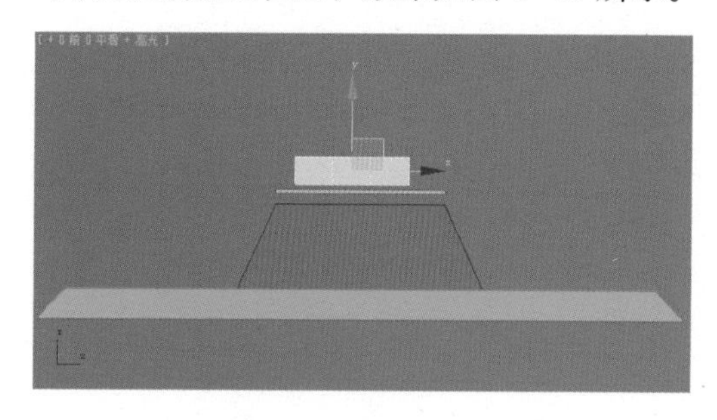

图 6–9　创建平面

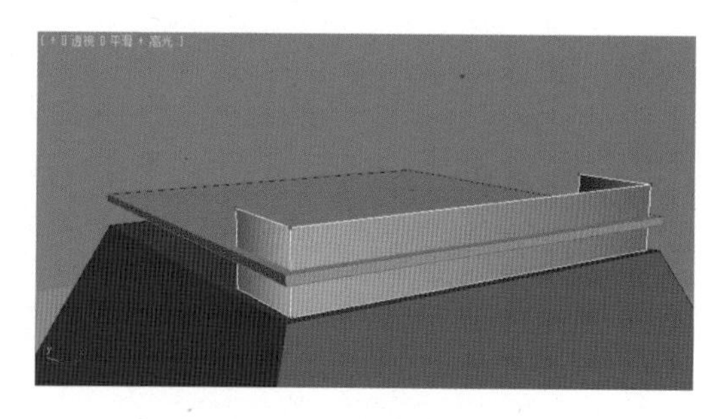

图 6–10　调整顶点位置

（2）按住键盘上的〈Shift〉键，利用 （选择并移动）工具沿 Y 轴移动此平面，在弹出的对话框中选择“复制”选项，单击“确定”按钮，从而复制出一个平面。选择复制出的平面，利用 （选择并旋转）工具将其沿 X 轴旋转 180°。进入 （顶点）层级，利用 （选择并移动）工具调整顶点位置，效果如图 6–11 所示。

（3）创建一个长方体，设置其长度分段、宽度分段和高度分段均为 1，然后将其转换为可编辑多边形物体。进入 （顶点）层级，利用 （选择并移动）工具调整长方体顶点位置，再利用 （选择并移动）工具将其移动到图 6–12 所示的位置。最后进入 （多边形）层级删除两头的多边形。

图 6–11　复制平面并调整顶点位置

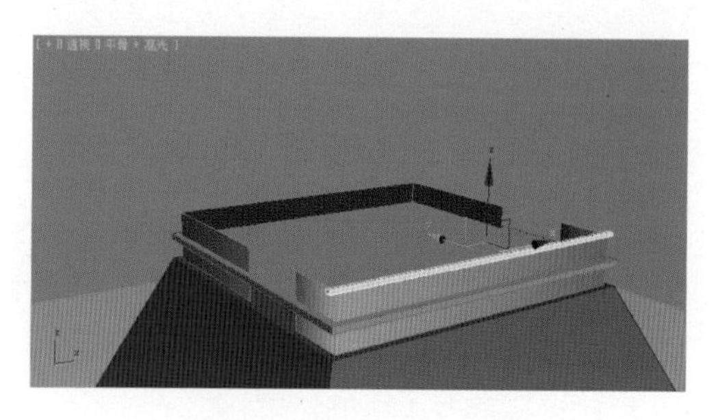

图 6–12　创建长方体

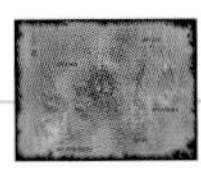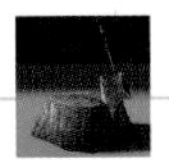

(4) 选择此多边形物体，按住键盘上的〈Shift〉键，利用 (选择并移动) 工具沿 Y 轴移动此平面，在弹出的对话框中选择“复制”选项，单击“确定”按钮，从而将其复制。然后利用 (选择并旋转) 工具将复制出的物体沿水平方向旋转 90°，再进入 (顶点) 层级，利用 (选择并移动) 工具调整长方体顶点位置，最后利用 (选择并移动) 工具将长方体移动到图 6–13 所示的位置。

(5) 将复制出的长方体再次进行复制，并利用 (选择并移动) 工具移动到图 6–14 所示的位置。

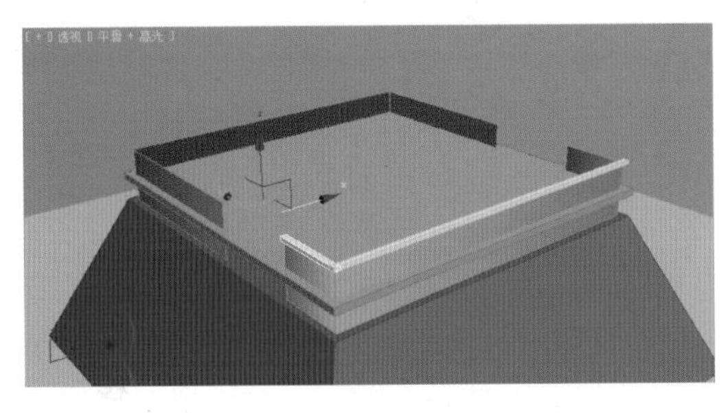

图 6–13 复制长方体

图 6–14 制作另外一侧的护栏

(6) 利用这种方法将其余护栏全部完成，效果如图 6–15 所示。

(7) 进一步完善并刻画四个角上的柱子，效果如图 6–16 所示。

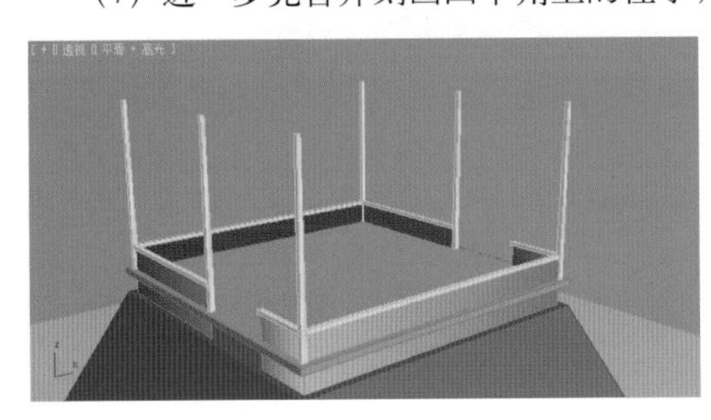

图 6–15 护栏模型效果

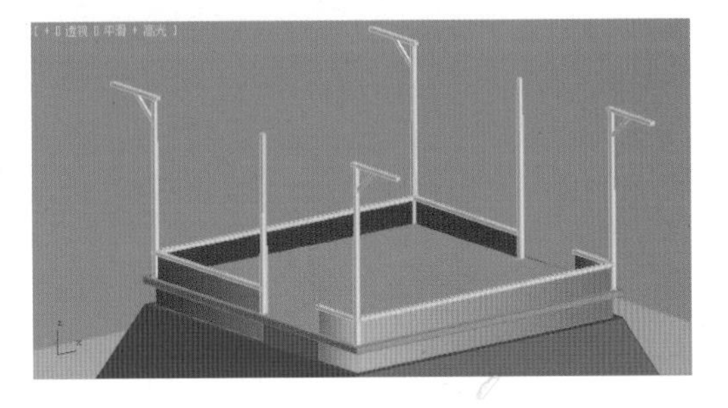

图 6–16 刻画细节

(8) 制作出左侧的阶梯。方法：选择图 6–17 所示的长方体，按住键盘上的〈Shift〉键，利用 (选择并移动) 工具沿 X 轴移动此长方体，在弹出的对话框中选择“复制”选项，单击“确定”按钮，从而将其复制。然后利用 (选择并旋转) 工具将复制出的长方体沿垂直方向旋转一定角度，并调整长方体的大小，如图 6–18 所示。

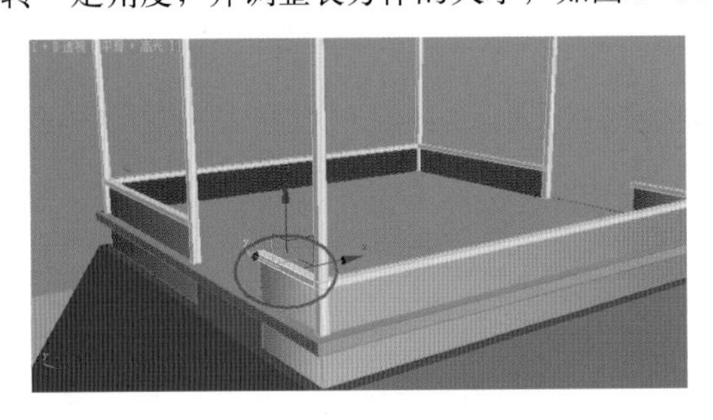

图 6–17 选取长方体

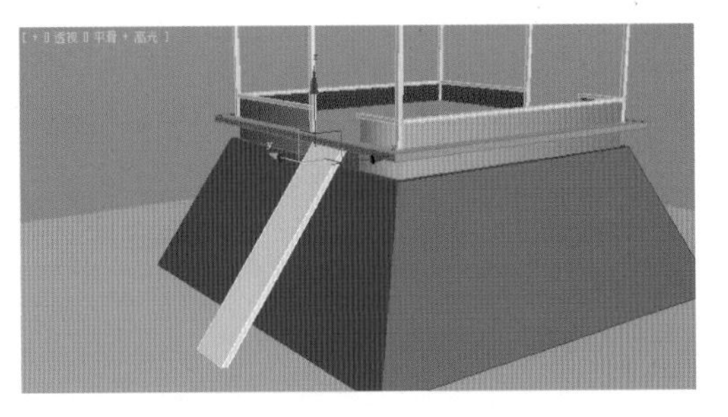

图 6–18 做出阶梯模型

(9) 利用复制的方法制作出右侧的阶梯和周围一圈的支柱，效果如图 6–19 所示。

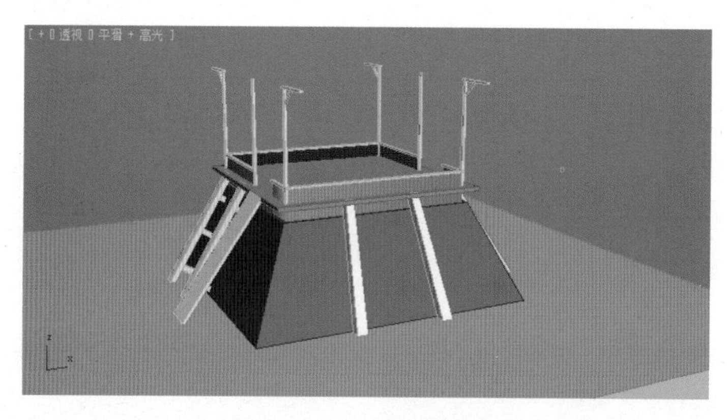

图 6–19　做出支柱模型

（10）制作帐篷模型。方法：创建一个长方体，设置其长度分段、宽度分段和高度分段分别为 2、2 和 1，然后将其转换为可编辑多边形物体，并删除底面的多边形。然后（选择并移动）工具移动到图 6–20 所示的位置。进入（顶点）层级，利用（选择并移动）工具调整长方体顶点的位置，使帐篷顶部产生弧度，效果如图 6–21 所示。

图 6–20　制作帐篷顶部

图 6–21　调整外形

（11）再次创建长方体，设置其长度分段、宽度分段和高度分段分别为 2、3 和 2，然后将其转换为可编辑多边形物体，并删除上、下和中间的多边形。然后利用（选择并移动）工具移动到图 6–22 所示的位置，从而制作出布帘的效果。

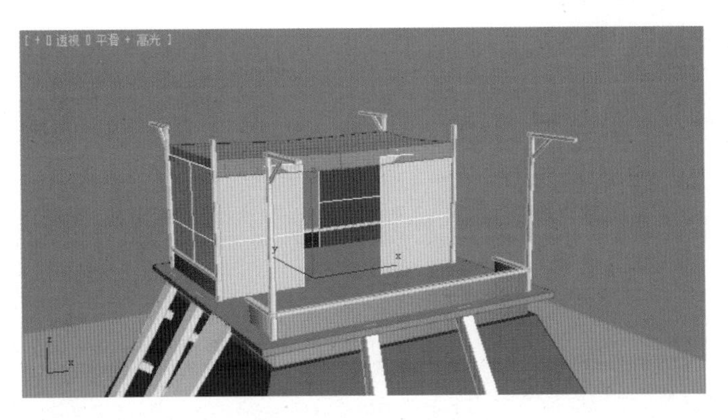

图 6–22　制作布帘模型

（12）进入 （顶点）层级，利用 （选择并移动）工具调整长方体顶点位置，使布帘看起来更加自然，效果如图 6–23 所示。

图 6–23　调整布帘外形

（13）制作瞭望塔。方法：创建一个长方体，设置其长度分段、宽度分段和高度分段均为 1，然后将其转换为可编辑多边形物体。进入 （多边形）层级，删除上面和底面的多边形。进入 （顶点）层级，选择上面的 4 个顶点，利用 （选择并均匀缩放）工具将其缩小，再利用 （选择并移动）工具将整个长方体移动到图 6–24 所示的位置。

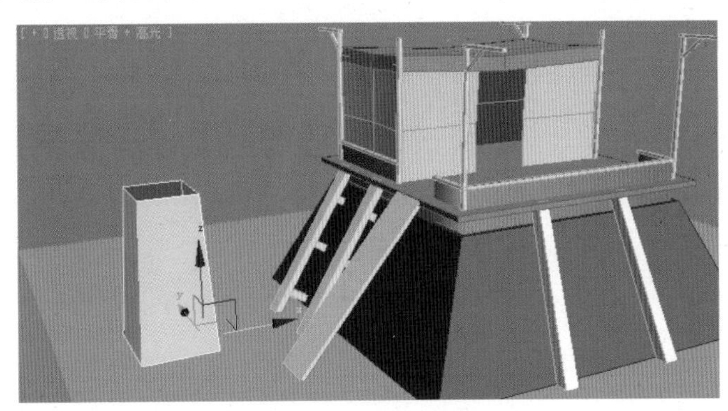

图 6–24　制作瞭望塔

（14）利用制作主体模型中护栏的方法制作出瞭望塔的护栏，效果如图 6–25 所示。

（15）选择全部瞭望塔的模型，复制出一个整体放到场景的右侧，效果如图 6–26 所示。至此，场景建筑部分制作完成。

图 6–24　制作瞭望塔

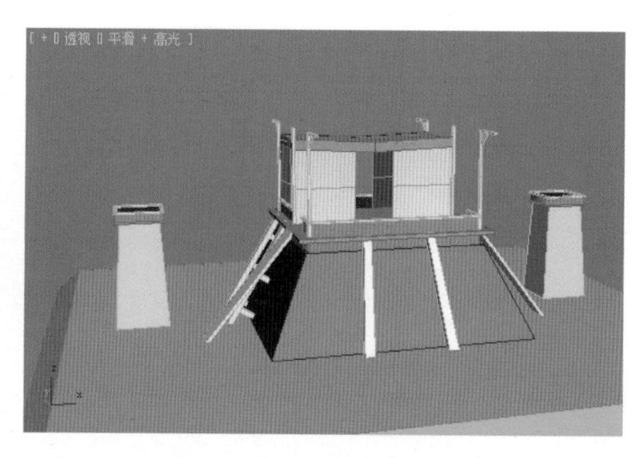

图 6–26　复制瞭望塔模型

6.2　制作建筑装饰物模型

建筑的装饰物能够说明建筑的功能、历史年代。例如，现在制作的建筑是一个哨塔，就需要兵器来做装饰。

6.2.1　灯笼模型的制作

（1）制作灯笼的基础模型。方法：单击 （创建）面板 （几何体）类别中的“圆柱体”按钮，在透视图中建立一个圆柱体，然后在 （修改）面板中设置其长度分段、宽度分段和高度分段分别为 4、1 和 6，如图 6–27 所示。在视图中右击，在弹出的快捷菜单中选择“转换为 | 转换为可编辑多边形”命令，将圆柱体转换为可编辑多边形物体。

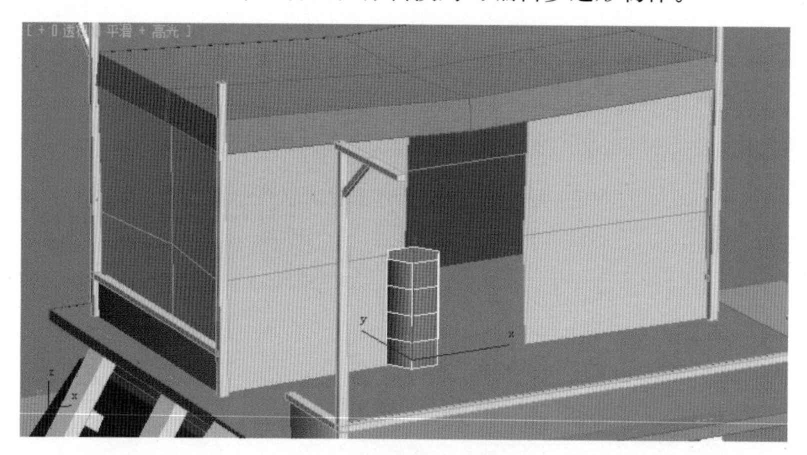

图 6–27　创建圆柱体

（2）选择灯笼模型并右击，在弹出的快捷菜单中选择“孤立当前选择”命令，从而隐藏除了灯笼之外的其他物体。进入模型的 （边）层级，选择模型顶端和底端相应的边，利用 （选择并移动）工具在透视图将这些边沿 Z 轴分别向上、向下移动，如图 6–28 所示。选择模型两端的两圈边，利用 （选择并均匀缩放）工具将这些边缩小，如图 6–29 所示。

 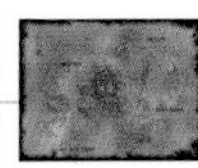 

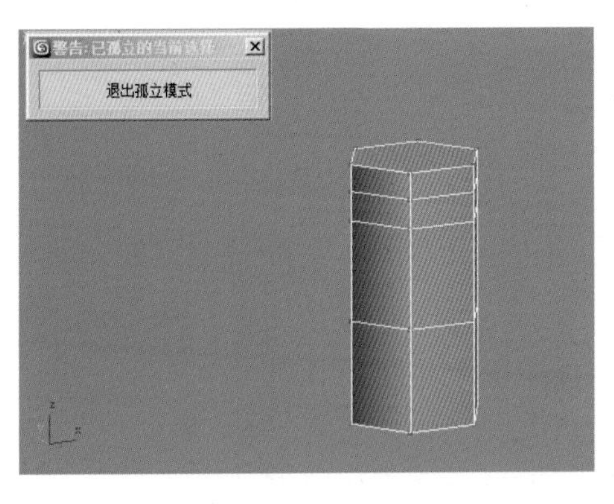

图 6-28　调整形状 1

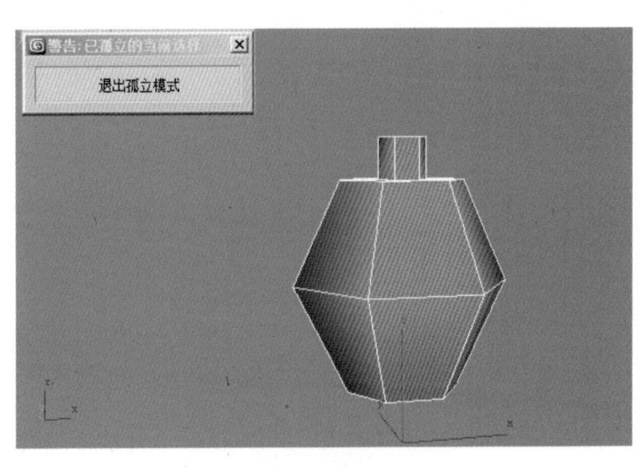

图 6-29　调整形状 2

(3) 单击视图左上方黄色的"退出孤立模式"按钮，将其他隐藏的部分显示出来。然后将已经制作好的灯笼复制出两个，垂直放置在图 6-30 所示的位置。

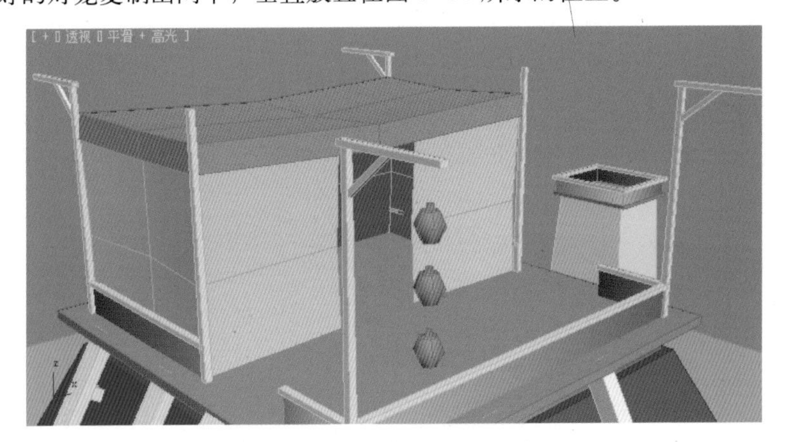

图 6-30　复制灯笼

(4) 创建两个交叉的平面作为绳子将灯笼串联起来，并将它们转换为可编辑多边形物体，如图 6-31 所示。

图 6-31　制作绳子

(5) 选取灯笼串和绳子，复制 3 次，然后分别放置到余下的 3 个角上，效果如图 6-32 所示。

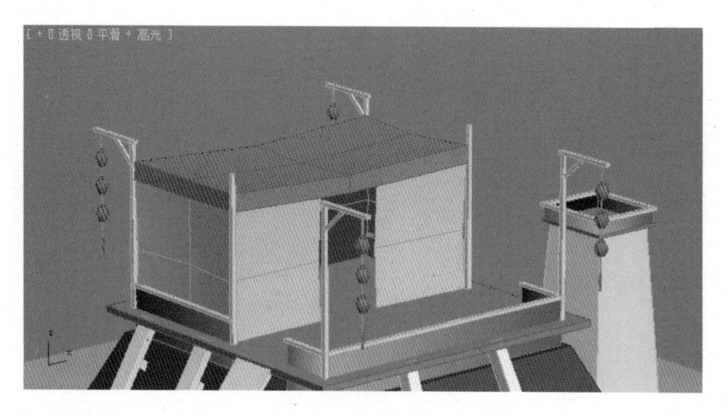

图 6–32　复制灯笼串

6.2.2　旗帜的制作

（1）旗杆的制作。方法：选择图 6–33 所示的多边形物体，按住键盘上的〈Shift〉键，利用（选择并移动）工具沿 Y 轴移动此物体，在弹出的对话框中选择“复制”选项，单击“确定”按钮，从而将其复制。进入模型的（边）层级，调整模型外形，如图 6–34 所示。

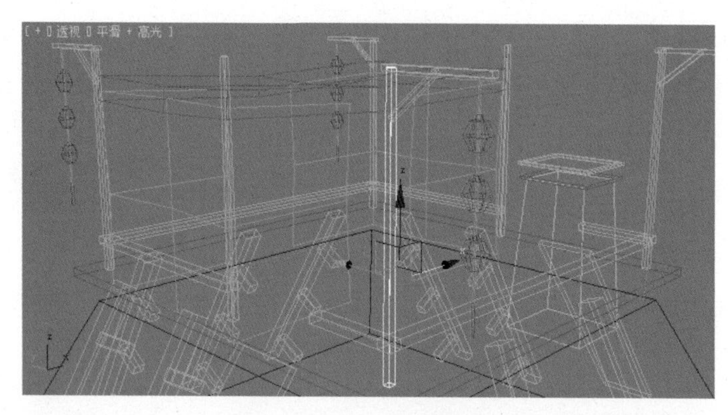

图 6–33　选择多边形物体

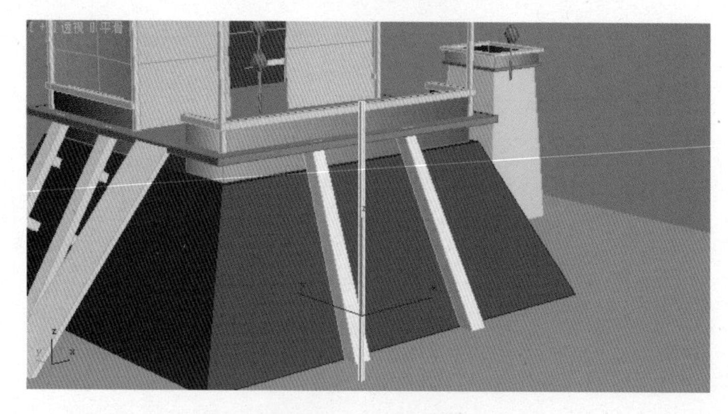

图 6–34　复制出旗杆

（2）将复制出的旗杆模型再复制两次，并利用（选择并旋转）工具将其水平翻转

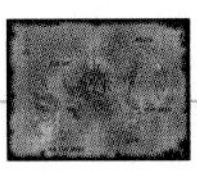

90°，然后利用 (选择并移动) 工具将其放置到图 6-35 所示的位置。

(3) 单击 (创建) 面板 (几何体) 类别中的“平面”按钮，在前视图中建立一个平面，然后在 (修改) 面板中设置其长度分段、宽度分段均为 1，将其转换为可编辑多边形物体。最后进入 (边) 层级调整到适当的大小，并利用 (选择并移动) 工具放置到图 6-36 所示的位置。

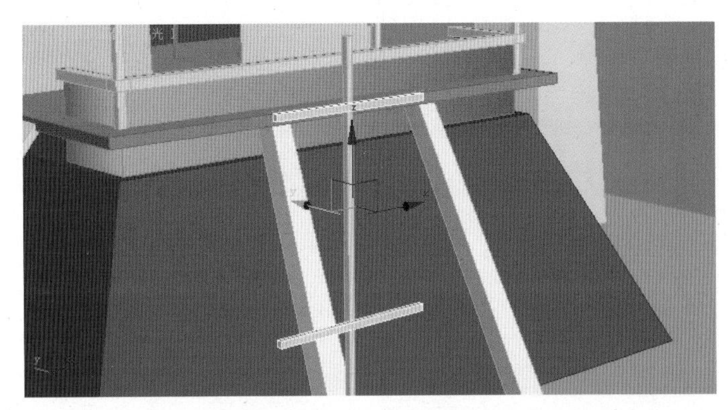

图 6-35　复制出横向的旗杆

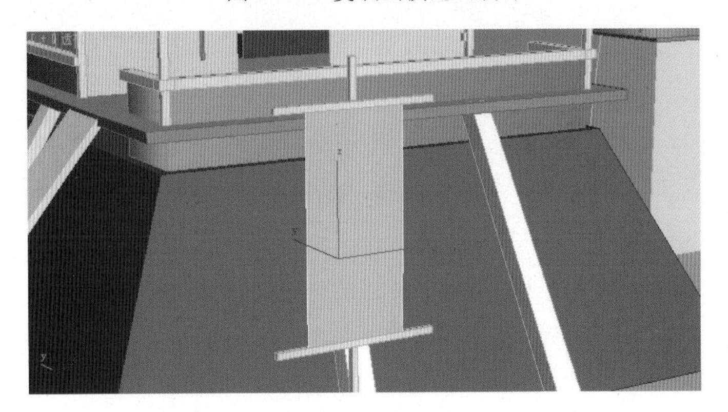

图 6-36　制作旗身

(4) 制作旗顶上枪头的红樱。方法：创建一个长方体，将其转换为可编辑多边形物体。然后进入 (多边形) 层级，删除顶部和底部的多边形，并调整其外形。将其放置到图 6-37 所示的位置，从而制作出旗顶上枪头的红樱。

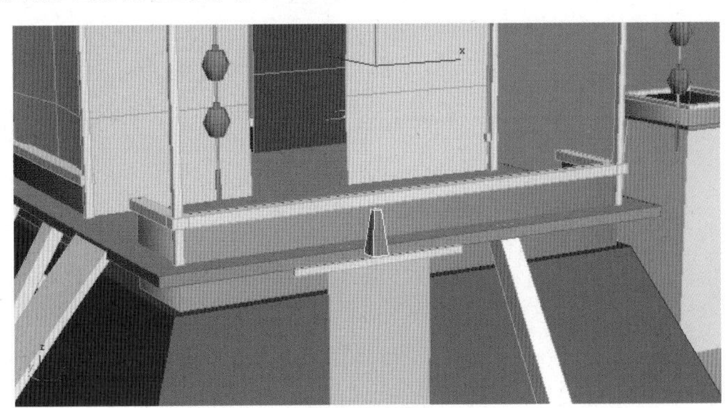

图 6-37　制作红樱

（5）创建两个交叉的平面，然后将它们转换为可编辑多边形物体。将调整外形后的多边形物体放置到图 6–38 所示的位置，从而制作出旗杆顶上的枪头。

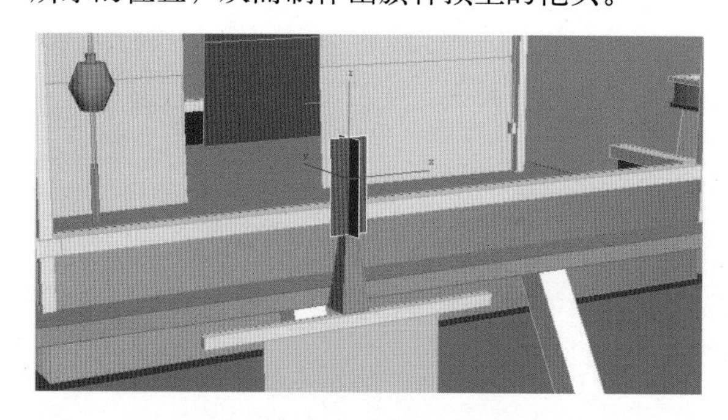

图 6–38　用平面做出枪头

（6）选取全部的旗杆模型，复制出 3 个。然后将它们放置到建筑的四周，效果如图 6–39 和图 6–40 所示。

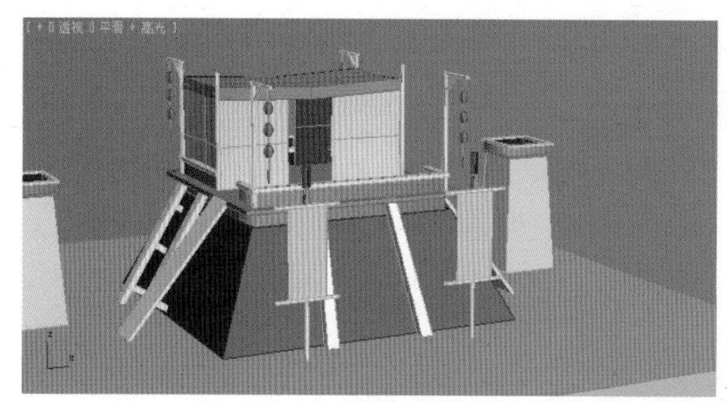

图 6–39　正面效果

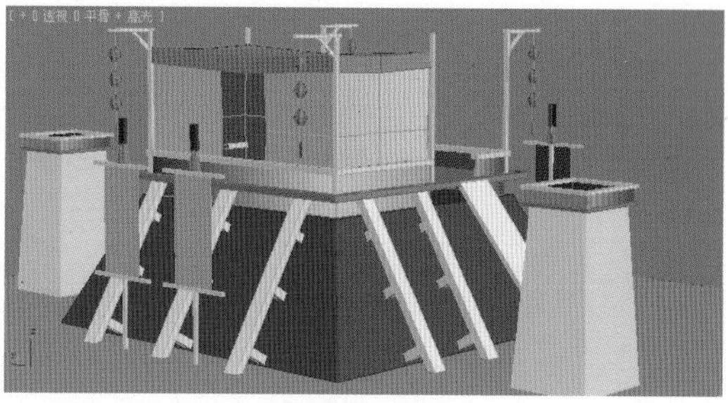

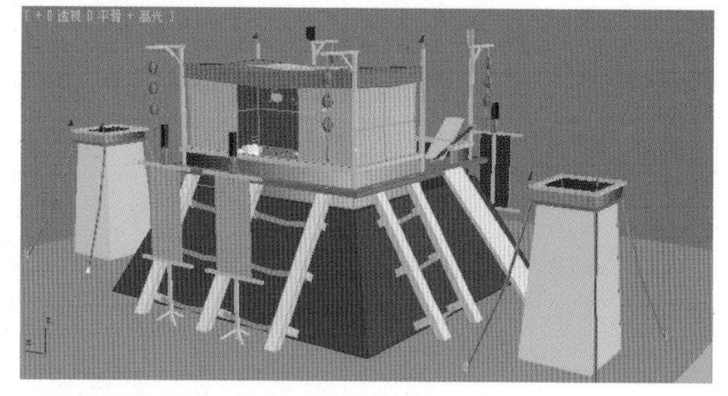

图 6–40　背面效果

（7）同理，制作出其他场景装饰物，完成的效果如图 6–41、图 6–42 和图 6–43 所示。

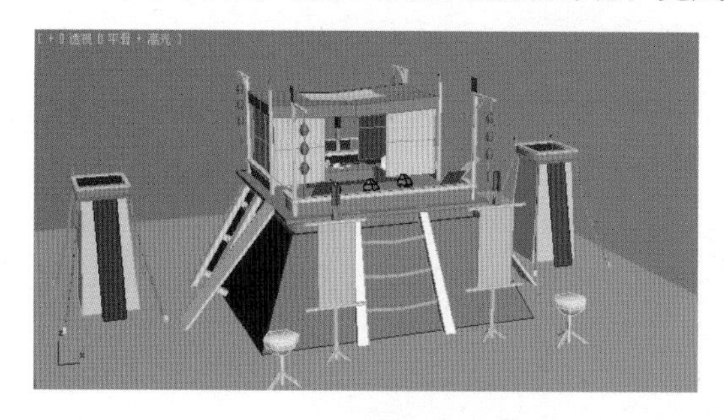

图 6–41　正面效果

图 6–42　背面效果

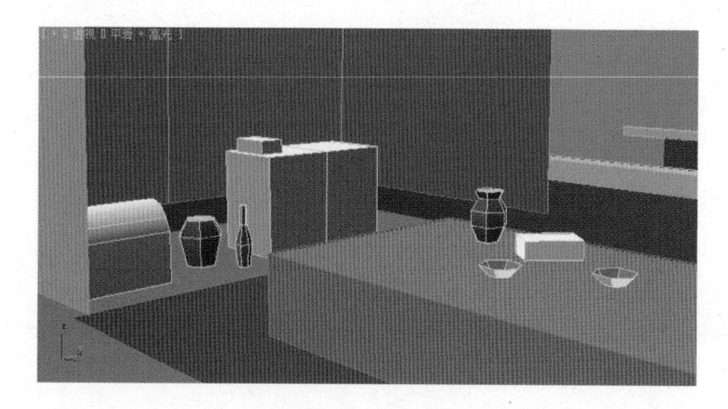

图 6–43　细节

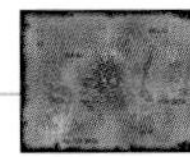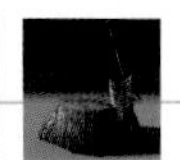

6.3 调整模型与贴图

因为建筑中的模型相对来说比较简单，主要以长方体为主，所以在绘制贴图之前，并没有必要去调整模型的 U V 贴图坐标。在贴图绘制完成后把贴图赋予模型，再根据贴图在模型表面的显示来调整模型的贴图坐标，此时的调整会更直观，也会更快捷。

6.3.1 调整地面

调整地面分为指定 ID 号和编辑 UV 两部分。

1．指定 ID 号

（1）选择模型的地面部分并右击，从弹出的快捷菜单中执行“孤立当前选择”命令，将其他模型隐藏，如图 6–44 所示。

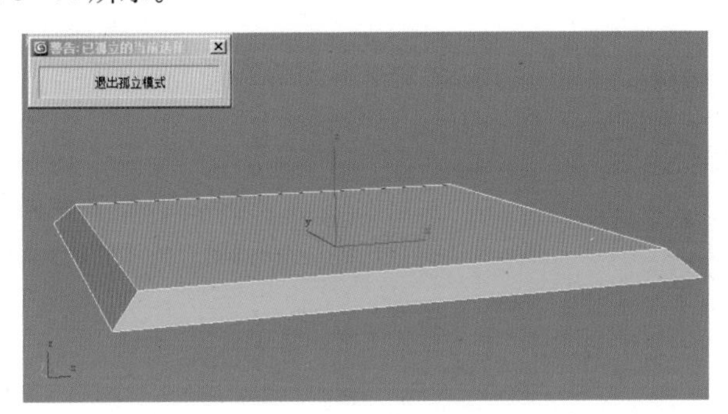

图 6–44　孤立地面模型

（2）单击工具栏中的（材质编辑器）按钮，进入材质编辑器。然后单击 Standard 按钮，在弹出的“材质 / 贴图浏览器”对话框中选择“多维 / 子对象”，如图 6–45 所示。单击“确定”按钮，在弹出的“替换材质”对话框中保持默认参数，如图 6–46 所示。单击“确定”按钮，进入“多维 / 子对象基本参数”卷展栏，单击“参数设置”按钮，在“材质数量”文本框中设置材质数量为 2，如图 6–47 所示。单击（将材质指定给选定对象）按钮，将材质指定给视图中的地表模型。

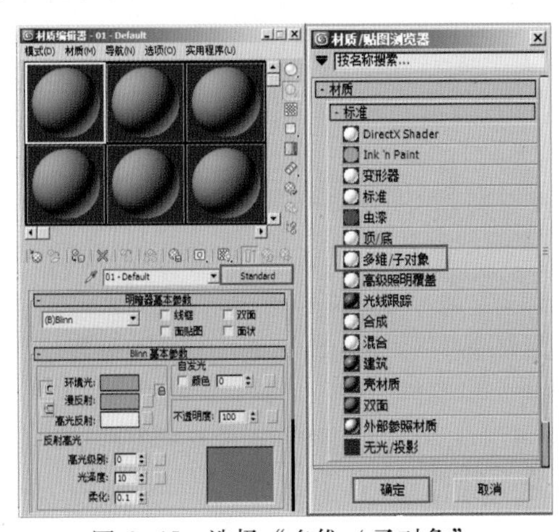

图 6–45　选择“多维 / 子对象”

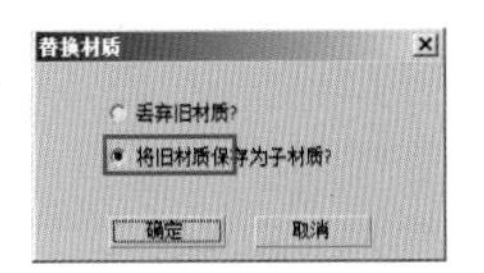

图 6–46　保持默认的参数

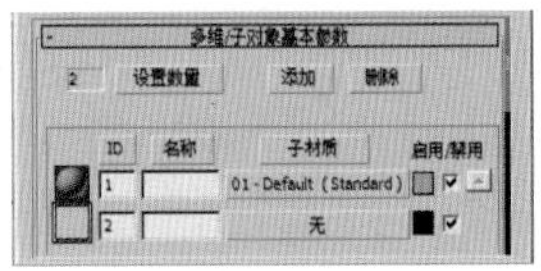

图 6–47　材质数量为 2

（3）进入 （修改）面板的可编辑多边形的 （多边形）层级，分别给游戏场景中各个不同的部分指定不同的平滑组和 ID 号。在此按照结构的变化设置地面的地表为 1 号，边缘为 2 号，为了便于区分，还可以将它们定义为不同的颜色。图 6–48 为指定 1 号材质 ID 的效果。

（4）图 6–49 所示为指定给模型边缘 2 号材质 ID 的效果。在指定平滑组和 ID 号之后，就可以通过不同的 ID 直接选择到物体的各个部分，同时也为后面的材质 UV 编辑提供了很好的辅助。

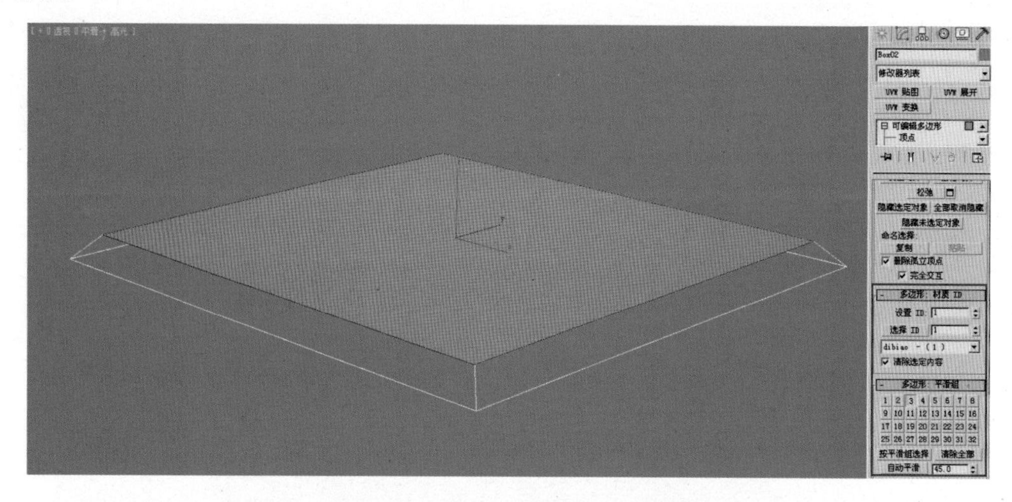

图 6–48　指定 1 号材质 ID 的效果

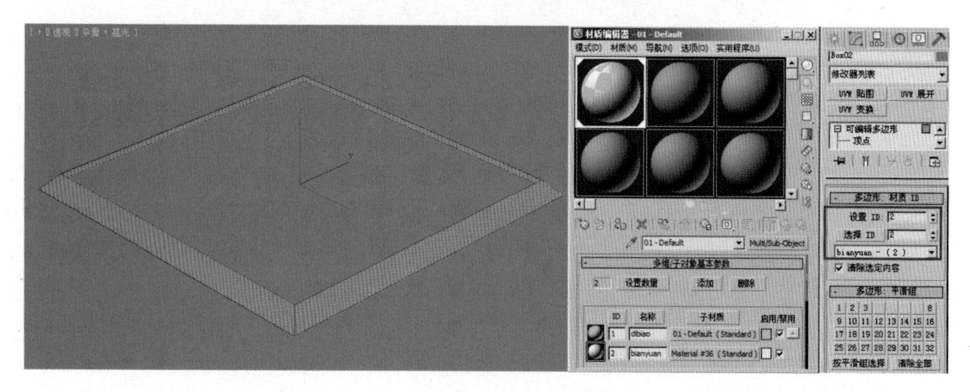

图 6–49　指定 2 号材质 ID 的效果

2．编辑 UV

下面开始对地面 UVW 进行编辑，根据材质 ID 号的顺序来完成各个部分材质的绘制，这个部分是整个游戏场景的关键。首先要把握整个游戏场景的氛围，完成基本材质的绘制工作。

(1)选中地面模型中的地表部分，确定材质 ID 号为 1。然后进入材质编辑器，选中 1 号材质，单击图 6–50 中 A 所示的按钮，打开“材质 / 贴图浏览器”对话框。接着双击“位图”图标，如图 6–50 中 B 所示，在弹出的“选择位图图像文件”对话框中找到“\ 贴图 \ 第 6 章　游戏室外场景制作 2——哨塔 \ maps\ dibiao.tga”文件，如图 6–50 中 C 所示，单击“打开”按钮。

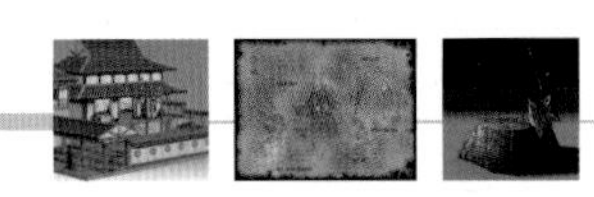

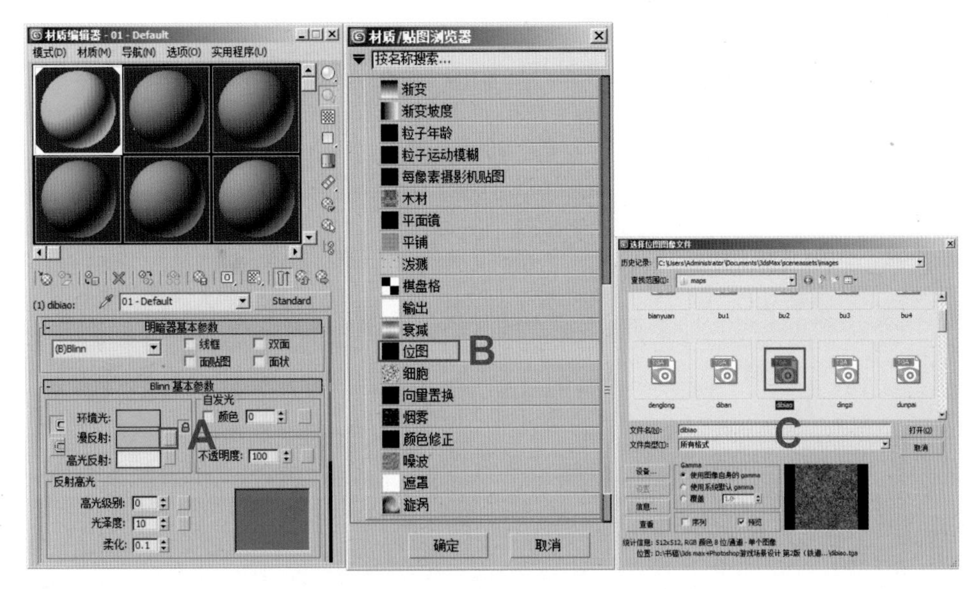

图 6–50　打开地表贴图

（2）单击▣（在视图中显示标准贴图）按钮，如图 6–51 所示，在视图中的模型上显示出贴图效果，如图 6–52 所示

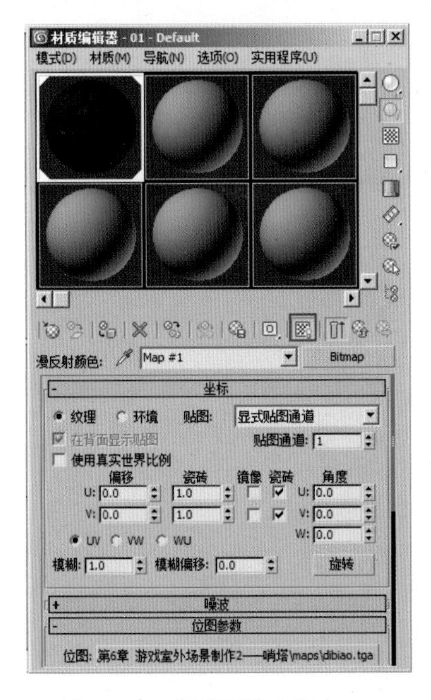

图 6–51　将贴图显示出来

图 6–52　贴图显示效果

（3）此时贴图的显示比例并不正确，还需要调整 UVW 贴图坐标。方法：进入▣（修改）面板，执行修改器中的“UVW 贴图”命令，将其添加到修改器中，然后选择“平面”选项，如图 6–53 所示。

（4）执行修改器列表中的“UVW 展开”命令，将其添加到修改器中，如图 6–54 中 A 所示。单击“打开 UV 编辑器”按钮，如图 6–54 中 B 所示，打开“编辑 UVW”窗口，如图 6–54 中 C 所示。

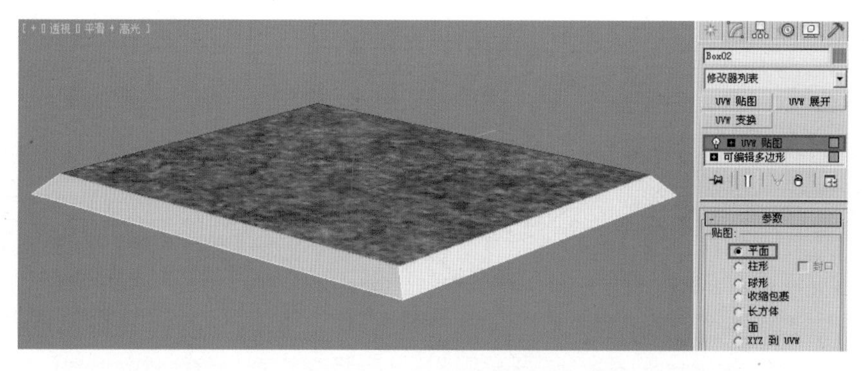

图 6−53　添加基本贴图坐标

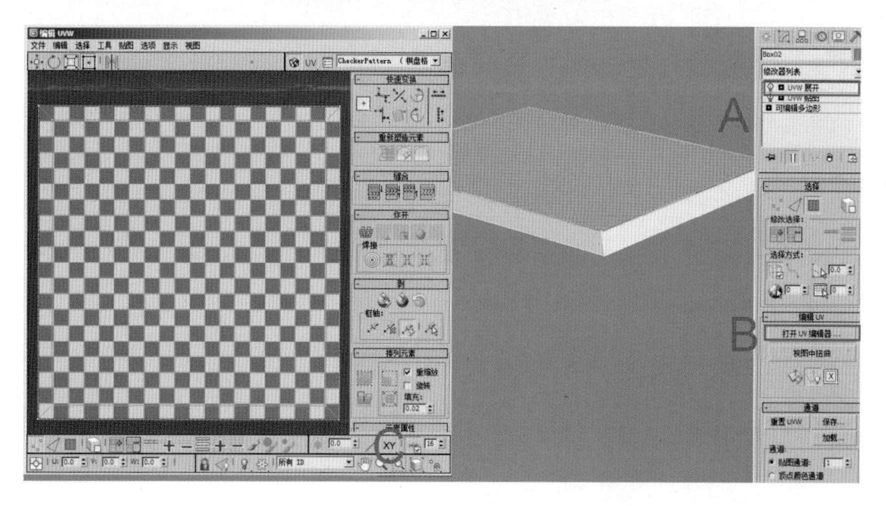

图 6−54　添加“UVW 展开”修改器

（5）在“编辑 U V W”窗口中，选择地表的所有坐标，然后利用“编辑 U V W”窗口工具栏中的 （缩放选定的子对象）工具将整个坐标成比例放大，直到贴图的比例合适为止，如图 6−55 所示。此时贴图效果如图 6−56 所示。

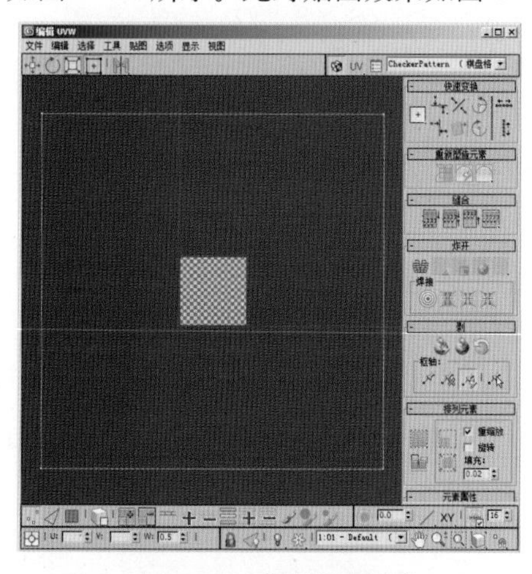

图 6−55　调整贴图坐标

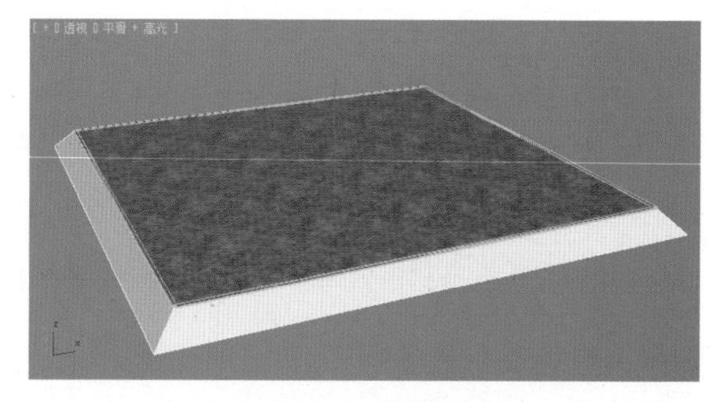

图 6−56　效果图

（6）在修改器中右击，从弹出的快捷菜单中选择“塌陷全部”命令，将修改器中的命令全部合并。

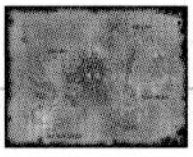

（7）选中地面模型中的边缘部分，确定材质 ID 号为 2，进入材质编辑器，将 2 号材质球赋予模型，并显示出贴图，效果如图 6–57 所示。

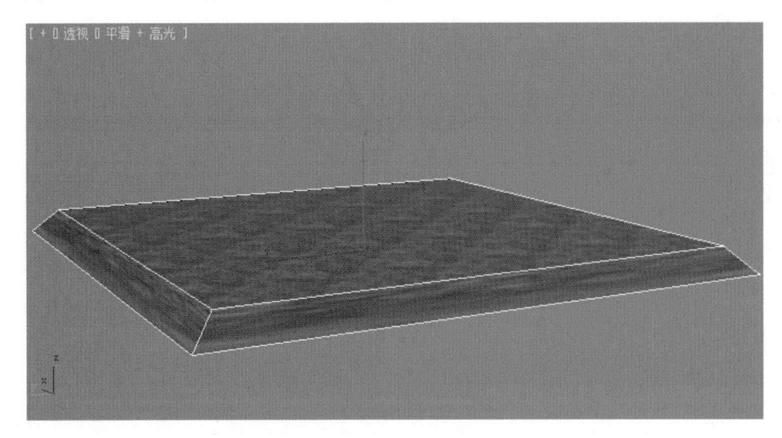

图 6–57　贴图显示

（8）进入（修改）面板，执行修改器中的“UVW 贴图”命令，将其添加到修改器中，如图 6–58 中 A 所示。然后选择“长方体”选项，如图 6–58 中 B 所示。

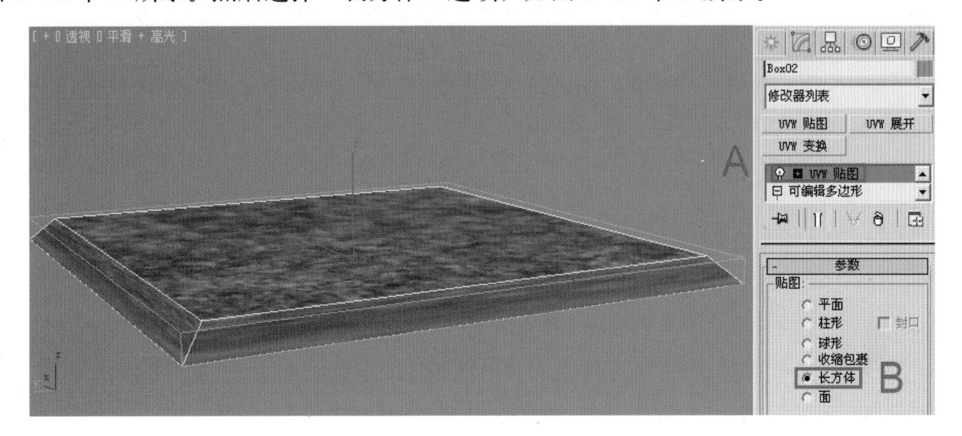

图 6–58　添加基本贴图坐标

（9）执行修改器列表中的“UVW 展开”命令，将其添加到修改器中。然后单击“打开 UV 编辑器”按钮，打开“编辑 UVW”窗口，如图 6–59 所示。

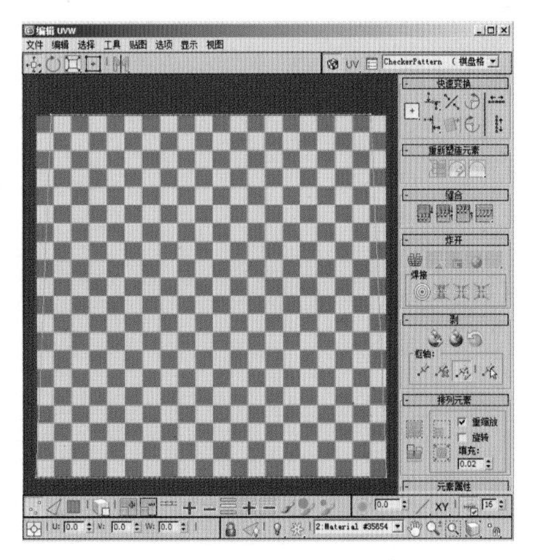

图 6–59　编辑贴图坐标

（10）在“编辑 UVW”窗口中，选择边缘的所有坐标，然后利用工具栏中的（自由形式模式）工具将整个坐标拉长，直到贴图的比例合适为止，如图 6–60 所示。此时贴图效果如图 6–61 所示。

（11）在修改器中右击，从弹出的快捷菜单中选择“塌陷全部”命令，然后退出孤立模式，将其他隐藏的部分显示出来，效果如图 6–62 所示。

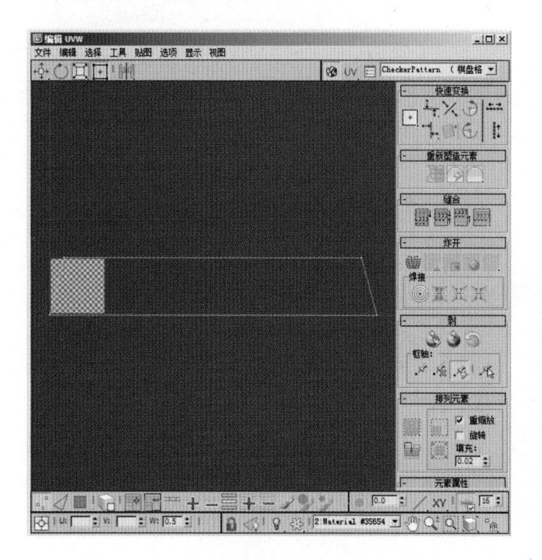

图 6−60　调整贴图坐标

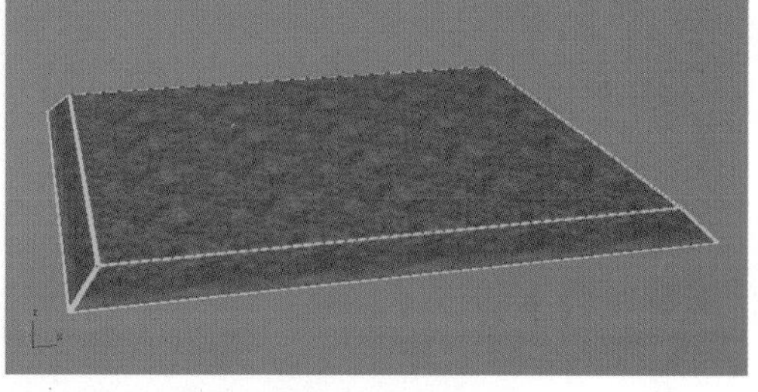

图 6−61　效果图

图 6−62　完成的地面效果图

6.3.2　调整建筑

（1）选择模型的石台部分并右击，从弹出的快捷菜单中选择“孤立当前选择”命令，将其他模型隐藏，如图 6−63 所示。

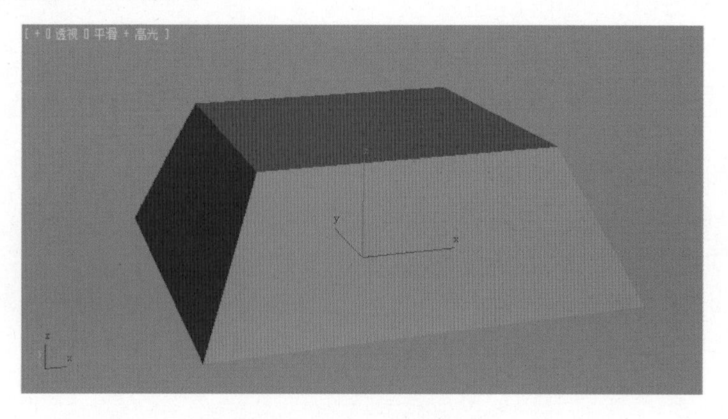

图 6−63　孤立石台模型

（2）单击工具栏中的 （材质编辑器）按钮，进入材质编辑器。选择一个新的材质球，然后单击图6-64中A所示的按钮，打开“材质／贴图浏览器”对话框。选择“位图”图标，如图6-64中B所示，单击“确定”按钮。在弹出的“选择位图图像文件”对话框中找到“\贴图\第6章　游戏室外场景制作2——庭院\maps\shitai.tga”文件，如图6-64中C所示，单击“打开”按钮。

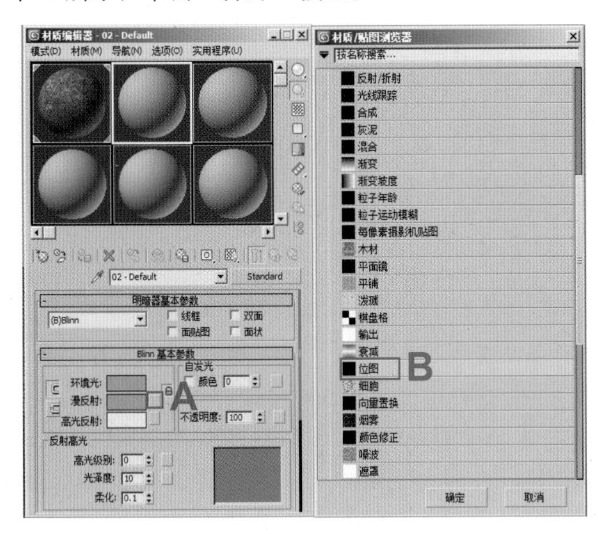

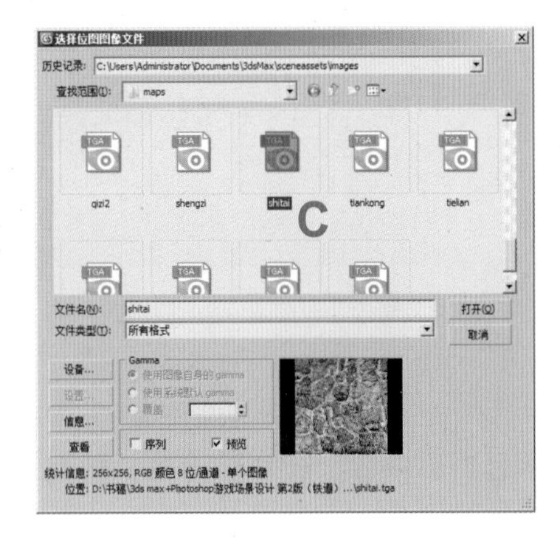

图6-64　设置贴图

（3）单击 （将材质指定给选定对象）按钮，如图6-65中A所示，将材质指定给地表模型。然后单击 （在视图中显示标准贴图）按钮，如图6-65中B所示，在视图中显示出贴图效果，如图6-66所示。

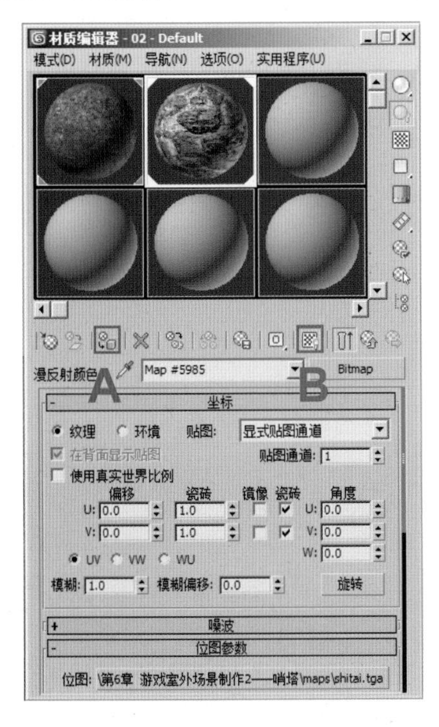

图6-65　将贴图显示出来

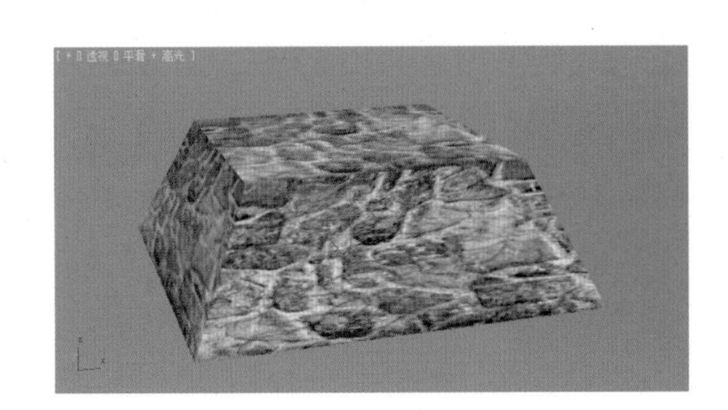

图6-66　显示贴图

（4）此时贴图比例是不对的，需要调整贴图坐标。方法：在（修改）面板的修改器列表中选择“UVW 贴图”修改器，将其添加到修改器中，如图 6–67 中 A 所示。然后选择“长方体”选项，如图 6–67 中 B 所示。

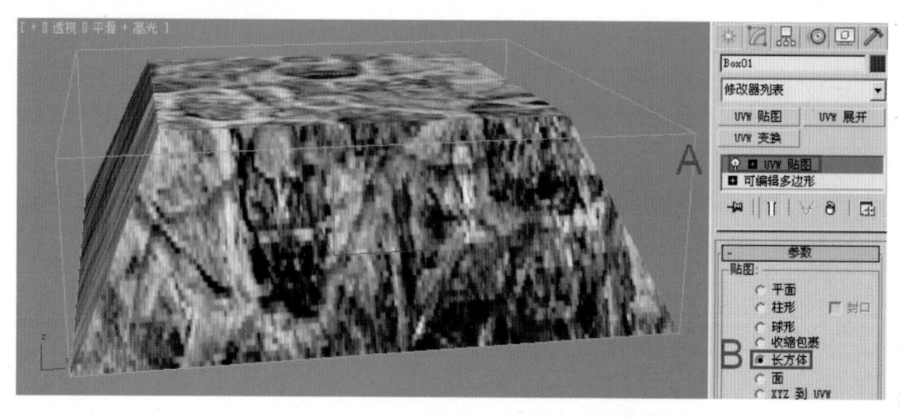

图 6–67　添加“UVW 贴图”修改器

（5）在（修改）面板的修改器列表中选择“UVW 展开”修改器，将其添加到修改器中。然后单击“打开 UV 编辑器”按钮，打开“编辑 UVW”窗口，如图 6–68 所示。

（6）进入“UVW 展开”修改器中的（多边形子对象模式）层级，利用“分离”工具将所有的面分离出来，并将相同材质的面叠加在一起，然后将它们缩放到适当的大小，效果如图 6–69 所示，贴图效果如图 6–70 所示。

（7）塌陷所有命令，并取消孤立模式，效果如图 6–71 所示。

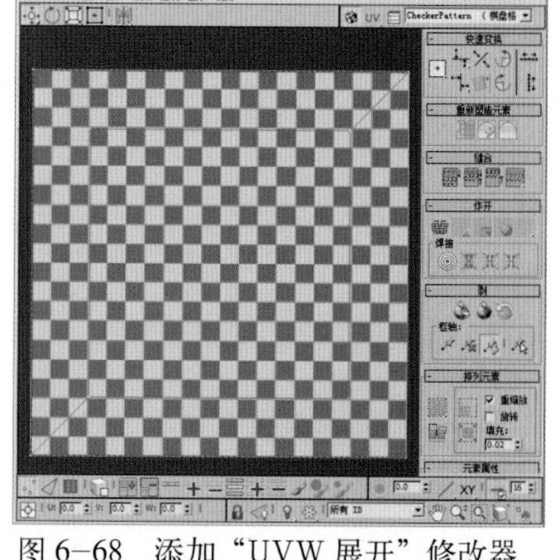

图 6–68　添加“UVW 展开”修改器

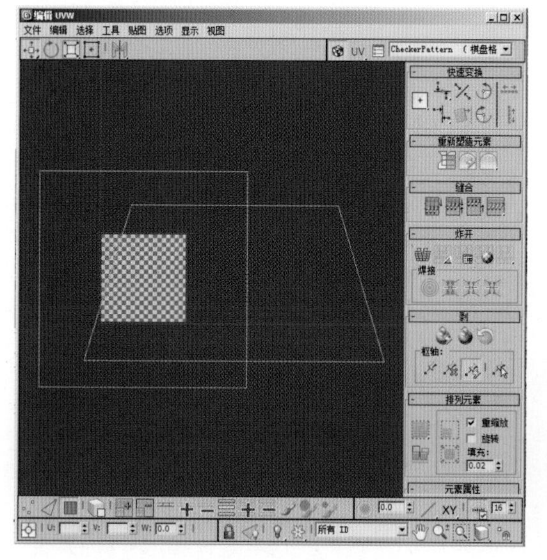

图 6–69　调整贴图坐标

图 6–70　贴图效果

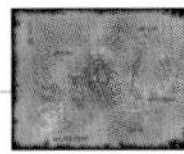

图 6–71　完成后的效果图

6.3.3　调整栏杆

本小节为本章重点，将利用透明贴图来制作一些贴图。

（1）启动 Photoshop CS5 软件，打开"\ 贴图 \ 第 6 章　游戏室外场景制作 2——哨塔\maps\langan.jpg"文件，如图 6–72 所示。

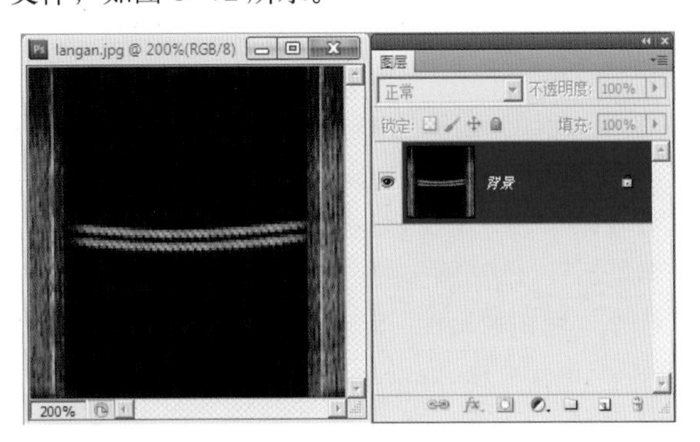

图 6–72　打开素材

（2）选择工具箱中的（魔棒工具）选取贴图中的背景部分。如果有的背景没有被选上，可以配合键盘上的〈Shift〉键添加选区，直到背景部分完全被选中为止，如图 6–73 所示。然后按快捷键〈Ctrl+Shift+I〉，反向选择选区，如图 6–74 所示。

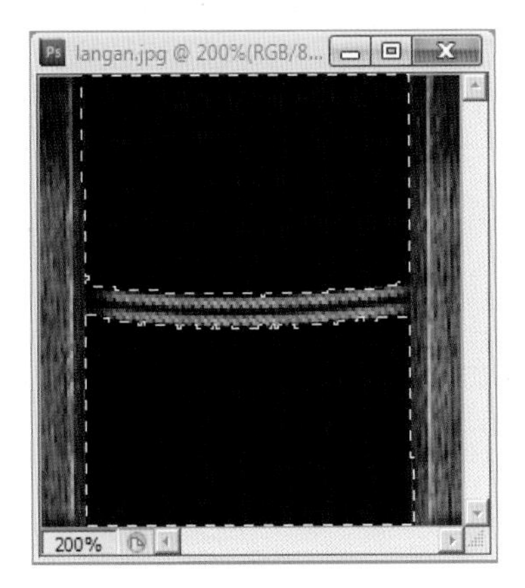

图 6–73　选择背景

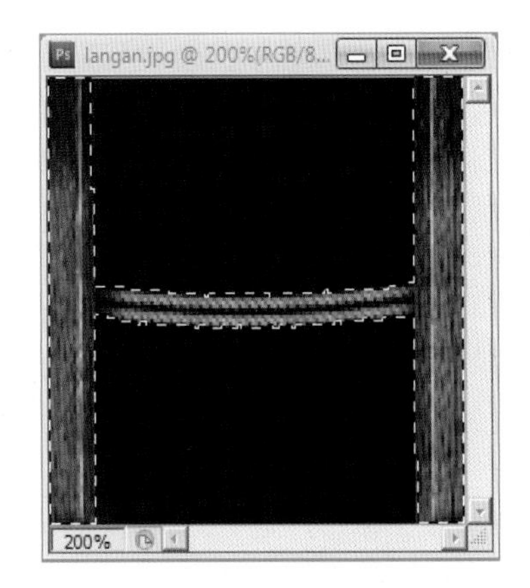

图 6–74　反选选区

（3）打开“通道”面板，然后单击面板下方的 （将选区存储为通道）按钮，将刚才选择的树木选区存储为“Alpha 1”通道，如图 6–75 所示。

提 示

在贴图赋予模型后，将要用这个通道来控制贴图的不透明度。

（4）按快捷键〈Ctrl+Shift+S〉，将贴图存储为 langan.tga 文件，存储时，在弹出的“Targa 选项”对话框中选择“32 位 / 像素”选项，如图 6–76 所示，单击“确定”按钮。

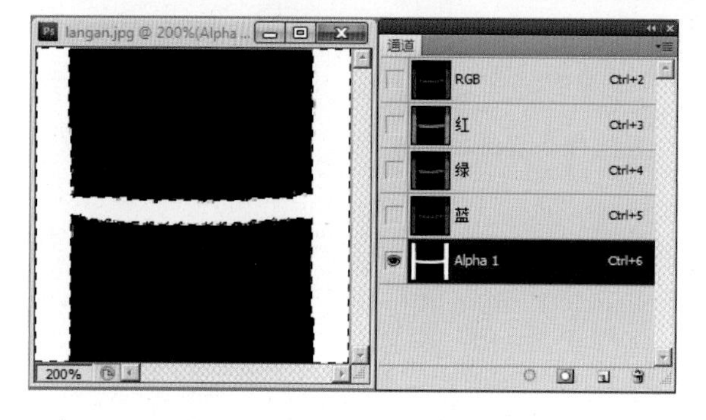

图 6–75　制作“Alpha”通道

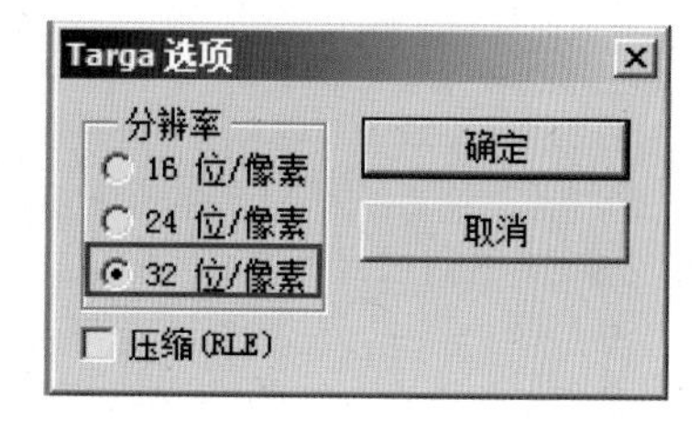

图 6–76　保存 Targa 文件时的选项

（5）切换到 3ds Max 2012 软件，在视图中选取栏杆模型并右击，在弹出的快捷菜单中选择“孤立当前选择”命令，将其他模型隐藏。然后按键盘上的〈M〉键，调出材质编辑器，接着选择一个空白的材质球，单击“漫反射”贴图通道右边的按钮，如图 6–77 中 A 所示，在弹出的“材质 / 贴图浏览器”对话框中选择“位图”图标，如图 6–77 中 B 所示，单击“确定”按钮。在弹出的“选择位图图像文件”对话框中找到刚才保存的“\ 贴图 \ 第 6 章　游戏室外场景制作 2——哨塔 \maps\langan.tga”文件，如图 6–77 中 C 所示，单击“打开”按钮。

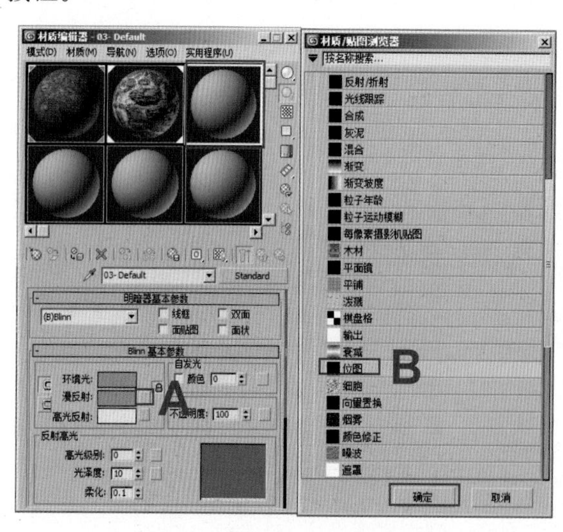

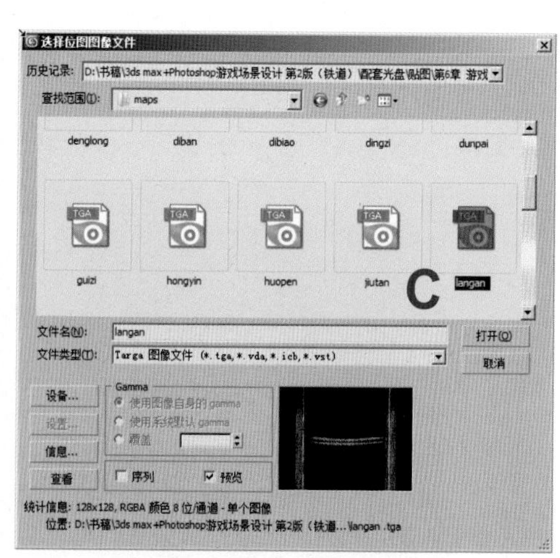

图 6–77　设置贴图

（6）单击材质编辑器中的 （将材质指定给选定对象）按钮，将材质赋予模型，然后利用前面的方法，调整贴图坐标，效果如图 6–78 所示。

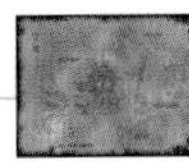

（7）现在模型上有了贴图，但是贴图并不是透明的，下面做贴图的透明效果。方法：选中“双面”复选框，如图 6–79 中 A 所示。然后拖动图 6–79 中的 B 到 C，在弹出的“复制（实例）贴图”对话框中选中“复制”选项，如图 6–79 中 D 所示。这样材质的“不透明”通道和“漫反射颜色”通道就被添加了同样一张“32 位／像素”的 TGA 贴图，如图 6–79 中 E 所示。

图 6–78　将贴图赋予模型并调整

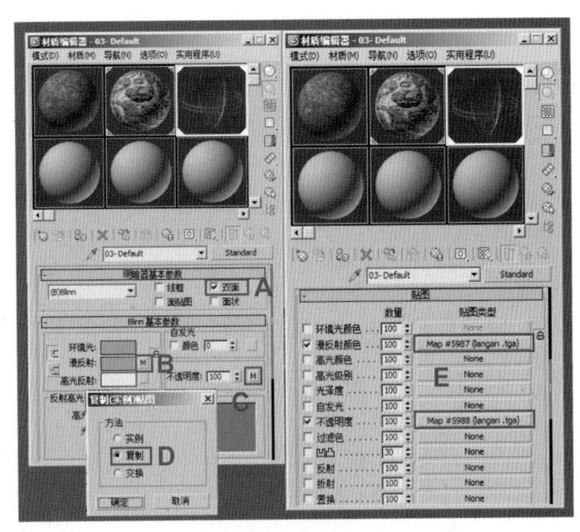

图 6–79　为不透明通道添加贴图

（8）单击不透明通道右边的贴图按钮，如图 6–80 中 A 所示，在打开的位图参数面板中选中“单通道输出”选项组中的“Alpha”选项，如图 6–80 中 B 所示。

（9）在视图名称上右击，在弹出的快捷菜单中将透明的显示级别改为“最佳”，效果如图 6–81 所示。

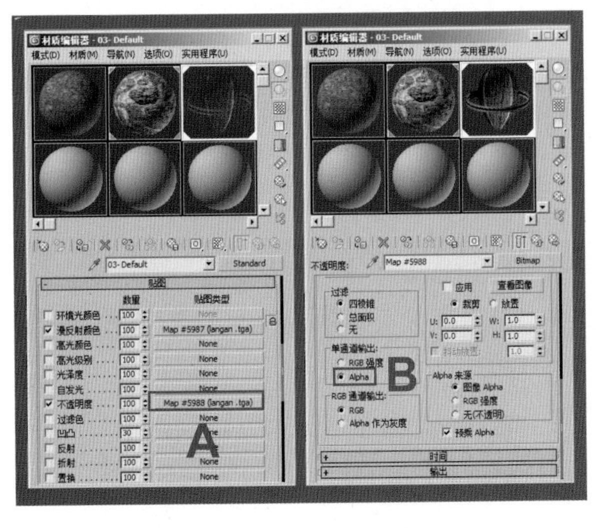

图 6–80　设置“Alpha”通道

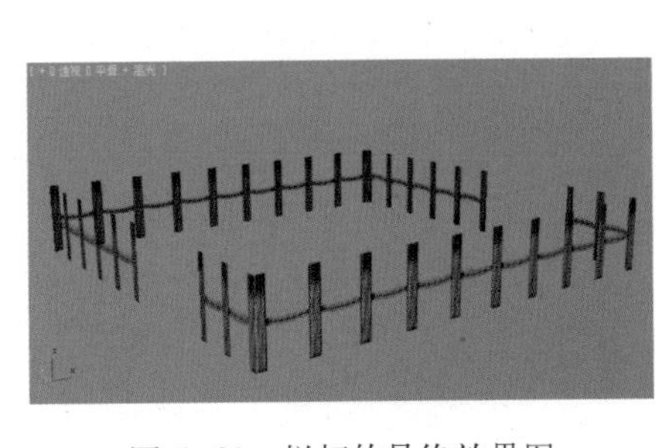

图 6–81　栏杆的最终效果图

（10）将此贴图赋予瞭望塔上的栏杆模型，并进行贴图坐标调整，效果如图 6–82 所示。

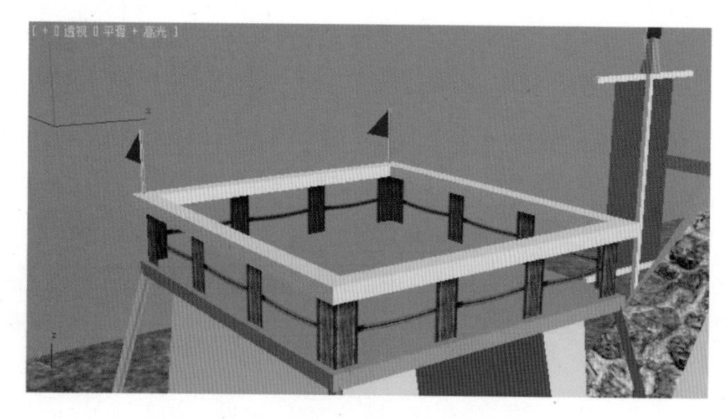

图 6–82　瞭望塔上的栏杆效果图

6.3.4　调整其他部分

（1）同理，利用透明贴图制作剩余的帐篷、兵器、梯子等部分，完成的效果如图 6–83 所示。

图 6–83　效果图

（2）在场景中添加天空环境作为装饰，完成最后效果图，如图 6–84 和图 6–85 所示。

图 6–84　最终效果图 1

图 6–85　最终效果图 2

提 示

游戏室外场景中的灯光是在引擎中完成的，因此在 3ds Max 中不需要设置灯光。

课后练习

运用本章所学的知识制作图 6-86 所示的祭坛效果。参数可参考“\ 课后练习 \6.4 课后练习 \ 操作题 .zip”文件。

图 6–86　课后练习的效果图

第 7 章 游戏室内场景制作 1——监狱

这一章将制作一个游戏项目里的室内场景。图 7-1 为该场景不同角度的渲染效果图。通过本章学习，应掌握制作游戏中完整室内场景的方法。

图 7-1　游戏室内场景制作 1——监狱的效果图

在制作之前，首先要根据项目要求进行分析，并对制作目的、技术实现进行准确的定位。

文档要求如下：

名称：监狱。

用途：游戏内部地下城。

简介：监狱是中国古代统治者用于关押犯人的场所，监狱里气氛阴森恐怖，充满血腥。

任务：战胜一个怪物 Boss，然后获得其身上掉落的钥匙，去打开牢笼挽救一个被囚禁的英雄人物。

区域：地下城堡的一个监狱牢房。

内部细节：里面摆放着各种刑具，随处可见的尸骨，地表、墙面布满血迹。

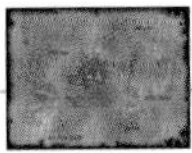

接下来就开始进入正式的制作流程。

7.1 进行单位设置

（1）进入 3ds Max 2012 操作界面，根据项目的要求对整个系统参数进行制作前的设置。方法：执行菜单中的“自定义 | 单位设置”命令，在弹出的“单位设置”对话框中设置参数，如图 7–2 所示，单击“确定”按钮。

（2）在游戏开发过程中，单位设置一定要与角色的身高比例保持一致，这个项目中的系统参数以厘米为单位。1 单位 =10 厘米，在制作新的场景或者物体的时候一定要确保单位尺寸的设置正确。在“单位设置”对话框中单击 系统单位设置 按钮，在弹出的“系统单位设置”对话框中设置系统单位比例，如图 7–3 所示，单击“确定”按钮。

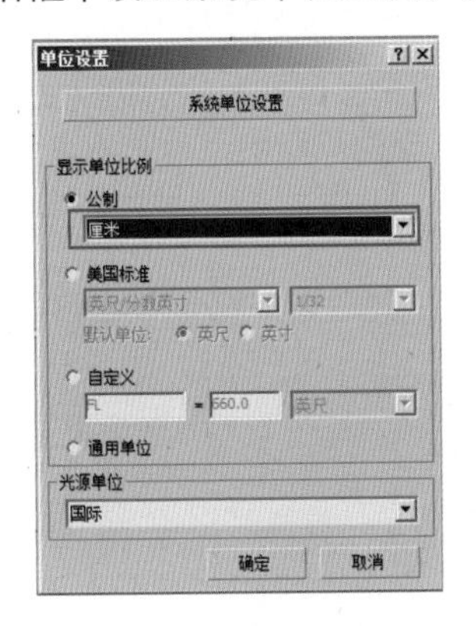

图 7–2　设置单位

图 7–3　设置系统单位比例

（3）下面对网格单位进行设置。主要结合单位尺寸来定制操作平面的比例，同时要对主栅格进行网格比例尺寸的定位，以便在后期的游戏制作过程中更好地把握整个物体的比例大小，同时也便于进行物体的管理。方法：右击工具栏中的按钮，从弹出的“栅格和捕捉设置”对话框中进行设置，如图 7–4 和图 7–5 所示。

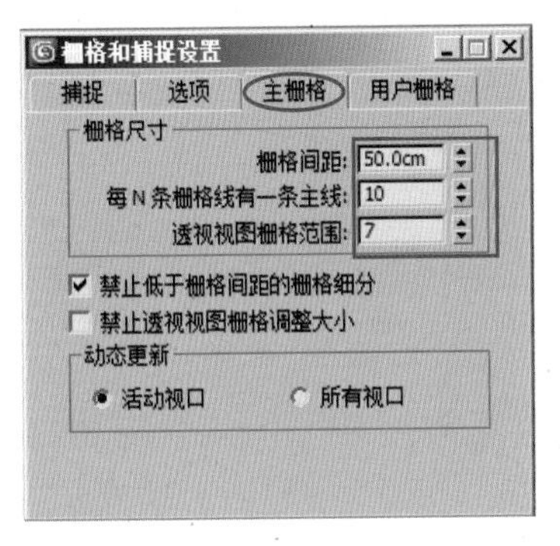

图 7–4　设置网格单位

图 7–5　设置捕捉参数

（4）对系统显示内置参数进行设置，以便能即时看到制作的每一步的效果，从而更好地提高工作效率。方法：执行菜单中的“自定义 | 首选项”命令，在弹出的“首选项设置”对话框中选择“视图”选项卡，单击 选择驱动程序... 按钮，如图 7–6 所示。在弹出的“显示驱动程序选择”对话框中选择“OpenGL”选项，如图 7–7 所示。单击“确定”按钮。在“首选项设置”

对话框中单击 配置驱动程序... 按钮，弹出的“配置 OpenGL”对话框中进行参数设置，如图 7–8 所示。单击“确定”按钮。

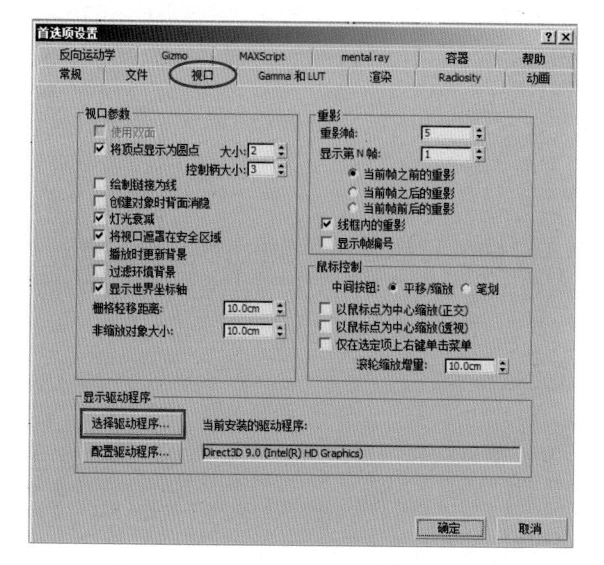

图 7–6 选择“视图”选择卡

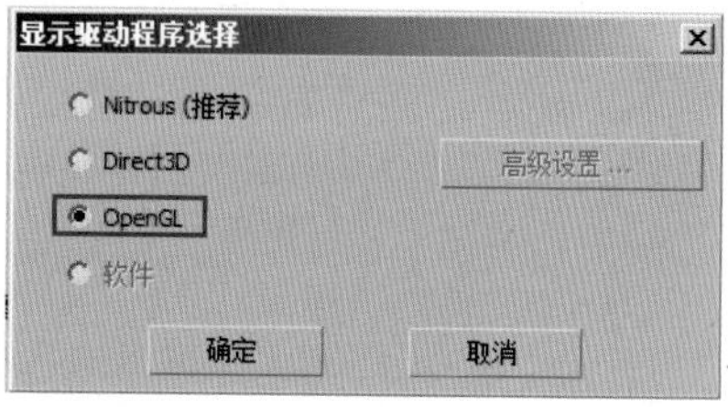

图 7–7 选中“OpenGL”选项

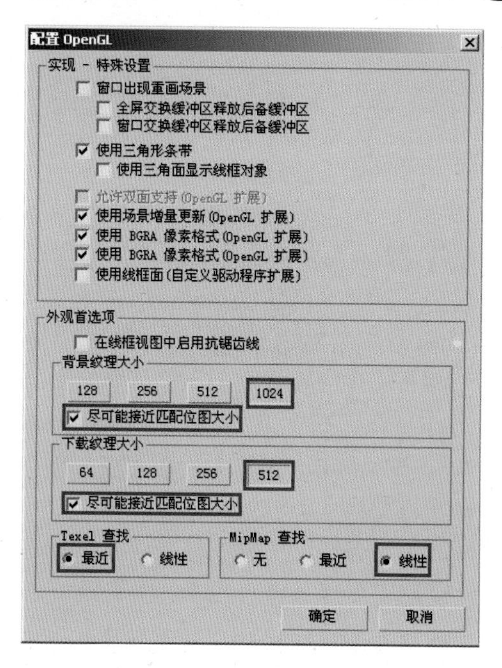

图 7–8 配置 OpenGL 的参数

提 示

此部分参数在游戏制作开始就应该作为特定参数固定下来，在制作过程中，随时都可能把制作的效果导入引擎进行测试，因此此部分的设置尤为重要。

在设置完单位尺寸、网格和显示之后，就开始根据项目单制作主体建筑模型。要制作的这座建筑包含很多部分，主要有（复生）主体建筑及木柱、门、通道、灯等配件，甚至还要

 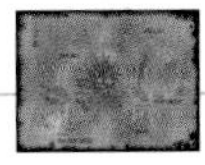 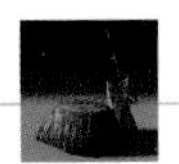

根据具体情况制作相应的装饰物。所以在游戏场景中，建筑的制作难度是最大的。通常一座建筑要由很多模型组成，这就要求在制作时灵活应对，根据每个模型的特点来应用不同的制作方法。其中建筑的主体是整个建筑的框架，有了正确的框架之后才能有完美的细节。下面首先来制作建筑的主体模型。

7.2 制作建筑主体模型

制作建筑主体模型包括制作室内场景的外壁模型、制作室内场景中的柱子、制作内部墙壁和门、制作主体建筑中的其余部分和制作建筑内部小物件 5 部分。

7.2.1 制作室内场景的外壁模型

(1) 创建一个与游戏角色身高保持一致的长方体，以便处理好建筑与角色的比例关系。方法：打开 3ds Max 2012 软件，单击 (创建) 面板 (几何体) 类别中的“长方体”按钮，然后在透视图中按住鼠标左键，在水平方向进行拖动，从而创建出长方体的底面，接着在垂直方向拖动，从而创建出长方体的高度。最后单击鼠标右键结束创建，再在 (修改) 面板设置模型的长度为 10 cm、宽度为 10 cm、高度为 180 cm，长度、宽度和高度分段数均为 1，如图 7–9 所示。

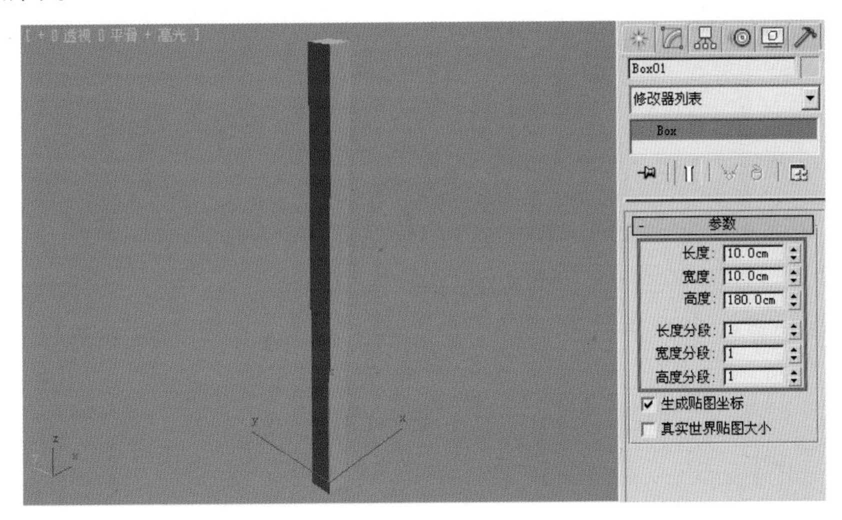

图 7–9 创建一个与游戏角色身高保持一致的长方体

(2) 按照上面的虚拟角色的身高比例创建主体建筑。方法：创建一个长方体，并设置长方体的长为 1000 cm、宽为 1200 cm、高为 500 cm，长度、宽度和高度分段数均为 1，如图 7–10 所示。

(3) 根据主体建筑模型的需要对主体模型进行调节，并且给主体建筑指定一个默认的材质球。然后在视图中选择长方体右击，从弹出的快捷菜单中选择“转换为 | 转换为可编辑多边形”命令，如图 7–11 所示，从而将长方体转为可编辑多边形物体。

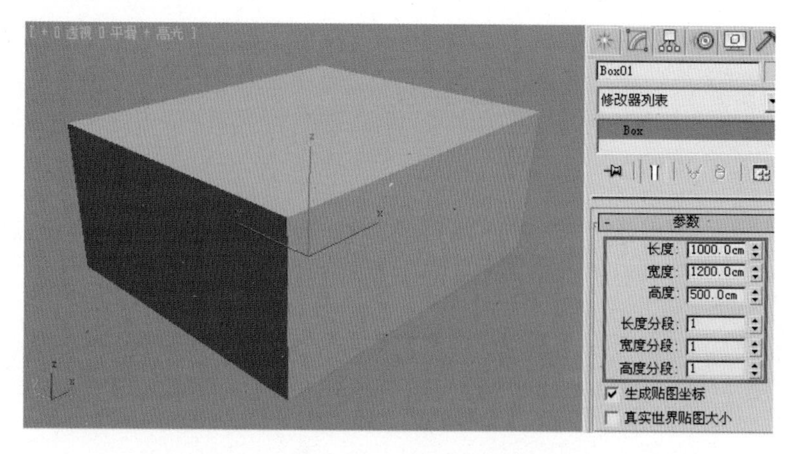

图 7–10　创建主体建筑

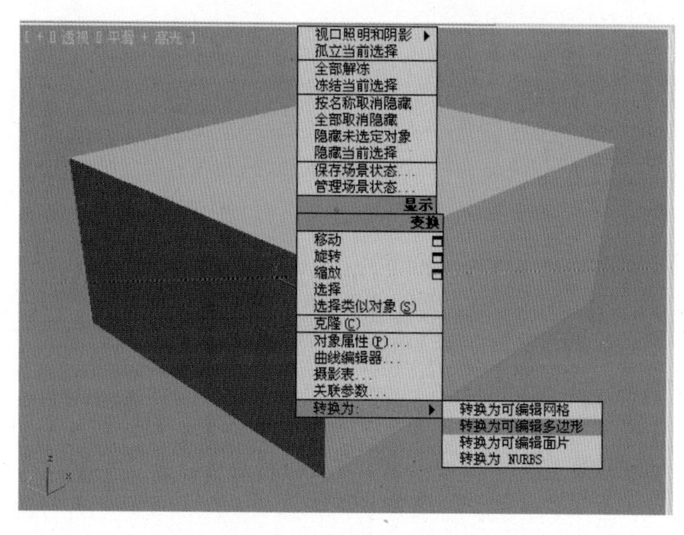

图 7–11　转换为多边形物体

（4）进入 （修改）面板可编辑多边形的 （边）层级，选择图 7–12 所示的两条边，然后利用“连接”工具添加一条线，如图 7–13 所示。

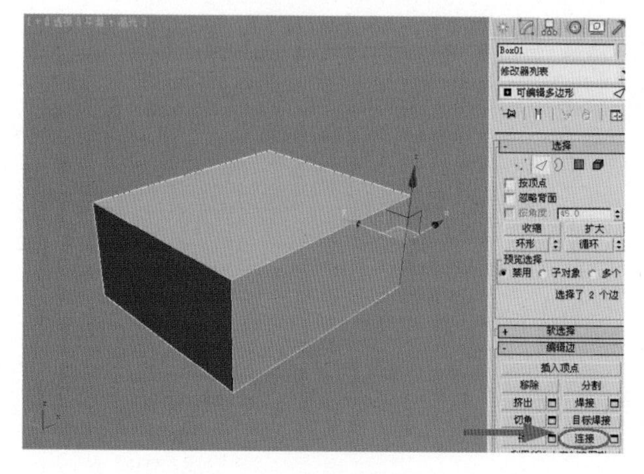

图 7–12　选择两条边

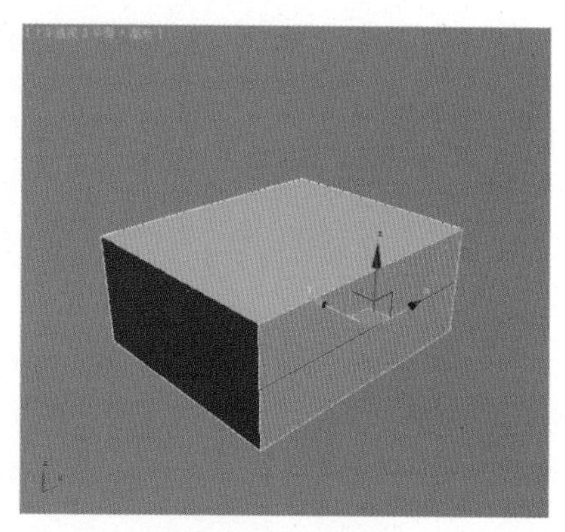

图 7–13　添加线

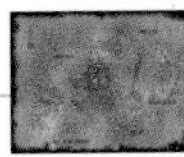

（5）利用工具栏中的 （选择并移动）工具将添加的线段向下移动到图 7–14 所示的位置。

（6）进入 （多边形）层级，选择图 7–15 所示的多边形，然后利用“挤出”工具拉出多边形，如图 7–16 所示。

（7）进入 （修改）面板，点选 Box01 右侧的对象颜色块，将模型改为黑色，如图 7–17 所示。

（8）单击工具栏中的 （材质编辑器）按钮，在弹出的“材质编辑器”窗口中选择 1 号材质球，然后单击材质编辑器工具栏中的 (将材质指定给选定对象)按钮，赋予模型一个材质，如图 7–18 所示。

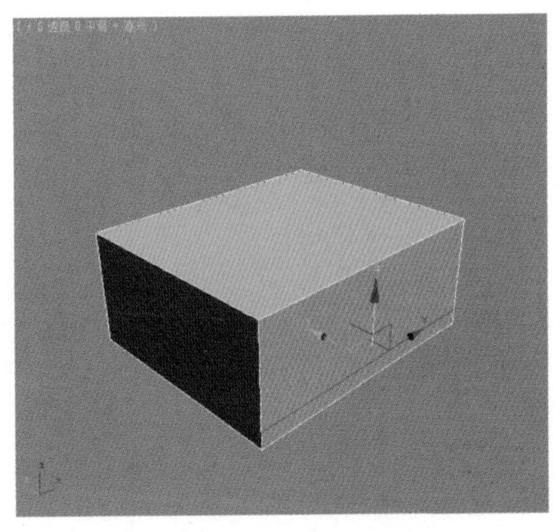

图 7–14　移动添加的线

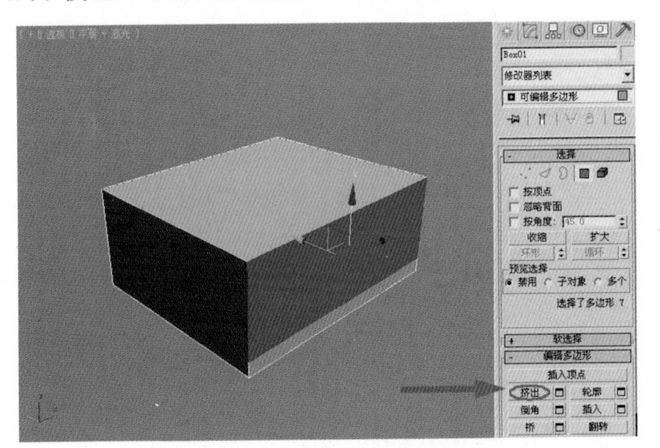

图 7–15　选择多边形

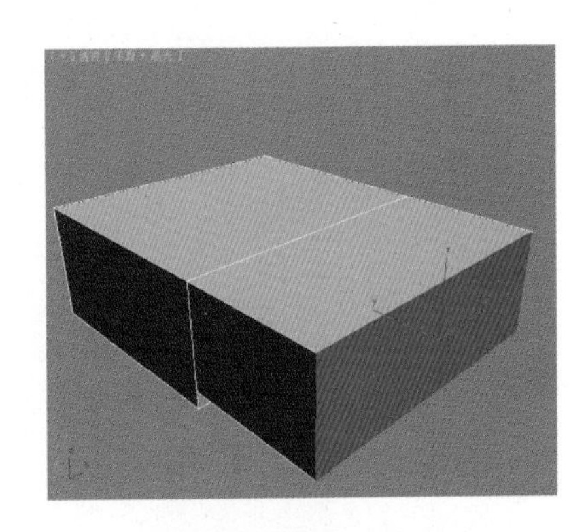

图 7–16　拉出多边形

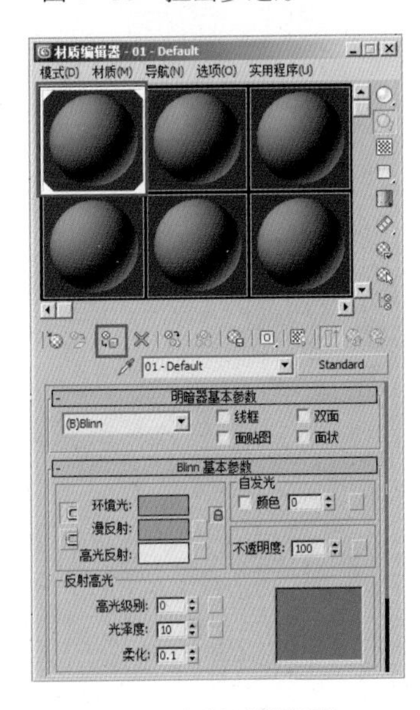

图 7–18　材质编辑器

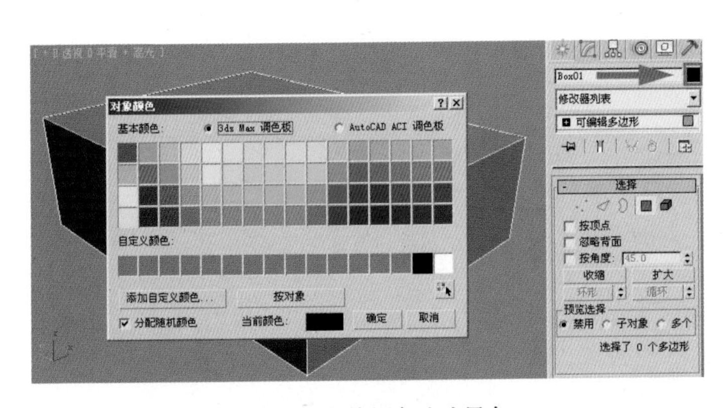

图 7–17　将 Box01 的颜色改为黑色

（9）进入 （多边形）层级，选择所有的多边形，如图 7–19 所示。然后利用“翻转”工具翻转模型的法线，从而看到模型的内部，效果如图 7–20 所示。

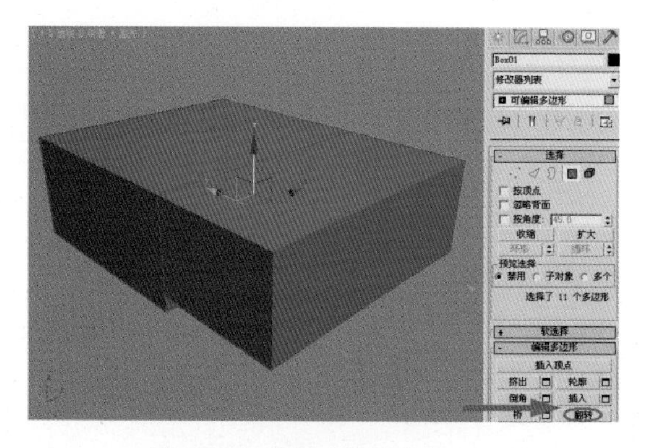

图 7-19　选择所有的多边形

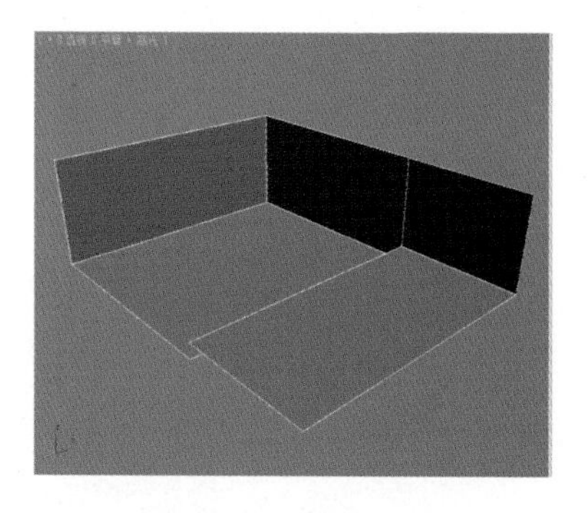

图 7-20　法线翻转效果

（10）创建墙角的一根柱子。方法：单击（创建）面板（几何体）类别中的“长方体”按钮，然后在透视图中创建一个长度、宽度和高分别为 50 cm、50 cm 和 500 cm 的长方体，如图 7-21 所示。将其转换为可编辑多边形。

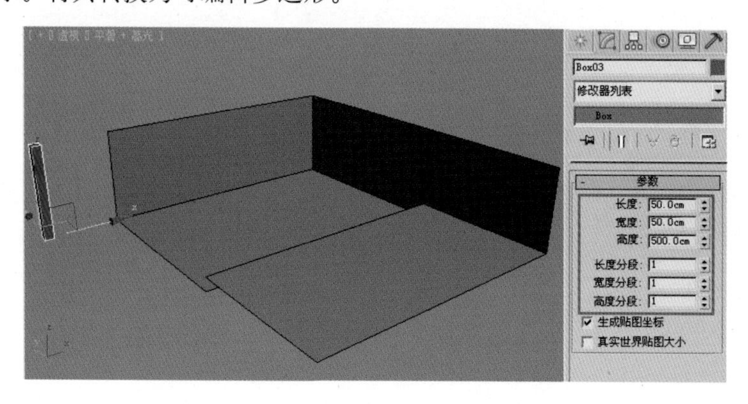

图 7-21　创建长方体

（11）在透视图中，按键盘上的〈T〉键进入顶视图模式，然后利用工具栏中的（选择并移动）工具将长方体移动到图 7-22 所示的位置。

（12）复制长方体作为墙壁四周的柱子。方法：按住〈Shift〉键，利用工具栏中的（选择并移动）工具移动长方体，在弹出的对话框中选择“复制”选项，再单击“确定”按钮，从而复制出另外一根柱子。重复此操作，复制出墙角处的其余柱子，再按照图 7-23 所示的位置摆放。

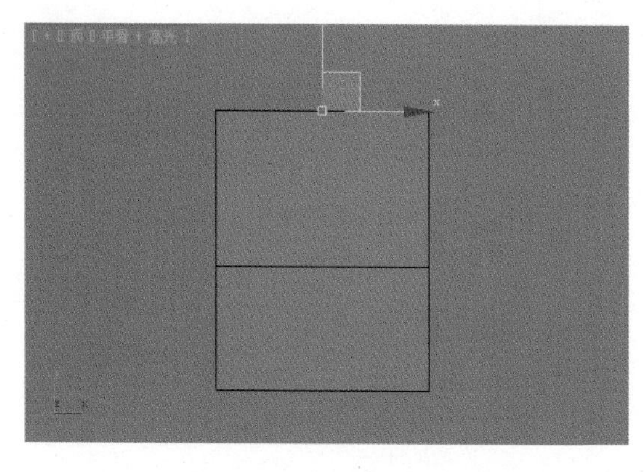

图 7-22　摆放长方体

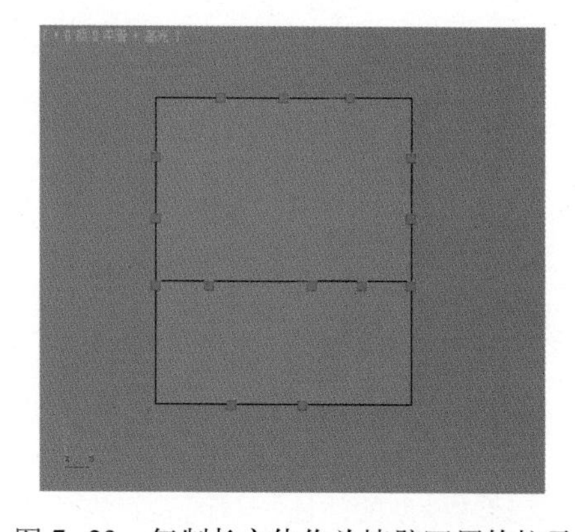

图 7-23　复制长方体作为墙壁四周的柱子

7.2.2 制作室内场景中的柱子

（1）创建一个长方体，并设置其长度、宽度和高度分别为 25 cm、25 cm 和 450 cm，如图 7–24 所示。将其转换为可编辑多边形。

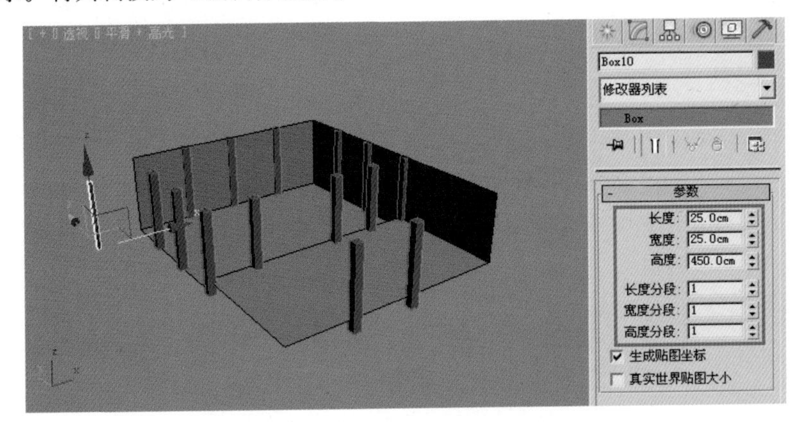

图 7–24 创建长方体

（2）同理，复制出多个长方体作为屋子里面的支撑柱，然后按照图 7–25 所示的位置摆放。

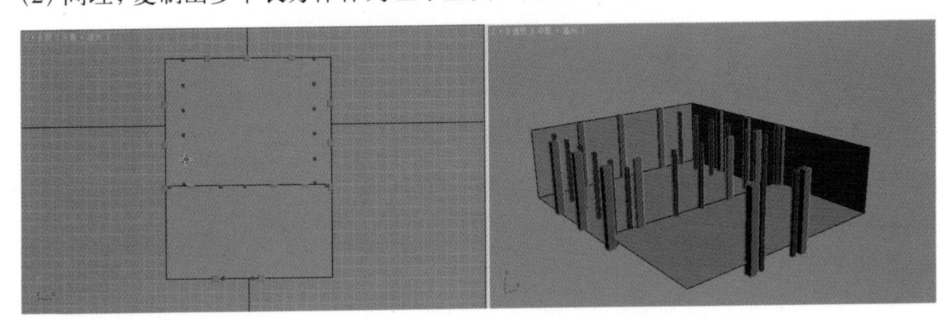

图 7–25 复制出多个长方体作为屋子里面的支撑柱

（3）制作水平横梁。方法：复制一个红色的长方体，如图 7–26 所示。在透视图中利用工具栏中的（选择并旋转）工具，将长方体沿 X 轴向旋转 90°，如图 7–27 所示。

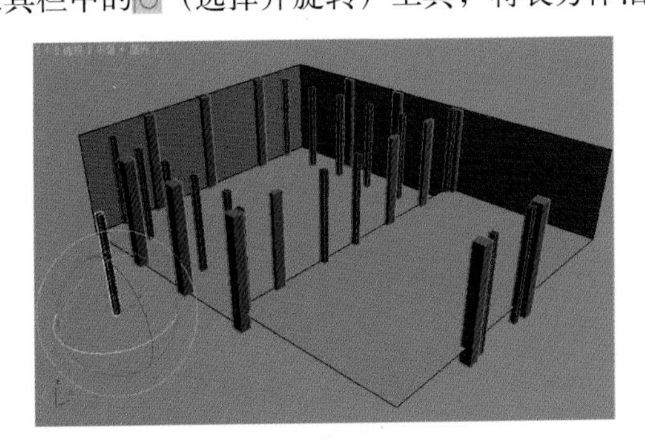

图 7–26 选择长方体

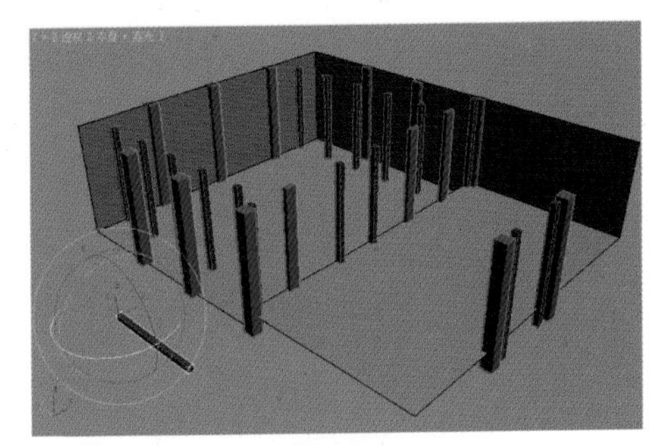

图 7–27 将长方体沿 X 轴向旋转 90°

（4）再次利用（选择并移动）工具复制出若干个长方体，然后摆放到相应位置。

（5）如图 7–28 所示，复制出一个长方体，然后利用工具栏中的（选择并旋转）工具，在透视图中将长方体沿 Z 轴向旋转 –90°，如图 7–29 所示。

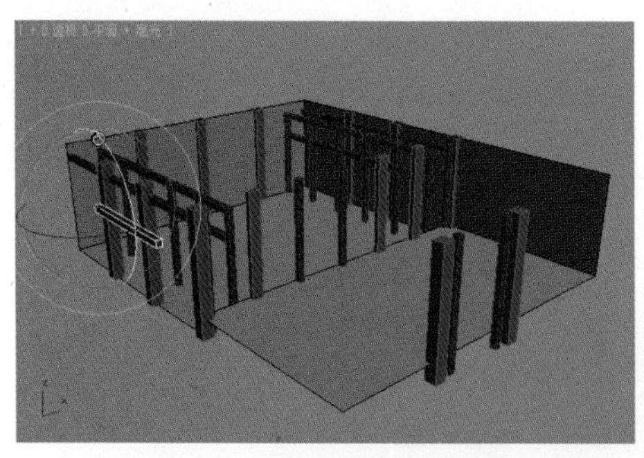

图 7–28　复制出一个长方体

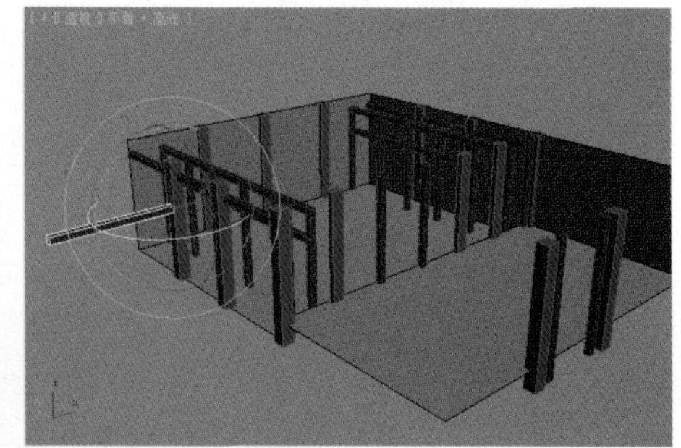

图 7–29　将长方体沿 Z 轴向旋转 –90 度

（6）利用工具栏中的（选择并均匀缩放）工具将此长方体缩小，如图 7–30 所示。复制出若干个长方体，并根据需要对它们分别进行适当缩放，再按照图 7–31 的位置进行摆放。

图 7–30　将长方体缩小

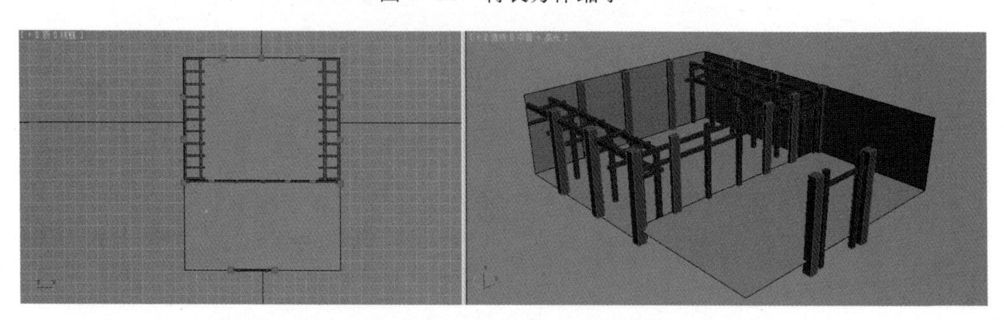

图 7–31　摆放长方体的位置

（7）继续复制和摆放长方体，使场景看起来更加丰富，如图 7–32 所示。

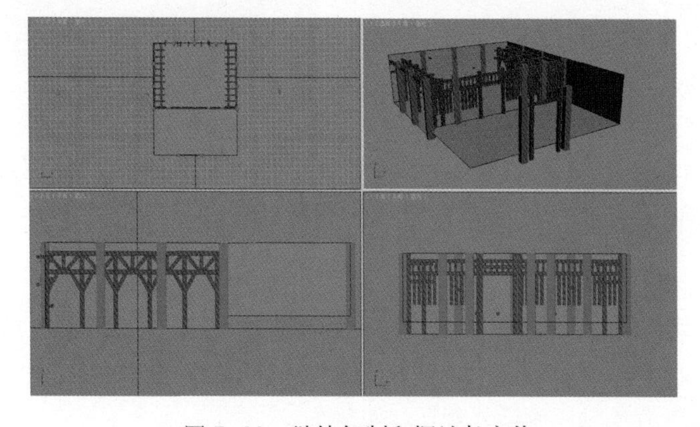

图 7–32　继续复制和摆放长方体

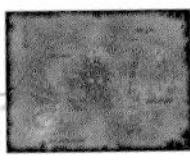

7.2.3 制作内部墙壁和门

（1）创建门的一侧底墙效果。方法：单击（创建）面板（几何体）类别中的“长方体”按钮，在透视图中创建一个长度、宽度和高度分别为 60 cm、500 cm 和 315 cm 的长方体，如图 7–33 所示。将其转换为可编辑多边形，将其移动到图 7–34 所示的位置。

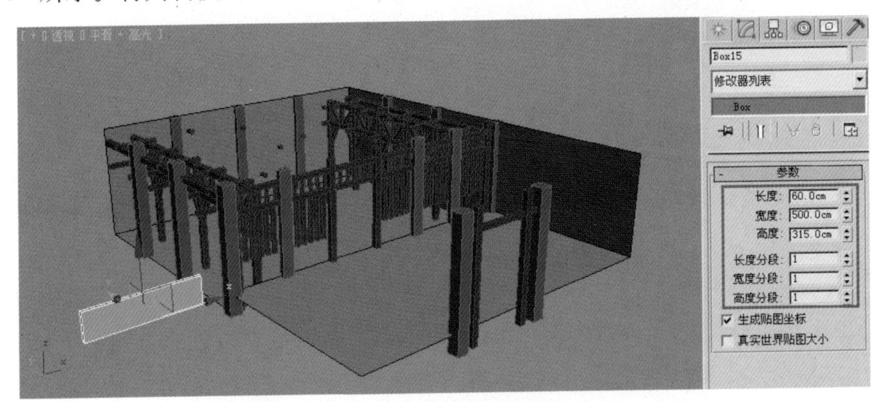

图 7–33　创建长方体

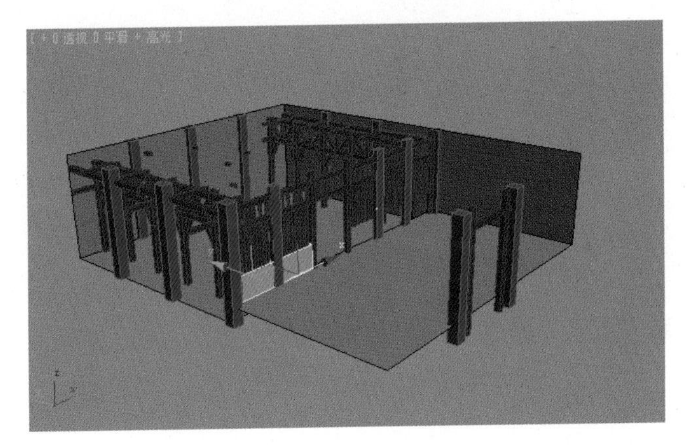

图 7–34　摆放长方体

（2）创建门的另一侧底墙模型。方法：创建长方体，复制并移动到图 7–35 所示的位置，然后利用（选择并均匀缩放）工具将此长方体沿 X 轴拉长，再放到图 7–36 所示的位置。

图 7–35　复制长方体

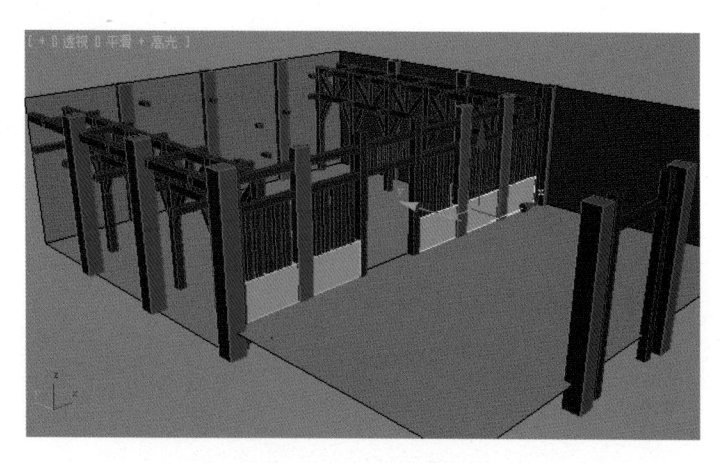

图 7–36　放大长方体

（3）创建一扇门的模型。方法：创建一个长方体，设置长度、宽度和高度分别为 292 cm、105 cm 和 10 cm，如图 7–37 所示。将其转换为可编辑多边形。

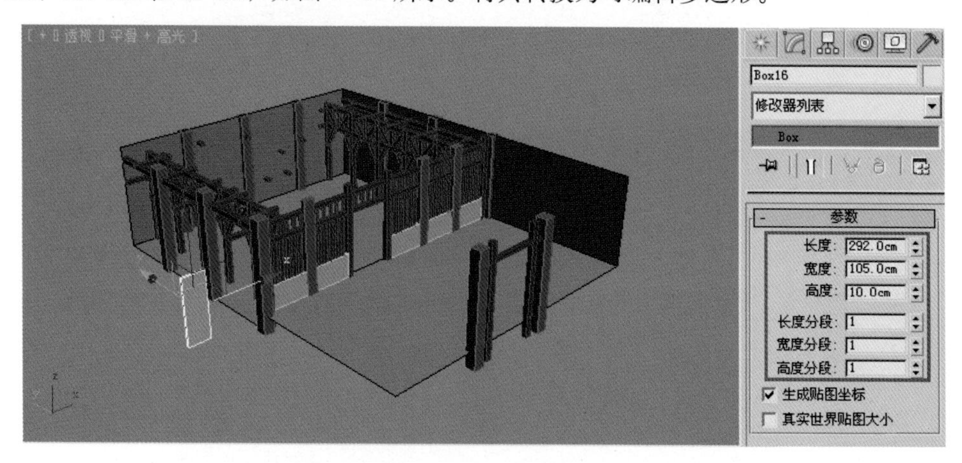

图 7–37　创建长方体

（4）利用工具栏中的（选择并旋转）工具，将此长方体旋转一定角度并移动到图 7–38 所示的位置。

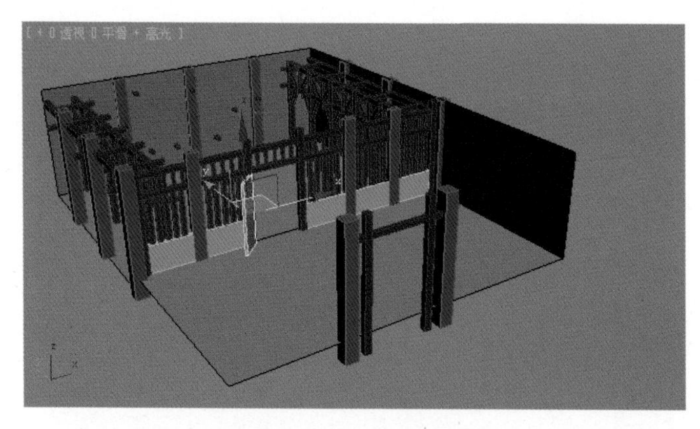

图 7–38　创建门框

（5）将此长方体复制一个并移动到图 7–39 所示的位置，从而创建出另一侧门的模型。

 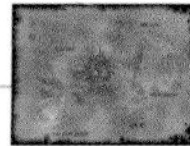 

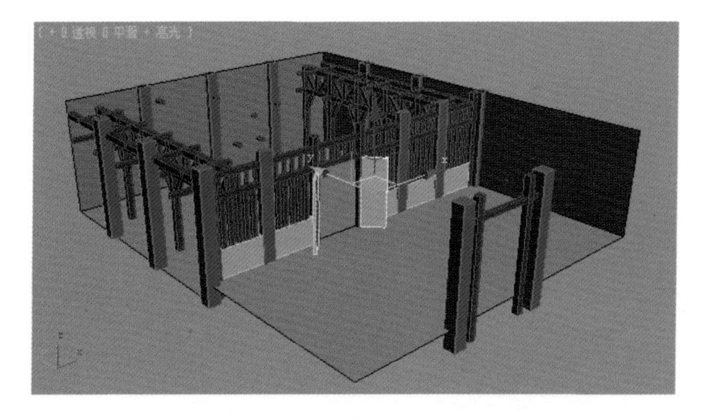

图 7–39　复制出另外一个门框

7.2.4　制作主体建筑中的其余部分

主体建筑中的其余部分包括两个走廊和一个地牢。

1. 制作出一个走廊

（1）选取建筑外壁模型，然后按住键盘上的〈Alt〉键，配合鼠标滚轮旋转视图，如图 7–40 所示。

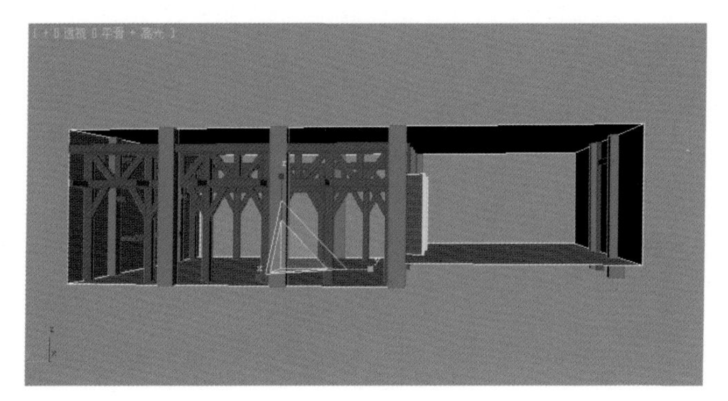

图 7–40　选取建筑外壁模型

（2）在 （修改）面板中利用“切割”工具切割出图 7–41 所示的边。

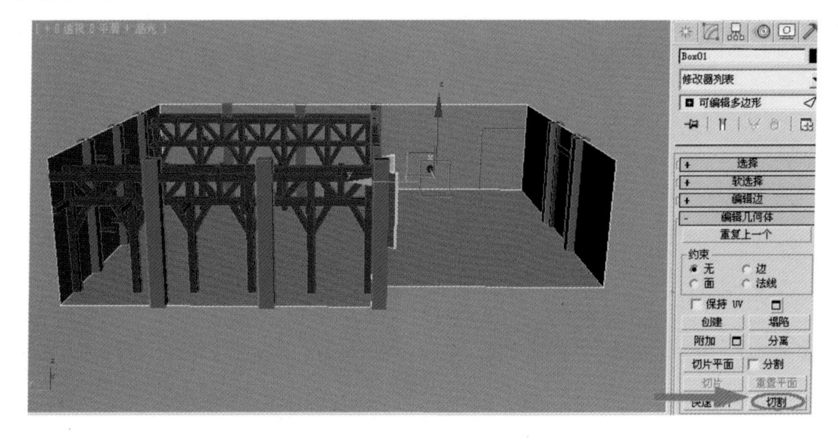

图 7–41　切割边

（3）进入■（多边形）层级，选择图 7–42 所示的多边形，然后利用“挤出”工具将此多边形向下挤出，如图 7–43 所示。

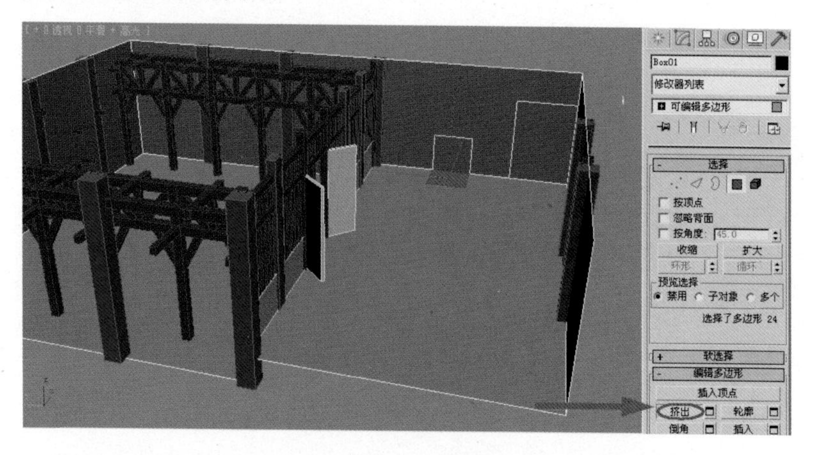

图 7–42　选择多边形

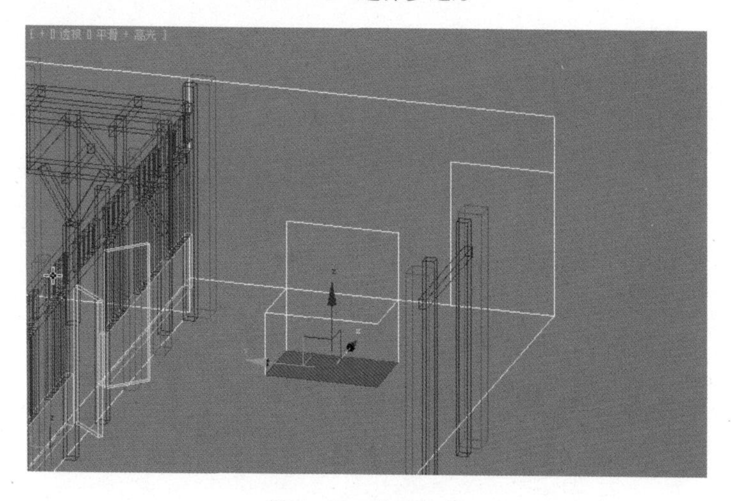

图 7–43　挤出效果

（4）进入■（多边形）层级，同时选择图 7–44 所示的两个多边形，然后利用“挤出”工具将这两个多边形一起向后挤出，效果如图 7–45 所示。

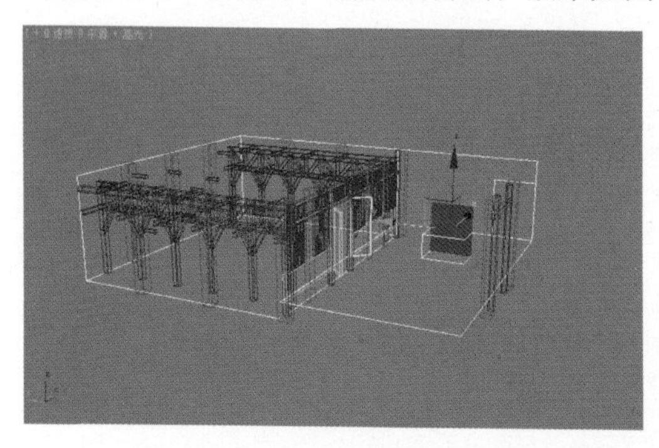

图 7–44　选取多边形

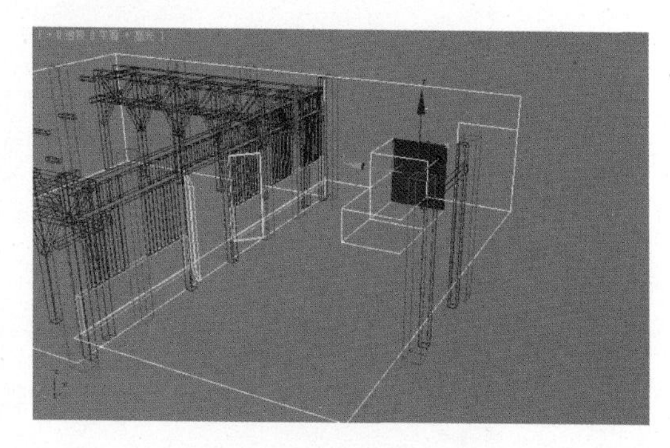

图 7–45　挤出效果

（5）进入⁚（顶点）层级，分别将图 7–46 所示的下方两个顶点利用“目标焊接”工具与上方两个顶点焊接到一起，效果如图 7–47 所示。

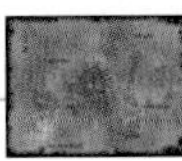
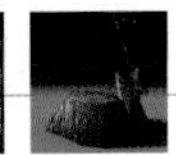

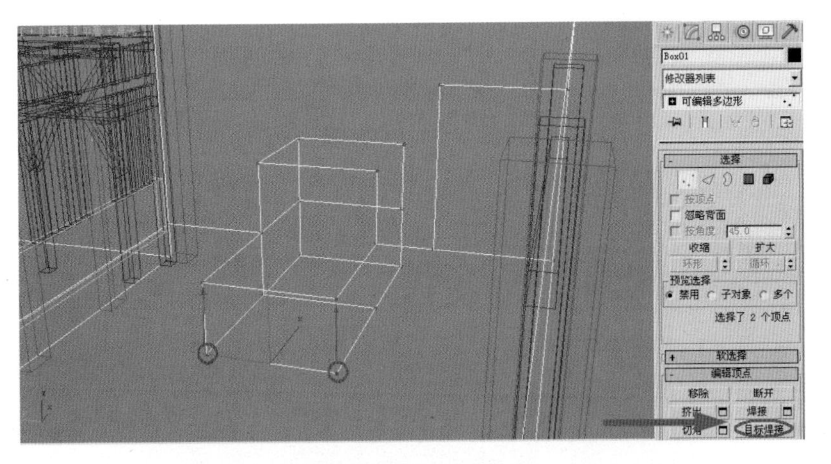

图 7–46　选择这两个顶点

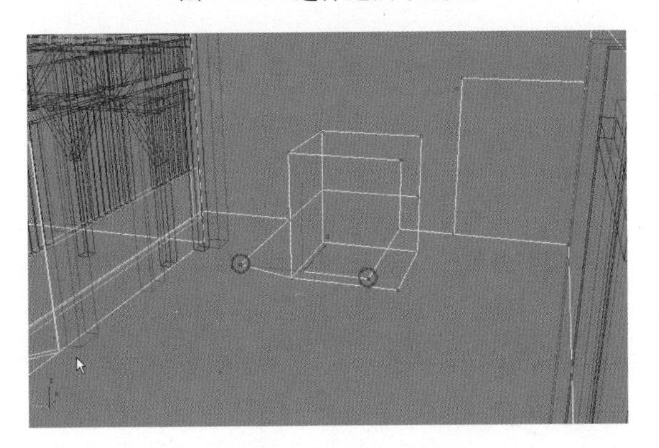

图 7–47　目标焊接

（6）复制若干个红色的长方体作为门框和扶手，摆放到图 7–48 所示的位置。

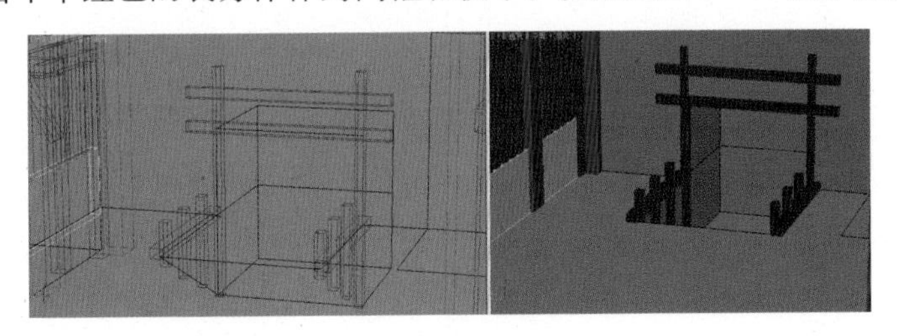

图 7–48　制作门框扶手

2. 制作出另外一个走廊

同理，制作出右边的走廊，完成效果如图 7–49 所示。

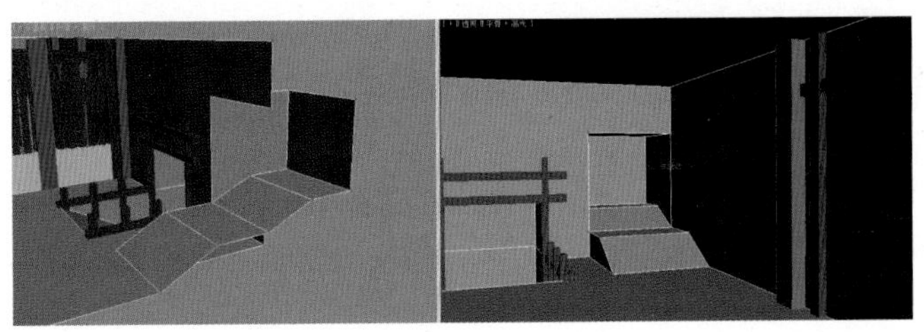

图 7–49　另一个走廊

3．制作地牢

（1）创建一个长方体，设置长度、宽度和高度分别为 400 cm、500 cm 和 220 cm，如图 7−50 所示。

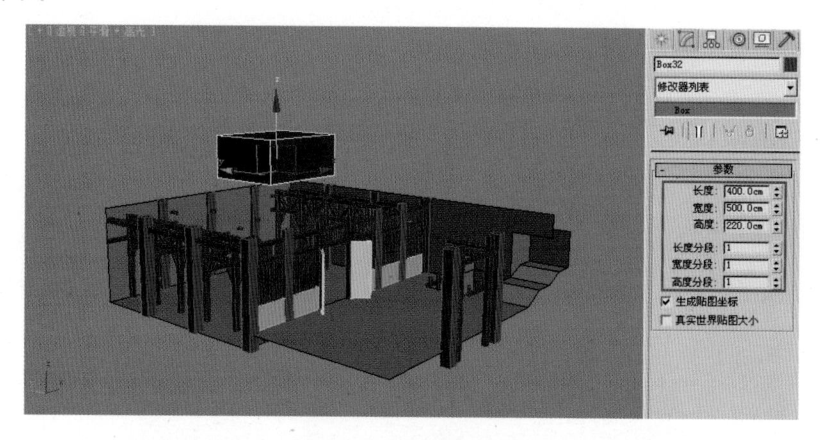

图 7−50　创建长方体

（2）将其转换为可编辑多边形，然后进入■（多边形）层级，选择并删除顶部的多边形，全选所有的多边形，利用“翻转”工具翻转模型的法线，再将其移动到图 7−51 所示的位置。

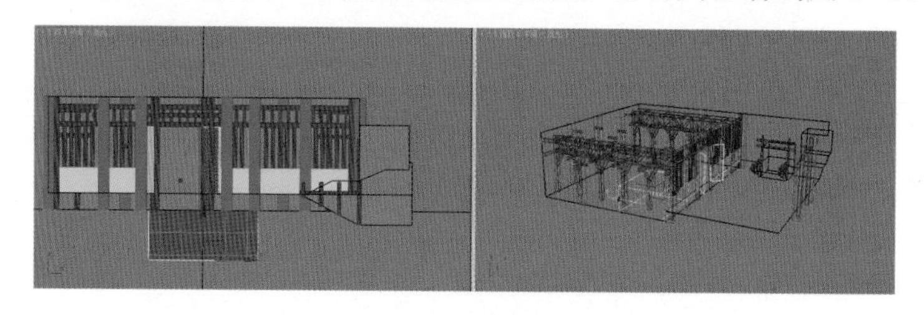

图 7−51　摆放长方体

此时，室内场景模型的大体结构制作完成，效果如图 7−52 所示。

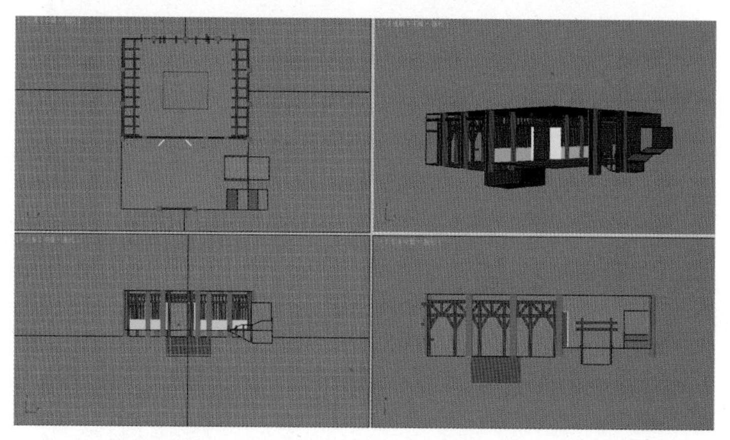

图 7−52　模型效果图

7.2.5　制作建筑内部小物件

建筑内部的小部件很多，制作方法相似，下面以墙角处的火盆为例，讲解一下小物件的

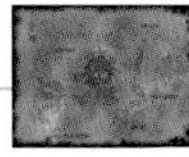

制作方法。

（1）单击 （创建）面板 （几何体）类别中的“圆柱体”按钮，然后创建一个圆柱体，设置其半径和高度分别为 120 cm 和 200 cm，“高度分段”“端面分段”和“边数”分别为 1、1 和 8，如图 7–53 所示。

图 7–53　创建圆柱体

（2）选择圆柱体并右击，从弹出的快捷菜单中选择“转换为 | 转换为可编辑多边形”命令，将圆柱体转为可编辑多边形物体，如图 7–54 所示。

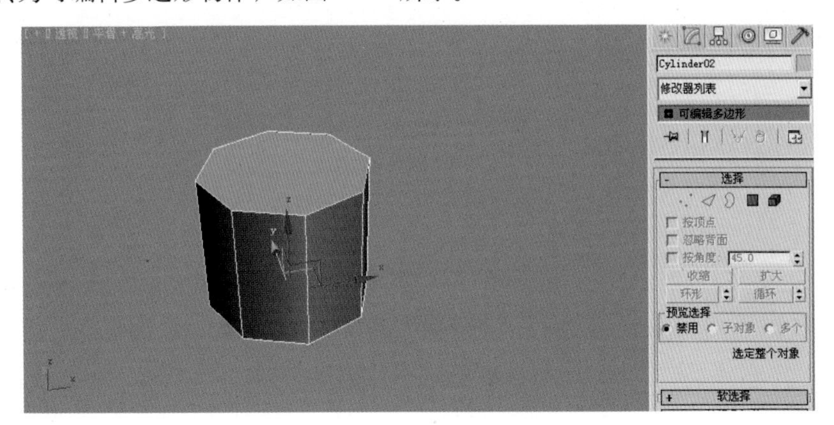

图 7–54　将圆柱体转换为可编辑多边形

（3）进入 （多边形）层级，选择图 7–55 所示的多边形，然后利用工具栏中的 （选择并均匀缩放）工具将这个多边形缩小，如图 7–56 所示。

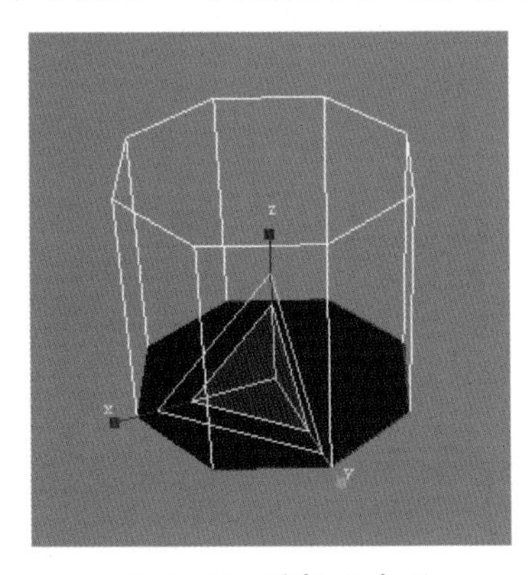

图 7–55　选择多边形

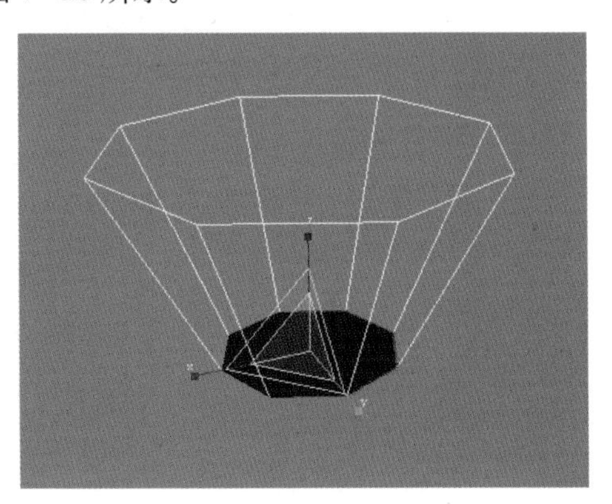

图 7–56　缩放多边形

（4）在■（多边形）层级中选择图 7–57 所示的多边形，然后利用“插入”工具生成一个新的多边形，如图 7–58 所示。

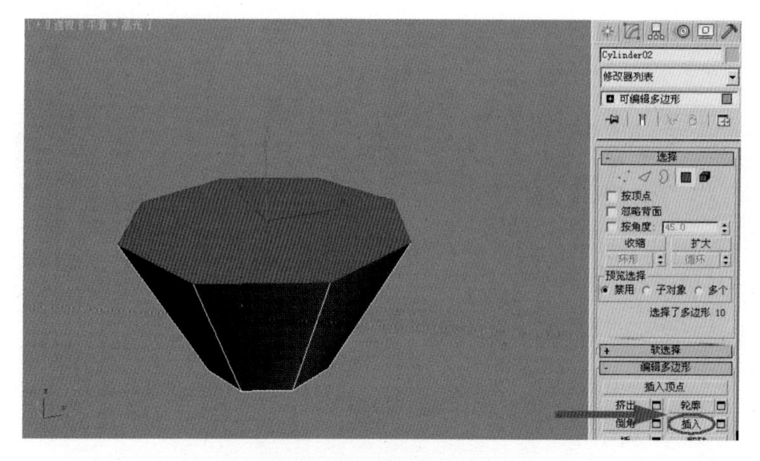

图 7–57　选择多边形

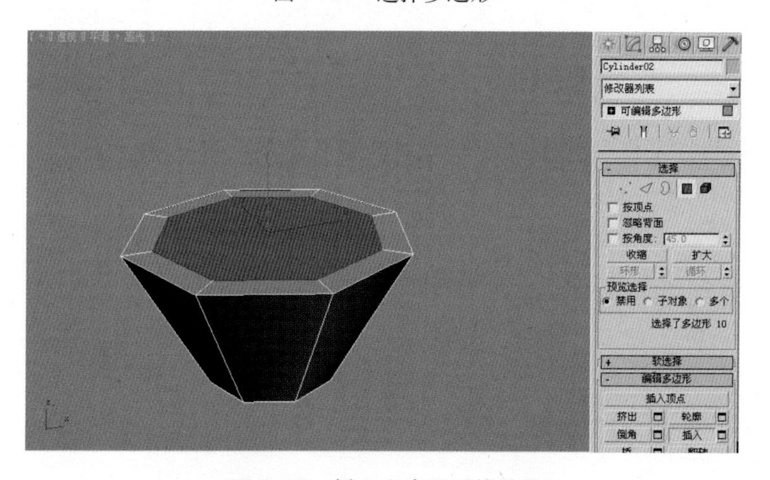

图 7–58　插入多边形后的效果

（5）选择新生成的多边形，如图 7–59 所示。然后利用“倒角”工具将多边形向下拉出，如图 7–60 所示。将下面的多边形利用□（选择并均匀缩放）工具缩小，效果如图 7–61 所示。

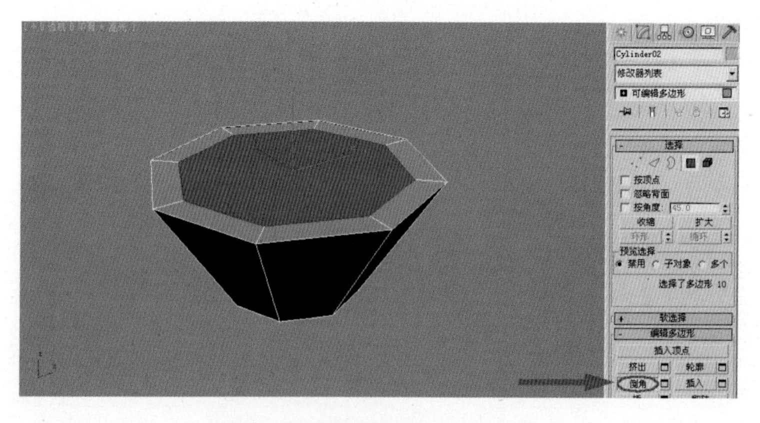

图 7–59　选择新生成的多边形

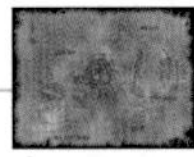

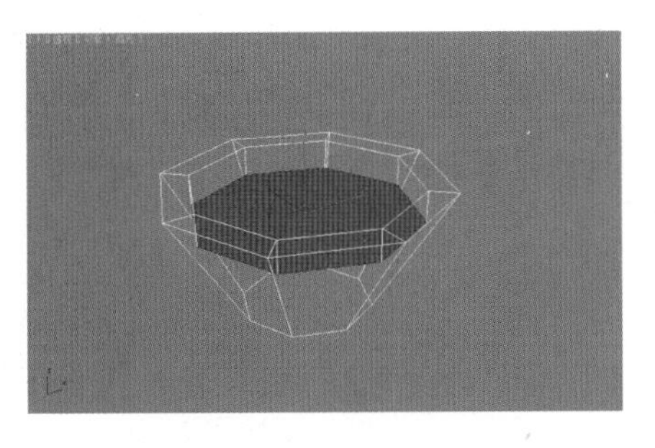

图 7-60　将多边形向下拉出

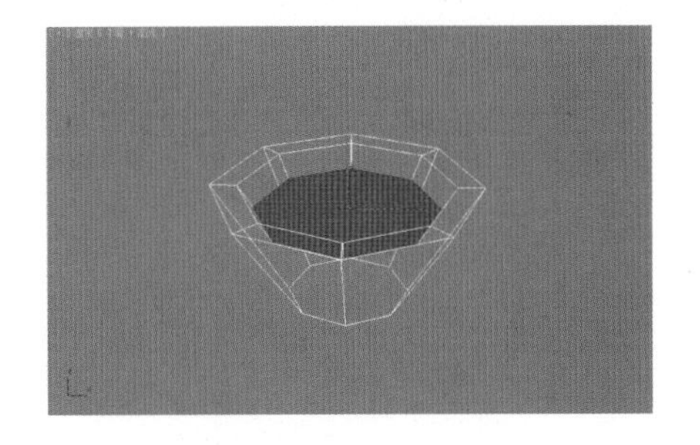

图 7-61　利用 （选择并均匀缩放）工具缩小

(6)按键盘上的〈T〉键进入顶视图模式，然后利用“切割”工具割出图 7-62 所示的边。

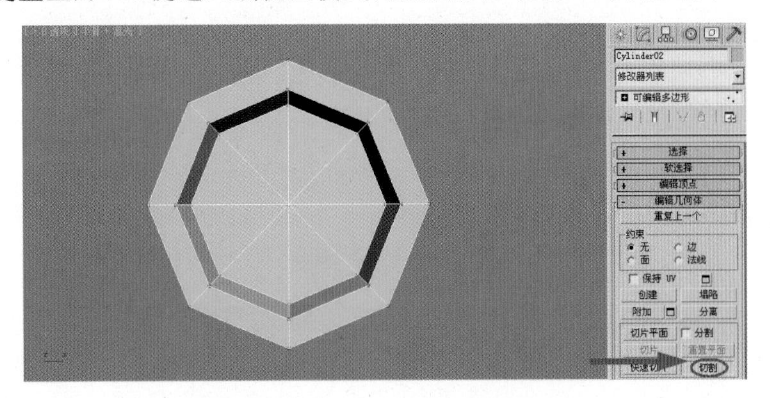

图 7-62　利用“切割”工具割出边

(7) 按键盘上的〈P〉键进入透视图模式，进入 （顶点）层级，选择图 7-63 所示的顶点，然后利用 （选择并移动）工具将顶点向上拉出，如图 7-64 所示。

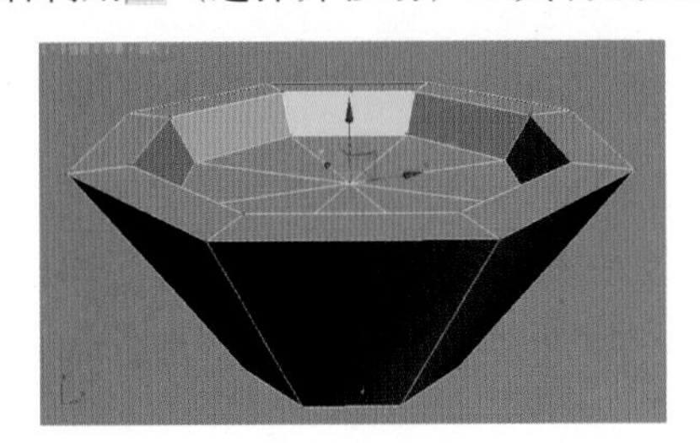

图 7-63　选择顶点

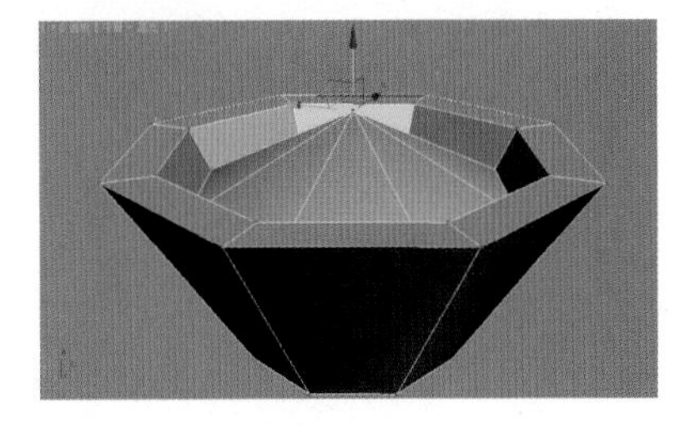

图 7-64　利用 （选择并移动）工具将顶点向上拉出

(8) 制作火盆支架。方法：创建一个长方体，设置其长度、宽度和高度分别为 35 cm、35 cm 和 450 cm，“高度分段”“端面分段”和“边数”分别为 1、1 和 2，然后摆放到图 7-65 所示的位置。

图 7-65　创建长方体

（9）将此长方体转为可编辑多边形，然后进入 ⊡（顶点）层级，选取中段的顶点并向下移动，如图 7–66 所示。选取最下面的顶点，向图 7–67 所示的方向移动。为了节省资源，将看不到的支架底部多边形删除。

（10）复制 3 个同样的长方体，然后利用 ⟳（选择并旋转）工具调整角度，再摆放到图 7–68 所示的位置。

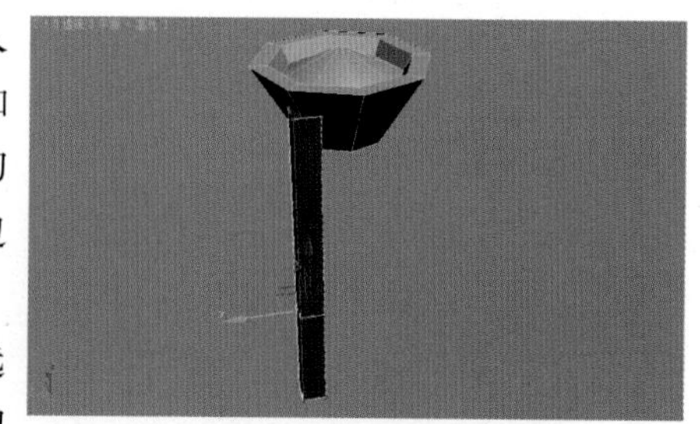

图 7–66　选择顶点

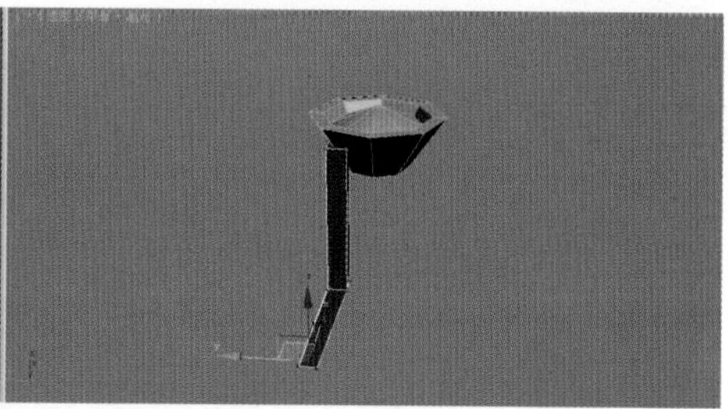

图 7–67　移动顶点

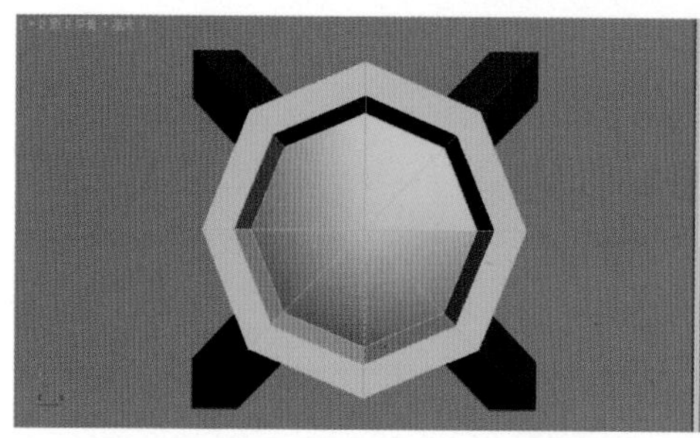
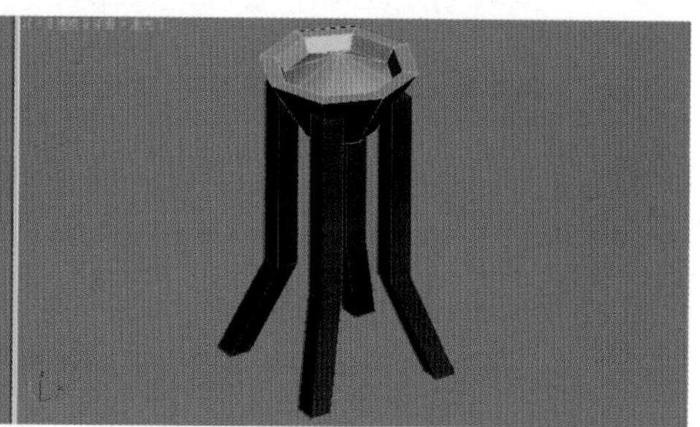

图 7–68　复制长方体

（11）制作火盆下方的长方体。方法：创建一个长方体，设置其长度、宽度和高度分别为 130 cm、20 cm 和 120 cm，长度、宽度和高度均为 1，然后转换为可编辑多边形，如图 7–69 所示。

（12）将长方体移动到图 7–70 所示的位置。

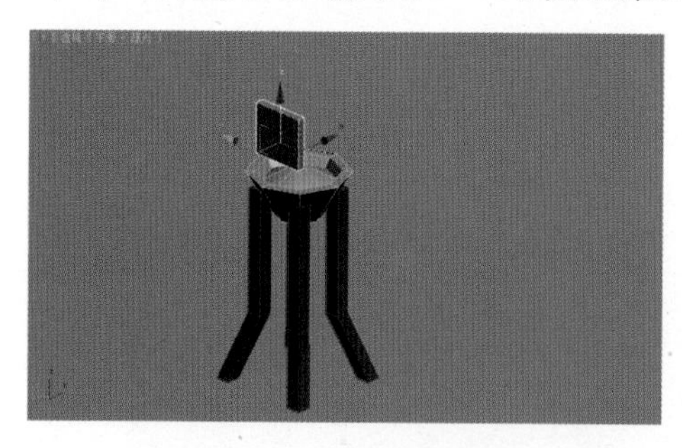

图 7–69　创建长方体

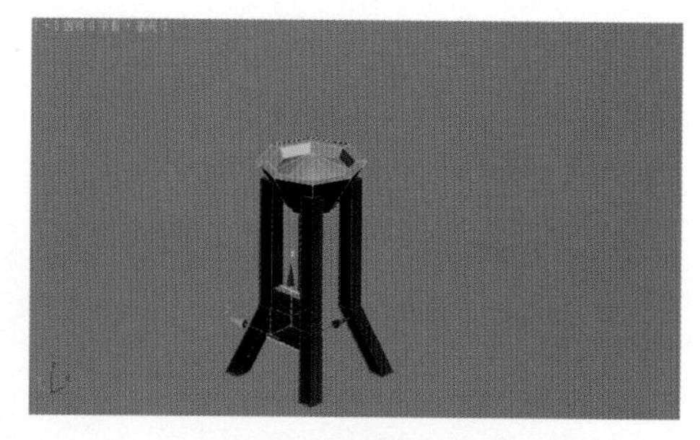

图 7–70　移动长方体

（13）复制 3 个同样的长方体，利用 ⟳（选择并旋转）工具调整角度，再摆放到图 7–71 所示的位置。

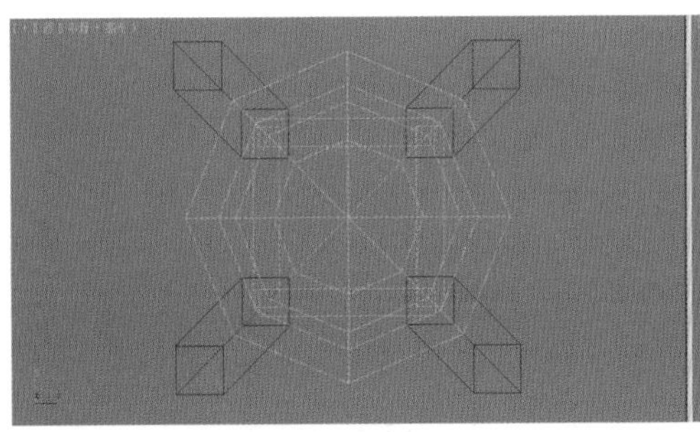

图 7–71　复制长方体并调整位置

提 示

对于游戏中的小部件，通常采用多个长方体进行堆砌的方法来制作，而不采用创建矩形，然后利用“轮廓”工具描边，再通过“挤出”修改器挤出的方法来制作，这是为了让UV能重复利用，合理利用资源。

（14）利用“附加”工具将这些物体合并到一起，如图 7–72 所示。

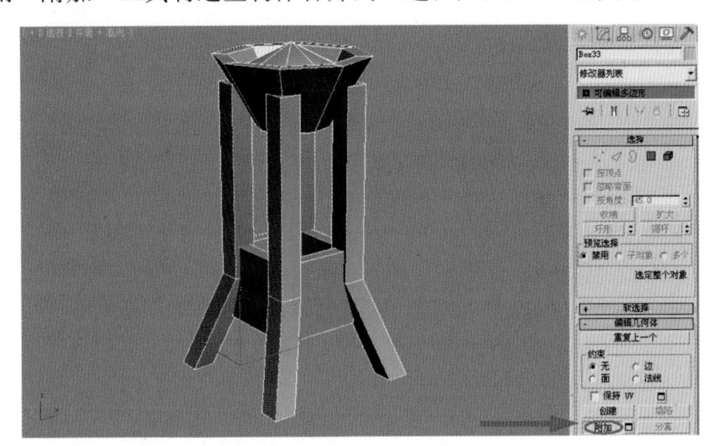

图 7–72　合并物体

（15）利用工具栏中的 （选择并均匀缩放）工具将物体缩放到和建筑模型匹配的大小，如图 7–73 所示。复制出若干个摆放到图 7–74 所示的位置。

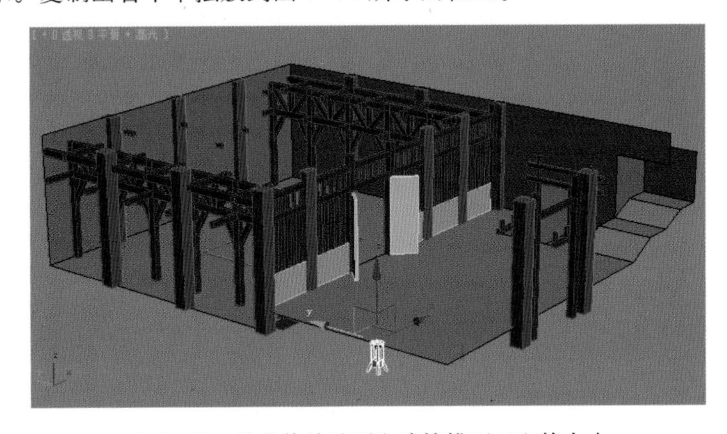

图 7–73　将物体缩放到和建筑模型匹配的大小

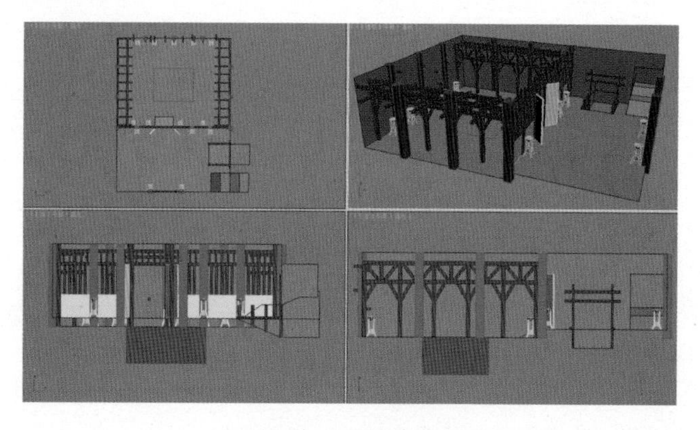

图 7–74　放置物体

（16）逐步添加刑具、水桶、箱子等物品使场景更加丰富。小物品模型如图 7–75 所示，整体效果如图 7–76 所示。

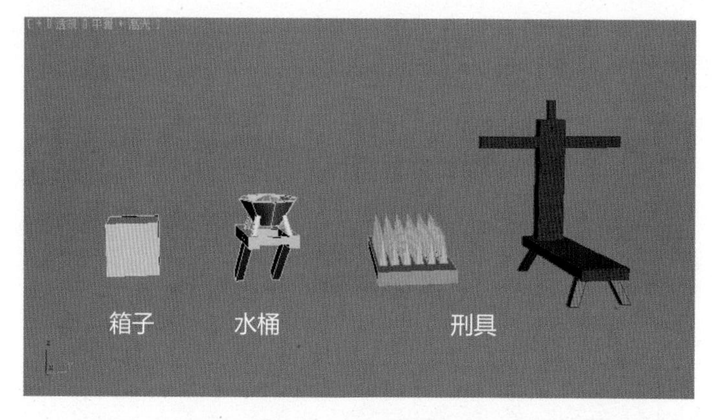

图 7–75　小物品模型

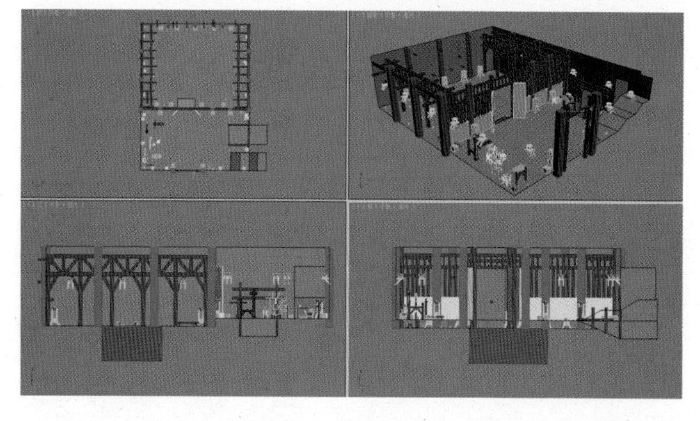

图 7–76　效果图

7.3　调整贴图 UV 坐标

调整贴图 UV 坐标包括材质 ID 号的指定及光滑组的设置和进行 UV 编辑两部分。

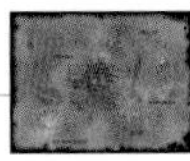

7.3.1 材质 ID 号的指定及平滑组的设置

在编辑 UV 之前，要对前面制作的模型进行一些处理。首先根据不同的多边形组合方式设置不同的平滑组和材质编号，以便在后面绘制材质时，更好地表现体面的转折及层次感。

下面调入前面制作的场景模型。根据模型的结构，对场景进行合理的结构分解。

（1）为了方便后面的制作，首先将主体建筑的墙体、地面、房顶从模型中分离出来。然后选择模型的外壁并右击，在弹出的快捷菜单中选择“隐藏未选定对象”命令，如图 7–77 所示，从而将模型的其他部分隐藏，效果如图 7–78 所示。

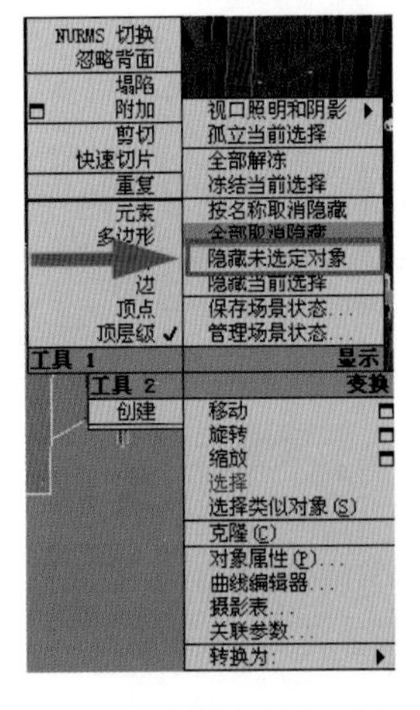

图 7–77 隐藏未选定对象

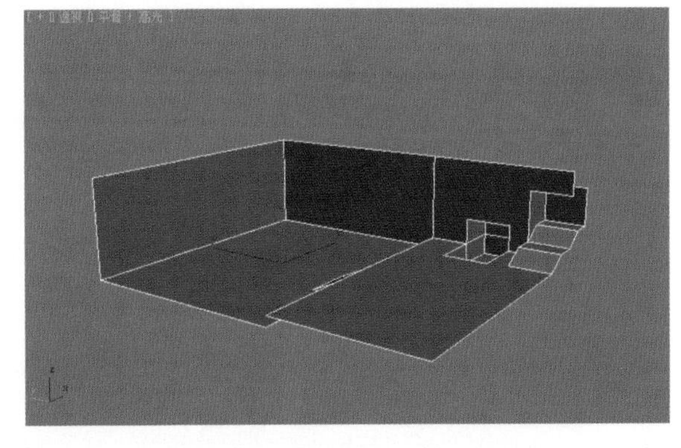

图 7–78 其他部分隐藏后的效果

（2）单击工具栏中的（材质编辑器）按钮（快捷键〈M〉），进入材质编辑器。然后单击 Standard 按钮，在弹出的“材质 / 贴图浏览器”对话框中选择“多维 / 子对象”，如图 7–79 所示，单击“确定”按钮。在弹出的“替换材质”对话框中保持默认的参数，如图 7–80 所示。单击“确定”按钮，进入“多维 / 子对象基本参数”卷展栏。单击“设置数量”按钮，在“设置数量”文本框中设置材质数量为 6，结果如图 7–81 所示。

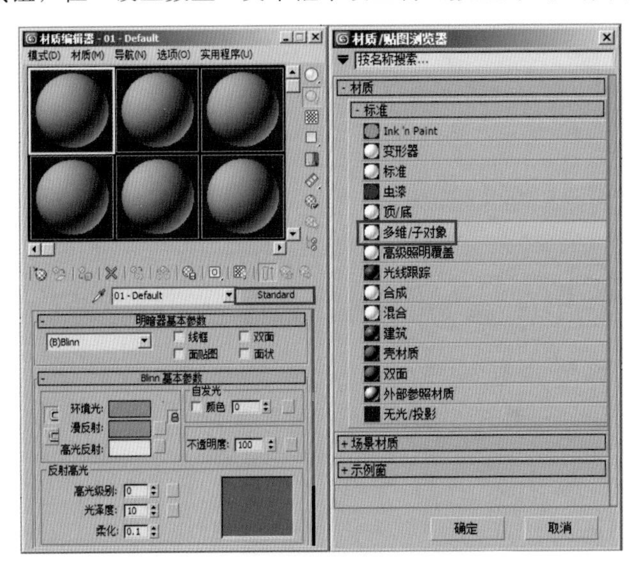

图 7–79 选择“多维 / 子对象”

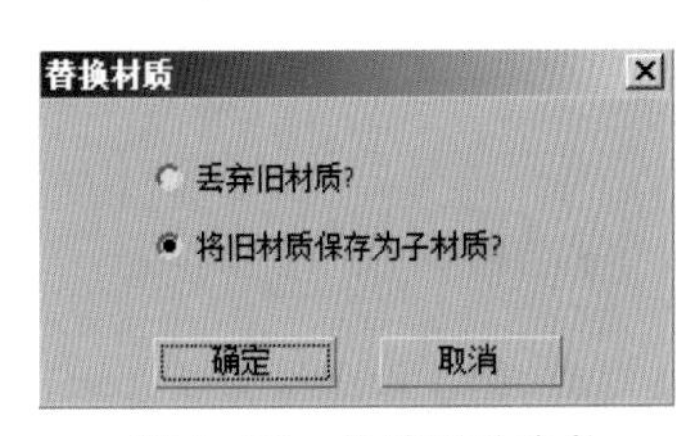

图 7–80 保持默认参数

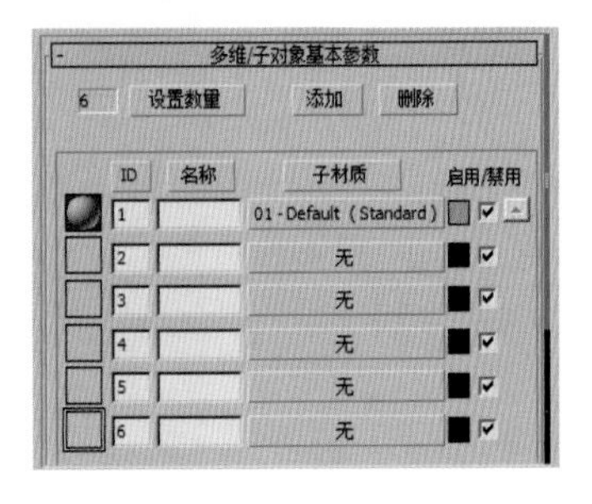

图 7–81 设置材质数量

（3）进入 （修改）面板的可编辑多边形的 （多边形）层级，分别给场景各个不同的部分指定不同的平滑组和 ID 号。在此按照结构的变化设置建筑的墙体为 1 号，地面为 2 号，屋顶为 3 号，门为 4 号，阶梯为 5 号。图 7−82 为指定给建筑物墙体模型 1 号材质的效果，图 7−83 所示为指定给地面模型 2 号材质的效果。

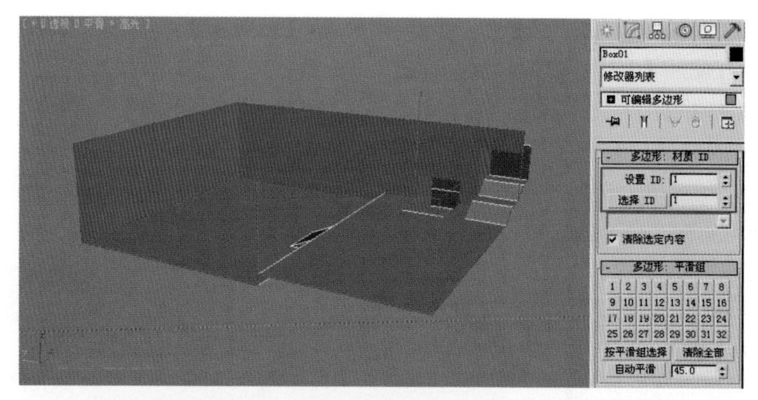

图 7−82　给建筑物墙体模型 1 号材质的效果

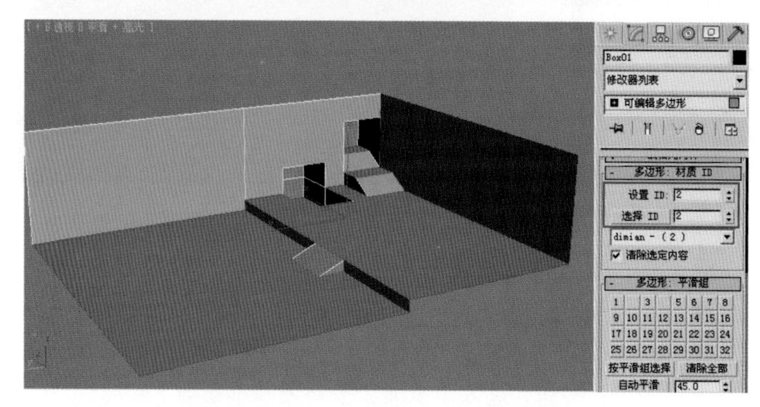

图 7−83　给地面模型 2 号材质的效果

提 示

在指定整个平滑组和 ID 号之后，就可以通过不动的 ID 号直接选择物体的各个部分，同时也为后面的 UV 编辑提供了很好的辅助。

（4）为了便于区分，还可以将它们定义为不同的颜色，最终效果如图 7−84 所示。

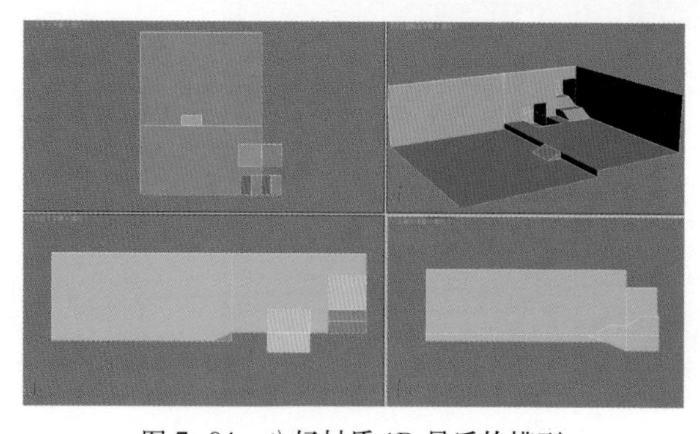

图 7−84　分好材质 ID 号后的模型

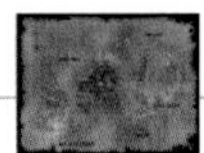

7.3.2 进行 UV 编辑

进行 UV 编辑包括定制修改器、编辑 UVW 和进行 UVW 编排 3 部分。

1. 定制修改器

在对整个场景进行 UV 编辑之前，要根据每个制作人员惯用的定制方式，对 UV 编辑器进行部分功能的设置，以便更好地提高工作效率，减少不必要的重复性工作。

（1）进入（修改）面板，单击（配置修改器集）按钮，如图 7–85 所示。然后在弹出的下拉菜单中选择“配置修改器集”命令（见图 7–86），进入“配置修改器”对话框，如图 7–87 所示。

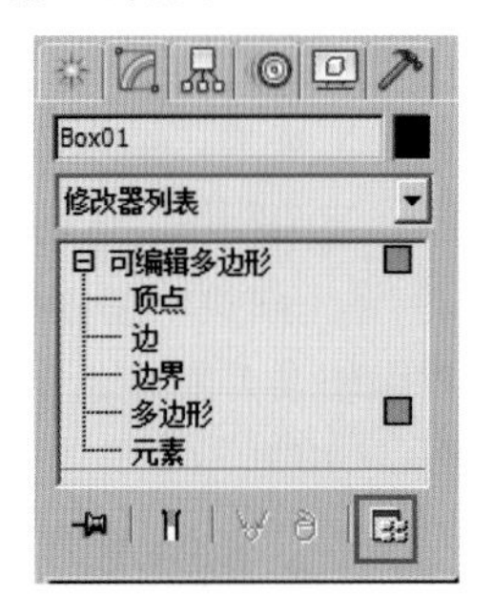

图 7–85 单击“配置修改器集”按钮

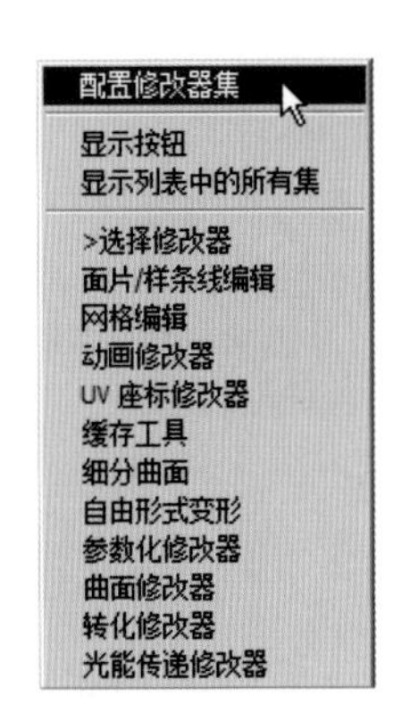

图 7–86 选择“配置修改器集”命令

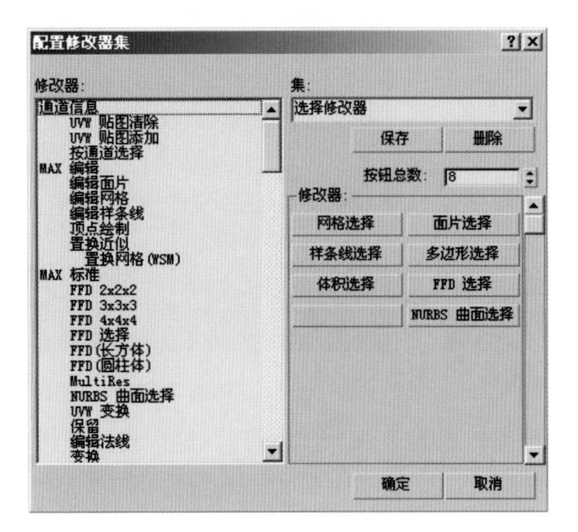

图 7–87 “配置修改器集”对话框

（2）“修改”面板中显示的并不是当前需要的工具，下面在“配置修改器集”对话框中调整修改器集，如图 7–88 所示。单击“确定”按钮，结果如图 7–89 所示。

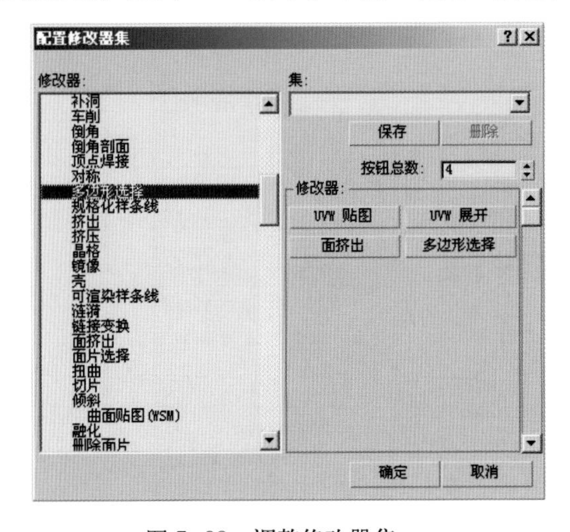

图 7–88 调整修改器集

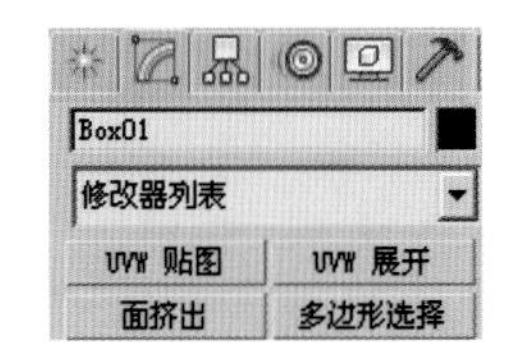

图 7–89 调整后的“修改”面板

2．编辑 UVW

下面开始对整个场景 UV 的编辑，根据材质 ID 号的顺序来逐步完成各个部分材质的绘制，这部分是整个游戏场景关键所在。首先要把握整体游戏场景氛围，完成基本材质的绘制工作。

（1）从主体建筑的墙体部分开始，因为它也是整体场景中所占面积最大的部分，从游戏的摄像机角度来看，给玩家最直接的视野区域。一般在游戏制作过程中尽量要抓大放小，从重要的部分开始制作，这对制作人员的整体节奏把握会有很好的帮助。

（2）选中建筑的墙体部分，确定材质 ID 号为 1，并在确认平滑组的设置正确的前提下，进入材质编辑器。然后选中 1 号材质，指定给“漫反射”右侧按钮系统自带的棋盘格贴图，结果如图 7–90 所示。

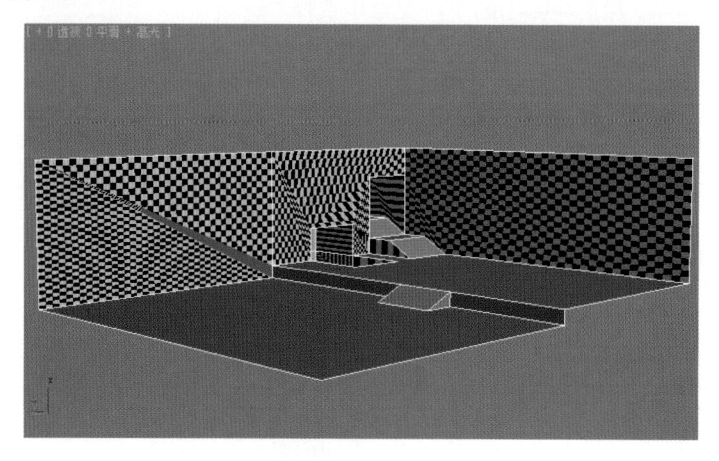

图 7–90　给墙体指定棋盘格贴图

（3）从图 7–90 可以看到，默认的模型材质 UV 是不规则的，不能正确地显示物体本身的材质属性，我们不能在这种状态下给物体指定任何材质，下面对整个墙体部分进行 UV 编辑。对于整个墙体部分要用一张 512×512 像素大小的 TGA 贴图来表现，这对 UV 的编辑就有更高的要求，特别是在 UV 的重复利用上需要更好的表现技巧，尽量做到用最少的资源得到最大化的效果表现。

（4）选中墙体模型，进入（修改）面板的可编辑多边形的（多边形）层级，然后选中左侧的所有多边形，给它指定一个合适的 UV 坐标，如图 7–91 所示。

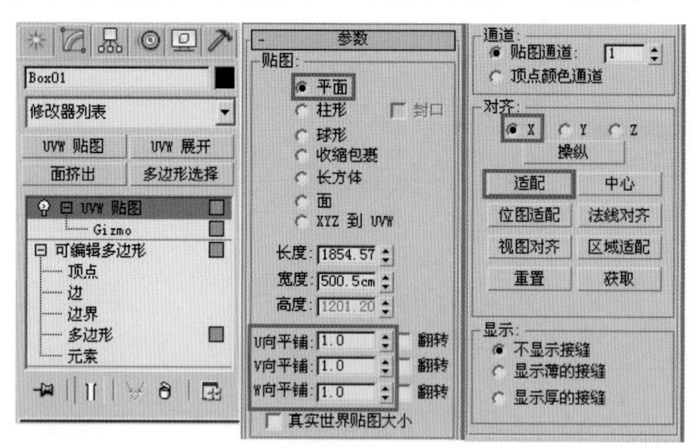

图 7–91　指定 UV 坐标

(5) 进入 (修改) 面板的可编辑多边形的 (多边形) 层级，然后执行修改器中的“UVW 展开”命令，接着单击“打开 UV 编辑器”按钮，进入“编辑 UVW”窗口，如图 7−92 所示。

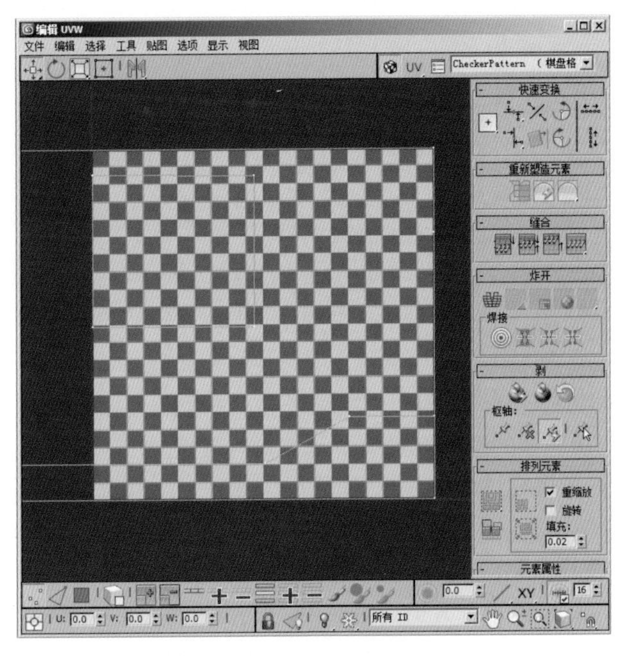

图 7−92 “编辑 UVW”窗口

(6) 对棋盘格进行细节调整，尽量保持棋盘格的纹理分布是均匀的，这样就能保证像素充分被利用，不会出现更大程度的拉伸。观察前面已经展开的 UV 分布，如图 7−93 所示。然后进行编辑，编辑好 UV 坐标后的效果如图 7−94 所示。

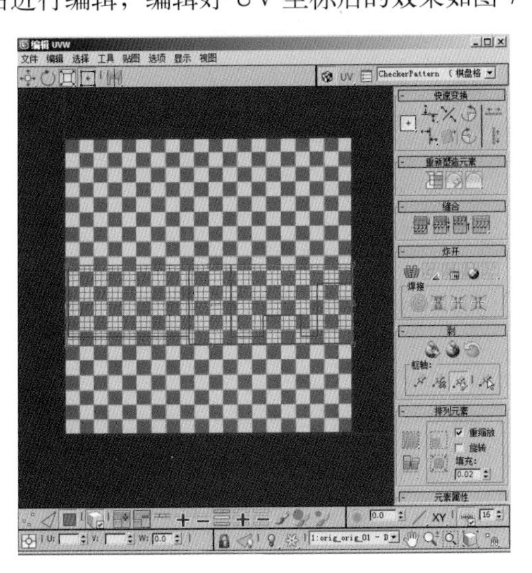

图 7−93 展开的 UV 分布

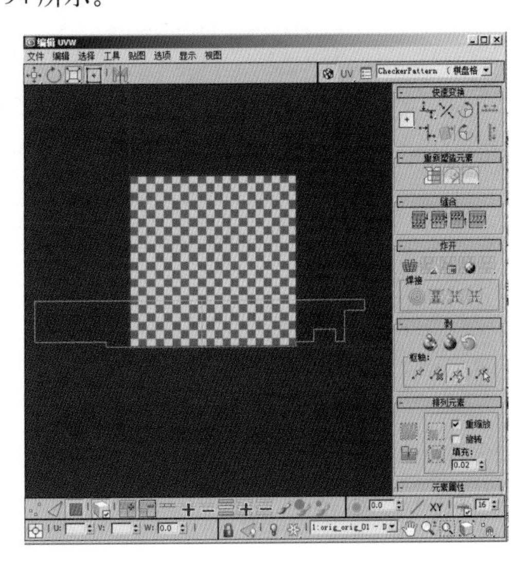

图 7−94 编辑好后的 UVW

(7) 按照前面的制作思路，继续完善其他墙面的 UV 编辑。这里需要特别注意的是每个多边形的大小是不一样的，因此在调节 UV 的时候，要灵活地处理好各个面之间的比例关系。可以找类似的多边形一起进行 UV 坐标的指定。

(8) 根据不同的轴向为选择的多边形分配 UV 坐标。注意这里是统一的坐标轴向，在分配 UV 坐标后，各个不同的部分会重合在一起，如图 7–95 所示。

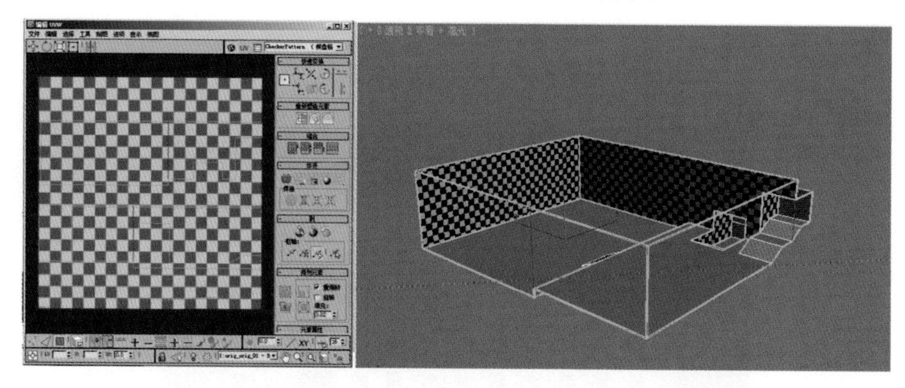

图 7–95　根据不同的轴向为选择的多边形分配 UV 坐标

（9）在完成主体建筑墙面部分的 UV 编辑之后，继续完成底部、顶部、门等的 UV 编辑。注意这里可以按照材质 ID 号的顺序来安排 UV 编辑的进程。相对来说，门、过道等细节的地方，在 UV 编辑的时候要讲究技巧。

（10）这样就基本完成了整个建筑主体的 UV 编辑，从各个角度观察 UV 的分布，尽量检查修正那些有拉伸及棋盘格纹理分布不均匀的细节部位，这对以后制作贴图时，对像素的合理充分利用有很大的辅助作用，效果如图 7–96 所示。

图 7–96　整个建筑主体的 UV 编辑效果

3．进行 UVW 编排

接下来是对已经编辑好的各个部分的 UV 进行编排。在编排的时候，要根据不同的 UV 组合方式分别对每个部分进行编排，以便在后面的 UV 导出及绘制贴图时能更合理地利用好像素资源。

提 示

根据游戏场景制作的规范流程，在编排好每一部分的 UV 之后，会直接导出 UV 到 Photoshop 中进行材质贴图的绘制，初步实现场景大致纹理效果。然后在后期的效果调节中，会结合高端游戏的工艺制作流程来为整个场景添彩。

（1）仍然从主体墙壁开始，将各个部分的面进行 UV 合理编排。墙体的 UV 编排可以考虑在横向上做无限延伸，利用双方连续的纹理错位，更好地区别每个墙面的材质变化。编辑好的墙体 UV 分布如图 7–97 所示。

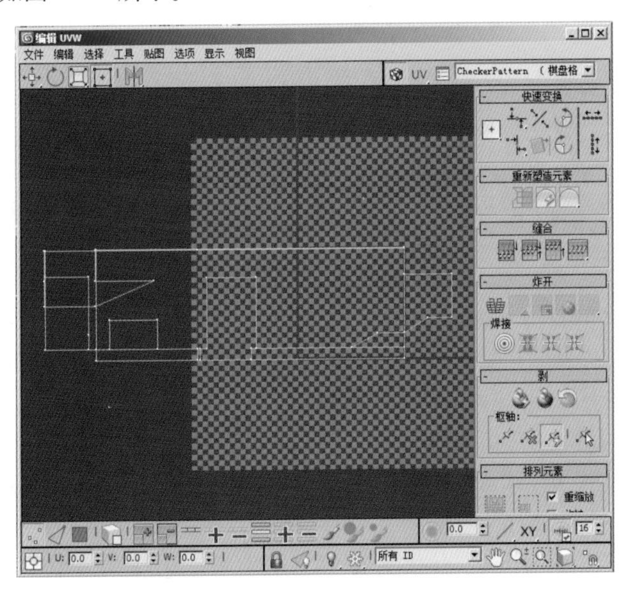

图 7–97　墙体 UVW 编排

（2）对编辑好的 U V 进行导出。在每个游戏开发中，对导出的材质纹理的图片格式及尺寸都有一定要求，这要结合游戏其他部门的实际需求进行调整。这里采用的是 TGA 格式。材质纹理的大小为 512 × 512 像素。整个墙体部分结合陵墓整个场景项目的需要来合理安排贴图纹理的数量。导出方法：在“编辑U V W”窗口中执行菜单中的“工具 | 渲染U V W模板”命令，在弹出的“渲染 UVs”对话框中设置参数，如图 7–98 所示。单击“渲染U V 模板”按钮，渲染后的效果如图 7–99 所示。

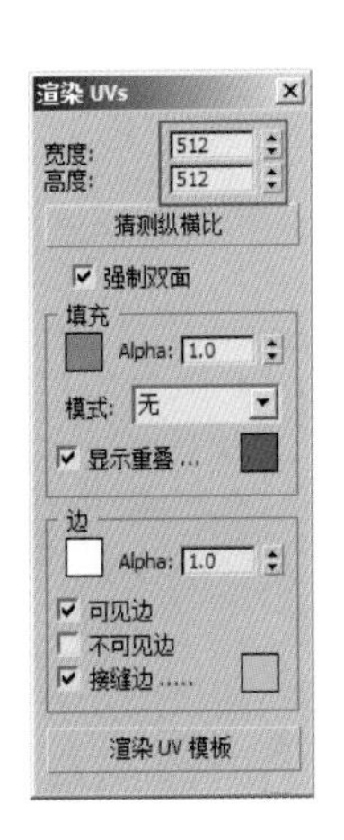

图 7–98　设置参数

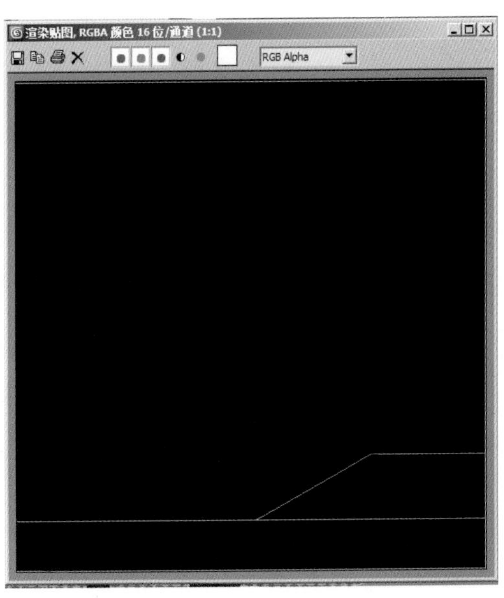

图 7–99　渲染后的效果

（3）将编辑好的UV导出到项目规定的路径，并按照项目规范材质命名方式设置好纹理贴图名称，如图7–100所示。

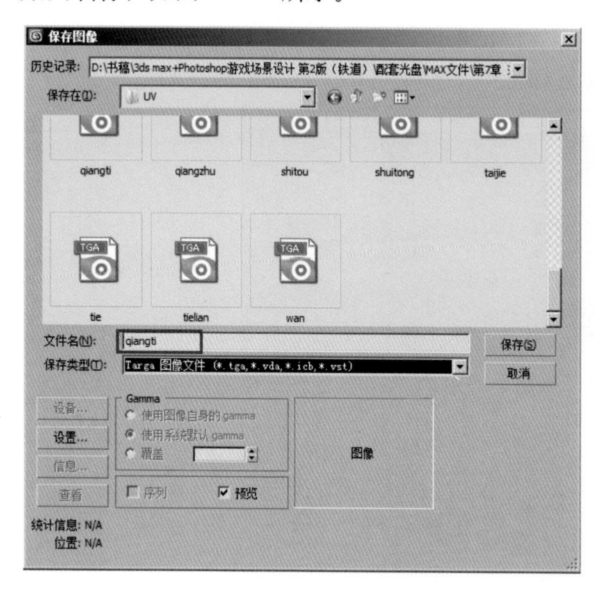

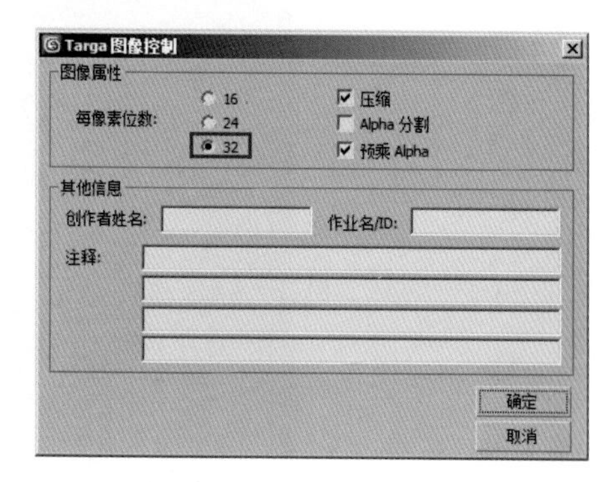

图7–100　将编辑好的UV导出到项目规定的路径中

（4）同制作墙体材质的流程一样，对其他部分的UV进行合理的编辑。地面部分要充分利用游戏制作中无限重复利用贴图的方式，按照四方连续的纹理组织结构模式，制作一块基础纹理材质，并通过UV编排来调节纹理。

7.4　制作场景贴图

本例模型比较简单，基本上是由长方体组成的，所以在制作贴图时不必太担心贴图和模型的匹配问题，等贴图完成之后，只要将贴图赋予模型，再根据贴图来简单地调节一下贴图的UVW坐标即可。这样调节起来更直观，更能提高工作效率。

7.4.1　提取UVW结构线

（1）启动Photoshop CS5软件，执行菜单中的“文件|打开”命令，打开从3d Max导出的UV结构线qiangti.tga（该文件位于“\贴图\第7章 游戏室内场景制作1——监狱\UV\”目录）。

（2）运用Photoshop CS5的编辑工具对线框进行处理。方法：执行菜单中的“选择|色彩范围”命令，在弹出的“色彩范围”对话框中利用（吸管）工具在图中的黑色部分单击，从而对白色线框以外的部分进行选取，如图7–101所示。单击“确定”按钮，按键盘上的〈Ctrl+Shift+I〉快捷键进行反选，从而得到结构线选区。再单击“图层”面板下方的（创建新图层）按钮，创建图层（因为需要提出线框结构），并用白色对线框进行填充。最后回到“背景”图层，将其全部填充为黑色，这样就把墙体部分的UV结构线和背景部分分离出来了，效果如图7–102所示。

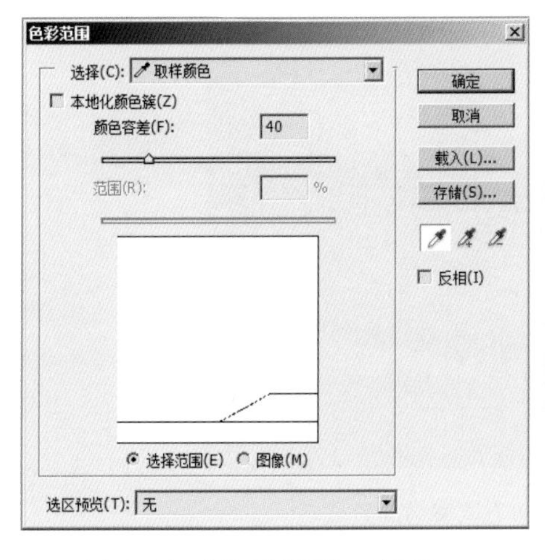

图 7-101“色彩范围”对话框

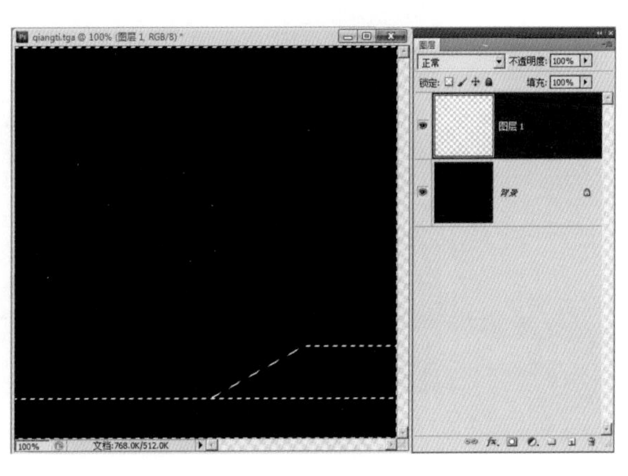

图 7-102　将墙体部分的 UV 结构线和背景部分分离出来

（3）执行菜单中的“文件 | 存储为”命令，将文件另存为 qiangti.psd，并设置图像的高度为和宽度均为 512 像素，分辨率为“72 像素 / 英寸”。

7.4.2　绘制墙体的贴图

（1）打开准备好的材质文件，选择工具箱中的（移动工具），按住〈Shift〉键，拖动到新建的文件 qiangti.psd 中，按照合适的位置排列，就完成了材质的编辑，效果如图 7-103 所示。

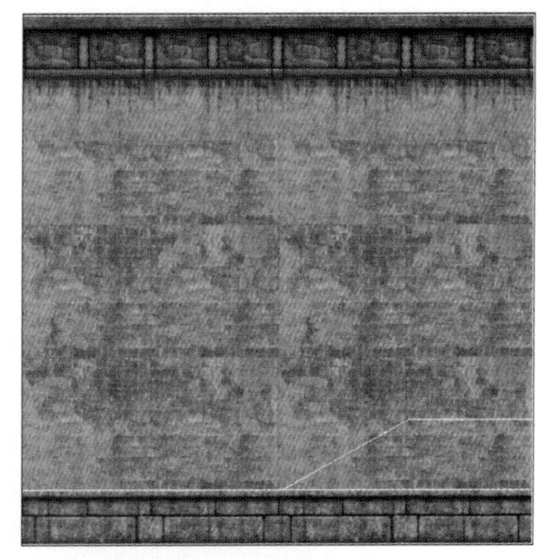

图 7-103　绘制墙体的贴图

（2）将文件保存为 qiangti.psd。

（3）打开前面创建好的 3ds Max 场景文件，从项目纹理路径找到在 Photoshop 中绘制的材质纹理（该文件位于“\ 贴图 \ 第 7 章　游戏室内场景制作 1——监狱 \ maps”目录），然后指定给编辑好 UV 的场景的墙体部分，并从各个角度整体上观察墙壁的环境效果，如图 7-104 和图 7-105 所示。

图 7-104　进行墙体材质纹理的细节调整后的效果 1

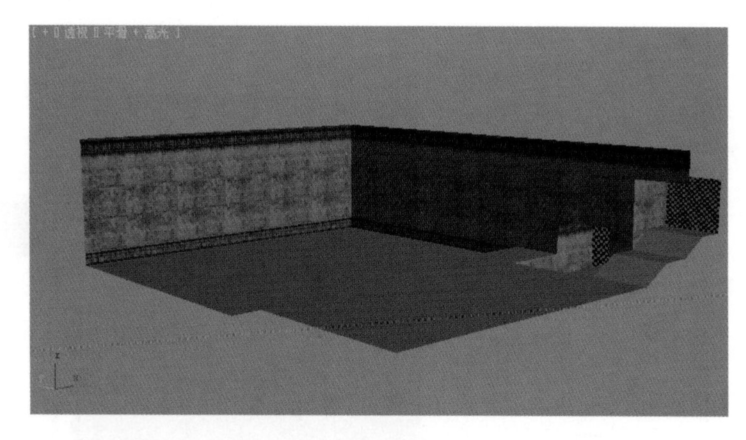

图 7-105　进行墙体材质纹理的细节调整后的效果 2

7.4.3　绘制地面的贴图

接下来按照同样的绘制贴图流程，在 Photoshop 中打开从 3ds Max 中导出的地面贴图 UV 坐标。

(1) 启动 Photoshop CS5 软件，执行菜单中的“文件 | 打开”命令，打开从 3ds Max 导出的地面 UV 结构线（该文件位于“\ 贴图 \ 第 7 章　游戏室内场景制作 2——监狱 \ maps\”目录），然后进行 UV 线框的提取，建立基础的层纹理模式。执行菜单中的“文件 | 存储为”命令，将文件保存为 dimian.psd。

(2) 打开材质文件。选择工具箱中的（移动工具），按住〈Shift〉键，将其拖入 dimian.psd 中，运用 Photoshop 的编辑工具进行材质纹理的细节调整，结果如图 7-106 所示。

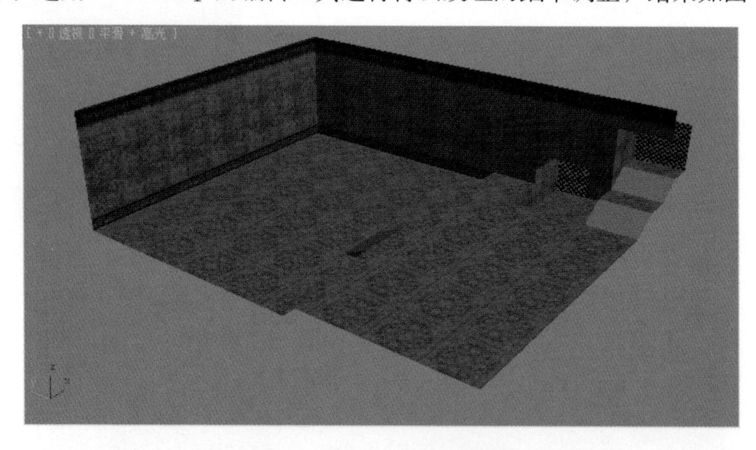

图 7-106　地面材质效果

7.4.4　绘制顶部的贴图

继续前面的制作流程，对场景顶部的材质进行编辑，需要注意的是顶部和地面模型的结构基本一致，从整个监狱结构来看，这一部分结构不是非常复杂，而且从游戏角色的视角上看也不需要很复杂的结构，因此在表达材质的时候尽量采用大块面的材质纹理，以便更简化统一，效果如图 7-107 所示。

 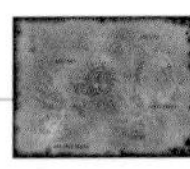 

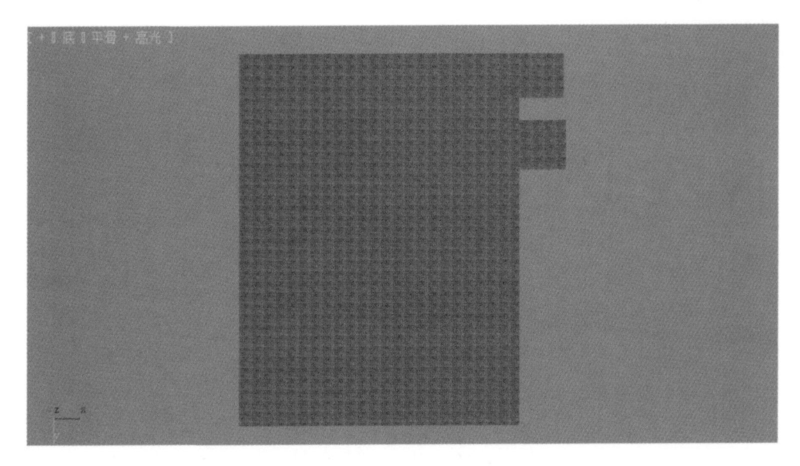

图 7-107　顶部材质效果

7.4.5　绘制其他部分的贴图

继续完成余下的贴图，效果如图 7-108 和图 7-109 所示。

图 7-108　门的贴图

图 7-109　阶梯的贴图

这样模型外壁的贴图就全部完成了，效果如图 7–110 所示。

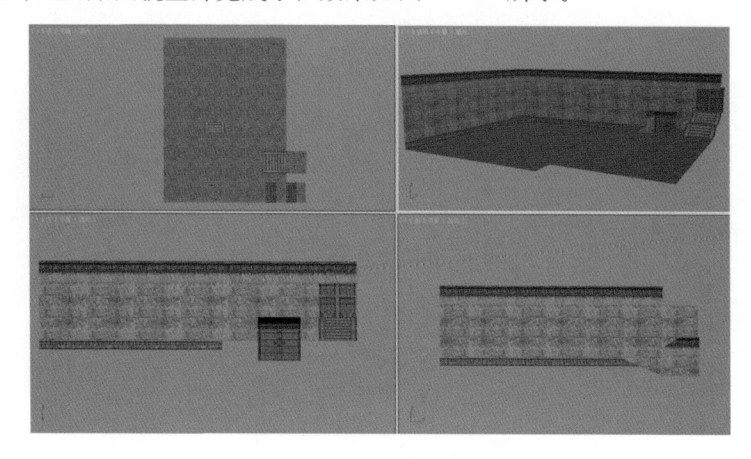

图 7–110　整体效果图

同理，逐步做出其他物体的材质贴图，最终效果如图 7–111 所示。

图 7–111　整体效果图

从不同的视角观察细节，效果如图 7–112 ~ 图 7–114 所示。

图 7–112　细节效果 1

 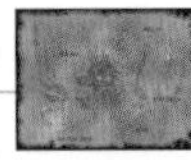 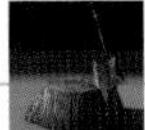

图 7−113　细节效果 2

图 7−114　细节效果 3

7.5　制作场景灯光以及灯光烘焙

模型建好以后，下面开始设置场景灯光。

7.5.1　环境光设置

执行菜单中的“渲染 | 环境”命令，如图 7−115 所示。在弹出的“环境和效果”窗口

中分别单击“染色”和“环境光”颜色块，将颜色改成场景所需要的颜色，如图 7-116 所示。

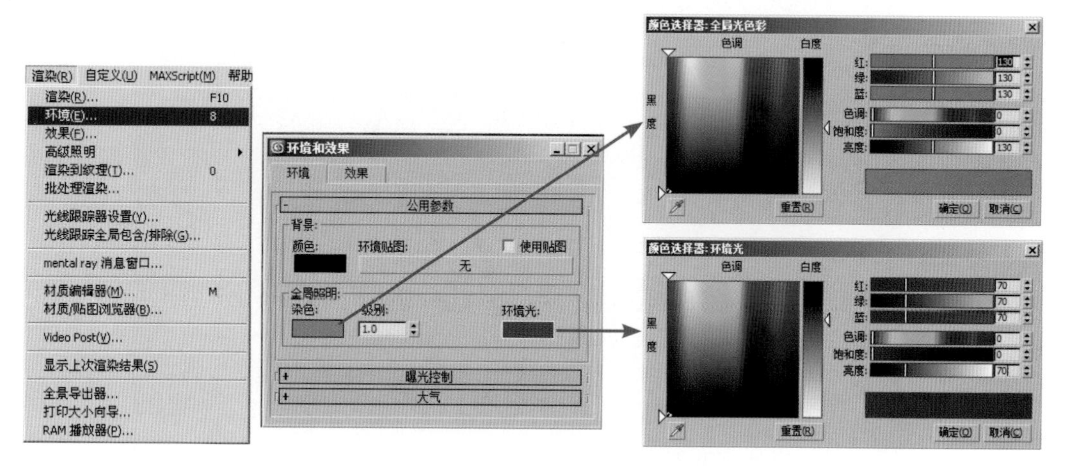

图 7-115　打开“渲染”工具　　　　图 7-116　参数设置

提 示

因为监狱的环境都很阴暗，所有这里选择的颜色偏暗。

7.5.2　目标平行光设置

（1）单击 （创建）面板 （灯光）类别中的“目标平行光” 按钮，然后在视图中拖动鼠标，添加灯光，如图 7-117 所示。

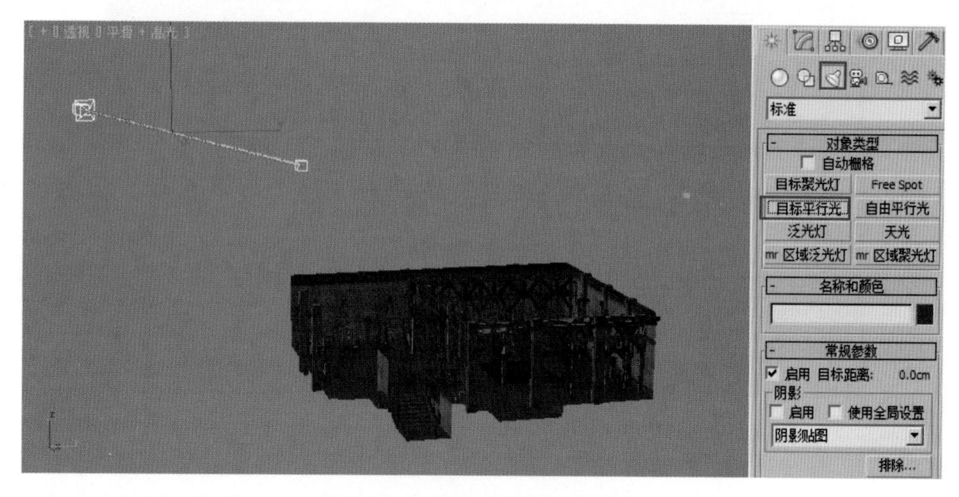

图 7-117　创建“目标平行光”

（2）分别将“目标平行光”和“目标”利用 （选择并移动）工具移动到适当的位置，如图 7-118 所示。

（3）选择“目标平行光”，进入 （修改）面板，设置具体参数，如图 7-119 所示。

其他参数都为系统默认设置。“目标平行光”设置完成，场景的氛围也改变了，效果如图 7-120 所示。

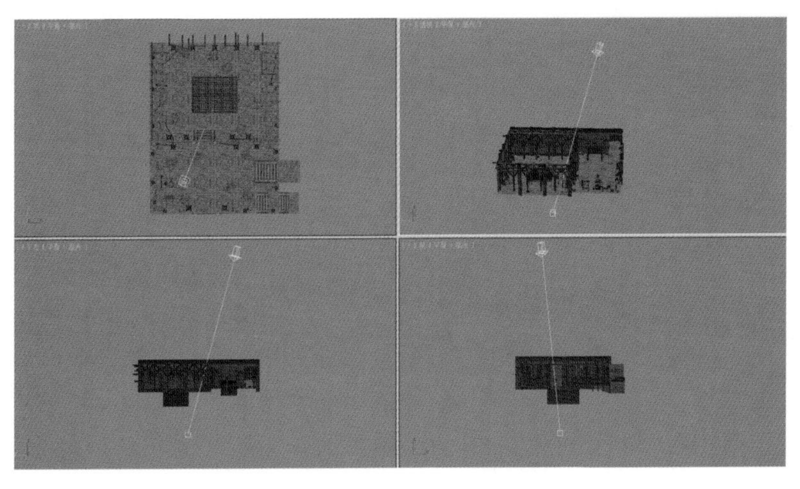

图 7–118　放置“目标平行光”

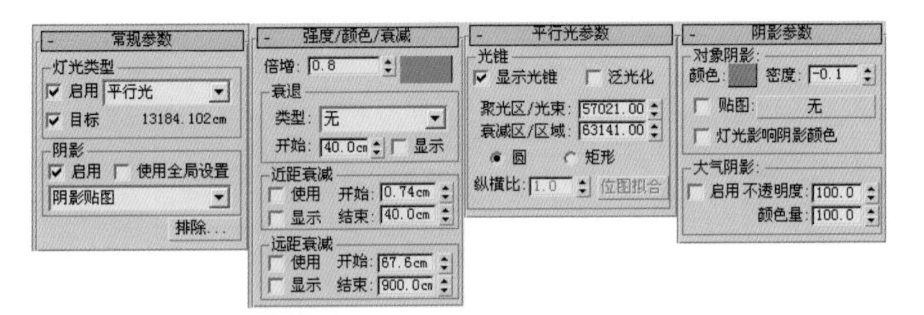

图 7–119　“目标平行光”参数设置

图 7–120　加入“目标平行光”后的渲染图

7.5.3　泛光灯设置

（1）单击（创建）面板（灯光）类别中的“泛光灯”按钮，在视图中创建一盏泛光灯，并摆放到合适的位置，如图 7–121 所示。

图 7–121　创建“泛光灯”

（2）选择“泛光灯”，进入（修改）面板，根据“泛光灯”所在的位置和环境氛围设置参数，如图 7–122 所示。

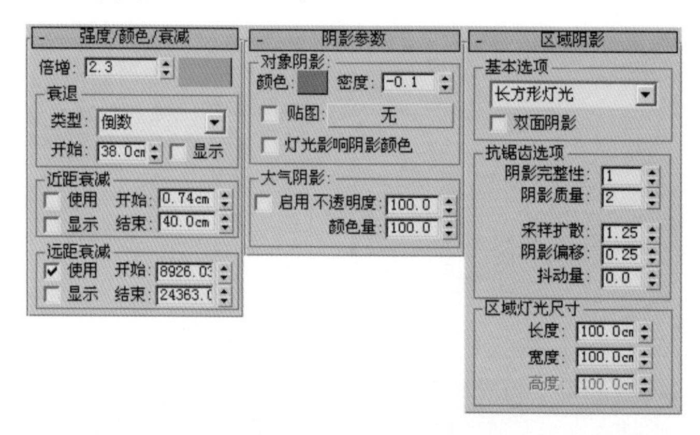

图 7–122　“泛光灯”参数设置

（3）根据需要创建多个“泛光灯”，合理设置各项参数，以达到需要的效果，最终效果如图 7–123 所示。

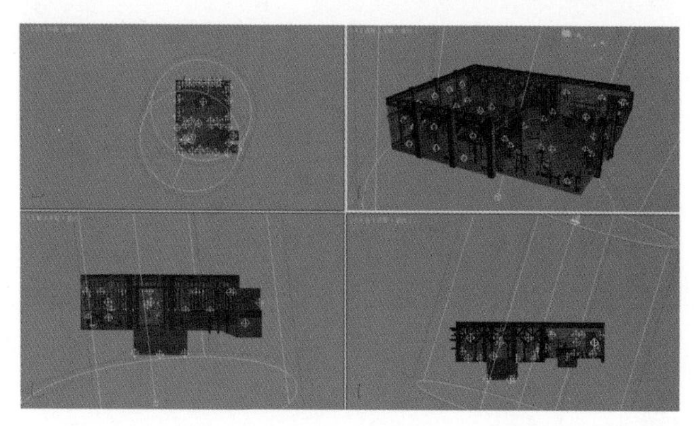

图 7–123　创建全部“泛光灯”后的效果

（4）单击工具栏中的（渲染）按钮进行渲染。图 7–124 ～图 7–126 为不同角度的渲染效果图。

图 7–124　渲染图 1

图 7–125　渲染图 2

图 7–126　渲染图 3

7.5.4　灯光烘焙

游戏中的灯光效果是由游戏引擎控制的，游戏场景创建完毕后，不需要给场景设置灯光。上面制作灯光是为了进行下面的灯光烘焙。灯光烘焙可以使我们在没有灯光的情况下看到制作灯光后材质的效果。

（1）选择的外壁模型，进入（修改）面板中可编辑多边形的（多边形）层级，选择 1 号物体，也就是墙壁，如图 7–127 所示。

图 7–127　选择要烘焙的模型

（2）执行菜单中的“渲染|渲染到纹理”命令，如图 7–128 所示。在弹出的“渲染到纹理”窗口中设置参数，如图 7–129 所示。

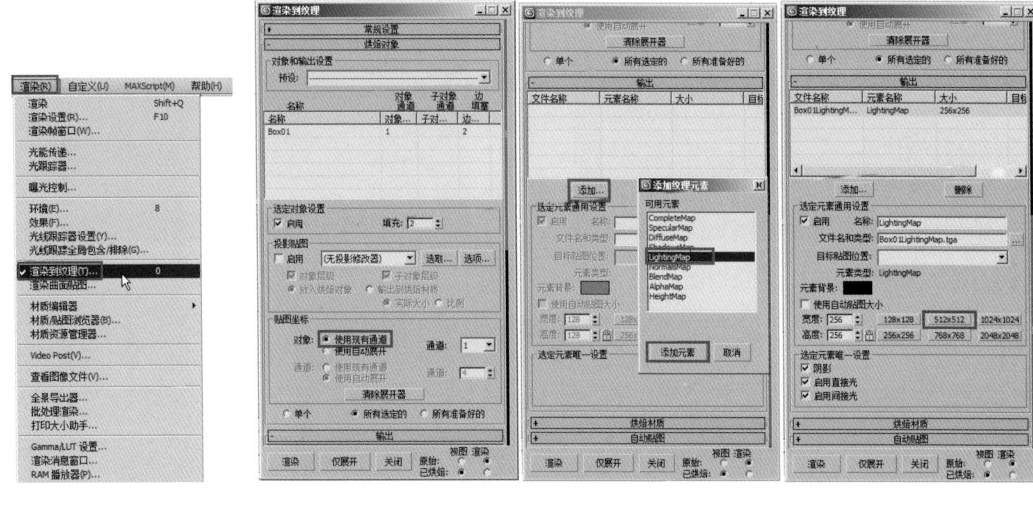

图 7–128　执行“渲染到纹理”命令

图 7–129　参数设置

（3）单击“渲染到纹理”窗口中的“渲染”按钮进行渲染，此时会发现渲染出的材质和原材质有明显区别，如图 7–130 所示。将渲染出的材质保存。

图 7–130　渲染后的材质效果

（4）同理，将其他材质都进行渲染，接下来将这些绘制好的贴图指定给场景文件，最后按照项目的规范要求进行打包导出，放置到游戏的整体项目中。

 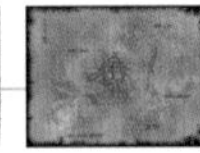 

课后练习

运用本章所学的知识制作图 7-131 所示的墓室效果。参数可参考“\ 课后练习 \7.6 课后练习 \ 操作题 .zip”文件。

图 7–131　课后练习效果图

第 8 章 游戏室内场景 2——洞穴

这一章将制作一个游戏项目里的室内场景——洞穴。图 8-1 为该场景不同角度的渲染效果图。通过本章的学习，应掌握制作游戏中洞穴场景的方法。

图 8-1　游戏室内场景制作 2——洞穴的效果图

在制作之前，首先要根据项目要求进行分析，并对制作的目的、技术实现进行准确的定位。

文档要求如下：

名称：洞穴。

用途：BOSS 居住的场所。

简介：这个洞穴是古代统治者居住的场所，存放着各种奇珍异宝，BOSS 整天守护着这些财宝，消灭前来盗宝的各种生物。洞穴里面气氛阴森恐怖，充满血腥。

任务：寻找并战胜一个怪物 BOSS，然后获得其身上掉落的物品来完成任务。

区域：洞穴的通道和中心区域。

内部细节：里面摆放着晶莹剔透的水晶矿石、水桶、木箱和放置给养的宝箱。

 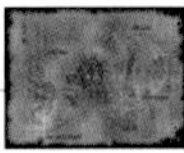 

下面进入正式的制作流程。

8.1 主体模型的制作

主体模型的制作包括隧道的制作和装饰物的制作两部分。

8.1.1 隧道的制作

（1）进行单位设置。方法与“7.1　进行单位设置”相同，这里不再赘述。

（2）打开 3ds Max 2012 软件，单击（创建）面板（几何体）类别中的“圆柱体”按钮，然后在透视图中单击，在水平方向拖动来定义圆柱体的周长，在垂直方向拖动来定义圆柱体的高度，并单击结束创建。最后进入（修改）面板，设置模型的半径为 20 cm、高度为 100 cm、高度分段数为 4、端面分段数为 1、边数为 8，如图 8-2 所示。

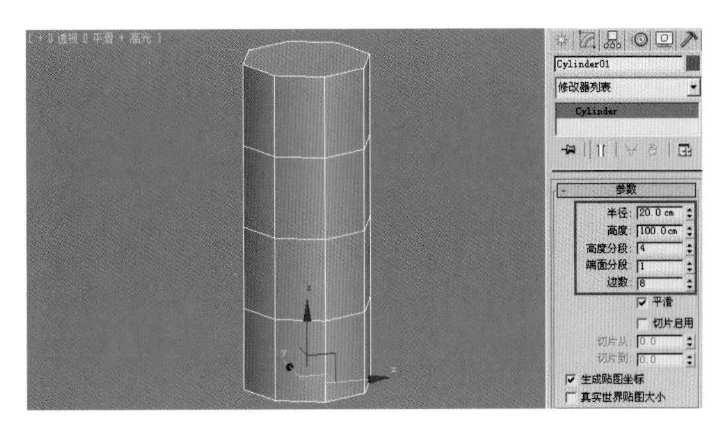

图 8-2　创建圆柱体

（3）将圆柱体转换为可编辑多边形物体，然后进入（修改）面板的（多边形）层级，选择圆柱体顶部和底部的多边形并按键盘上的〈Delete〉键将其删除，如图 8-3 所示。

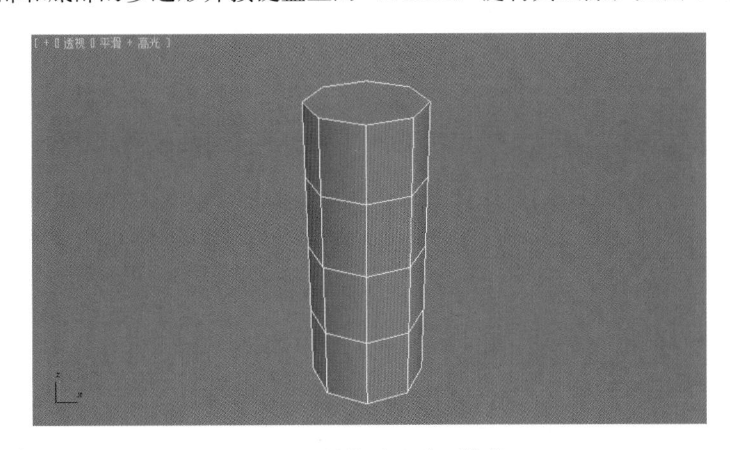

图 8-3　转换为多边形物体

（4）利用工具栏中的（选择并旋转）工具将圆柱体沿 X 轴旋转 90°，如图 8-4 所示。

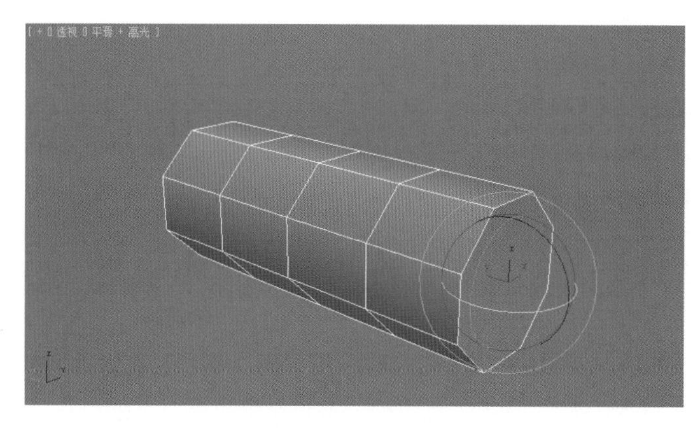

图 8–4　旋转圆柱体

（5）翻转法线，从而制作出隧道的内壁效果。方法：进入（修改）面板的（多边形）层级，然后在视图中选择圆柱体所有的多边形，单击“编辑多边形”卷展栏中的“翻转”按钮，如图 8–5 中 A 所示，效果如图 8–5 中 B 所示。

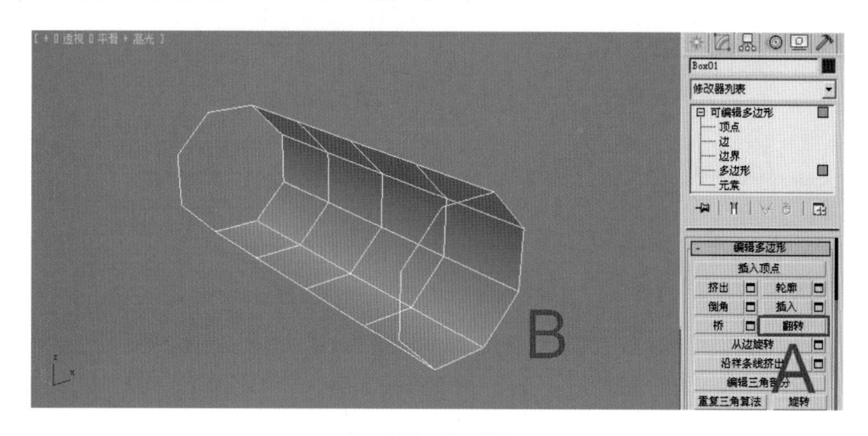

图 8–5　执行“翻转”命令

（6）调整出隧道内壁的大体形状。方法：进入（顶点）层级，利用工具栏中的（选择并移动）工具在前视图调整顶点位置，效果如图 8–6 所示。

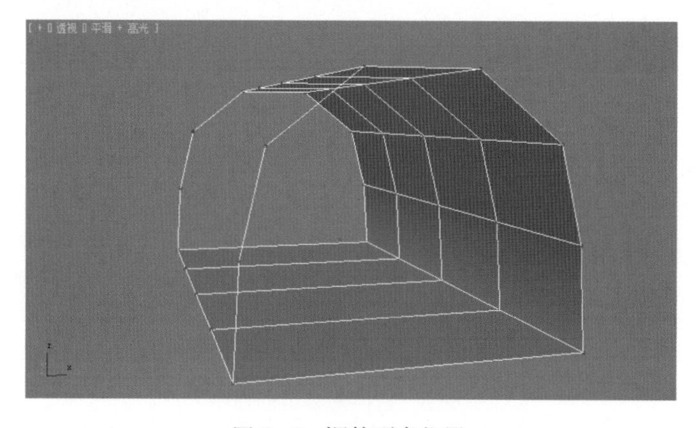

图 8–6　调整顶点位置

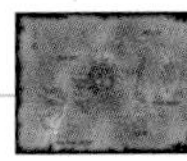
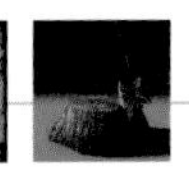

（7）进入顶视图，继续调整顶点的位置，从而制作出隧道的弯曲效果，如图 8-7 所示。

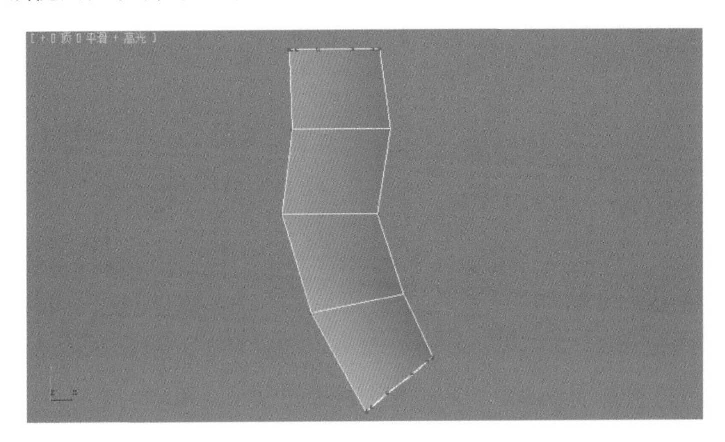

图 8-7　调整顶点使隧道产生弯曲

（8）延长隧道。方法：进入 （边界）层级，选择图 8-8 所示的边界，然后按住〈Shift〉键拖动鼠标，从而拉出若干段，效果如图 8-9 所示。

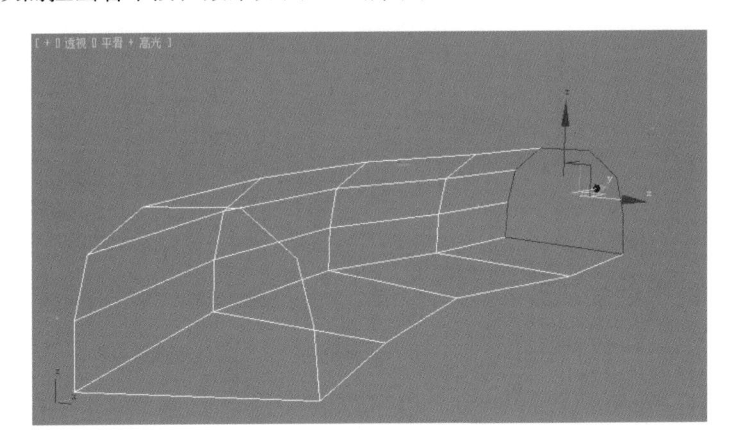

图 8-8　选择边界

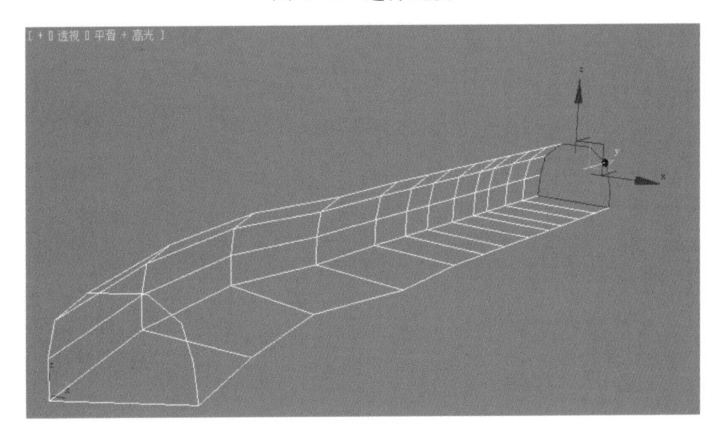

图 8-9　增加隧道段数

（9）进入 （顶点）层级，在顶视图中利用 （选择并移动）工具调整新生成的顶点，从而制作出隧道的弯曲，效果如图 8-10 所示。

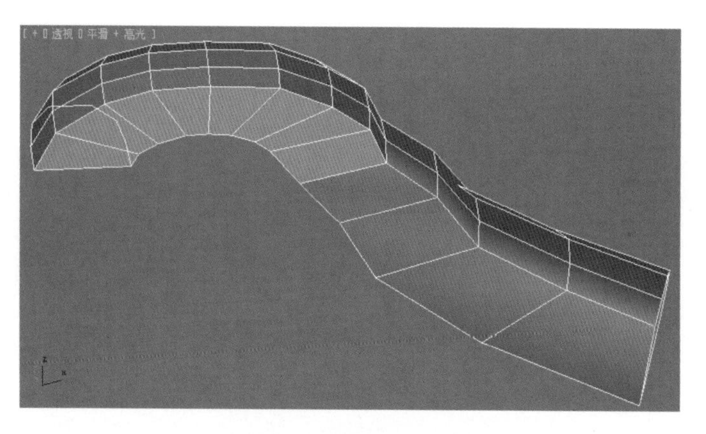

图 8-10　调整隧道形状

（10）同理，继续将隧道拉长，并调整隧道的外形，效果如图 8-11 所示。

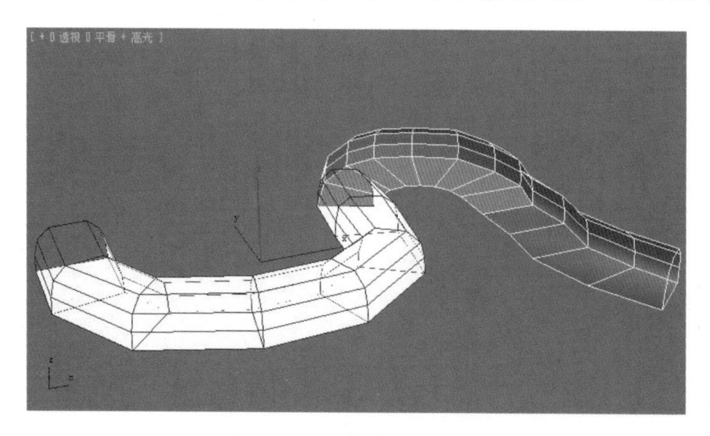

图 8-11　添加隧道的段数

（11）制作出隧道的中央大厅。方法：将最前面的一段拉出，然后利用 （选择并均匀缩放）工具将其放大，并适当添加边数，接着进入 （顶点）层级调整外形，效果如图 8-12 所示。

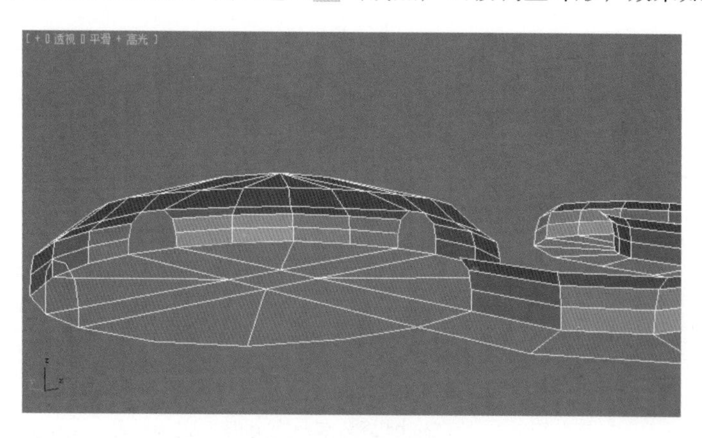

图 8-12　制作内部大厅

（12）进入 （边界）层级，选择图 8-13 所示的边界，然后分别将它们拉出，效果如图 8-14 所示。

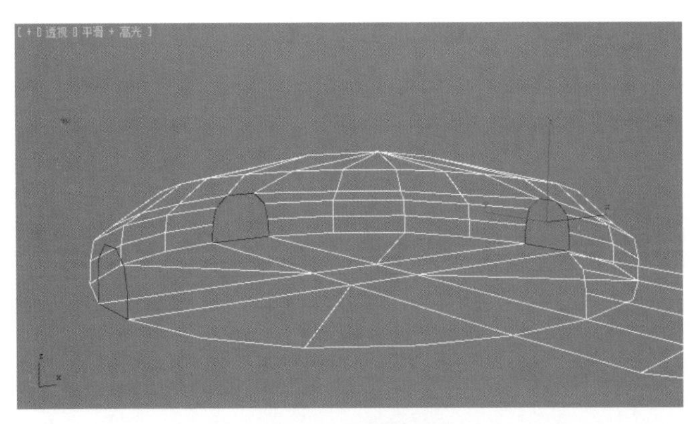

图 8-13　选择边界

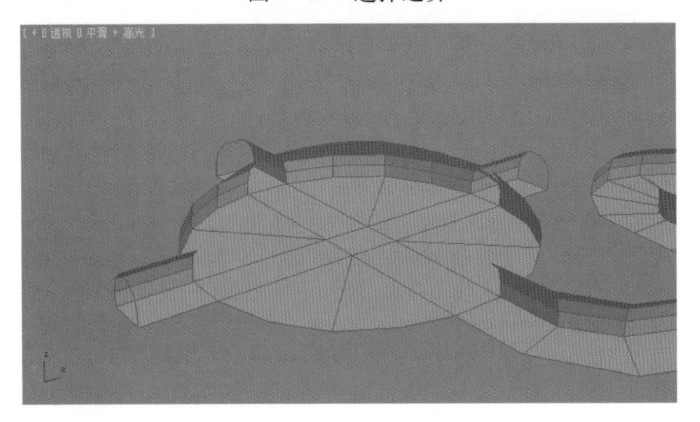

图 8-14　拉出边界

至此，隧道的主体模型完成。

8.1.2　装饰物的制作

（1）制作水桶外形。方法：单击 （创建）面板 （几何体）类别中的“圆柱体”按钮，在视图中创建一个圆柱体，并设置其高度分段、端面分段和边数分别为 3、1 和 8，然后将其转换为可编辑多边形物体。进入 （顶点）层级，选择上、下两圈顶点，再利用 （选择并均匀缩放）工具将其稍微缩小，从而做成水桶的外形，效果如图 8-15 所示。

图 8-15　创建水桶

（2）进入顶视图，复制若干个圆柱体，然后利用（选择并移动）工具将它们摆放到图 8−16 所示的位置。然后根据需要，利用工具栏中的（选择并旋转）工具进行适当调整。

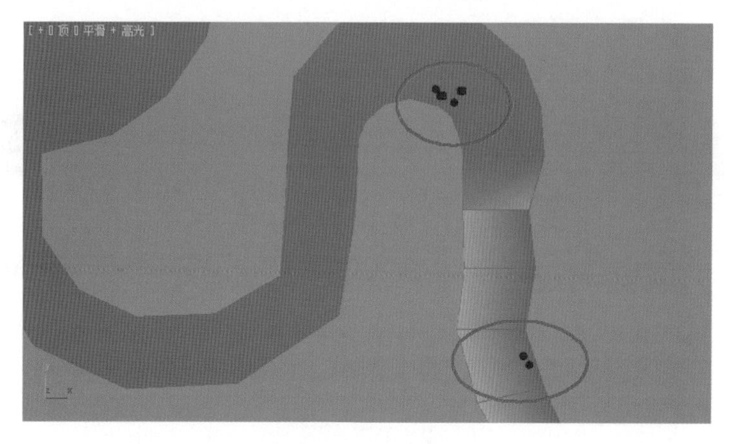

图 8−16　复制水桶

（3）同理，制作出木箱的模型摆放到洞穴中，如图 8−17 所示。

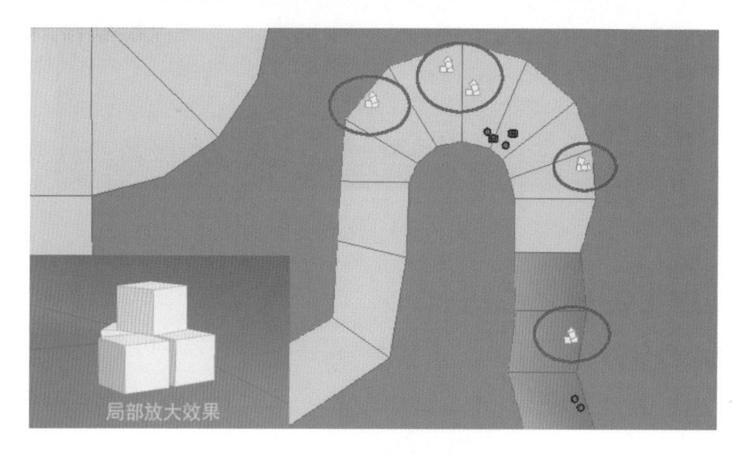

图 8−17　创建木箱

（4）利用长方体制作出宝箱的模型，然后摆放到洞穴中，如图 8−18 所示。

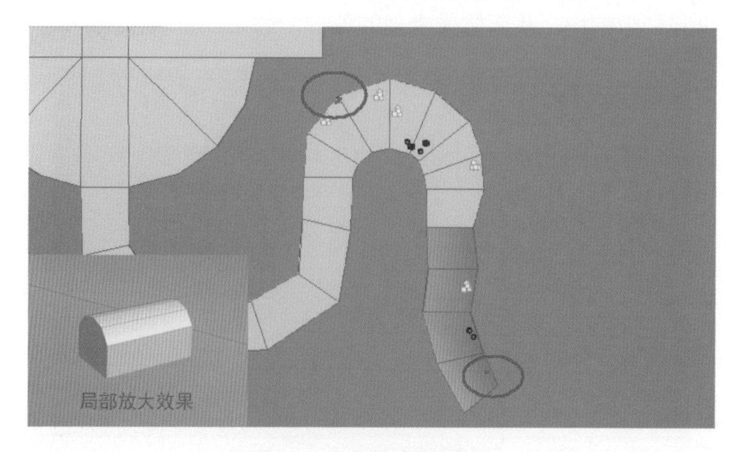

图 8−18　创建宝箱模型

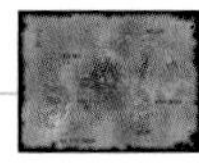

（5）制作水晶矿石。方法：单击 （创建）面板 （几何体）类别中的“长方体”按钮，然后在视图中创建一个长方体，并设置其长度分段、宽度分段和高度分段分别为1、1和2。将其转换为可编辑多边形物体。为了节省资源，进入 （多边形）层级，选择并删除底部的多边形，如图8–19所示。

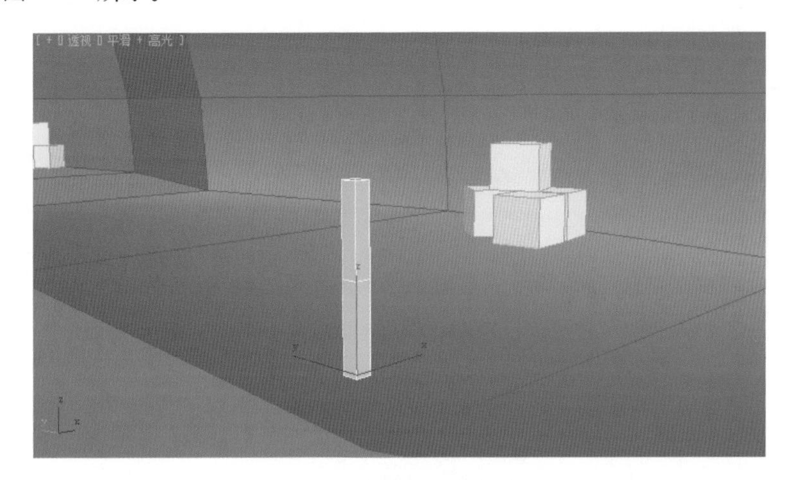

图8–19　创建长方体并编辑

（6）制作出水晶矿石的尖端效果。方法：进入可编辑多边形的 （顶点）层级，选择顶端的4个顶点进行塌陷，从而制作出尖端效果。

（7）选择水晶矿石中段的4个顶点，利用工具栏中的 （选择并移动）工具向上移动。然后利用 （选择并旋转）工具旋转整个水晶矿石模型，使其和隧道的地面产生一定角度，如图8–20所示。

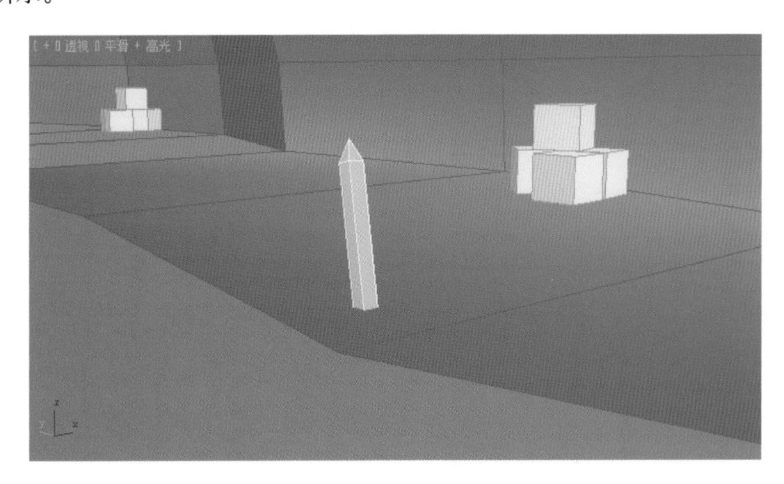

图8–20　调整模型外形

（8）制作出水晶矿石交错分布的效果。方法：复制多个水晶矿石模型，并利用工具栏中的 （选择并移动）工具和用 （选择并旋转）工具调整各个模型的大小和角度，效果如图8–21所示。

（9）继续复制模型并摆放到图8–22所示的位置。

（10）同理，逐步添加其他场景装饰物，完成的效果如图8–23和图8–24所示。

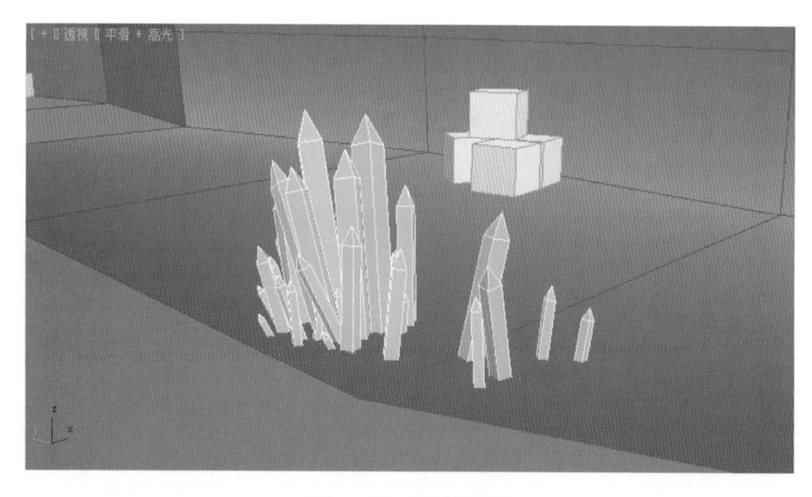

图 8–21　复制模型

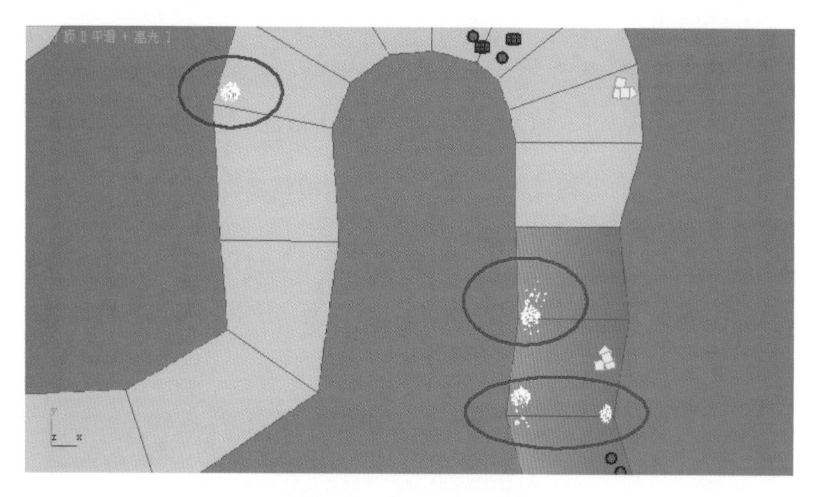

图 8–22　进一步复制模型

图 8–23　效果图 1

图 8-24　效果图 2

（11）制作中心大厅的中心区域。方法：创建一个圆柱体并放置到图 8-25 所示的位置，然后将其转换为可编辑多边形，进入■（多边形）层级，选择并删除底部的多边形。

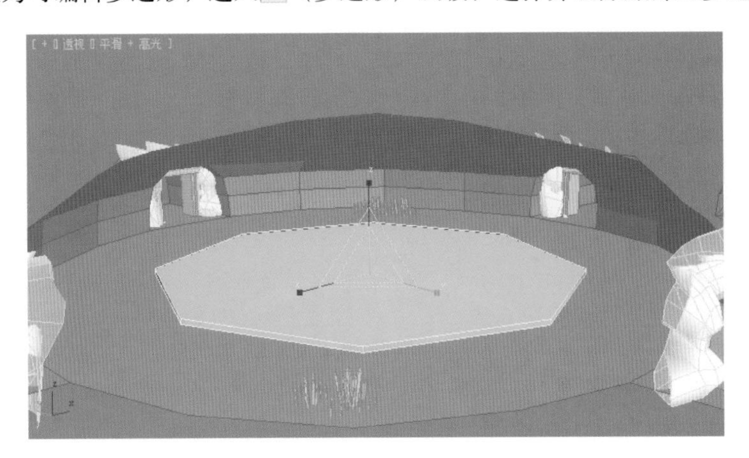

图 8-25　创建圆柱体

（12）执行“切割”命令，在圆柱体的顶面添加边，然后选取添加的边并执行“连接”命令。再添加两圈边，效果如图 8-26 所示。

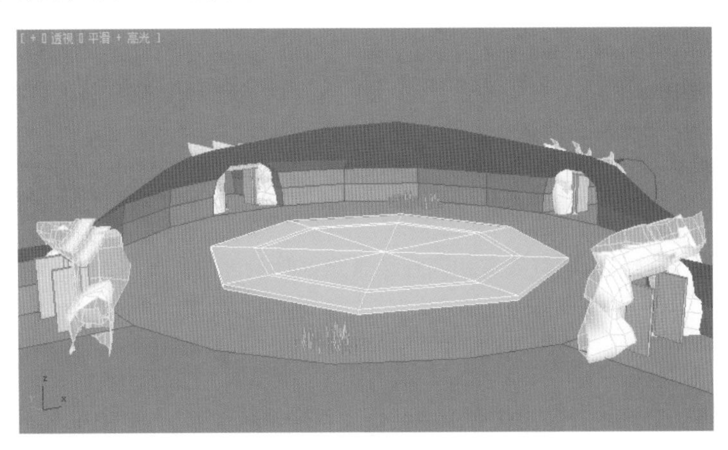

图 8-26　添加边

（13）进入（多边形）层级，选择图 8−27 所示的多边形，然后利用（选择并移动）工具将其稍微向下移动。

图 8−27　调整多边形

（14）在圆柱体上添加各种装饰物，效果如图 8−28 所示。

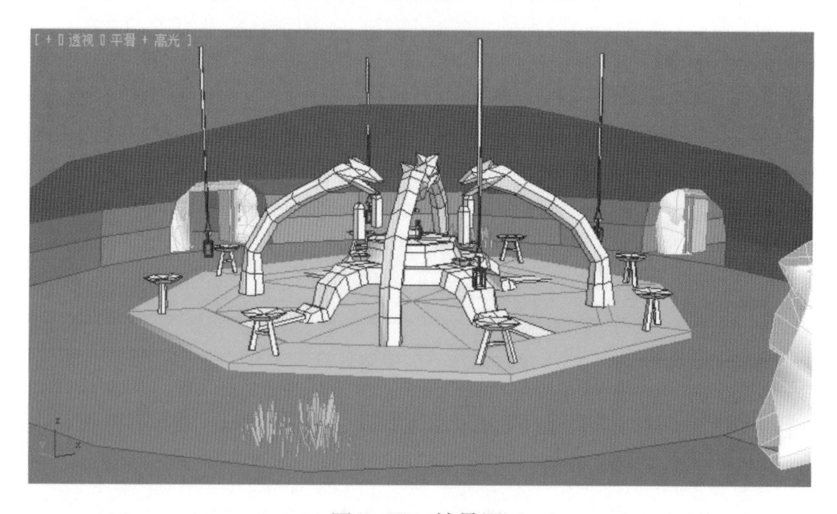

图 8−28　效果图

至此，洞穴模型部分就全部完成了。

8.2　调整贴图 UV 坐标

调整贴图 UV 坐标包括调整隧道和调整场景装饰物两部分。

8.2.1　调整隧道

（1）选取隧道模型并右击，从弹出的快捷菜单中选择“孤立当前选择”命令，将其他部分隐藏起来，如图 8−29 所示。

 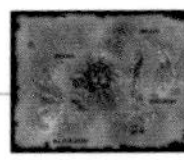 

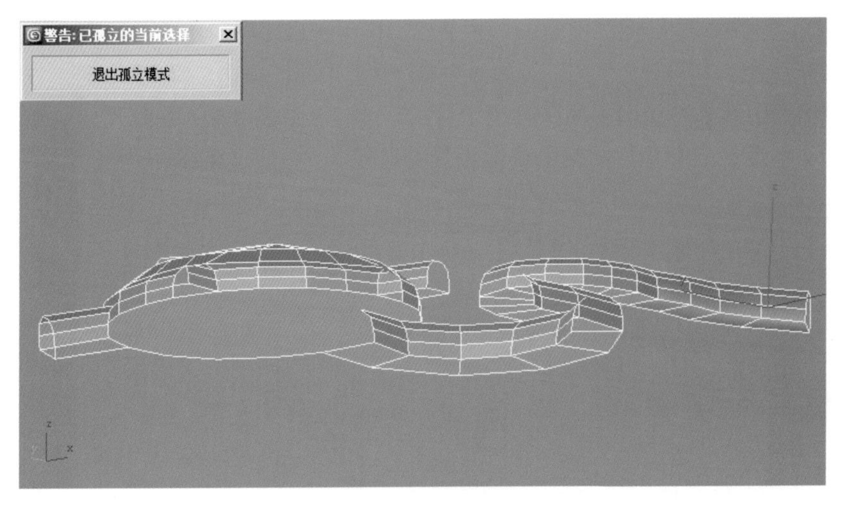

图 8-29　孤立隧道模型

(2) 进入模型的■（多边形）层级，选择隧道的地面部分，设置其材质 ID 号为 1，其他部分为 2，如图 8-30 和图 8-31 所示。

图 8-30　设置地面 ID 号为 1

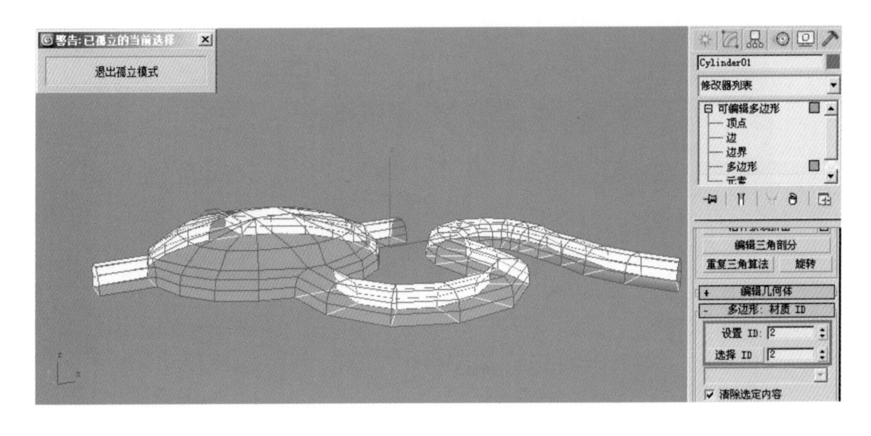

图 8-31　设置其他部分 ID 号为 2

(3) 按键盘上的〈M〉键，进入材质编辑器，然后选择一个空白的材质球，如图 8-32

中 A 所示。单击“Standard”按钮，如图 8-32 中 B 所示。在弹出的“材质 / 贴图浏览器”对话框中选择“多维 / 子对象”图标，如图 8-32 中 C 所示。单击“确定”按钮，在弹出的“替换材质”对话框中选择“将旧材质保存为子材质”选项，如图 8-31 中 D 所示。单击“确定”按钮，进入“多维 / 子对象”材质的参数设置卷展栏。

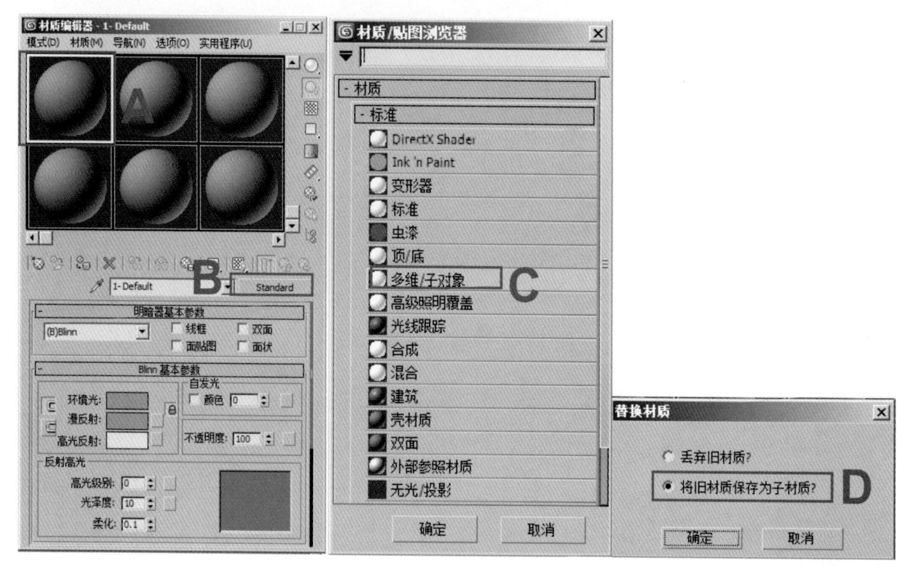

图 8-32　选择“多维 / 子对象”材质

（4）在“多维 / 子对象”材质的参数设置卷展栏中单击“设置数量”按钮，如图 8-33 中 A 所示。在弹出的“设置材质数量”对话框中设置材质数量为 2，如图 8-33 中 B 所示。单击“确定”按钮。分别选择两个材质通道，在“漫反射”通道中分别添加“\贴图\第 8 章 游戏室内场景制作 2——洞穴 \dimian.tga”和“dongbi.tga”两张贴图，如图 8-33 中 C 所示。

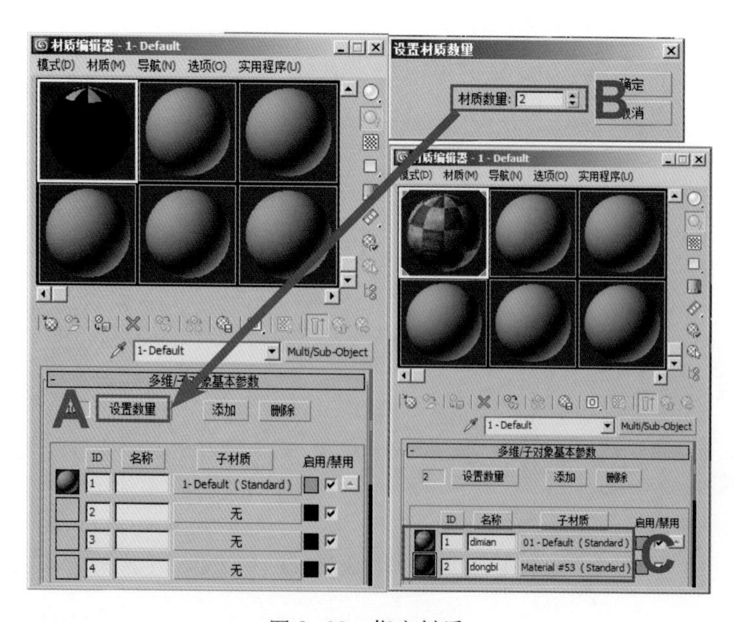

图 8-33　指定材质

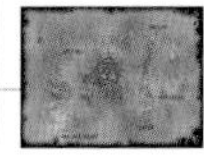
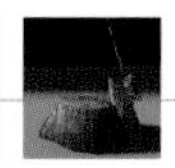

（5）选择视图中的洞穴模型，单击材质编辑器工具栏中的（将材质指定给选定对象）按钮，将材质赋予洞穴模型。然后单击材质编辑器工具栏中的（在视图中显示标准贴图），在视图中显示出材质效果，此时会发现显示的贴图是不正确的，如图 8–34 所示。需要调整模型的贴图坐标。

图 8–34　显示贴图

（6）调整贴图坐标。方法：进入（修改）面板，执行修改器列表中的“UVW 展开”命令，将其添加到修改器堆栈中。

（7）单击“打开 UV 编辑器”按钮，在弹出的“编辑 UVW”窗口中，选择 ID 号为 1，然后调整 UV 坐标，如图 8–35 所示。

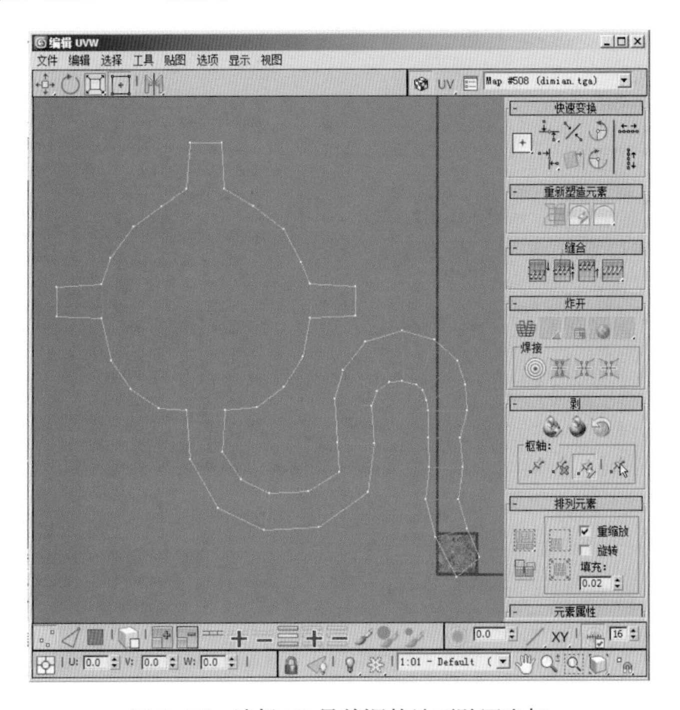

图 8–35　选择 ID 号并调整地面贴图坐标

（8）同理选择 ID 号 2，调整洞壁的坐标，如图 8-36 所示。

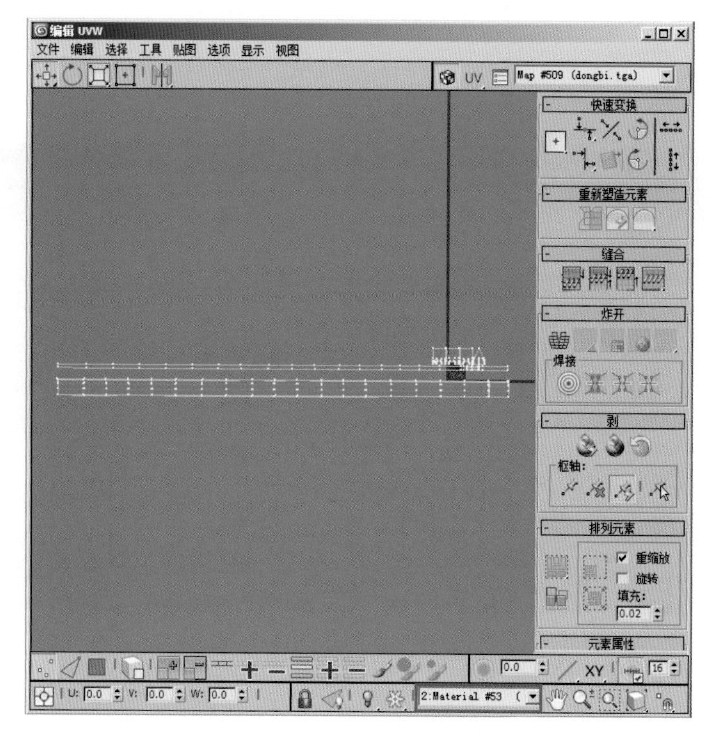

图 8-36　调整洞壁贴图坐标

（9）调整贴图坐标后的隧道模型如图 8-37 所示。

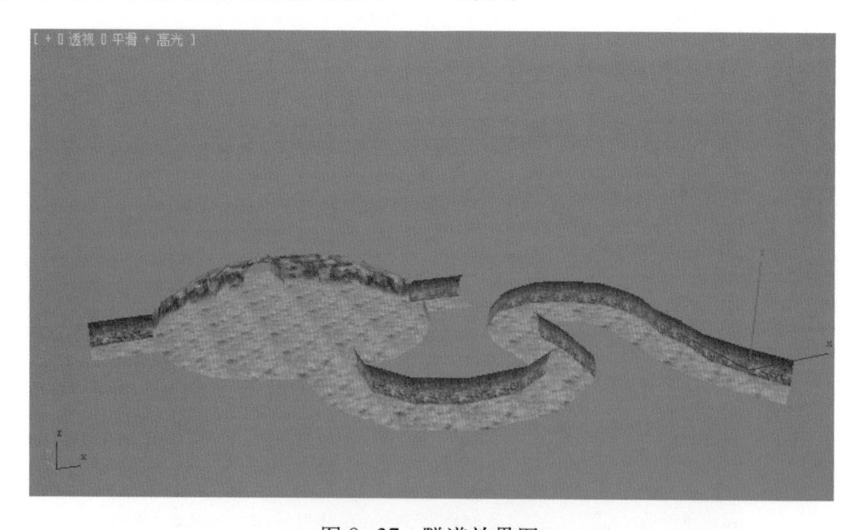

图 8-37　隧道效果图

8.2.2　调整场景装饰物

（1）单击“退出孤立模型”按钮，选择场景中的木桶模型并右击，再次执行“孤立当前选择”命令，将其他部分隐藏，如图 8-38 所示。

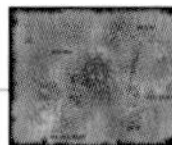

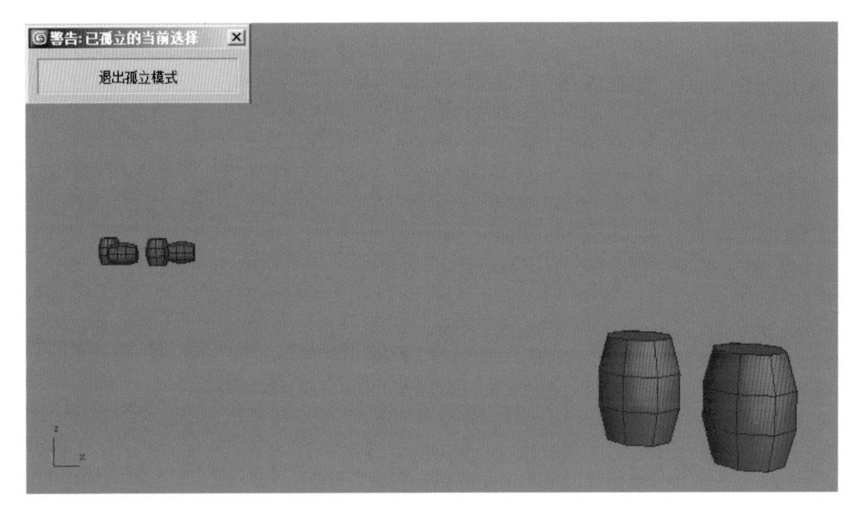

图 8-38　孤立木桶模型

(2) 按键盘上的〈M〉键，进入材质编辑器。选择一个空白的材质球，单击“漫反射”贴图通道右边的按钮，如图 8-39 中 A 所示。在弹出的“材质 / 贴图浏览器”对话框中选择“位图”图标，如图 8-39 中 B 所示，单击“确定”按钮。在弹出的“选择位图图像文件”对话框中选择“\ 贴图 \ 第 8 章 游戏室内场景制作 2——洞穴 \mutong.tga”文件，单击“确定”按钮，将其添加到“漫反射”贴图通道。

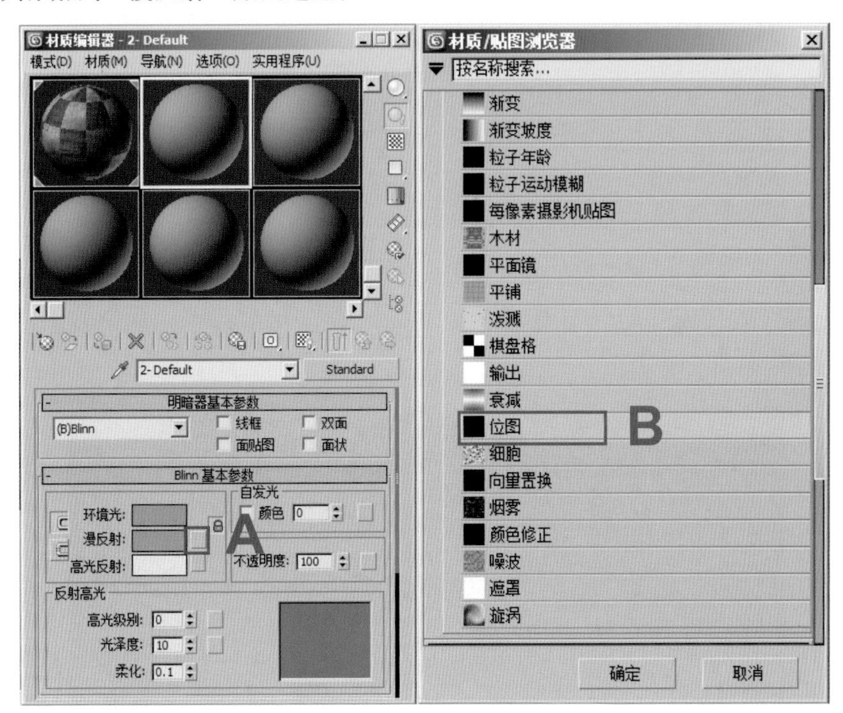

图 8-39　添加位图

(3) 单击材质编辑器中工具栏中的（将材质指定给选定对象）按钮，将材质赋予模型，再单击材质编辑器中工具栏中的（在视图中显示标准贴图），在视图中显示出贴图效果，结果如图 8-40 所示。

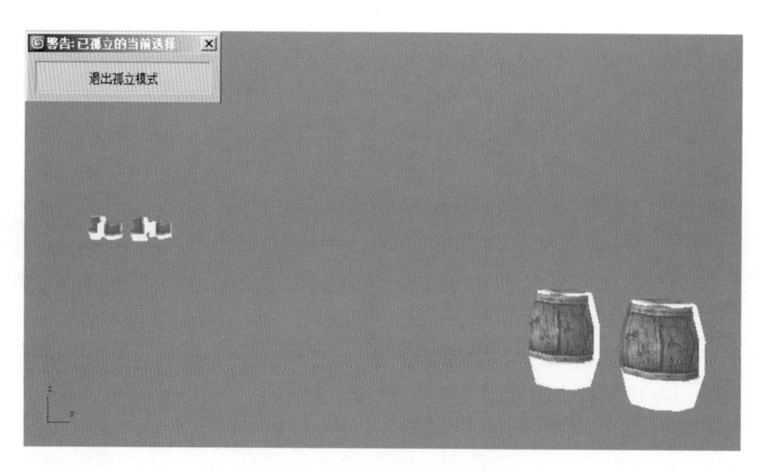

图 8-40　将材质赋予模型

（4）调整木桶模型的 UV 坐标，方法和调整隧道的类似，效果如图 8-41 所示。

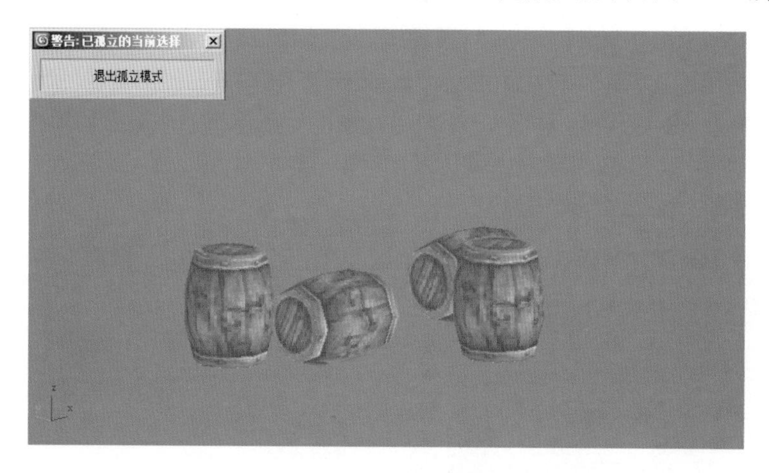

图 8-41　调整 UV

（5）同理，依次指定贴图并调整 UV 坐标，对场景中的小物件都赋予材质，结果如图 8-42 ～图 8-45 所示。

图 8-42　效果图 1

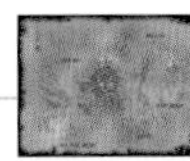
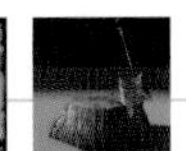

图 8–43　效果图 2

图 8–44　效果图 3

图 8–45　效果图 4

8.3 场景灯光设置

(1) 设置环境光。方法：执行菜单中的“渲染|环境”命令，或按大键盘上的〈8〉键，弹出“环境和效果”窗口。单击“染色”和“环境光”颜色块，在颜色选择器中选择适当的颜色后单击“确定”按钮，如图 8-46 所示。

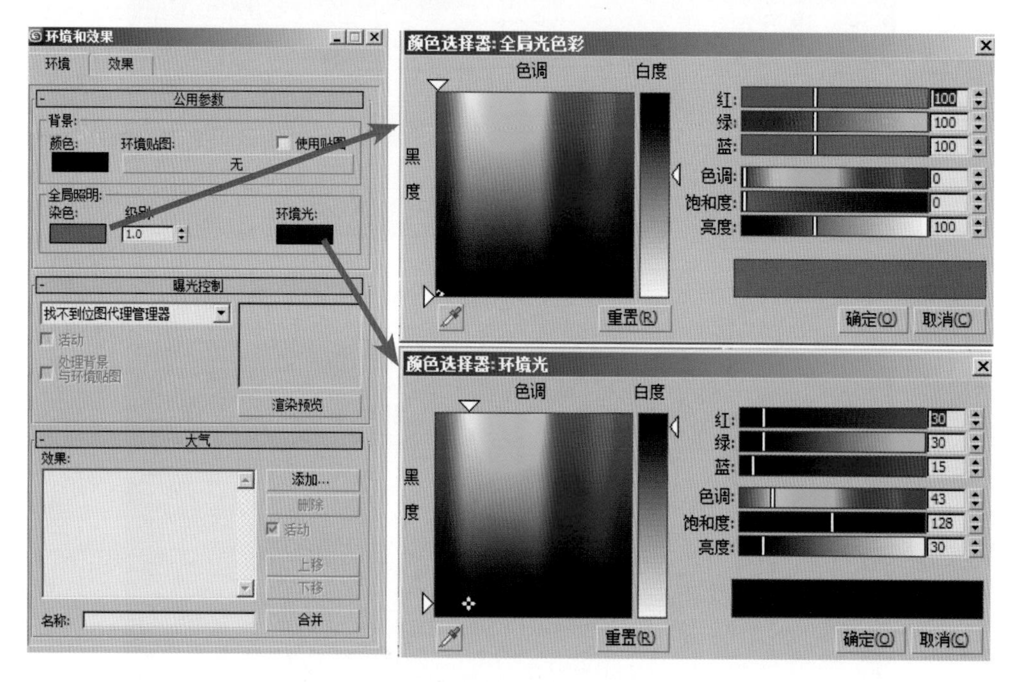

图 8-46 设置全局光与环境光

(2) 创建泛光灯。方法：单击 (创建) 面板 (灯光) 类别中的“泛光灯”按钮，然后在透视图中单击，从而创建一盏泛光灯，如图 8-47 所示。

(3) 在视图中选择创建的泛光灯，进入 (修改) 面板设置其参数，如图 8-48 所示。其他选项都为默认设置。

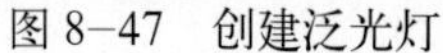

图 8-47 创建泛光灯

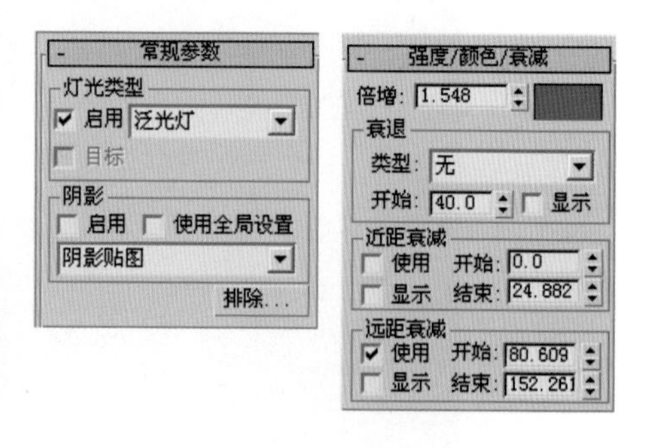

图 8-48 设置泛光灯参数

(4) 复制若干个泛光灯，并摆放到图 8-49 所示的位置。

(5) 创建另外一个泛光灯，并设置参数，如图 8-50 所示。

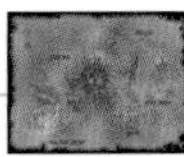

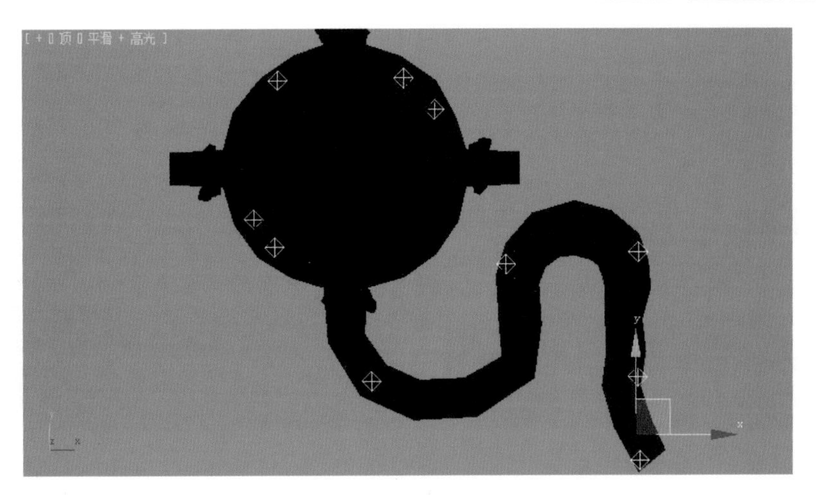

图 8-49　复制泛光灯

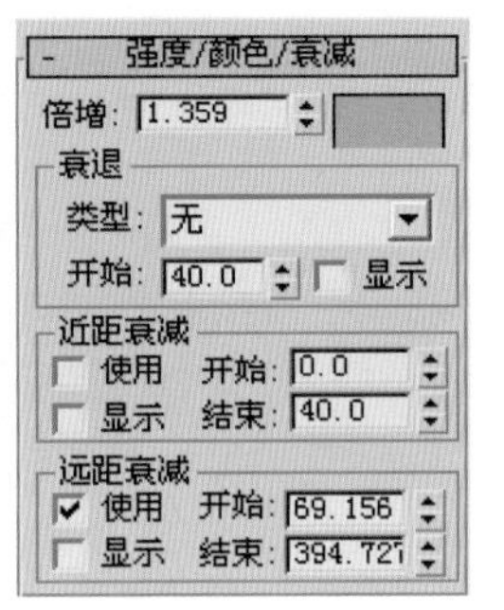

图 8-50　设置泛光灯参数

（6）复制后创建的泛光灯，然后摆放到图 8-51 所示的位置。

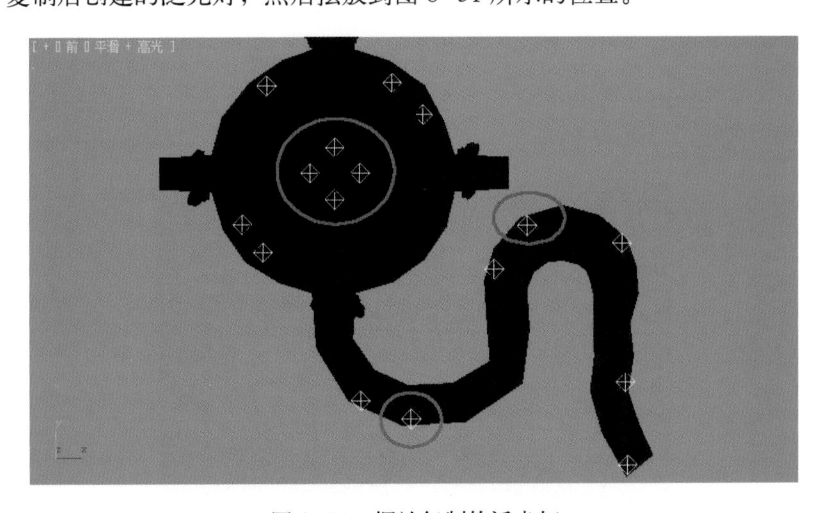

图 8-51　摆放复制的泛光灯

（7）在视图中调整适当的角度，然后单击工具栏中的按钮，或按键盘上的〈F9〉键进行渲染，效果如图 8-52 ～图 8-54 所示。

图 8-52 渲染效果图 1

图 8-53 渲染效果图 2

图 8-54 渲染效果图 3

课后练习

运用本章所学的知识制作图 8-55 所示的洞穴效果。参数可参考“\课后练习\8.4 课后练习\操作题.zip”文件。

图 8-55 课后练习的效果图